面向新工科的电工电子信息基础课程系列教材

教育部高等学校电工电子基础课程教学指导分委员会推荐教材

新工科

信号与系统

（第 2 版·微课视频版）

许淑芳　编著

清華大學出版社
北京

内 容 简 介

本书系统阐述了信号与系统的基本理论和分析方法。全书共 10 章,内容包括信号与系统的一般概念,连续时间信号与系统的时域分析、频域分析、复频域分析,连续时间信号的抽样,离散时间信号与系统的时域分析、z 域分析、频域分析,以及系统的状态空间分析。全书突出信号与系统的基本概念、分析方法以及知识脉络。开篇的导引设问和结尾的结语、知识 MAP 形成本课程的整体知识框架;穿插于内容中的问题思考、深入分析、提示、诀窍等帮助读者更好地理解并掌握相关知识,增加本书的可读性;大量精编的例题着重于强化概念和分析思路;电子版的知识解析对每章的核心内容或者难以理解的知识点进行深入剖析;单元测验题库着重理解概念;补充习题意在学习提高。

本书可作为电子信息类、电气类、自动化类、计算机类等专业本科生"信号与系统"课程的教材,也可作为相关专业"信号与系统"课程的研究生入学考试参考书,或从事相关领域工作的科技人员的基础理论参考书。

图书在版编目(CIP)数据

信号与系统：微课视频版/许淑芳编著.—2 版.—北京:清华大学出版社,2022.7
面向新工科的电工电子信息基础课程系列教材
ISBN 978-7-302-60204-0

Ⅰ. ①信… Ⅱ. ①许… Ⅲ. ①信号系统－高等学校－教材 Ⅳ. ①TN911.6

中国版本图书馆 CIP 数据核字(2022)第 030780 号

责任编辑:文 怡
封面设计:王昭红
责任校对:郝美丽
责任印制:杨 艳

出版发行:清华大学出版社
      网　　址:http://www.tup.com.cn,http://www.wqbook.com
      地　　址:北京清华大学学研大厦 A 座　　邮　　编:100084
      社 总 机:010-83470000　　邮　　购:010-62786544
      投稿与读者服务:010-62776969,c-service@tup.tsinghua.edu.cn
      质量反馈:010-62772015,zhiliang@tup.tsinghua.edu.cn
      课件下载:http://www.tup.com.cn,010-83470236
印 装 者:北京嘉实印刷有限公司
经　　销:全国新华书店
开　　本:185mm×260mm　　印　　张:25.25　　字　　数:584 千字
版　　次:2017 年 2 月第 1 版　2022 年 7 月第 2 版　印　　次:2022 年 7 月第 1 次印刷
印　　数:1～2000
定　　价:79.00 元

产品编号:094486-01

本书特色及使用建议

"信号与系统"是电子信息类、自动化类、电气类、计算机类等专业非常重要的一门基础课程,是很多后续课程的基础,是电子信息类专业的研究生入学考试课程。"信号与系统"的理论在电子信息、通信、电气工程、声学、地震学、生物医学、运输物流、工程机械、化学过程控制、社会经济等领域都有着广泛的应用。

"信号与系统"是用数学的方法分析解决物理问题。学习这门课程,数学基础固然重要(实际上也非常重要),但是,深入理解"信号与系统"的知识体系和理论框架是学好这门课程的第一要素;除此之外,"概念"和"分析方法"是"信号与系统"的灵魂,深入理解概念,掌握基本分析方法是学好这门课程的第二要素;在此基础上,应用数学知识、根据概念,掌握一些解题技巧,可以达到事半功倍的效果。

本书各章开篇都有"导引设问",结尾有"结语""知识 MAP",将"信号与系统"的知识内容串接起来,承前启后,引导建立分析思路,捋清知识脉络。穿插于中间内容的"问题思考""深层分析""提示""想一想"等,帮助读者深入思考、理解并掌握问题的核心内容。对于一些难以分析的问题给出了解决问题的"诀窍",简化演算过程,形成"傻瓜解法"。结合生活中的案例,通过一些生动化的语言,增加可读性和易于理解性。比如,用"横看成岭侧成峰"来描述信号在时域和频域的不同表现;用"完全不同的两个信号通过同一系统得到完全相同的输出"来阐释"滤波"的概念等,通过这样的方式方法,将复杂抽象的理论简单化、形象化、深入浅出、化繁为简,引导辩证思考问题。设计制作了大量的图表来帮助理解抽象的理论。通过精编例题解释概念和分析方法,有很多的例题,一道题贯穿了很多章节,在不同的"域",有不同的分析方法,但殊途同归,又展示了各自分析的侧重点。

本书着重物理概念及工程应用;强化"模型"的建立与分析,避免一些单纯的数学推导;引导建立"换域"分析的概念以及特征空间变换的分析思路和方法。

114 个微课视频制作于 2020 年春季学期,为因新冠肺炎疫情紧急开展的线上教学而设计制作。微课视频对"信号与系统"进行了全面系统的讲解,将知识体系、脉络、核心要素、隐含的深层含义以及要表达的内容在有限的时间内展现出来,供读者学习参考。

约 25 万字的"知识解析",对每章的核心内容、重要内容、难以理解的概念和分析方法、难以求解的问题等进行了深入剖析。在每章内容的最后以电子版(扫描二维码)的形式显现,是纸质版教材的升级和补充,供需要深层次理解、掌握"信号与系统"内容的读者学习使用。

300 道单元测验题,针对第 2～10 章,根据章节的重点设置题量,全部是客观题,以"深入理解概念"为出发点。实际上,"信号与系统"最难的也是最容易忽视的部分可能就是涉及的大量概念,而"概念"是分析方法的基础。不理解概念,或者对概念似是而非、模棱两可,终究是空中楼阁没有根基,甚至常常导致错误的分析结果。所以,理解概念非常重要。

书后习题和补充习题着重"分析方法",全部是主观题,给出了全部参考答案。书后习题的主要目的是加深理解相关知识,掌握基本的分析求解方法,大多数题的难度为难度1和难度2,满足掌握基本知识要求;补充习题(大小题共计465道)是提高层次题,除了少量难度2的习题外,大多数是难度3的习题,为的是进一步深刻理解掌握"信号与系统"的知识和应用,可作考研学习和复习参考。

随教材免费提供PPT课件和教学大纲,按64学时设计制作。可根据具体学时和专业特点有所取舍。

本书精心构建的形式和内容适合个性化分层次的教育模式,可进行线上线下混合式教学、讨论式教学、翻转课堂、案例教学、基于OBE教学等课程设计,以及实施差异化分类考试等教学改革。

"信号与系统"虽然是一门比较难的课程,但也是一门系统性很强的课程,有其特有的分析方法和清晰的知识脉络,是一门可以学得通透的课程。本书涵盖信号与系统的时域分析、变换域分析,系统的端口分析和状态空间分析。力求知识体系完整,概念明确,分析思路清晰,分析方法简捷有效。"搭架子""揭盖子",万变不离其宗。希望本书能对读者的学习提供帮助和指导。

作　者
2022年5月于北京

PPT＋大纲

第2版前言

相较于第 1 版,本书第 2 版做了如下调整:

对第 1 版内容做了少量的增删调整,每章增加了"知识 MAP"。

新增了 114 个微课视频,共计约 1350 分钟,几乎涵盖了信号与系统的全部知识点。

新增了约 25 万字的"知识解析"内容,对每章核心内容或者难以理解的知识点进行深入解析。

新增了 9 个单元共计 300 道单元测验题(均为客观题),帮助读者深入理解信号与系统的概念和分析方法。

优化了书后习题;新增了 465 道补充习题(均为主观题),所有习题都提供了答案。

关于教材的特色和使用,更多细节详见"本书特色及使用建议"。疏漏或不妥之处恳请广大读者批评指正。

作　者

2022 年 5 月于北京

"信号与系统"是电子信息类、自动化类、电气类以及计算机类等专业的一门非常重要的专业基础课程。多年前美国麻省理工学院(MIT)做过一次关于大学课程的调查,时间跨度几十年,结果发现有些课程从有到无,有些课程从无到有,只有少数课程的内容变化很小,"信号与系统"是其中的一门。为什么呢?因为"信号与系统"是用数学的方法分析解决物理问题,分析方法既严谨又有效。而且"信号与系统"所涉及的理论又是很多专业领域的基础,尤其在信息高度发展的今天,通信、网络、信息处理等进入前所未有的发展阶段,其中涉及的基本原理很多是"信号与系统"课程中的。作为后续专业课的基础,"信号与系统"在通信、电子信息、生物医学、电气工程、运输物流、工程机械、声学、地震学、化学过程控制、社会经济等诸多领域都有着广泛的应用。

作为一门理论课程,"信号与系统"涉及大量的公式。因此,一些学生在学习过程中习惯将"信号与系统"作为数学来学,除了演算似乎并不能深刻理解"信号与系统"到底是一门怎样的课程。本书尽量从物理概念的角度来剖析这门课程,对一些基本原理、基本分析方法给出适当的物理解释,力图引导读者深入理解"信号与系统"这门课程的知识内涵。

虽然"信号与系统"是一门比较难学的课程,但它也是一门系统性很强的课程,有其特有的分析方法和清晰的知识脉络。这是本书编写的出发点及核心宗旨。

本书每章开篇有引言,结尾有结语,将信号与系统的知识内容串接起来,引导读者建立分析思路,厘清知识脉络;穿插于中间的问题思考深层分析、提示等能帮助读者深入思考、理解并掌握问题的核心内容。本书从大的知识框架入手,着重知识体系和分析理论的建立,强化知识架构、基本概念以及分析方法。书中大量的图表使抽象的理论形象化,精心编写的例题有助于概念的理解和分析方法的掌握,而一些分析问题的"诀窍"可以大大简化烦琐的演算,形成"傻瓜解法"。本书的知识内容相对较广,有一定的深度,但在知识阐述上,尽量深入浅出、化繁为简,将抽象的难以理解的理论简单化。书中理论结合实际的一些案例,以及一些生活化的语言使阅读不再枯燥。

全书共 10 章,遵循先时域连续后时域离散的顺序。连续时间信号与系统有着明确的物理概念,因此,易于理解和接受,这部分重点在于理解概念并建立分析方法;而离散时间信号与系统的分析方法与连续时间信号与系统的分析方法有着并行的相似性,在建立了基本的分析理论后重在后续的数字化处理。

第 1~5 章是连续时间信号与系统的分析,着重理解概念、建立分析方法和分析思路。第 1 章信号与系统的一般概念,主要是对信号与系统的整体有一个大致的了解;第 2

章是连续时间信号与系统的时域分析,由于时域是真实的物理世界,因此,强化概念的建立和理解,而弱化具体实际系统的求解,因为最简捷的求解方法在变换域。第3、4章是连续时间信号与系统的频域分析,由于频率是物理量,因此,频域分析有物理意义,即信号的频谱和系统的频率响应,故而,傅里叶分析具有非同寻常的工程意义,被广泛应用。第5章是连续时间信号与系统的拉普拉斯分析,本章主要建立 s 域的分析方法,拉普拉斯变换作为工具求解电路和微分方程异常简单,同时通过系统函数或零极点分析系统。实际上,到第5章系统的端口分析方法基本建立完毕。

第6章是连续时间信号的抽样,解决为什么可以用数字处理的手段来处理连续时间信号与系统的问题。经过采样,连续时间信号变成离散时间信号。

第7~9章分别是离散时间信号与系统的时域分析、z 域分析和频域分析,离散时间信号与系统的分析方法在很多方面与连续时间信号与系统的分析方法有着并行的相似性,这为理解离散时间信号与系统提供了简便的分析途径。

信号与系统的课程内容是信号与系统的分析。信号分析主要是信号的分解和变换,描述方法有数学表达式和图形描述,不论在时域、频域、还是复频域,都可以写出数学表达式,也可以画出相应的图形,例如,信号的时域函数表达式以及相应的波形,或者频域的频谱函数及其频谱图,等等。

系统分析方法包括端口分析和状态空间分析。

前9章是系统的端口分析,用数学模型(微分方程或差分方程)、物理模型(框图)以及表征函数(系统函数和单位冲激响应)来描述系统,在时域和变换域进行分析,适于线性定常系统、单输入-单输出(SISO)系统。

第10章是系统的状态空间分析,其物理模型是流图,数学模型是状态方程和输出方程,相当于把黑匣子打开,分析系统内部的状态,适于分析多输入-多输出(MIMO)系统、非线性、时变系统,可以对状态变量进行观测和控制,是系统的完全描述。作为端口分析方法中的系统函数依然可以作为状态空间分析的一个系统表征,分析系统的一些特性,但是由它来描述系统有时是不完全的。

本书建议学时为48~72学时,学时少的可以只讲前8章的基本概念和基本分析方法,对于加注"＊"的章节内容可根据实际需要酌情省略。与本书配套的有《信号与系统学习及解题指导》(已由清华大学出版社出版),以及后续的《信号处理实验及应用(MATLAB. C/C++版)》。另外,结合本教材,制作了多媒体电子教案,从而形成信号与系统的立体化教材,便于读者学习和参考。

随着信息技术的发展,移动互联以及创新模式不断涌现,教学环境也在悄悄发生着变化,自主、自由地学习也许在不远的将来会成为主流,网络课堂、慕课(MOOC)等也许更加顺应时代的要求。本书的阐述方式以及内容架构为的是增加可读性和易于理解性并引导思考问题,便于读者开放式的学习。

由于时间仓促和作者水平有限,疏漏或不妥之处在所难免,恳请广大读者批评指正。

作　者

2016 年 12 月于北京

目录

目录

目录

目录

XI

目录

目录

第1章

信号与系统的一般概念

视频讲解

1.1 信号的描述及分类

1.1.1 信号的描述

谈起信号,最早可追溯到 3000 多年前的古代烽火台,通过"光"信号来传递敌人入侵的消息。还有古战场上的击鼓鸣金,这是一种"声信号",传达的是"进"或"退"的命令。这些极为原始的信号至今仍在使用,如交通红绿灯的指路信号,运动场上的发令枪等。

在人类的发展史上,具有划时代意义的是 19 世纪发明的电信号。最具代表意义的是莫尔斯发明的电报、贝尔发明的电话,以及赫兹、波波夫、马可尼等发明的无线电通信,它们对人类的技术进步起到了举足轻重的作用。在 20 世纪 60 年代,华裔科学家高锟提出了光导纤维的概念,以激光作为载波信号的光通信使人类迈入了高速信息时代。其实,在科技高速发展的今天,信号几乎无处不在,电子通信、生物医学、工程机械、水利电气、运输物流等几乎所有的领域都需要信号的分析和处理。

那么,什么是信号呢?我们平常所说的"信息""消息"和"信号"又是怎样的关系呢?

日常生活中,电视、电话、网络等都是为了传递各种各样的消息(message),人们从中获得各种信息(information)。消息的传递一般都不是直接的,而是将消息转换成某种表现形式——信号(signal)。因此,信号是消息的表现形式,消息蕴藏于信号中。消息中一般含有一定的信息量,信息论奠基人香农(Shannon)认为"信息是用来消除随机不确定性的东西"。当人们获得的消息越不确定时,所得到的信息量越大。因此可以说,消息、信息、信号是三位一体的。通常我们说的通信就是为了传递具有一定信息量的消息,以信号的形式传送。日常生活中人们使用的网络,就是通过数据信号传递着各种消息,使得我们可以获取海量的信息。

信号一般是某种物理量,如电、光、声等,通常称为电信号、光信号、声信号。在电子电气领域,信号往往表示的是电压或电流,但也可以是电荷或电场或其他某个物理量。在其他领域中,信号也可能是力、温度、浓度、通量等。因此,信号被广义地定义为"随一些参数变化的某种物理量"。

为了便于分析,通常情况下会忽略信号的物理意义,而以抽象的数学形式来处理信号,为此需要对信号进行数学描述,将信号表示为一个或多个变量的函数,某个函数描述某种信号。在信号与系统中,"信号"和"函数"是等同的,如函数 $f(t)$ 表示随着自变量 t(时间)而变化的信号。

除了用数学表达式来描述信号外,还可以用图形来描述信号。图 1-1 表示的是一个语音信号的片段,表示了空气压力随时间变化的函数 $f(t)$,而这个语音信号所含的信息就寄寓在这个随时间而变化的图形中了。这类信号难以用数学函数来表达,但

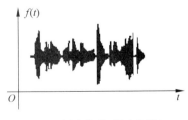

图 1-1　语音信号(语音片段)

用图形描述却比较直观。

需要注意的是,在用图形表示信号时,横坐标 $t=0$ 表示起始点或参考点。$t>0$ 表示参考时刻之后的信号变化情况,表示的是未来;而 $t<0$ 表示参考时刻之前的信号情况,表示的是过去或历史(注意,没有负的时间)。

事实上,以时间 t 为自变量的信号大多具有物理含义,因为时间是一个物理量,自然界中几乎所有现象都是时间的函数,都可称为信号。除时间自变量外,信号也可以是其他一些独立变量的函数,如频率、距离等。另外,自变量可以是一维的,也可以是二维或三维的,如图像信号 $f(x,y)$ 表示的是二维空间自变量的函数,表示亮度、色彩随空间的变化,图 1-2 就是一个静止图像信号;而视频则是随着时间变化的动态图像信号,在数学上可以表示为 $f(x,y,t)$。

图 1-2　图像信号(J. Fourier)

1.1.2　信号的分类

信号的分类方法很多,可以从不同的角度对信号进行分类。

(1) 按照信号因变量与自变量的关系特性是否具有某种规律,可以将信号分为确定性信号和随机性信号。

确定性信号指的是能够以某种确定的函数形式表示的信号,这种信号在定义域的任意时刻都有确定的函数值,例如正弦信号、指数信号等。图 1-3 表示的是一个余弦函数

$$f(t)=A\cos(2\pi f_0 t)$$

如果 $f(t)$ 表示的是一个交流电压信号,那么其峰值为 A,频率为 f_0。这个信号在每个瞬时都有准确的描述,这就是确定性信号。

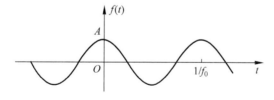

图 1-3　确定性信号

而随机信号在其定义域的任意时刻没有确定的值,是不确定信号,无法以一个或多个确定的函数来表示它,也无法根据过去的记录准确地预测未来的情况,一般只能用某种统计规律来描述。例如,图 1-4 所示的是一个噪声信号,这种信号就属于随机信号。

确定性信号还可以进行进一步的划分,根据函数是否具有周期性,确定性信号可分为周期信号和非周期信号。周期信号具有准确的重现性和未来的可预测性,每隔一段时间,信号会重复出现,周而复始、无始无终。周期信号的数学描述为

$$f(t)=f(t+nT),\quad n=0,\pm 1,\pm 2,\cdots$$

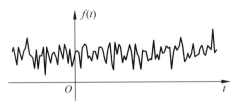

图 1-4　随机信号

满足上式的最小正整数 T 称为信号的周期。对于周期信号,只需确定一个周期内的信号表示,整个信号就完全确定,例如,正弦信号是周期信号。

需要说明的是,两个周期信号之和不一定还是周期信号,只有当周期之比为有理数时,相加的结果才是周期信号,而和信号的周期等于两个信号周期的最小公倍数。如果周期之比为无理数,则相加结果将不再是周期信号。

非周期信号不具有准确的重现性,在时间上不满足这种周而复始的重复,但依然可以对未来进行预测,如指数函数。

实际上,当周期信号的周期 $T\to\infty$ 时,周期信号将成为非周期信号。

另外,按照函数的表现形式,确定性信号可以划分为普通信号和奇异信号。普通信号可以用普通函数来表示,上面提到的正弦信号和指数信号都属于普通信号。而奇异信号不能用普通函数来描述,需要借助于广义函数和分配理论。

(2) 按照信号自变量的取值是否连续变化,可以分为连续时间信号和离散时间信号。

连续时间信号是指在信号的定义域内,除有限个间断点外,任意时刻都有确定函数值的信号。图 1-3 和图 1-4 表示的都是连续时间信号。再如,像季节变化的温度分布,一般也是一个连续变化的波形。而离散信号的定义域是一些离散的点,在这些离散点的自变量有对应的函数值,离散点之外不定义。如人口统计中的一些数据、商品年度产量或库存等,都属于离散信号。图 1-5 示出我国 2000—2008 年人口的变化情况,这是一个离散时间信号。

单位:亿

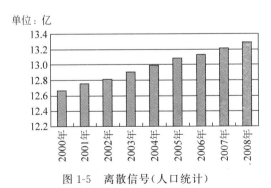

图 1-5　离散信号(人口统计)

需要注意的是,连续时间信号的自变量是连续的,函数值可以连续变化,也可以不连续变化。其中,函数值连续变化的信号一般称为模拟信号。而离散时间信号的自变量是离散的,当离散时间信号的函数值连续变化(无限精度)时称为抽样数值信号;如果幅度也量化,用有限位二进制数表示后,就是数字信号。但在学习和研究数字信号理论时,由于用二进制数表示信号很麻烦,为了方便一般将离散时间信号当作数字信号进行分析,但理论上二者的区别应该明确。

图 1-6 所示为模拟信号、阶梯信号、抽样数值信号以及数字信号,从图中可看出它们之间的区别。

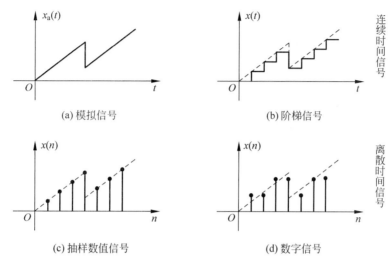

图 1-6　信号分类

另外,一些物理现象与信号的能量或者功率有关系。在电路课程中,如果电阻两端的电压为 $v(t)$,流过电阻的电流为 $i(t)$,那么,电阻上的瞬时功率 $p(t)$ 为

$$p(t) = v(t)i(t) = \frac{1}{R}v^2(t) = i^2(t)R$$

如果电阻为 1Ω,则瞬时功率为

$$p(t) = v^2(t) = i^2(t)$$

那么,一个周期 T 内的平均功率为

$$P = \frac{1}{T}\int_T p(t)\mathrm{d}t = \frac{1}{T}\int_T v^2(t)\mathrm{d}t = \frac{1}{T}\int_T i^2(t)\mathrm{d}t$$

式中,$\int_T$ 表示在一个周期 T 内的积分。

在信号与系统中,将上述概念推广到一般情况,对于任意连续时间信号 $f(t)$,在时间间隔 $[\tau_1, \tau_2]$ 内的平均功率为

$$P = \frac{1}{\tau_2 - \tau_1}\int_{\tau_1}^{\tau_2} |f(t)|^2 \mathrm{d}t \tag{1-1}$$

在时间间隔 $[\tau_1, \tau_2]$ 内消耗的总能量为

$$E = \int_{\tau_1}^{\tau_2} |f(t)|^2 \mathrm{d}t \tag{1-2}$$

如果考虑整个时间域 $(-\infty < t < +\infty)$,那么信号 $f(t)$ 的平均功率为

$$P = \lim_{T \to \infty} \left[\frac{1}{T} \int_{-T/2}^{T/2} |f(t)|^2 \mathrm{d}t \right] \tag{1-3}$$

信号 $f(t)$ 的能量定义为

$$E = \int_{-\infty}^{+\infty} |f(t)|^2 \mathrm{d}t \tag{1-4}$$

当 $0 < E < +\infty$ 时，一般将 $f(t)$ 称为能量信号，此时 $f(t)$ 的平均功率 $P = 0$；当 $0 < P < +\infty$ 时，将 $f(t)$ 称为功率信号，此时 $f(t)$ 的能量 $E \to +\infty$。

对于周期信号，由于无始无终，其能量必为无穷大，但是如果在每个周期内的能量是有限的，则该周期信号的平均功率是有限的，属于功率信号。而且，计算这种信号的平均功率只需通过一个周期来计算即可。

需要注意的是，并不是说一个信号不是能量信号就是功率信号，或者反之。实际上，有些信号既不属于能量信号也不属于功率信号。另外，在很多场合能量和功率无须特意区别，二者本质上是一样的。

1.2 系统的概念及描述

视频讲解

广义来讲，系统(system)是一个非常广泛且抽象的概念，很难用精确的语言来定义它，世界上几乎所有的东西都可以称为一个系统，例如大气系统、环境系统、生命系统、物理系统、电子系统等。

在电气工程中，简单地说，系统是由某些元件或部件以特定方式连接而成的具有某种功能的整体。如 R、L、C 电路就是一个简单的物理系统，复杂一些的系统有计算机系统、通信系统、控制系统等。而一个系统往往又是更大、更复杂系统的一部分，一般将组成更大系统的小系统称为子系统。

当我们对系统进行分析时，首先要对系统进行描述，系统的描述方法包括数学描述和物理描述。数学描述是指建立系统的输入输出关系式(即数学模型)或者找到其表征函数；物理描述是指建立系统的物理模型，一般用框图表示。物理模型更加直观并有物理意义，数学模型则更便于数学分析和求解。

例如，图 1-7 表示一个系统。

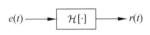

图 1-7 系统的表示

$\mathcal{H}[\cdot]$ 表示系统要完成的某种运算(具有某种功能)。$e(t)$ 是加在输入端的信号，一般称为系统的输入信号或激励信号。$r(t)$ 表示系统的输出信号或响应信号。因此，一个系统对输入信号 $e(t)$ 产生某种作用(进行某种运算)得到输出信号 $r(t)$，表示为

$$r(t) = \mathcal{H}[e(t)] \tag{1-5}$$

例如，微分器实现微分运算，对输入信号 $e(t)$ 进行求导得到输出信号 $r(t)$；而加法器则实现加法运算，等等。

系统的分类方法很多。如果按照被处理的信号来划分，可以分为连续时间系统和离散时间系统。连续时间系统处理连续时间信号，系统的输入和输出都是连续信号。离散时间系统处理离散时间信号，其输入、输出都是离散信号。连续时间系统的数学模型是

微分方程,而离散时间系统的数学模型是差分方程。

另外,也可以按照组成系统的元件性质来划分系统类型。由集总参数元件组成的系统称为集总参数系统,而由分布参数元件组成的系统称为分布参数系统。

那么,什么是集总参数元件和分布参数元件?

实际电路中的元部件一般都与电能的消耗现象及电场能、磁场能的储存现象有关,它们交织在一起并发生在整个部件中。假定在理想条件下,这些现象可以分别研究,并且这些电磁过程都分别集中在各元件内部进行,这样的元件称为集总参数元件,简称为集总元件。而参数的分布性是指电路中同一瞬间相邻两点的电位和电流都不相同,这说明分布参数电路中的电压和电流除了是时间的函数外,还是空间坐标的函数。一个电路是集总参数电路,还是分布参数电路,取决于其本身的线性尺寸与表征其内部电磁过程的电压、电流的波长之间的关系。

我们熟知的三种最基本的理想电路元件是,表示消耗电能的理想电阻元件 R、表示存储电场能的理想电容元件 C 以及表示存储磁场能的理想电感元件 L。当实际电路的尺寸远小于电路工作时电磁波的波长时,R、L、C 元件就是集总参数元件,由它们组成的电路系统就是集总参数系统。而对于传输线来说,因为线路长度达几百甚至几千千米,已经可以与波长相比,一根传输线会同时表现出电阻、电容、电感的性能,因此属于分布参数元件。还有,通信系统中的发射天线,虽然实际尺寸不太长,但发射信号的频率高、波长短,也应作分布参数系统处理。

1.3　信号与系统的分析方法

视频讲解

1.1 节和 1.2 节分别简单介绍了"信号"和"系统",实际上,两者是分不开的。首先信号不会凭空出现,一定是由某个系统产生;而系统的作用是生成、分析、处理信号,即系统的输入和输出都是信号(输入信号和输出信号)。

信号与系统的分析方法很多,每种方法提供了不同的角度,用来分析问题的不同角度称为"域",如"时域"或"变换域"。

信号分析的主要内容是信号的描述、信号的分解,将各种复杂的信号分解成一系列简单的、基本的信号。通过分析研究这些基本信号在时域或变换域的分布规律来达到了解信号特性的目的。在后续章节中,将分别在时域、频域、复频域对信号进行分析。

系统分析主要是分析研究系统的特性,建立系统的数学模型,找到系统的表征函数,并进行分析求解。与信号分析类似,系统分析也可以在时域、频域、复频域进行。

时域是客观存在的,为什么要进行"换域"(即从时间域变换到另一个域,如频率域、s 域、z 域等)分析和处理呢? 实际上,**"换域"分析的唯一原因是,在变换域可以更快、更简单明了地得到满足要求的答案**。电子系统中有两个重要的参量——"上升时间"和"带宽",前者是时域中的术语,后者是频域中的术语。通过在不同"域"中的分析,得到问题在不同方面的答案。

图 1-8 是"信号与系统"的课程内容,主要是信号与系统的分析。分析确定性信号和集总参数动态系统,包括连续时间信号与系统和离散时间信号与系统的时域分析和变换域分析。可以简单概括为"两个方程"(微分方程和差分方程)、"三个变换"(傅里叶变换、拉普拉斯变换、z 变换)、"两种分析方法"(端口分析和状态变量分析)。需要的基础知识包括高等数学的积分、复变函数的留数、线性代数的矩阵和行列式以及电路分析等。

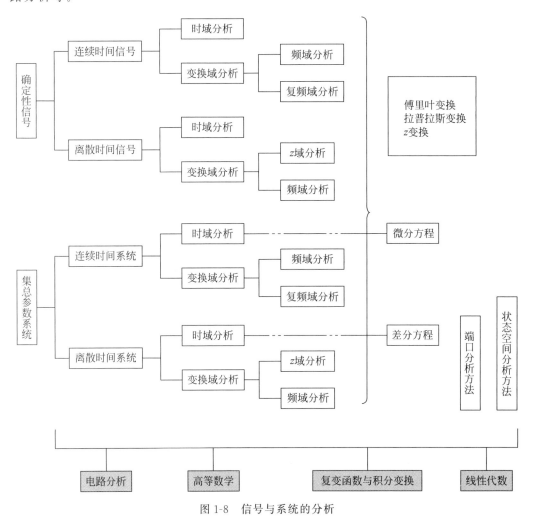

图 1-8 信号与系统的分析

本章结语

本章简要介绍了信号与系统的一般概念、信号与系统的描述方法及其分类、信号与系统的知识架构。作为后续章节的基础,运用以前的数学知识强化了连续时间信号的周期性,运用电路知识简单分析了信号的能量和平均功率。

本章知识解析

知识解析

习题

1-1 判断信号 $f(t)=1+\cos(3\pi t)-2\cos(7\pi t)$ 是否是周期信号？如果是周期的，求公共周期。

1-2 判断信号 $f(t)=\sin(\pi t)+\sin t$ 是否是周期信号？如果是周期的，求公共周期。

1-3 求题图 1-3 所示信号的能量。

题图 1-3

1-4 求题图 1-4 所示信号的能量。

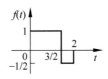

题图 1-4

1-5 求题图 1-5 所示周期信号的平均功率。

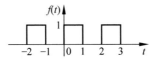

题图 1-5

第

2

章

连续时间信号与系统的时域分析

什么是时域?

时域是真实世界,是自然界唯一实际存在的域。所谓的逝者如斯夫,不舍昼夜,我们日常经历的都是随着时间的延续,在发生和发展着的事物,所以时域是我们所熟悉和易于理解的。

一般情况下,信号与系统时域分析的自变量是时间变量 t,除此之外,也可以是空间变量(如表示图像信号的 x 轴、y 轴),即空间域。信号与系统的时域分析是指分析信号和系统随时间、空间变化的物理特性,其定义域是时间或空间的集合。

本章主要分析以时间变量 t 为自变量的信号与系统,由于时域是真实的域,因此时域分析具有直观、物理概念强的特点。

2.1 典型信号

视频讲解

在信号与系统分析中,有一些广泛应用的典型信号。描述信号的方法有两种,一种是数学描述,即函数表达式;另一种是波形描述,即图形。数学表达式便于进行数学分析,而波形描述则更直观,例如示波器观察到的就是信号的时域波形。

1. 指数信号

指数信号是最常用的信号之一,其数学表达式为

$$f(t) = A e^{\alpha t} \tag{2-1}$$

这里 α 是实数,$\alpha > 0$,或 $\alpha < 0$,或 $\alpha = 0$。

指数信号的波形如图 2-1 所示。

当 $\alpha > 0$ 时,信号随着时间指数增长。在自然界,有一些物理现象可用指数增长信号来描述,例如细菌的无限繁殖、化学的连锁反应等。而放射线的衰变、电路的阻尼等显现的都是指数衰减信号,此时 $\alpha < 0$。当 $\alpha = 0$ 时,$f(t) = A$(常数),可以表示直流信号。

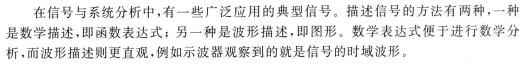

图 2-1 指数信号

指数函数最重要的特点就是它的微分和积分依然是指数函数。

很多时候,需要 $t \geq 0$ 的指数信号,这种信号称为单边指数信号,表示为

$$f(t) = \begin{cases} A e^{\alpha t}, & t \geq 0_+ \\ 0, & t < 0 \end{cases} \tag{2-2}$$

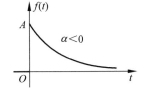

图 2-2 单边指数衰减信号

图 2-2 所示的波形是单边指数衰减信号,仅在 $t \geq 0$ 时按指数衰减变化,在 $t < 0$ 时,$f(t) = 0$。

2. 正弦信号

在信号与系统分析中,以时间 t 为自变量的正弦信号可以

表示为①

$$f(t) = A\cos(\omega t + \theta) \tag{2-3}$$

其波形如图 2-3 所示。

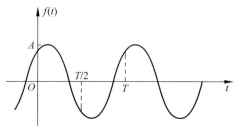

图 2-3　正弦信号

正弦波的三要素是振幅(幅度)、频率和初相位。

频率是正弦信号最重要的要素,分为物理频率和角频率。物理频率通常用 f 表示,单位是"赫兹"(Hz),指每秒完成周期性变化的次数,是描述变化快慢的物理量。角频率一般用 ω 表示,单位是"弧度每秒"(rad/s)。周期用 T 表示,单位是"秒"(s)。

频率、周期、角频率三者之间的关系是

$$f = 1/T$$
$$\omega = 2\pi f = 2\pi/T$$

相位描述信号波形变化的状态,单位是"度"或者"角度"。式(2-3)中,θ 称为初相位或相角。有时将相位差等于零的两个正弦量称为同相,相位差为 π 的两个正弦量称为反相,而相位差为 $\pi/2$ 的两个正弦量称为正交。

振幅是振动物体离开平衡位置的最大距离。

这三个要素充分表征了正弦信号的一切特性。

提示:在函数表达式中,正弦信号是唯一在表达式中既含有时间又含有频率的函数,是基本的也是最重要的信号之一。

现实世界中,正弦信号广泛存在,例如,机械振荡、音乐合成、LC 电路的响应等,表现出来的都是正弦信号或者正弦信号的合成。在听觉感受上,单一的正弦信号并不好听,那些美妙的音乐可以看成很多不同频率正弦信号的合成。

3. 复指数信号

当指数是复数时,就得到复指数函数。

$$f(t) = A\mathrm{e}^{(\sigma + \mathrm{j}\omega)t} \tag{2-4}$$

欧拉(Euler)将指数、复指数、三角函数、实数、虚数巧妙地联系在了一起,它们之间可以互相转化。根据欧拉公式

$$\mathrm{e}^{\mathrm{j}\omega t} = \cos(\omega t) + \mathrm{j}\sin(\omega t) \tag{2-5}$$

---

① 在信号与系统中,一般将正弦函数信号和余弦函数信号统称为正弦信号。

则

$$f(t) = A\mathrm{e}^{(\sigma + \mathrm{j}\omega)t} = A\mathrm{e}^{\sigma t} \cdot \mathrm{e}^{\mathrm{j}\omega t} = A\mathrm{e}^{\sigma t}\cos(\omega t) + \mathrm{j}A\mathrm{e}^{\sigma t}\sin(\omega t) \quad (2\text{-}6)$$

采用复指数函数表示信号的意义,在于复数可以同时表示幅度和相位。

图 2-4 表示的是单边复指数信号的实部。指数衰减信号和余弦波作乘法运算,因此是一个包络按指数衰减的余弦振荡波形。

$$f(t) = \begin{cases} A\mathrm{e}^{\sigma t}\cos(\omega t), & t \geqslant 0 \\ 0, & t < 0 \end{cases}$$

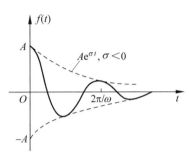

图 2-4 单边复指数衰减正弦信号

4. 抽样信号

抽样信号是一个比较特殊的信号,其数学表达式为

$$\mathrm{Sa}(t) = \frac{\sin t}{t} \quad (2\text{-}7)$$

抽样信号的波形是正弦信号的波形除以直线 t,根据关键点和趋势画出图形,如图 2-5 所示。

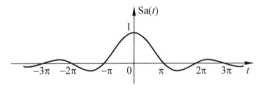

图 2-5 抽样信号

抽样函数 $\mathrm{Sa}(t)$ 具有如下特点:

(1) $\mathrm{Sa}(t)$ 是偶对称的,即 $\mathrm{Sa}(-t) = \mathrm{Sa}(t)$。

(2) 当 $t = 0$ 时,$\mathrm{Sa}(t) = 1$;当 $t = k\pi (k = \pm 1, \pm 2, \cdots)$ 时,$\mathrm{Sa}(t) = 0$。

(3) 数学上,$\mathrm{Sa}(t)$ 在整个时间域的积分值等于 π,即

$$\int_{-\infty}^{+\infty} \mathrm{Sa}(t)\mathrm{d}t = \pi \quad (2\text{-}8)$$

根据对称性,自然有

$$\int_{-\infty}^{0} \mathrm{Sa}(t)\mathrm{d}t = \int_{0}^{+\infty} \mathrm{Sa}(t)\mathrm{d}t = \frac{\pi}{2}$$

诀窍:

抽样信号在整个时间域的积分值可以借助 Sa 图形计算,将 $t=0$ 对应的波形顶点和左右第一个零值点连成三角形,该三角形的面积就等于抽样函数在整个时间域的积分值,如图 2-6 所示。这个结论适用于所有具有抽样形式的函数。

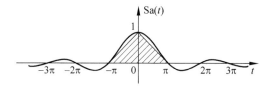

图 2-6　抽样函数积分值的计算

定义另一个函数

$$\text{sinc}(t) = \frac{\sin(\pi t)}{\pi t} = \text{Sa}(\pi t) \tag{2-9}$$

其波形如图 2-7 所示。

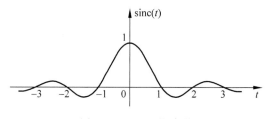

图 2-7　$\text{sinc}(t)$ 的波形

由图 2-7 可以看出:

(1) 当 $t=0$ 时,$\text{sinc}(t)=1$;

(2) 当 $t=k(k=\pm 1, \pm 2, \cdots)$ 时,$\text{sinc}(t)=0$;

(3) $\int_{-\infty}^{+\infty} \text{sinc}(t)\mathrm{d}t = 1$。

【例题 2.1】　信号 $f(t) = \dfrac{\sin(2t)}{t}$,画出其图形,并求 $\int_{-\infty}^{+\infty} f(t)\mathrm{d}t$ 的值。

解:

$$f(t) = \frac{\sin(2t)}{t} = 2\frac{\sin(2t)}{2t} = 2\text{Sa}(2t)$$

其波形如图 2-8 所示。

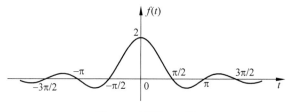

图 2-8　例题 2.1 图

计算顶点和左右第一个零值点构成的三角形的面积,有

$$\int_{-\infty}^{+\infty} f(t)\,\mathrm{d}t = \pi$$

5. 钟形脉冲信号

钟形脉冲函数也称高斯函数。高斯函数应用范围很广,在自然科学、社会科学、数学以及工程学领域都有广泛应用,其数学表达式为

$$f(t) = A\,\mathrm{e}^{-(t/\tau)^2} \tag{2-10}$$

其波形如图 2-9 所示。

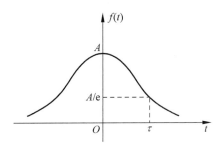

图 2-9　钟形脉冲信号

2.2　连续时间信号的运算规则

视频讲解

信号的运算规则,指的是一个或多个信号做某种数学上的运算。这些运算可以由一些物理器件组成的系统来实现。

1. 信号相加

两个信号做加法运算,要求同一时刻信号幅度相加,由加法器实现,如图 2-10 所示。

$$f(t) = f_1(t) + f_2(t) \tag{2-11}$$

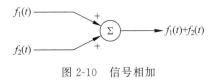

图 2-10　信号相加

【例题 2.2】　信号 $f_1(t)$ 和 $f_2(t)$ 的波形如图 2-11(a)、图 2-11(b)所示,画出 $f_1(t) + f_2(t)$ 的波形。

解:这是正弦信号和直流信号的叠加,相加结果见图 2-11(c),得到了一个含有直流的正弦信号。

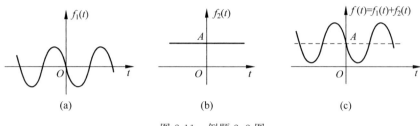

图 2-11　例题 2.2 图

2. 信号相乘

两个普通信号的乘法运算,要求同一时刻信号幅度相乘,可由乘法器实现,如图 2-12 所示。

$$f(t) = f_1(t) \cdot f_2(t) \tag{2-12}$$

信号的乘法运算在信号处理以及通信系统中经常遇到,如信号的采集、AM 调制等。

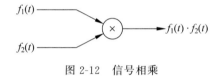

图 2-12　信号相乘

【**例题 2.3**】　信号 $f_1(t)$ 和 $f_2(t)$ 的波形如图 2-13(a)、图 2-13(b)所示,画出 $f_1(t) \cdot f_2(t)$ 的波形。

解:由于 $f_2(t)$ 在一段时间 $[-\tau/2, \tau/2]$ 内等于 1,其他时刻 $f_2(t) = 0$,因此本题相当于给信号 $f_1(t)$ 加窗,只截取了 $-\tau/2 \leqslant t \leqslant \tau/2$ 时间段的 $f_1(t)$,结果见图 2-13(c)。

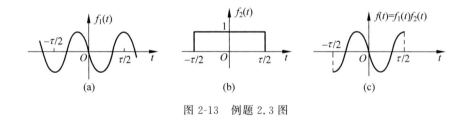

图 2-13　例题 2.3 图

3. 幅度比例

幅度比例指的是信号倍乘,其幅度放大或缩小 K 倍,相当于比例放大器,即 $f(t) \rightarrow K f(t)$,如图 2-14 所示。

图 2-14　幅度比例

4. 信号微分

信号的微分运算是对原信号进行求导。微分运算在连续时间系统中很常见,例如,电容的电流是其电压的导数,电感的电压是其电流的导数,等等。

$$f'(t) = \frac{\mathrm{d}}{\mathrm{d}t} f(t) \tag{2-13}$$

在信号与系统中,微分运算要求任意时刻信号都有定义。

【**例题 2.4**】 已知 $f(t) = 0.5 + 0.5\cos(\omega_0 t)$,$0 \leqslant t \leqslant T/2$,$T = 2\pi/\omega_0$,求 $f'(t)$。

解:对 $f(t)$ 求导,当 $0 < t \leqslant T/2$ 时,$f'(t) = -0.5\omega_0 \sin(\omega_0 t)$。当 $t > T/2$ 或 $t < 0$ 时,$f'(t) = 0$。

由于 $t = 0$ 处原信号 $f(t)$ 为第一类间断点,其导数在数学上是无穷大的。但是,作为连续时间信号,要求在任意时刻都有定义,$f'(t)$ 在 $t = 0$ 处实际上存在一个特殊的奇异信号——冲激。本题中,$f(t)$ 从 0 跳变到 1,跳变量为 +1,因此,冲激信号用一个向上的箭头表示,用括号中的数值来表示信号的跳变量,也称为信号的强度,如图 2-15(b)所示。有关冲激信号的详细分析见 2.3 节。

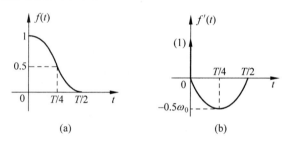

图 2-15 例题 2.4 图

从图形对比可以发现,经过微分运算,原信号突变的部分($t = 0$ 处)得到了强化,即微分运算突出了信号的变化部分。

5. 信号积分

信号的积分运算表达式为

$$f^{(-1)}(t) = \int_{-\infty}^{t} f(\tau) \mathrm{d}\tau \tag{2-14}$$

$f^{(-1)}(t)$ 表示原信号 $f(t)$ 的积分运算,注意,积分的上限是时间变量 t,所以积分运算后得到的依然是时间的函数,即原信号的积分信号。

【**例题 2.5**】 求例题 2.4 中信号 $f(t)$ 的积分信号。

解:原函数是一个分段函数,而积分运算的积分上限 t 的范围要考虑整个时间域,即 $-\infty < t < +\infty$。根据 t 所处位置不同,被积函数的表现形式可能不同。对于本题而言,被积信号如图 2-16(a)所示,因此需要分段进行积分。

当 $-\infty < t < 0$ 时,

$$f^{(-1)}(t) = \int_{-\infty}^{t} f(\tau) \mathrm{d}\tau = 0$$

当 $0 \leqslant t < T/2$ 时,

$$f^{(-1)}(t) = \int_{-\infty}^{0} f(\tau)\mathrm{d}\tau + \int_{0}^{t} f(\tau)\mathrm{d}\tau = \int_{0}^{t} f(\tau)\mathrm{d}\tau = 0.5\left[t + \sin(\omega_0 t)/\omega_0\right]$$

当 $T/2 \leqslant t < +\infty$ 时,

$$f^{(-1)}(t) = \int_{-\infty}^{0} f(\tau)\mathrm{d}\tau + \int_{0}^{T/2} f(\tau)\mathrm{d}\tau + \int_{T/2}^{t} f(\tau)\mathrm{d}\tau = \int_{0}^{T/2} f(\tau)\mathrm{d}\tau = T/4$$

分段积分结果见图 2-16 (b)。

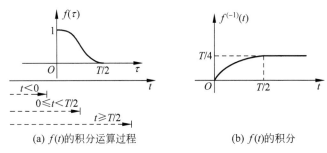

(a) $f(t)$ 的积分运算过程   (b) $f(t)$ 的积分

图 2-16　例题 2.5 图

对比原信号 $f(t)$ 和它的积分信号 $f^{(-1)}(t)$,$f^{(-1)}(t)$ 的图形明显比 $f(t)$ 的图形平滑,$f(t)$ 在 $t=0$ 处的跳变,通过积分运算变得平缓。

提示:微分运算突出信号的变化部分,而积分运算可以平滑突变部分,消除毛刺。

例如,在图像处理中,锐化(微分)处理后的图像边缘会更加清晰,而模糊(积分)处理后的图像边缘变得平滑,界限模糊。另外,在电路中,为了减少直接加电可能引起的对电路的冲击,可以将所加电压先通过一个积分电路,让电源慢慢加压直至恒定。

在例题 2.4 中,原信号 $f(t)$ 在一段时间内不为零,其他时刻信号为零,一般将这种信号称为时限信号。值得注意的是,某段时间内 $f(t)=0$,此段时间内的积分信号未必为零。原因是,积分是一个累加的过程。

上面五种运算都是对信号的幅度(因变量)进行运算。信号的运算规则还包括对自变量时间 t 的运算,这就是信号的时间尺度变化特性。

6. 信号的压缩或扩展

信号的压缩或扩展运算相当于由 $f(t)$ 求 $f(at)$,即 $t \to at$,其中 $|a| > 1$ 或 $|a| < 1$。

先考虑 $a > 0$ 的情况。

如果 $f(t)$ 的持续时间为 τ,则 $f(at)$ 中 at 的持续时间为 τ,那么,$f(at)$ 中 t 的持续时间就是 τ/a。因此,当 $a > 1$ 时,$f(at)$-t 在时间轴上被压缩;反之,当 $0 < a < 1$ 时,$f(at)$-t 在时间轴上将被扩展。

例如,以自然速度录制的节目,如果进行 $f(2t)$ 运算,那么,用一半的时间就可以将节目放完,相当于“快放”。而 $f(t/2)$ 相当于“慢放”,需要 2 倍的时间才能将节目放完。

如果 a 为负值,$f(at)$ 怎么变化呢?

视频讲解

7. 信号的转置(翻折)

当 $a=-1$ 时,相当于由 $f(t)$ 求 $f(-t)$,自变量时间 t 前后颠倒。$f(-t)$ 的图形是 $f(t)$ 的图形以 $t=0$ 为轴左右翻折,因此,这种运算也称为信号的翻折或倒置。以"录放"为例,相当于将录制的节目"倒放",先后顺序颠倒。

8. 信号在时间轴上的位移

信号在时间轴上的位移,相当于进行如下运算:

$$f(t) \rightarrow f(t-t_0), \quad t_0 > 0 \text{ 或 } t_0 < 0$$

当 $t_0 > 0$ 时,$f(t)$ 波形向右平移 t_0,表示将 $f(t)$ 延时 t_0;当 $t_0 < 0$ 时,$f(t)$ 波形向左平移 t_0,表示 $f(t)$ 超前 t_0。

下面通过例题说明当自变量 t 改变时,信号将怎样变化。需要注意的是,在信号的时间尺度变化过程中,函数的自变量都是 t。因为 t 是现实中具有物理概念的时间,不论信号做何种运算,时间只能一分一秒无间断地流逝,不会快也不会慢。

【例题 2.6】 $f(t)$ 如图 2-17(a)所示,分别画出 $f(-t)$、$f(2t)$、$f(t/2)$、$f(t-2)$ 以及 $f(t+2)$ 的图形。

解:根据运算规则,得到如图 2-17(b)~图 2-17(f)所示的结果。

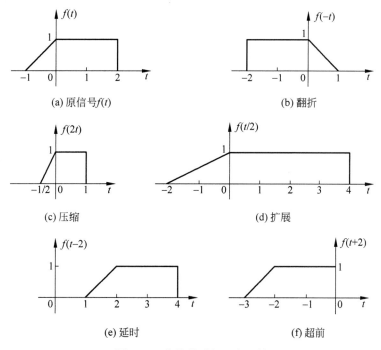

图 2-17 信号的时间尺度运算

实际上,"延时"是物理存在的现象,尤其在通信中,由于信号是以有限的速度在物理媒介中传输的。以打电话为例,当被叫听到主叫的声音时会有一个时间差——时延。以现在主流的传输媒质"光纤"来分析,光纤中传送激光载波信号,真空中的光速是 3×10^8 m/s,光纤的折射率近似等于 1.5,则光在光纤中的传输速率大约等于 $3 \times 10^8 / 1.5$ 即 2×10^8(m/s),那么,光在光纤中传输 1km 大约需要 5×10^{-6} s,即 5μs,当然,这样短的时延人耳是感觉不到的。但是,当打一万千米的越洋电话时,会有 50ms 的延时,这个时延会使人感觉明显的不适。尤其是卫星通信,在神舟载人飞船与地面通话时就会有非常明显的时延差。

【例题 2.7】 分析正弦信号的延时,假设 $f(t) = \cos(2\pi t)$,求 $f(t-0.5)$。

解:
$$f(t-0.5) = \cos[2\pi(t-0.5)] = \cos(2\pi t - \pi)$$

可以看出,对于这个正弦信号,0.5s 的延时相当于 $-\pi$ rad 的相位偏移。

提示: 对于正弦信号且仅是正弦信号,时间的延时和相位的变化,表达式是等效的。

下面通过一道例题,说明信号经过压缩(或扩展)、翻折、位移等综合运算规则。

【例题 2.8】 对例题 2.6 中所示的信号 $f(t)$(见图 2-17(a)),求 $f(5-2t)$。

解: 根据运算规则,图 2-18 示出了信号的时间尺度变化过程。注意,在每个时间尺度运算过程中,自变量都是 t,这也是运算的关键所在,在最后一步位移运算中,考虑
$$f(5-2t) = f(-2(t-5/2))$$

即,对于 t 而言,右移 5/2。

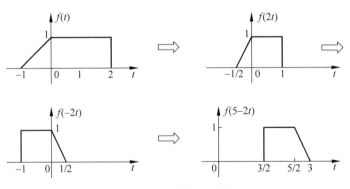

图 2-18 例题 2.8 图

9. 信号的周期延拓

对于时限信号 $f_1(t)$,以周期 T 进行周期延拓(见图 2-19),得到周期信号 $f_T(t)$,即
$$f_T(t) = \sum_{k=-\infty}^{+\infty} f_1(t-kT) \tag{2-15}$$

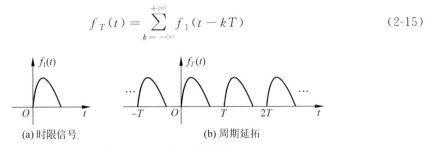

(a) 时限信号   (b) 周期延拓

图 2-19 信号的周期延拓

2.3 奇异信号分析

在例题 2.4 中,具有第一类间断点的信号 $f(t)$ 在进行微分运算时,$f'(t)$ 在 $t=0$ 处出现了一种特殊的信号,这种信号不是普通函数可以描述的,在信号分析中,将其称为奇异信号。

那么什么是奇异信号呢?

奇异信号是另一类基本信号,当函数本身或其导数出现奇异值(趋于无穷大)时,这类函数表示的信号就属于奇异信号。

2.3.1 单位阶跃信号

单位阶跃信号用 $u(t)$ 表示,定义为

$$u(t) = \begin{cases} 1, & t > 0 \\ 0, & t < 0 \end{cases} \tag{2-16}$$

单位阶跃信号 $u(t)$ 在 $t=0$ 处存在间断点,一般在 $t=0$ 不定义,或者

$$u(t)\big|_{t=0} = \frac{1}{2}\big[u(t)\big|_{t=0_+} + u(t)\big|_{t=0_-}\big] = 1/2$$

$u(t)$ 的波形如图 2-20 所示。

在信号分析中,$u(t)$ 是一种非常重要的信号,可以描述一些物理现象,例如,在 $t=0$ 瞬时(无限短时间内)给电路加上 1 V 电压并保持恒定,这样的信号就可以用 $u(t)$ 表示。另外,用单位阶跃信号可以表示一些其他信号。例如,将 $u(t)$ 及其位移作加减运算,可以得到任意的矩形信号。

图 2-20　单位阶跃信号

【例题 2.9】 用单位阶跃信号表示图 2-21 所示的矩形信号和门限信号。

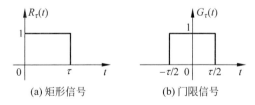

(a) 矩形信号　　　　(b) 门限信号

图 2-21　矩形信号和门限信号

解:矩形信号

$$R_\tau(t) = u(t) - u(t-\tau) \tag{2-17}$$

门限信号

$$G_\tau(t) = u(t+\tau/2) - u(t-\tau/2) \tag{2-18}$$

其实,门限信号右移 $\tau/2$ 即是矩形信号。

$$R_\tau(t) = G_\tau(t - \tau/2)$$

另外,单位阶跃信号具有单边性,一个信号通过与单位阶跃信号相乘可以对其进行时间截断,因此可以用 $u(t)$ 表示单边信号或时限信号。

例如,单边指数信号

$$f(t) = \begin{cases} A\,e^{\alpha t}, & t \geqslant 0_+ \\ 0, & t \leqslant 0_- \end{cases}$$

可以表示为

$$f(t) = A\,e^{\alpha t} u(t)$$

这里,单位阶跃信号可以表示信号的接入时间,上式表示 $t \geqslant 0$ 开始加入指数信号。

又如,时限信号

$$f(t) = 0.5 + 0.5\cos(\omega_0 t), \quad 0 \leqslant t \leqslant T/2$$

可以表示为

$$f(t) = [0.5 + 0.5\cos(\omega_0 t)][u(t) - u(t - T/2)]$$

一个信号乘以矩形信号,相当于对该信号进行截断(或加窗),表示信号只在一段时间内不为零,在其他时刻信号为零。

2.3.2 符号函数

在数学中曾经学过符号函数,符号函数对自变量取符号,数学表达式为

$$\mathrm{sgn}(t) = \begin{cases} 1, & t > 0 \\ -1, & t < 0 \end{cases} \tag{2-19}$$

同样,$\mathrm{sgn}(t)$ 在 $t=0$ 时不定义,或者

$$\mathrm{sgn}(t)\,|_{t=0} = \frac{1}{2}[\mathrm{sgn}(0_+) + \mathrm{sgn}(0_-)] = 0$$

$\mathrm{sgn}(t)$ 的波形如图 2-22 所示。

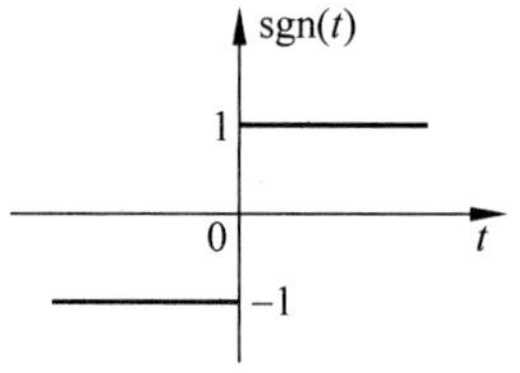

符号函数也是具有跃变时间的信号,可以用单位阶跃信号表示。

$$\mathrm{sgn}(t) = u(t) - u(-t)$$

或者

$$\mathrm{sgn}(t) = 2u(t) - 1$$

图 2-22 符号函数

2.3.3 单位冲激信号

1. 单位冲激信号的定义

单位冲激信号无法用普通函数完整定义,下面先通过一个最简单的电路对它进行物

理解释。

考虑一个纯电容电路，如图 2-23 所示，$C=1\text{F}$，给电容加上电压 $v_C(t)$，分析流过电容的电流。

假设所加电压 $v_C(t)$ 如图 2-24(a) 所示，即在 τ 的时间内均匀加到 1V 电压，然后恒定。

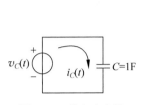

图 2-23 纯电容电路

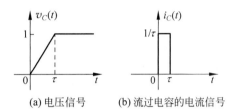

(a) 电压信号   (b) 流过电容的电流信号

图 2-24 电容上的电压和电流

此时流过电容 C 的电流为

$$i_C(t) = C\frac{\mathrm{d}}{\mathrm{d}t}v_C(t) = \frac{\mathrm{d}}{\mathrm{d}t}v_C(t)$$

电流 $i_C(t)$ 的波形如图 2-24(b) 所示，这是一个矩形信号，其数学表达式为

$$i_C(t) = \frac{1}{\tau}\big[u(t)-u(t-\tau)\big]$$

考虑 $\tau \to 0$，即在无限短的时间内将电压加到恒定，此时流过电容的电流为

$$i_C(t) = \lim_{\tau \to 0}\frac{1}{\tau}\big[u(t)-u(t-\tau)\big]$$

电流矩形脉冲的宽度无限变窄，而幅度无限变大，同时其积分值等于 1，

$$\int_{-\infty}^{+\infty} i_C(t)\mathrm{d}t = 1$$

这样的信号没有时间的持续期，但有面积。将这样的信号定义为单位冲激信号，表示为 $\delta(t)$。

$$\delta(t) = \lim_{\tau \to 0}\big[u(t)-u(t-\tau)\big]/\tau$$

在用图形描述 $\delta(t)$ 时，用一个箭头来表示，如图 2-25 所示。由于其面积为 1，则在箭头旁标明 (1)；如果面积为 A，则表示为 (A)，代表冲激的强度。

$\delta(t)$ 不是普通函数，无法由普通函数完全定义它。一般有三种定义来描述 $\delta(t)$。

1) Dirac 定义

图 2-25 单位冲激信号

$$\begin{cases}\delta(t)=0, & t \neq 0 \\ \int_{-\infty}^{+\infty}\delta(t)\mathrm{d}t = 1\end{cases} \qquad (2\text{-}20)$$

$\delta(t)$ 只在 $t=0$ 时不为 0，在其他时刻为 0，包括 0_- 和 0_+ 时刻，即

$$\delta(0_-) = \delta(0_+) = 0$$

$\delta(t)$ 函数的 Dirac 定义是一种描述性的定义，虽然很不全面，但是在 $\delta(t)$ 的运算中却很有用。

2) 作为某些函数的极限

除了矩形脉冲外,三角形脉冲信号在取极限的情况下,也可以用来定义冲激信号。

$$\delta(t) = \lim_{\tau \to 0} \left\{ \frac{1}{\tau} \left[u(t + \tau/2) - u(t - \tau/2) \right] \right\} \tag{2-21}$$

$$\delta(t) = \lim_{\tau \to 0} \left\{ \frac{1}{\tau} \left(1 - \frac{|t|}{\tau} \right) \left[u(t + \tau) - u(t - \tau) \right] \right\} \tag{2-22}$$

单位冲激信号(函数)可以认为是当宽度趋近于零时的单位面积矩形脉冲或单位面积三角形脉冲的极限,在极限情况下两者是等价的。这也是冲激信号有别于普通信号的奇异性所在。其实这样的函数还有很多,如双边指数信号、钟形脉冲信号等。

$$\delta(t) = \lim_{\tau \to 0} \left(\frac{1}{2\tau} e^{-\frac{|t|}{\tau}} \right) \tag{2-23}$$

$$\delta(t) = \lim_{\tau \to 0} \left(\frac{1}{\tau} e^{-\pi \left(\frac{t}{\tau} \right)^2} \right) \tag{2-24}$$

$$\delta(t) = \lim_{\tau \to 0} \left(\frac{1}{\tau \sqrt{2\pi}} e^{-\left(\frac{t}{\sqrt{2}\tau} \right)^2} \right) \tag{2-25}$$

抽样信号的极限也是冲激信号,即

$$\delta(t) = \lim_{K \to +\infty} \left(\frac{K}{\pi} \mathrm{Sa}(Kt) \right) \tag{2-26}$$

在 $\delta(t)$ 这种定义中,这些函数在取极限的情况下脉冲宽度都无限变窄,而幅度无限变大,如图 2-26 所示。除此之外,它们还有一个共性,就是这些函数在整个时间域 ($-\infty < t < +\infty$)的积分值等于 1。其实,取极限的函数形状不是最重要的(实际上,当这

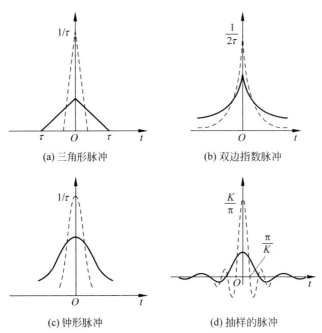

(a) 三角形脉冲

(b) 双边指数脉冲

(c)钟形脉冲

(d) 抽样的脉冲

图 2-26　某些函数取极限的脉冲

些函数的宽度趋于零时，函数形状的概念已经变得模糊了），重要的是保证它的强度等于1，这就是单位冲激信号的"单位"两字的含义。如果其强度（或积分）等于常数 A，那么其极限就是 $A\delta(t)$。

【例题 2.10】　证明：$\int_{-\infty}^{+\infty}\cos(\omega t)\mathrm{d}\omega = 2\pi\delta(t)$。

证明：

$$\int_{-\infty}^{+\infty}\cos(\omega t)\mathrm{d}\omega = \lim_{K\to+\infty}\int_{-K}^{K}\cos(\omega t)\mathrm{d}\omega = \lim_{K\to+\infty}\frac{\sin(\omega t)}{t}\bigg|_{-K}^{K} = \lim_{K\to+\infty}\frac{2\sin(Kt)}{t}$$

$$2\pi\delta(t) = 2\pi\lim_{K\to+\infty}\left[\frac{K}{\pi}\mathrm{Sa}(Kt)\right] = 2\pi\lim_{K\to+\infty}\frac{K}{\pi}\frac{\sin(Kt)}{Kt} = 2\lim_{K\to+\infty}\frac{\sin(Kt)}{t}$$

所以，有

$$\delta(t) = \frac{1}{2\pi}\int_{-\infty}^{+\infty}\cos(\omega t)\mathrm{d}\omega$$

在第 3 章信号的傅里叶变换中，还可以得到如下式子：

$$\delta(t) = \frac{1}{2\pi}\int_{-\infty}^{+\infty}\mathrm{e}^{\mathrm{j}\omega t}\mathrm{d}\omega$$

实际上，关于 $\delta(t)$ 的所有这些不同的描述都在强调一点，即冲激信号与普通信号的函数表达不同，$\delta(t)$ 属于广义函数，$\delta(t)$ 可用分配函数来定义。

3）分配函数

简单地讲，一个分配函数 $f(t)$ 是赋予任意函数 $\chi(t)$ 以确定数值的过程。$\delta(t)$ 是分配函数，是赋予任意在 $t=0$ 连续有界的函数 $\chi(t)$ 以确定数值 $\chi(0)$ 的过程。

$$\int_{-\infty}^{+\infty}\delta(t)\chi(t)\mathrm{d}t = \chi(0) \tag{2-27}$$

证明：

由 $\delta(t)$ 的 Dirac 定义，当 $t\neq0$ 时，$\delta(t)=0$，可得

$$\delta(t)\chi(t) = \delta(t)\chi(0)$$

再根据 $\int_{-\infty}^{+\infty}\delta(t)\mathrm{d}t = 1$，有

$$\int_{-\infty}^{+\infty}\delta(t)\chi(t)\mathrm{d}t = \int_{-\infty}^{+\infty}\delta(t)\chi(0)\mathrm{d}t = \chi(0)\int_{-\infty}^{+\infty}\delta(t)\mathrm{d}t = \chi(0)$$

事实上，当需要证明一个函数表达式等于 $\delta(t)$ 时，用分配函数进行证明是相对严谨的。

2. 单位冲激信号的性质

单位冲激信号是最基本的信号，$\delta(t)$ 在信号分析中具有非常重要的地位，对它进行运算可以得到 $\delta(t)$ 的一些性质。

1）相加

$$a\delta(t) + b\delta(t) = (a+b)\delta(t) \tag{2-28}$$

2）相乘

前已推得

视频讲解

$$f(t)\delta(t) = f(0)\delta(t) \tag{2-29}$$

$$\int_{-\infty}^{+\infty} \delta(t)f(t)\,\mathrm{d}t = \int_{-\infty}^{+\infty} \delta(t)f(0)\,\mathrm{d}t = f(0)\int_{-\infty}^{+\infty} \delta(t)\,\mathrm{d}t = f(0)$$

这个性质一般称为筛选性质,即通过运算筛选出某个函数值,例如 $f(0)$,如图 2-27 所示。

关于 $\delta(t)$ 的乘法运算,一般只进行 $\delta(t)$ 与普通信号的相乘,不对 $\delta(t) \cdot \delta(t)$ 进行计算。

3) 位移

$\delta(t)$ 位移 t_0 就得到 $\delta(t-t_0)$,如图 2-28 所示。当 $t_0 > 0$ 时,右移;当 $t_0 < 0$ 时,左移。

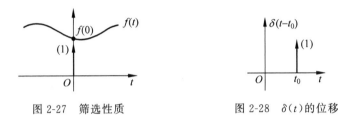

图 2-27　筛选性质　　　　图 2-28　$\delta(t)$ 的位移

同样有

$$f(t)\delta(t-t_0) = f(t_0)\delta(t-t_0) \tag{2-30}$$

则得筛选性质

$$\int_{-\infty}^{+\infty} f(t)\delta(t-t_0)\,\mathrm{d}t = f(t_0) \tag{2-31}$$

读者可自行证明。

4) 时间尺度变化

有别于普通信号,$\delta(t)$ 进行压缩或者扩展,其强度将会改变。

$$\delta(at) = \frac{1}{|a|}\delta(t) \tag{2-32}$$

下面用分配函数证明式(2-32)。

证明:对于任意在 $t=0$ 连续有界的函数 $\chi(t)$,计算积分 $\int_{-\infty}^{+\infty} \delta(at)\chi(t)\,\mathrm{d}t$。

令 $\tau = at$,假设 $a > 0$,则

$$\int_{-\infty}^{+\infty} \delta(at)\chi(t)\,\mathrm{d}t = \frac{1}{a}\int_{-\infty}^{+\infty} \delta(\tau)\chi(\tau/a)\,\mathrm{d}\tau$$

$$= \frac{1}{a}\chi(0)\int_{-\infty}^{+\infty} \delta(\tau)\,\mathrm{d}\tau = \frac{1}{a}\chi(0)$$

同样,当 $a < 0$ 时,有

$$\int_{-\infty}^{+\infty} \delta(at)\chi(t)\,\mathrm{d}t = -\frac{1}{a}\chi(0)$$

故

$$\delta(at) = \frac{1}{|a|}\delta(t)$$

【例题 2.11】 计算 $\int_{-\infty}^{+\infty} \sin(t - \pi/3)\delta(2t)\mathrm{d}t$。

解：

$$\int_{-\infty}^{+\infty} \sin(t - \pi/3)\delta(2t)\mathrm{d}t = \int_{-\infty}^{+\infty} \sin(t - \pi/3)\frac{1}{2}\delta(t)\mathrm{d}t$$

$$= \frac{1}{2}\sin\left(-\frac{\pi}{3}\right)\int_{-\infty}^{+\infty}\delta(t)\mathrm{d}t = -\frac{\sqrt{3}}{4}$$

5）时间倒置

$$\delta(-t) = \delta(t) \tag{2-33}$$

即 $\delta(t)$ 是偶函数。

6）积分

不难得到

$$\int_{-\infty}^{t}\delta(\tau)\mathrm{d}\tau = \begin{cases} 1, & t \geqslant 0_+ \\ 0, & t \leqslant 0_- \end{cases}$$

即

$$\int_{-\infty}^{t}\delta(\tau)\mathrm{d}\tau = u(t) \tag{2-34}$$

式(2-34)说明，$\delta(t)$ 的积分信号是单位阶跃信号；反过来，单位阶跃信号求导将得到单位冲激信号，即

$$\frac{\mathrm{d}}{\mathrm{d}t}u(t) = \delta(t) \tag{2-35}$$

*2.3.4 冲激偶函数

对 $\delta(t)$ 进行微分运算，得到

$$\frac{\mathrm{d}}{\mathrm{d}t}\delta(t) = \delta'(t) \tag{2-36}$$

下面图解说明冲激信号经过求导运算得到的是一个什么样的信号(见图 2-29)。

从图 2-29 看出，当 $\tau \to 0$ 时，$\frac{\mathrm{d}}{\mathrm{d}t}f_\Delta(t)$ 分别在 $t = 0$ 有一个向上的无穷大量和一个向下的无穷大量，一般将 $\delta'(t)$ 称为冲激偶。

需要注意的是，$\delta'(t)$ 的两个上、下箭头并不代表向上和向下的两个冲激信号，从图 2-29(c)看出，奇对称的两个矩形脉冲的面积并不等于 1，当 $\tau \to 0$ 时，面积也趋于无穷大，这是冲激偶有别于冲激信号的一个地方。

从 $\delta'(t)$ 的推导过程可以看出 $\delta'(t)$ 的一些性质。

首先，$\delta'(t)$ 是奇对称的，即

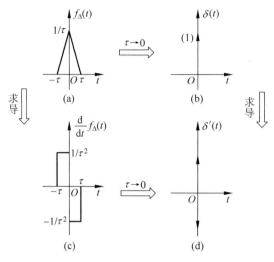

图 2-29　单位冲激信号的微分

$$\delta'(-t) = -\delta'(t) \tag{2-37}$$

而且

$$\int_{-\infty}^{+\infty} \delta'(t)\,\mathrm{d}t = 0 \tag{2-38}$$

另外，由

$$[f(t)\delta(t)]' = f(t)\delta'(t) + f'(t)\delta(t)$$

以及

$$f(t)\delta(t) = f(0)\delta(t)$$

可得

$$[f(0)\delta(t)]' = f(t)\delta'(t) + f'(0)\delta(t)$$

即

$$f(t)\delta'(t) = f(0)\delta'(t) - f'(0)\delta(t) \tag{2-39}$$

上式两端积分

$$\int_{-\infty}^{+\infty} f(t)\delta'(t)\,\mathrm{d}t = \int_{-\infty}^{+\infty} f(0)\delta'(t)\,\mathrm{d}t - \int_{-\infty}^{+\infty} f'(0)\delta(t)\,\mathrm{d}t$$

得

$$\int_{-\infty}^{+\infty} f(t)\delta'(t)\,\mathrm{d}t = -f'(0) \tag{2-40}$$

【例题 2.12】　计算 $\int_{-\infty}^{+\infty} [2t + \sin(2t)]\delta'(t)\,\mathrm{d}t$。

解：

$$[2t + \sin(2t)]' = 2 + 2\cos(2t)$$

由式(2-40)，得

$$\int_{-\infty}^{+\infty} [2t + \sin(2t)]\delta'(t)\,\mathrm{d}t = -[2 + 2\cos(2t)]\big|_{t=0} = -4$$

2.4　确定性信号的时域分解

对于复杂信号,将其分解成一些简单的信号,通过对简单信号的分析得到复杂信号的一些特性,这就是信号的分解。信号的分解主要包括时域分解、频域分解、复频域分解等。

本节对确定性信号进行时域分解,不同角度的分解将得到不同的分量。

2.4.1　直流分量与交流分量

从物理的角度分解,一个信号可以分解成直流分量和交流分量之和。

$$f(t) = f_D + f_A(t) \tag{2-41}$$

其中,f_D 是直流分量;$f_A(t)$ 是交流分量。

直流分量是信号的平均值,即

$$f_D = \lim_{T \to \infty} \frac{1}{T} \int_{-T/2}^{T/2} f(t) \mathrm{d}t \tag{2-42}$$

确定直流分量后,即可得交流分量

$$f_A(t) = f(t) - f_D$$

2.4.2　奇分量和偶分量

从数学的角度分解,可将信号 $f(t)$ 分解成奇分量和偶分量。用 $f_o(t)$ 表示信号的奇分量,$f_e(t)$ 表示信号的偶分量,则

$$f(t) = f_e(t) + f_o(t) \tag{2-43}$$

其中,偶分量满足偶对称,奇分量满足奇对称。

$$f_e(t) = f_e(-t) \tag{2-44}$$

$$f_o(t) = -f_o(-t) \tag{2-45}$$

由此列写方程组

$$\begin{cases} f(t) = f_e(t) + f_o(t) \\ f(-t) = f_e(-t) + f_o(-t) = f_e(t) - f_o(t) \end{cases}$$

则

$$f_e(t) = \frac{1}{2}\left[f(t) + f(-t)\right] \tag{2-46}$$

$$f_o(t) = \frac{1}{2}\left[f(t) - f(-t)\right] \tag{2-47}$$

【例题 2.13】　$f(t)$ 波形如图 2-30 所示,通过图解求它的奇分量和偶分量。

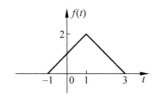

图 2-30　例题 2.13 图

解：$f(t)$ 翻折得到 $f(-t)$，求解过程如图 2-31 所示。

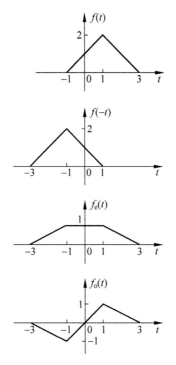

图 2-31　信号的偶分量和奇分量

2.4.3　按脉冲分量进行分解

按脉冲分量进行分解是将信号分解成一系列宽度为 $\Delta\tau$ 的窄矩形脉冲，如图 2-32 所示。

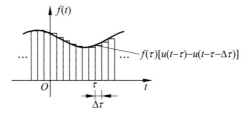

图 2-32　按脉冲分量进行分解

当 $t=\tau$ 时,矩形窄脉冲的表达式为 $f(\tau)[u(t-\tau)-u(t-\tau-\Delta\tau)]$,令 τ 从 $-\infty$ 到 $+\infty$ 累加,可以得到 $f(t)$ 的近似,即

$$f(t) \approx \sum_{\tau=-\infty}^{+\infty} f(\tau)[u(t-\tau)-u(t-\tau-\Delta\tau)]$$

$$= \sum_{\tau=-\infty}^{+\infty} f(\tau) \frac{u(t-\tau)-u(t-\tau-\Delta\tau)}{\Delta\tau}\Delta\tau$$

令 $\Delta\tau \to 0$,则

$$f(t) = \lim_{\Delta\tau \to 0} \sum_{\tau=-\infty}^{+\infty} f(\tau) \frac{u(t-\tau)-u(t-\tau-\Delta\tau)}{\Delta\tau}\Delta\tau$$

其中

$$\lim_{\Delta\tau \to 0} \frac{u(t-\tau)-u(t-\tau-\Delta\tau)}{\Delta\tau} = \delta(t-\tau)$$

故

$$f(t) = \lim_{\Delta\tau \to 0} \sum_{\tau=-\infty}^{+\infty} f(\tau)\delta(t-\tau)\Delta\tau$$

$$= \int_{-\infty}^{+\infty} f(\tau)\delta(t-\tau)\mathrm{d}\tau$$

上述推导过程表明,信号 $f(t)$ 可以分解成位移的冲激信号的线性组合,即

$$f(t) = \int_{-\infty}^{+\infty} f(\tau)\delta(t-\tau)\mathrm{d}\tau \tag{2-48}$$

这种分解将信号分解成最基本的分量 $\delta(t)$。式(2-48)的积分运算定义为卷积,表示为

$$f(t) * \delta(t) = \int_{-\infty}^{+\infty} f(\tau)\delta(t-\tau)\mathrm{d}\tau \tag{2-49}$$

在信号与系统中,这是一种非常重要的信号分解方式,按照这种分解方式得出的系统"卷积"运算不论在工程上还是在数学中都有着广泛的应用,"卷积"在信号与系统的时域分析中占据核心地位。

2.5 系统的一般特性

视频讲解

1. 线性

线性是系统的最基本特性,当一个系统满足叠加性和均匀性时,该系统是线性系统。
若 $r_1(t)=\mathcal{H}[e_1(t)]$,$r_2(t)=\mathcal{H}[e_2(t)]$,则叠加性要求

$$\mathcal{H}[e_1(t)+e_2(t)] = r_1(t)+r_2(t) \tag{2-50}$$

均匀性要求

$$\mathcal{H}[ae(t)] = ar(t) \tag{2-51}$$

综合起来,系统的线性需要满足

$$\mathcal{H}[ae_1(t)+be_2(t)] = ar_1(t)+br_2(t) \tag{2-52}$$

如果不满足叠加性或均匀性,则系统不是线性的。

图 2-33 以框图形式说明系统的线性特性。

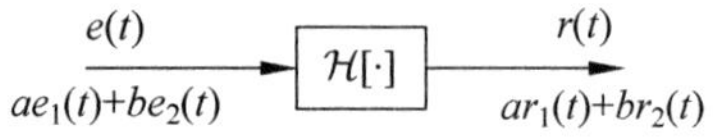

$$\frac{e(t)}{ae_1(t)+be_2(t)} \longrightarrow \boxed{\mathcal{H}[\cdot]} \longrightarrow \frac{r(t)}{ar_1(t)+br_2(t)}$$

图 2-33　线性系统

【例题 2.14】　若系统的输入输出关系为 $r(t)=a+be(t)$,分析系统是否具有线性特性。

解:

$$\mathcal{H}[e_1(t)]=a+be_1(t), \quad \mathcal{H}[e_2(t)]=a+be_2(t)$$

根据系统的运算规则,$e_1(t)+e_2(t)$ 作为输入时得到的输出为

$$\mathcal{H}[e_1(t)+e_2(t)]=a+b[e_1(t)+e_2(t)]$$

而

$$r_1(t)+r_2(t)=[a+be_1(t)]+[a+be_2(t)]=2a+b[e_1(t)+e_2(t)]$$

显然在 $a \neq 0$ 的情况下,

$$\mathcal{H}[e_1(t)+e_2(t)] \neq r_1(t)+r_2(t)$$

因此系统不是线性的。

提示:该系统的函数关系类似于数学中的 $y=a+bx$,是一条纵截距为 a、斜率为 b 的直线,但在系统的线性分析中却不是线性的。在系统的特性分析中,明确理解系统的运算规则 $r(t)=\mathcal{H}[e(t)]$ 是分析问题的关键。本题系统的运算规则是:对输入信号乘以 b 再加上 a。

实际上,在系统分析中,"线性"是一个非常重要的性质,但非线性系统也是普遍存在的,例如,当信号变得很大时,系统中的器件可能进入饱和状态,最终导致非线性。

2. 时不变性

如果系统内部参数不随时间而变化,这样的系统是时不变的,否则就是时变系统。对于时不变系统,系统的响应与激励加于系统的时刻无关。

若

$$r(t)=\mathcal{H}[e(t)]$$

当且仅当

$$r(t-t_0)=\mathcal{H}[e(t-t_0)] \tag{2-53}$$

系统是时不变的。

式(2-53)表明,对于任意输入信号 $e(t)$ 以及任意时间 t_0,如果输入信号沿着时间轴平移 t_0,对应的输出信号也沿着时间轴平移同样的 t_0,则系统是时不变的,否则就是时变系统。

在时不变系统中,系统的结构及参数作为时间的函数不会改变。

图 2-34 是系统时不变性的框图表示。

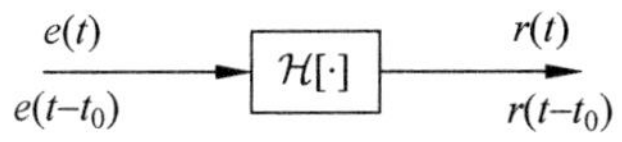

$$\begin{array}{c} e(t) \\ \overline{e(t-t_0)} \end{array} \longrightarrow \boxed{\mathcal{H}[\cdot]} \longrightarrow \begin{array}{c} r(t) \\ \overline{r(t-t_0)} \end{array}$$

图 2-34　时不变系统

【例题 2.15】　某系统的输入输出关系为 $r(t)=e(2t)$，分析该系统是否具有时不变性。

解：由 $\mathcal{H}[e(t)]=e(2t)$，则

$$\mathcal{H}[e(t-t_0)]=e(2t-t_0)$$

而

$$r(t-t_0)=e(2(t-t_0))=e(2t-2t_0)$$

显然

$$\mathcal{H}[e(t-t_0)] \neq r(t-t_0)$$

系统不是时不变的。

又如，假设系统的输入输出关系为 $r(t)=e(t)u(t)$，由于

$$\mathcal{H}[e(t-t_0)]=e(t-t_0)u(t)$$

而

$$r(t-t_0)=e(t-t_0)u(t-t_0)$$

则

$$\mathcal{H}[e(t-t_0)] \neq r(t-t_0)$$

系统也不是时不变的，或者说是时变系统。

如果一个系统是时不变的，则系统的输出波形与激励加于系统的时刻无关，同一激励不论何时加入，都得到同样的输出。如果输入延时 t_0，输出也延时 t_0，如图 2-35 所示。

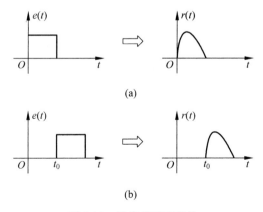

(a)

(b)

图 2-35　系统的时不变性

如果一个系统同时满足线性和时不变性，则该系统是线性时不变系统，表示为 LTI (Linear Time-Invariant)系统。"信号与系统"课程主要分析线性时不变系统。

系统的线性或时不变性在现实中不乏例子，例如，对于两种单音调相加合成的声音，人的耳朵可以分辨出这两种单音调，当音调改变时，人耳能够辨识，所以人的耳朵可以看

成是一个线性时不变系统。

人的眼睛对颜色敏感,但对于不同颜色合成的新的颜色,人眼却难以分辨出最初的原色调。例如,当红绿两种单色光混合成的"黄光"和单色光黄光分别射入人眼时,人眼无法分辨出哪种是混合成的,哪种是单纯的颜色。所以,人的眼睛不是一个线性时不变系统。

对于 LTI 系统,其输入和输出满足微分和积分关系,即

如果 $e(t) \rightarrow r(t)$,则

$$\frac{\mathrm{d}}{\mathrm{d}t}e(t) \rightarrow \frac{\mathrm{d}}{\mathrm{d}t}r(t) \tag{2-54}$$

$$\int_{-\infty}^{t}e(\tau)\mathrm{d}\tau \rightarrow \int_{-\infty}^{t}r(\tau)\mathrm{d}\tau \tag{2-55}$$

式(2-54)和式(2-55)分别称为 LTI 系统的微分性质和积分性质。

3. 因果性

顾名思义,因果性指的是"有因才有果",有变化的原因,才有变化的结果。对于生活在现实世界的人们,这是一个非常自然的规律,可以由过去和现在决定现在或未来,但不能由未来决定现在。

对于系统而言,因果性要求输出响应的变化不能发生在输入激励的变化之前。判断一个系统是否是因果的,可以考虑系统某时刻的输出是否只取决于当时时刻的输入和以前的输入,而与未来的输入无关。如果满足,系统就是因果的;否则,系统非因果。

例如,$r(t)=e(t-1)$,这是一个因果系统,t 时刻的输出取决于 $t-1$ 时刻的输入,如果以 s 来作为衡量时间的单位,则系统的输出比输入延迟了 1s,这是一个理想延时器,物理上可以实现。而如果 $r(t)=e(t+1)$,输出早于输入而变化,这是一个超前系统,或者称为预测器,系统非因果。

【例题 2.16】 分析压缩系统 $r(t)=e(2t)$ 的因果性。

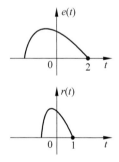

图 2-36 例题 2.16 图

解:用图解举例来说明,如图 2-36 所示的输入 $e(t)$ 以及系统的输出 $r(t)$,可以看出,

$$r(t)\big|_{t=1} = e(t)\big|_{t=2}$$

即 $t=1$ 时的输出是由 $t=2$ 时的输入引起的,因此,系统非因果。

需要注意的是,因果性是指输入信号与输出信号之间的因果关系,系统中定义的其他函数不是因果性的考虑因素。例如,$r(t)=e(t)\cos(t+2)$,这是一个因果系统。另外,在因果性的判断中,必须考虑全部时间变量。例如,$r(t)=e(t-\tau)$,当 $\tau>0$ 时是因果的,而当 $\tau<0$ 时就不是因果的,属于条件因果系统。

4. 稳定性

在说明稳定性概念之前先看两个简单的物理系统,一个小球分别位于底部和顶部,如图 2-37 所示。

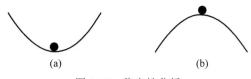

图 2-37　稳定性分析

当分别给小球施以外力使其离开原来的位置时,图 2-37(a)所示的小球会来回滚动并最终回到原来的位置稳定下来;而图 2-37(b)所示的小球会滚落并再也回不到原来的位置。我们称图 2-37(a)所示的状态是稳定的,图 2-37(b)所示的状态是不稳定的。稳定系统的振荡是减幅的,最终会平衡于一个状态;而不稳定系统的振荡是增幅的,不断增大直到系统被破坏。这就是通常意义下的稳定性问题。

在信号与系统中,稳定性指的是有界输入产生有界输出,即 BIBO(Bounded Input-Bounded Output)意义下的稳定。当输入是有限的信号时,输出不能是无限大的。

【例题 2.17】 分析系统 $r(t)=e(2t)$ 的稳定性。

解: 若 $|e(t)| \leqslant M$,则

$$| r(t) |=| e(2t) | \leqslant M$$

只要输入有界,输出就有界,因此,系统稳定。

5. 记忆性

一个系统是有记忆系统,还是无记忆系统,主要看其某时刻的输出是否只取决于当时时刻的输入,与以前的输入有无关系。

当系统某时刻的输出只取决于当时时刻的输入时,这种系统是无记忆系统,也称即时系统。例如,纯电阻电路是无记忆系统,理想放大器 $r(t)=Ke(t)$ 也是无记忆系统。

如果系统某时刻的输出不仅取决于当时时刻的输入,还与过去的输入历史有关系,这种系统称为记忆系统或动态系统,例如,含有电容或电感的电路是记忆系统,系统某时刻的输出与动态元件的储能有关。

6. 可逆性

系统的可逆性是指可以根据输出唯一确定输入,这样的系统是可逆的。可逆系统在不同的输入下,会产生不同的响应,如果不同的输入可能产生同一输出,则系统不可逆。

例如,$r(t)=e^2(t)$,这个系统不是可逆的,因为输入为 $e(t)$ 或 $-e(t)$,都得到输出 $r(t)$,因此仅依靠响应,无法得知到底哪个激励导致了该响应,自然也就无法由响应准确重构出激励。

又如 $r(t)=\dfrac{\mathrm{d}}{\mathrm{d}t}e(t)$,当输入信号是直流时,得到的输出都为零,因此系统不可逆。

2.6　系统的单位冲激响应

通常情况下,系统的描述方法有三种,一种是物理模型(框图),一种是数学模型,除此之外,还可以用系统的单位冲激响应来表征系统。在 LTI 系统的时域分析中,单位冲

视频讲解

激响应是系统的表征函数,是系统时域分析的核心概念,用它可以表征 LTI 系统的特性。

2.6.1 系统的状态——0_- 到 0_+

在分析系统的单位冲激响应之前,先确定两个与系统状态有关的概念,即 $t=0_-$ 和 $t=0_+$。对于 $t=0$ 开关进行转换的电路,$t=0_-$ 表示开关转换前的瞬间,$t=0_+$ 表示开关转换后的瞬间。一般将 $t=0_-$ 时系统的状态称为起始状态,即 $r(0_-)$,$r'(0_-)$,$r''(0_-)$ 等,表示为 $\{r^{(k)}(0_-)\}$;而 $t=0_+$ 时系统的状态称为初始状态,即 $r(0_+)$,$r'(0_+)$,$r''(0_+)$ 等。系统的起始状态是系统在 $t=0_-$ 达到稳态时系统的状态,是系统在 $t=0_-$ 时的储能;而系统的初始状态是由于外加激励在 $t=0$ 时开始加入而导致的系统在 $t=0_+$ 时的状态。

平常所说的系统处于"静止状态"或"零状态"指的是系统的起始状态为零,在激励加入之前没有任何储能,这种系统也称为初始松弛系统,这种响应也称为系统的"零状态响应"。

2.6.2 单位冲激响应

顾名思义,系统的单位冲激响应指的是当系统处于零状态条件下,给系统施以单位冲激信号 $\delta(t)$ 时引起的响应。

对于 LTI 系统,用 $h(t)$ 表示系统的单位冲激响应,即

$$h(t) = \mathcal{H}[\delta(t)] \tag{2-56}$$

图 2-38 示出单位冲激响应的概念。

图 2-38 系统的单位冲激响应

单位冲激响应 $h(t)$ 的概念有两个要素,一是输入信号为 $\delta(t)$;二是系统在零状态条件下(起始状态为零)的响应。由于 $h(t)$ 是由 $\delta(t)$ 引起的,自然与其他外加激励无关,无论系统输入什么信号,只要系统的结构及参数不变,系统的单位冲激响应 $h(t)$ 都是唯一确定的。因此,$h(t)$ 是系统的固有参量,可以直接表征系统的一些特性。

在实际中,有时也用单位阶跃响应来描述 LTI 系统,例如工程中经常出现的加上恒压 $u(t)$ 引起的响应,就是系统的单位阶跃响应。

顾名思义,系统的单位阶跃响应是当系统的起始状态为零、输入信号为单位阶跃信号 $u(t)$ 时引起的响应。因此,单位阶跃响应也有两个要素,即输入信号为 $u(t)$ 以及零状态。一般用 $g(t)$ 表示系统的单位阶跃响应。

由于输入 $u(t)$ 和 $\delta(t)$ 之间是积分或微分的关系,因此,$g(t)$ 与 $h(t)$ 之间也是积分或微分的关系。由

$$\delta(t) = \frac{\mathrm{d}}{\mathrm{d}t}u(t)$$

得

$$h(t) = \frac{\mathrm{d}}{\mathrm{d}t}g(t) \tag{2-57}$$

又

$$u(t) = \int_{-\infty}^{t}\delta(\tau)\mathrm{d}\tau$$

故

$$g(t) = \int_{-\infty}^{t}h(\tau)\mathrm{d}\tau \tag{2-58}$$

【例题 2.18】 已知 $h(t) = \delta(t) + 2\mathrm{e}^{-t}u(t)$，求 $g(t)$。

解：

$$g(t) = \int_{-\infty}^{t}h(\tau)\mathrm{d}\tau = \int_{-\infty}^{t}\left[\delta(\tau) + 2\mathrm{e}^{-\tau}u(\tau)\right]\mathrm{d}\tau$$

$$= u(t) + 2\int_{0}^{t}\mathrm{e}^{-\tau}\mathrm{d}\tau = (3 - 2\mathrm{e}^{-t})u(t)$$

2.7 卷积

视频讲解

2.6 节定义了当 $e(t) = \delta(t)$ 时，$r(t) = h(t)$。本节要解决的问题是，对于一个 LTI 系统，如果输入的是任意信号 $e(t)$，系统的输出 $r(t)$ 是怎样的？

我们知道，LTI 系统满足叠加性和均匀性，如果将 $e(t)$ 分解成一些基本的分量，每个分量对系统产生响应。那么，根据 LTI 系统的线性，系统总的响应即是各分量激励引起的响应的叠加。

接下来的问题是，要将任意输入信号分解成什么样的基本信号才更便于系统的分析？

如果该基本信号引起的响应具有系统某些固有的特征，不受外界因素干扰，那么这种分解将极具分析价值。这种分解就是 2.4 节中信号按脉冲分量进行的分解，即

$$f(t) = \int_{-\infty}^{+\infty}f(\tau)\delta(t-\tau)\mathrm{d}\tau = f(t) * \delta(t)$$

事实上，单位冲激信号 $\delta(t)$ 是最基本的信号，任何复杂的信号都可以分解成 $\delta(t)$（或位移的 $\delta(t)$）的线性组合。根据 LTI 系统的线性和时不变性，输入信号的位移将导致输出信号相同的位移，而 $\delta(t)$ 所对应的响应就是系统的单位冲激响应 $h(t)$，$f(\tau)\delta(t-\tau)$ 的响应则是 $f(\tau)h(t-\tau)$……因此，由 LTI 系统的叠加性就可以得到任意复杂信号的输出，沿着这个思路就得到了著名的卷积运算，卷积是信号与系统时域分析的核心内容。

2.7.1 LTI 系统的输入输出关系

输入信号按脉冲分量进行分解

$$e(t) = \int_{-\infty}^{+\infty} e(\tau)\delta(t-\tau)\mathrm{d}\tau$$

则系统的输出为

$$r(t) = \mathcal{H}[e(t)] = \mathcal{H}\left[\int_{-\infty}^{+\infty} e(\tau)\delta(t-\tau)\mathrm{d}\tau\right]$$

系统的运算只针对时间函数进行,考虑到 LTI 系统满足线性性质,可得

$$r(t) = \int_{-\infty}^{+\infty} e(\tau)\mathcal{H}[\delta(t-\tau)]\mathrm{d}\tau$$

又由于 LTI 系统具有时不变性,即

$$\mathcal{H}[\delta(t-\tau)] = h(t-\tau)$$

最终推导出 LTI 系统的输入输出关系式

$$r(t) = \int_{-\infty}^{+\infty} e(\tau)h(t-\tau)\mathrm{d}\tau \tag{2-59}$$

等号右端是卷积积分,故

$$r(t) = e(t) * h(t) \tag{2-60}$$

式(2-60)就是零状态条件下 LTI 系统的输入输出关系,如图 2-39 所示。

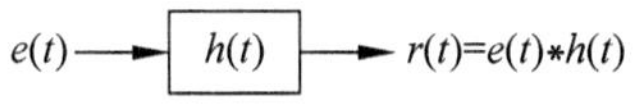

一个 LTI 系统对任意输入信号的响应都可以由它的单位冲激响应和输入信号的卷积积分得到。卷积的过程就是将输入信号分解为无穷多的冲激信号,然后进行冲激响应的叠加。由此也看出,单位冲激响

$$e(t) \longrightarrow \boxed{h(t)} \longrightarrow r(t)=e(t)*h(t)$$

图 2-39 LTI 系统的输入输出关系

应 $h(t)$ 可以表征 LTI 系统的特性。这是卷积的物理意义,可以通过卷积运算求解 LTI 系统的零状态响应。

在式(2-59)中,作变量代换 $x = t - \tau$,则

$$r(t) = \int_{+\infty}^{-\infty} e(t-x)h(x)\mathrm{d}(-x) = \int_{-\infty}^{+\infty} h(x)e(t-x)\mathrm{d}x$$

即

$$r(t) = h(t) * e(t)$$

也就是说,卷积积分满足交换律。

上面通过推导 LTI 系统零状态条件下的输入输出关系,得出了卷积积分公式。值得注意的是,在上述分析中,卷积积分的应用限于 LTI(线性时不变)系统,系统的输出等于输入与单位冲激响应的卷积。对于非线性系统,由于不满足叠加定理,无法推得卷积公式,故而不能应用;对于线性时变系统,虽然 $\mathcal{H}[\delta(t)] = h(t)$,但 $\mathcal{H}[\delta(t-\tau)] = h(t,\tau)$,故

$$r(t) = \int_{-\infty}^{+\infty} e(\tau)h(t,\tau)\mathrm{d}\tau \tag{2-61}$$

2.7.2 卷积的性质

视频讲解

对于 LTI 系统,卷积积分满足下面一些性质。

1. 交换律

前已分析，卷积满足交换性质

$$e(t) * h(t) = h(t) * e(t) \tag{2-62}$$

卷积的交换律意味着两个函数在卷积积分中的次序是可以交换的。

2. 结合律

卷积的结合律是指多个信号作卷积运算，其结果等于任意两个信号先卷积再与其他信号进行卷积。

$$r(t) = e(t) * h_1(t) * h_2(t) = [e(t) * h_1(t)] * h_2(t)$$
$$= [e(t) * h_2(t)] * h_1(t) = e(t) * [h_1(t) * h_2(t)] \tag{2-63}$$

用框图表示，如图 2-40 所示。

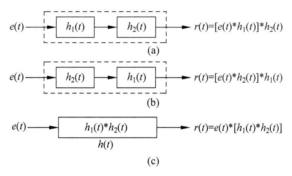

图 2-40 系统的级联

图 2-40(a)和图 2-40(b)表示系统的级联，子系统 $h_1(t)$ 和 $h_2(t)$ 属于级联关系。从图中看出，图 2-40(a)～图 2-40(c)三个系统具有同样的输入 $e(t)$，根据卷积的结合律，得到的三种表达形式的输出是相等的。也就是说，从系统的端口（输入—输出）来看，图 2-40(a)～图 2-40(c)三个系统的效果是一样的，相互级联的子系统的前后顺序不影响整个系统的单位冲激响应，子系统的次序虽然不同，但得到的响应是相同的。

提示：LTI 系统级联的单位冲激响应等于子系统单位冲激响应做"卷积"运算，交换子系统的前后顺序并不影响系统总的单位冲激响应。线性系统的级联依然是线性的，而且可交换次序。

3. 分配律

卷积的分配律的运算规则是

$$r(t) = [e(t) * h_1(t)] + [e(t) * h_2(t)]$$
$$= e(t) * [h_1(t) + h_2(t)] \tag{2-64}$$

系统框图如图 2-41 所示。

图 2-41(a)是并联结构。根据卷积的分配律，同样的输入得到了同样的输出，因此，

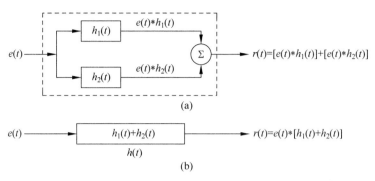

图 2-41　系统的并联

从系统的端口来看,图 2-41(a)和图 2-41(b)两个系统是一样的,即并联系统的单位冲激响应等于子系统单位冲激响应作"加法"运算。

4. 微分性质

根据卷积公式进行数学推导,就可以得到卷积的微分性质(略)。这里从系统响应的角度进行分析,图 2-42 是卷积的微分性质分析过程。

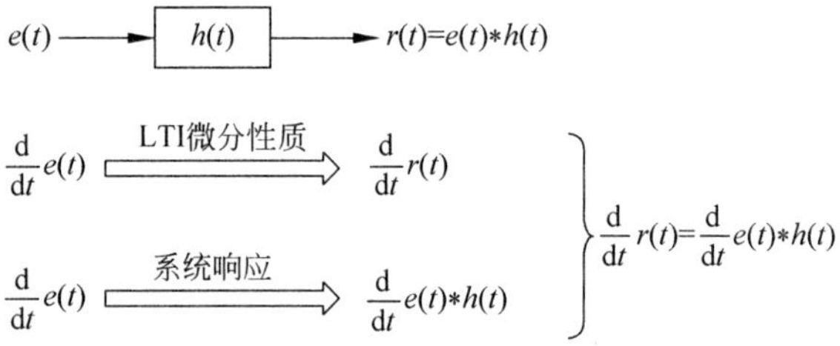

图 2-42　卷积的微分性质

根据 LTI 系统的微分性质,当输入信号求导时,输出信号也求导;另外,LTI 系统的响应等于输入信号与系统单位冲激信号的卷积,据此可以得到另外一种表达形式的输出。对于同一系统,同样的输入必然产生同样的输出,故有

$$\frac{\mathrm{d}}{\mathrm{d}t}r(t) = \frac{\mathrm{d}}{\mathrm{d}t}e(t) * h(t)$$

将 $r(t) = e(t) * h(t)$ 代入,并根据卷积的交换律,可得

$$\frac{\mathrm{d}}{\mathrm{d}t}[e(t) * h(t)] = \left(\frac{\mathrm{d}}{\mathrm{d}t}e(t)\right) * h(t) = e(t) * \left(\frac{\mathrm{d}}{\mathrm{d}t}h(t)\right) \tag{2-65}$$

这就是卷积的微分性质。两个信号卷积后求导,等于其中任意一个信号先求导再与另一个信号卷积。

5. 积分性质

类似于卷积微分性质的分析思路,当输入信号是原信号的积分信号时,图解分析过程如图 2-43 所示。

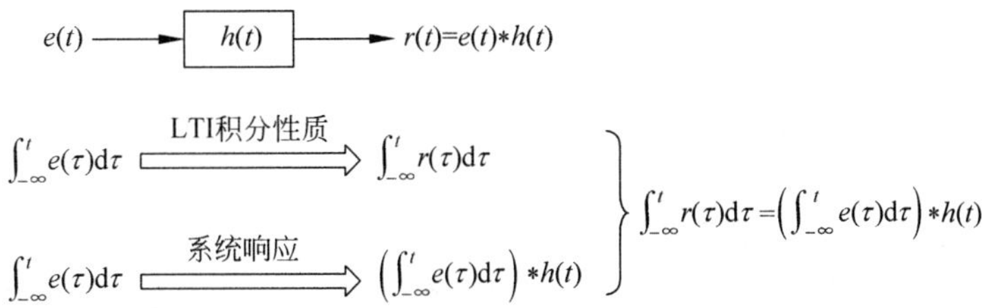

图 2-43　卷积的积分性质

同样的输入通过同样的系统,得到的输出自然相等,故有

$$\int_{-\infty}^{t} r(\tau)\mathrm{d}\tau = \left(\int_{-\infty}^{t} e(\tau)\mathrm{d}\tau\right) * h(t)$$

代入 $r(t)=e(t)*h(t)$ 并应用卷积的交换律,得到卷积的积分性质。

$$\int_{-\infty}^{t} [e(\tau)*h(\tau)]\mathrm{d}\tau = \left(\int_{-\infty}^{t} e(\tau)\mathrm{d}\tau\right) * h(t) = e(t) * \left(\int_{-\infty}^{t} h(\tau)\mathrm{d}\tau\right) \quad (2\text{-}66)$$

将卷积的微分性质和积分性质结合起来,可得

$$e(t)*h(t) = \frac{\mathrm{d}}{\mathrm{d}t}e(t) * \int_{-\infty}^{t} h(\tau)\mathrm{d}\tau = \int_{-\infty}^{t} e(\tau)\mathrm{d}\tau * \frac{\mathrm{d}}{\mathrm{d}t}h(t) \quad (2\text{-}67)$$

式(2-67)意味着,两个信号作卷积运算,等于其中一个信号求导和另一个信号积分的卷积。当一个信号求导出现冲激时,应用这个公式可以简化卷积的计算。

6. 与 $\delta(t)$ 的卷积

信号按脉冲分量进行分解,得到公式

$$f(t)*\delta(t) = f(t)$$

即,任一信号和 $\delta(t)$ 进行卷积,其结果等于信号本身。

考虑图 2-44 所示的延时器(延时 T)的物理模型。当输入为 $\delta(t)$ 时,根据单位冲激响应的定义,可知延时器的单位冲激响应

$$h(t) = \delta(t-T) \quad (2\text{-}68)$$

当系统输入任意信号 $f(t)$ 时,根据系统的延时功能得到输出为 $f(t-T)$;而从系统响应的角度,又可得到输出为 $f(t)*\delta(t-T)$。两者必相等,故有

$$f(t)*\delta(t-T) = f(t-T) \quad (2\text{-}69)$$

式(2-69)表明,任意信号与位移的单位冲激信号卷积,等于信号自身位移。

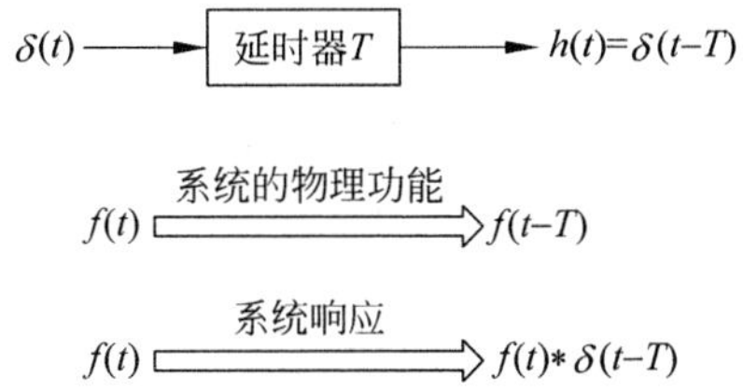

图 2-44　延时器

7. 与 $\delta'(t)$ 的卷积

考虑一个微分器,如图 2-45 所示。根据定义,可知微分器的单位冲激响应

$$h(t) = \delta'(t) \tag{2-70}$$

信号 $f(t)$ 经过微分器得到的输出是输入的导数 $f'(t)$;另外,输入信号 $f(t)$ 通过 LTI 系统,得到的响应为 $f(t) * \delta'(t)$。同样的输入通过同样的系统,输出自然相等,因此可得

$$f(t) * \delta'(t) = f'(t) \tag{2-71}$$

任意信号和单位冲激信号导数(即冲激偶)的卷积等于信号自身求导。

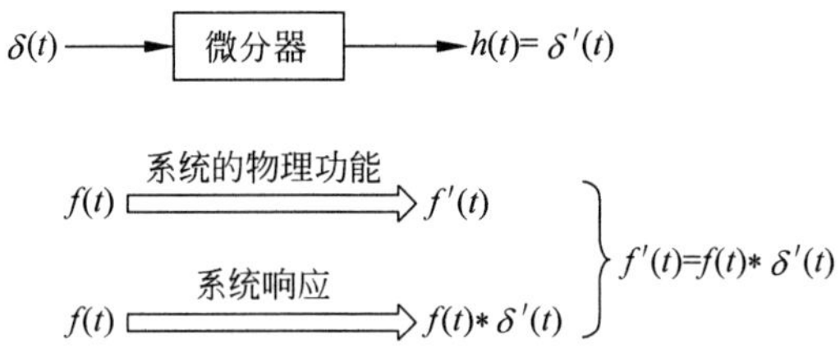

图 2-45 微分器

8. 与 $u(t)$ 的卷积

与上面同样的分析思路,考虑积分器,如图 2-46 所示。积分器的单位冲激响应为

$$h(t) = u(t) \tag{2-72}$$

信号 $f(t)$ 通过积分器,信号被积分,因此得到输出 $\int_{-\infty}^{t} f(\tau)\mathrm{d}\tau$;另外,信号 $f(t)$ 通过积分器的响应为 $f(t) * u(t)$,因此有

$$f(t) * u(t) = \int_{-\infty}^{t} f(\tau)\mathrm{d}\tau \tag{2-73}$$

即,任意信号和单位冲激信号积分(即 $u(t)$)的卷积等于该信号作积分运算。

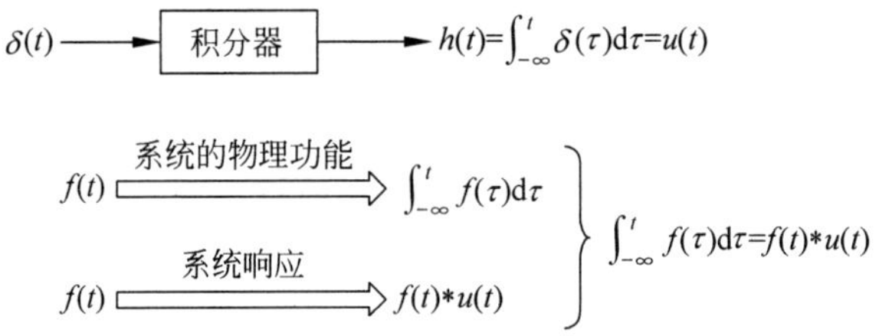

图 2-46 积分器

上述卷积的性质公式也可由卷积积分公式推导得到,读者可自行演算。

【例题 2.19】 系统结构如图 2-47 所示,$h_1(t) = u(t)$,$h_2(t) = \delta(t-2)$,求系统的单位冲激响应。

解:根据系统的级联、并联关系,有

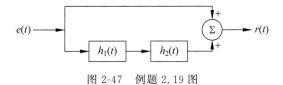

图 2-47　例题 2.19 图

$$h(t) = \delta(t) + h_1(t) * h_2(t)$$
$$= \delta(t) + u(t) * \delta(t-2) = \delta(t) + u(t-2)$$

【例题 2.20】 计算卷积 $\dfrac{\mathrm{d}}{\mathrm{d}t}[\mathrm{Sa}(t)] * u(t-1)$。

解：根据卷积的微分性质，有

$$\frac{\mathrm{d}}{\mathrm{d}t}[\mathrm{Sa}(t)] * u(t-1) = \mathrm{Sa}(t) * \frac{\mathrm{d}}{\mathrm{d}t}u(t-1)$$
$$= \mathrm{Sa}(t) * \delta(t-1)$$
$$= \mathrm{Sa}(t-1)$$

2.7.3　卷积的求解

1. 根据卷积公式直接计算

这种方法是根据卷积公式直接计算积分，两个信号 $f_1(t)$ 和 $f_2(t)$ 的卷积公式为

$$f_1(t) * f_2(t) = \int_{-\infty}^{+\infty} f_1(\tau) f_2(t-\tau)\mathrm{d}\tau = \int_{-\infty}^{+\infty} f_2(\tau) f_1(t-\tau)\mathrm{d}\tau$$

在进行卷积积分运算时，对于持续时间不是无穷大的信号卷积，要注意卷积积分的上下限变化以及积分结果的时间变量的取值范围。

【例题 2.21】 已知 $e(t) = u(t)$，$h(t) = (2\mathrm{e}^{-t} - \mathrm{e}^{-2t})u(t)$，求系统的响应 $r(t)$。

解：

$$r(t) = e(t) * h(t)$$
$$= \int_{-\infty}^{+\infty} h(\tau) e(t-\tau)\mathrm{d}\tau$$
$$= \int_{-\infty}^{+\infty} (2\mathrm{e}^{-\tau} - \mathrm{e}^{-2\tau})u(\tau)u(t-\tau)\mathrm{d}\tau$$
$$= \int_{0}^{t} (2\mathrm{e}^{-\tau} - \mathrm{e}^{-2\tau})\mathrm{d}\tau$$
$$= [-2\mathrm{e}^{-t} + (1/2)\mathrm{e}^{-2t} + 3/2]u(t)$$

对于单边信号或时限信号的卷积积分，信号的时间范围不再是 $-\infty \sim +\infty$，做卷积积分运算时，需要确定积分限。

本例中，被积函数中 $u(\tau)u(t-\tau)$ 限定了 τ 的取值范围，当 $u(\tau) \neq 0$ 时，要求 $\tau \geqslant 0$；当 $u(t-\tau) \neq 0$ 时，要求 $\tau \leqslant t$。因此 $u(\tau)u(t-\tau) \neq 0$ 的公共区间是 $0 \leqslant \tau \leqslant t$，而且要求 $t \geqslant 0$，如图 2-48 所示。

视频讲解

诀窍：

对于单边或有限持续时间信号的卷积，卷积积分的运算中需要确定卷积积分的上下限。确定上下限的一个简单方法是，令被积函数中的 u 函数括号中的表达式大于或等于 0，就可轻松确定积分的上下限。本例中，由 $u(\tau)$ 得 $\tau \geqslant 0$，由 $u(t-\tau)$ 得 $t-\tau \geqslant 0$，即 $\tau \leqslant t$。因此，$0 \leqslant \tau \leqslant t$，即积分限为 $[0, t]$。

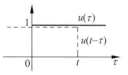

图 2-48　例题 2.21 中积分限的确定

另外，得到卷积结果后还需要明确时间变量 t 的取值范围，一个简单的技巧是在卷积结果后面写上 $u(x)$，其中 x 等于积分的上限减去积分的下限。本例中，卷积结果 t 的取值范围：$u(t-0)=u(t)$。

2. 卷积的图解法

对于时限信号的卷积，可以根据卷积公式利用图形求解。图形求解的步骤如下：

① 换坐标，$t \rightarrow \tau$，得 $f_1(\tau)$、$f_2(\tau)$；

② 将其中一个信号取转置，例如 $f_2(-\tau)$；

③ 将取转置的图形移位，即 $f_2(t-\tau)$；

④ 相乘 $f_1(\tau)f_2(t-\tau)$；

⑤ 做积分运算 $\int_{-\infty}^{+\infty} f_1(\tau)f_2(t-\tau)\mathrm{d}\tau$。

经过以上的步骤，就可以图解得到卷积

$$f_1(t) * f_2(t) = \int_{-\infty}^{+\infty} f_1(\tau)f_2(t-\tau)\mathrm{d}\tau$$

【例题 2.22】　$f_1(t)$ 和 $f_2(t)$ 如图 2-49 所示，计算 $f_1(t) * f_2(t)$。

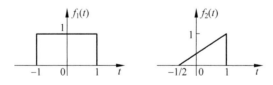

图 2-49　例题 2.22 图

解：

$$f_1(t) = \begin{cases} 1, & -1 \leqslant t \leqslant 1 \\ 0, & \text{其他} \end{cases}$$

$$f_2(t) = \begin{cases} 2/3(t+1/2), & -1/2 \leqslant t \leqslant 1 \\ 0, & \text{其他} \end{cases}$$

画出 $f_1(\tau)$ 和 $f_2(t-\tau)$ 的图形，见图 2-50(a) 和图 2-50(c)。由于 t 的取值范围要考虑 $(-\infty, +\infty)$，故 $f_2(t-\tau)$ 从左 $(-\infty)$ 开始向右平移直到 $+\infty$，分析 $f_2(t-\tau)$ 平移过程中与 $f_1(\tau)$ 的各种不同的相对位置，进行分段积分。

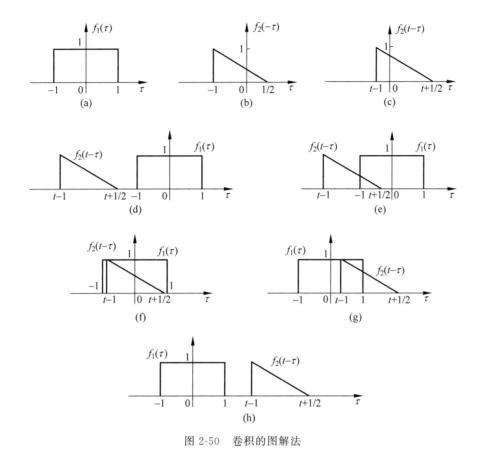

图 2-50 卷积的图解法

具体分析过程如下。

(1) 当 $t+1/2 < -1$ 时,见图 2-50(d),即 $t < -3/2$,此时 $f_1(\tau)$ 和 $f_2(t-\tau)$ 没有公共不为零的部分,二者相乘再积分等于 0,即

$$f_1(t) * f_2(t) = \int_{-\infty}^{+\infty} f_1(\tau) f_2(t-\tau) d\tau = 0$$

(2) 当 $t+1/2 \geqslant -1$ 且 $t-1 < -1$ 时,见图 2-50(e),即 $-3/2 \leqslant t < 0$,此时 $f_1(\tau)$ 和 $f_2(t-\tau)$ 二者公共不为零的 τ 的范围是 $-1 \leqslant \tau \leqslant t+1/2$,这也是卷积的积分限,则

$$f_1(t) * f_2(t) = \int_{-1}^{t+1/2} f_1(\tau) f_2(t-\tau) d\tau$$

$$= \int_{-1}^{t+1/2} 1 \times 2/3(t-\tau+1/2) \, d\tau = \frac{1}{3}t^2 + t + \frac{3}{4}$$

(3) 当 $t-1 \geqslant -1$ 且 $t+1/2 < 1$ 时,见图 2-50(f),即 $0 \leqslant t < 1/2$,此时 $f_1(\tau)$ 和 $f_2(t-\tau)$ 二者有最大的公共不为零的范围,由于 $f_2(t-\tau)$ 的脉冲宽度小于 $f_1(\tau)$ 的脉冲宽度,$f_2(t-\tau)$ 完全融入 $f_1(\tau)$,τ 的范围为 $t-1 \leqslant \tau \leqslant t+1/2$,则

$$f_1(t) * f_2(t) = \int_{t-1}^{t+1/2} f_1(\tau) f_2(t-\tau) d\tau$$

$$= \int_{t-1}^{t+1/2} 1 \times 2/3(t-\tau+1/2) \, d\tau = \frac{3}{4}$$

（4）当 $-1 < t-1 \leqslant 1$ 且 $t+1/2 \geqslant 1$ 时，见图 2-50(g)，即 $1/2 \leqslant t \leqslant 2$，此时 $f_2(t-\tau)$ 的前端已经移出 $f_1(\tau)$ 的矩形脉冲，但其后端依然滞留在 $f_1(\tau)$ 的矩形中，公共不为零的范围为 $t-1 \leqslant \tau \leqslant 1$，则

$$f_1(t) * f_2(t) = \int_{t-1}^{1} f_1(\tau) f_2(t-\tau) \mathrm{d}\tau$$

$$= \int_{t-1}^{1} 1 \times 2/3(t-\tau+1/2) \mathrm{d}\tau = -\frac{1}{3}t^2 + \frac{1}{3}t + \frac{2}{3}$$

（5）当 $t-1 > 1$ 时，见图 2-50(h)，即 $t > 2$，此时 $f_2(t-\tau)$ 的后端也已经移出 $f_1(\tau)$ 的矩形脉冲，$f_1(\tau)$ 和 $f_2(t-\tau)$ 没有公共不为零的部分，二者相乘再积分等于 0。

$$f_1(t) * f_2(t) = \int_{-\infty}^{+\infty} f_1(\tau) f_2(t-\tau) \mathrm{d}\tau = 0$$

整理得

$$f_1(t) * f_2(t) = \begin{cases} 0, & t < -3/2 \\ 1/3t^2 + t + 3/4, & -3/2 \leqslant t < 0 \\ 3/4, & 0 \leqslant t < 1/2 \\ -\dfrac{1}{3}t^2 + \dfrac{1}{3}t + \dfrac{2}{3}, & 1/2 \leqslant t \leqslant 2 \\ 0, & t > 2 \end{cases}$$

图解法可以更好地理解卷积的含义。

时限信号的卷积依然是时限信号，不难发现，如果 $f_1(t)$ 的持续时间范围为 $[t_1, t_2]$，$f_2(t)$ 的持续时间范围为 $[t_3, t_4]$，那么 $f_1(t) * f_2(t)$ 的持续时间范围为 $[t_1+t_3, t_2+t_4]$。即两个时限信号卷积结果的脉冲宽度等于各自脉冲宽度之和，而卷积结果的坐标遵循"左左相加为左，右右相加为右"的规律。

据此规律可知，同宽的两个矩形脉冲的卷积是一个三角形脉冲，底宽为矩形脉冲宽度的 2 倍；而两个不同宽的矩形脉冲的卷积结果将是一个梯形。读者可自行总结规律，以备后用。

同样，可以得出卷积的延时性质，若

$$e(t) * h(t) = r(t)$$

则

$$e(t-t_1) * h(t-t_2) = r(t-t_1-t_2) \tag{2-74}$$

3. 利用性质计算卷积

利用性质可以简化卷积计算，考虑以下三个公式：

$$f(t) * \delta(t) = f(t) \tag{2-75a}$$

$$f(t) * \delta(t-\tau) = f(t-\tau) \tag{2-75b}$$

$$f_1(t) * f_2(t) = \frac{\mathrm{d}}{\mathrm{d}t} f_1(t) * \int_{-\infty}^{t} f_2(\tau) \mathrm{d}\tau \tag{2-75c}$$

两个信号进行卷积时，如果其中一个函数求导出现 δ 函数，利用式(2-75)，可以使卷

视频讲解

积积分运算大大简化。

【**例题 2.23**】 利用性质求解例题 2.22。

解：$f_1(t)$ 求导出现冲激，可以利用卷积性质求解。

$$f_1(t) * f_2(t) = \frac{\mathrm{d}}{\mathrm{d}t} f_1(t) * \int_{-\infty}^{t} f_2(\tau) \mathrm{d}\tau$$

其中，

$$\int_{-\infty}^{t} f_2(\tau) \mathrm{d}\tau = \begin{cases} \int_{-1/2}^{t} 2/3 (\tau + 1/2) \mathrm{d}\tau = 1/3 (t^2 + t + 1/4), & -1/2 \leqslant t < 1 \\ 3/4, & t \geqslant 1 \\ 0, & \text{其他} \end{cases}$$

图 2-51(c)和图 2-51(d)示出了 $\dfrac{\mathrm{d}}{\mathrm{d}t} f_1(t)$ 和 $\displaystyle\int_{-\infty}^{t} f_2(\tau) \mathrm{d}\tau$ 的图形，应用性质可得最终卷积结果，见图 2-51(f)。

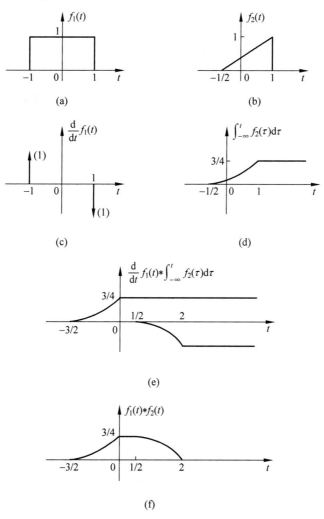

图 2-51 利用性质计算卷积

由于卷积具有积分累加的作用,因此卷积后图形会变得平滑一些,这可由图 2-51(f)与图 2-51(a)和图 2-51(b)对比看出。

需要注意的是,不是任意一个信号只要求导出现冲激就可以直接应用性质求解卷积,因为有些带有常数项的信号在求导过程中常数项会丢失,因此应用性质直接计算卷积是有条件的。

式(2-75c)的应用条件是

$$f_1(t) = \int_{-\infty}^{t} \left[\frac{d}{d\tau} f_1(\tau)\right] d\tau \tag{2-76}$$

即要求 $\lim\limits_{t \to -\infty} f_1(t) = 0$,否则不能直接应用性质求解。

【例题 2.24】 已知 $f_1(t) = 1 + u(t-1)$,$f_2(t) = e^{-(t+1)} u(t+1)$,求 $f_1(t) * f_2(t)$。

解:本题中虽然 $f_1(t)$ 求导出现冲激,但是并不满足式(2-76),因为

$$\frac{d}{dt} f_1(t) = \delta(t-1)$$

而

$$\int_{-\infty}^{t} \frac{d}{d\tau} f_1(\tau) d\tau = u(t-1) \neq f_1(t)$$

因此,不能直接应用性质求解。实际上,$f_1(t)$ 在求导过程中将直流 1 丢失了,故再积分后自然得不到原信号。正确的解法是两项分别计算卷积,其中能够利用性质求解的部分利用性质求解。

$$\begin{aligned}
f_1(t) * f_2(t) &= [1 + u(t-1)] * [e^{-(t+1)} u(t+1)] \\
&= 1 * [e^{-(t+1)} u(t+1)] + u(t-1) * [e^{-(t+1)} u(t+1)] \\
&= \int_{-\infty}^{+\infty} e^{-(\tau+1)} u(\tau+1) \times 1 d\tau + \frac{d}{dt} u(t-1) * \int_{-\infty}^{t} e^{-(\tau+1)} u(\tau+1) d\tau \\
&= \int_{-1}^{+\infty} e^{-(\tau+1)} d\tau + \delta(t-1) * \int_{-1}^{t} e^{-(\tau+1)} d\tau \\
&= 1 + \int_{-1}^{t-1} e^{-(\tau+1)} d\tau \\
&= 1 + (1 - e^{-t}) u(t)
\end{aligned}$$

本题还有一个需要注意的地方,那就是

$$1 * [e^{-(t+1)} u(t+1)] \neq e^{-(t+1)} u(t+1)$$

实际上

$$f(t) * 1 = \int_{-\infty}^{+\infty} f(\tau) d\tau \tag{2-77}$$

2.7.4　周期信号的表示

一个周期信号可以表示成主周期信号和一系列冲激函数的卷积,周期性的冲激信号为

$$\delta_T(t) = \sum_{k=-\infty}^{+\infty} \delta(t-kT), \quad k=0,\pm1,\pm2,\cdots \tag{2-78}$$

则周期信号

$$f_T(t) = f_1(t) * \delta_T(t) = f_1(t) * \sum_{k=-\infty}^{+\infty} \delta(t-kT)$$

$$= \sum_{k=-\infty}^{+\infty} f_1(t) * \delta(t-kT) = \sum_{k=-\infty}^{+\infty} f_1(t-kT) \tag{2-79}$$

图形表示见图 2-52。

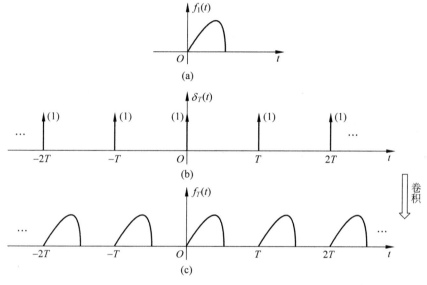

图 2-52　周期信号

2.8　用 $h(t)$ 表征 LTI 系统的特性

视频讲解

$h(t)$ 是 LTI 系统的时域表征,对于起始状态为 0 的系统,已知任意输入信号,该系统的 $h(t)$ 给出了足够有用的信息来求出输出信号。本节是用 $h(t)$ 来表征 LTI 系统的一些特性。

1. 因果性

根据因果性的定义,如果系统是因果的,某时刻的输出只与当时时刻的输入和以前的输入有关,与未来的输入无关。当输入为 $\delta(t)$ 时,即 $t=0$ 给系统施加一个冲激输入,零状态条件下系统的解 $h(t)$ 必然满足

$$h(t)=0, \quad t<0$$

另外,如果 $t<0$ 时 $h(t)=0$,对于任意输入产生的输出

$$r(t) = e(t) * h(t) = \int_{-\infty}^{+\infty} h(\tau)e(t-\tau)\mathrm{d}\tau$$

$$= \int_{0}^{+\infty} h(\tau)e(t-\tau)\mathrm{d}\tau$$

则 $r(t)$ 与 $e(t-\tau)$ 有关,这里 $\tau \geqslant 0$,说明某时刻的输出只与当时时刻和以前的输入有关,与未来的输入无关,系统是因果性的。

因此得出结论,LTI 系统因果性的充分必要条件是

$$h(t) = 0, \quad t < 0 \tag{2-80}$$

一般将 $t < 0$ 时 $f(t) = 0$ 的信号称为因果信号。

2. 稳定性

对于有界输入,其零状态响应是有界的,这是 BIBO 意义下的稳定性概念。同样用 $h(t)$ 可以表征 LTI 系统的稳定性。

如果系统是稳定的,输入有界,设 $|e(t)| \leqslant M < \infty$,则输出必有界,设 $|r(t)| \leqslant N < \infty$,下面推导 $h(t)$ 需要满足的条件。

根据 LTI 系统的输入输出关系

$$|r(t)| = \left| \int_{-\infty}^{+\infty} h(\tau)e(t-\tau)\mathrm{d}\tau \right|$$

$$\leqslant \int_{-\infty}^{+\infty} |h(\tau)e(t-\tau)|\mathrm{d}\tau$$

$$\leqslant \int_{-\infty}^{+\infty} M|h(\tau)|\mathrm{d}\tau = M\int_{-\infty}^{+\infty} |h(\tau)|\mathrm{d}\tau \leqslant N$$

故有

$$\int_{-\infty}^{+\infty} |h(t)|\mathrm{d}t < \infty \tag{2-81}$$

这就是 BIBO 意义下系统稳定性的充分必要条件,即 $h(t)$ 绝对可积。

有关充分性的证明,读者可自行推导。

3. 记忆性

如果系统无记忆,则输出 $r(t)$ 只与当时时刻的输入 $e(t)$ 有关。根据系统的输入输出关系

$$r(t) = e(t) * h(t) = \int_{-\infty}^{+\infty} e(\tau)h(t-\tau)\mathrm{d}\tau$$

需要满足下面的关系式

$$h(t-\tau) = 0, \quad \tau \neq t$$

由此可得

$$h(t) = 0, \quad t \neq 0 \tag{2-82}$$

这是无记忆系统单位冲激响应的条件。

如果在 $t \neq 0$ 时,$h(t) \neq 0$,LTI 系统就是记忆系统。

4. 可逆性

如果 LTI 系统是可逆的,一定存在一个逆系统(也是 LTI 系统),它们级联起来构成一个恒等系统,如图 2-53 所示。用 $h^{-1}(t)$ 表示 $h(t)$ 的逆系统,则

$$h(t) * h^{-1}(t) = \delta(t) \tag{2-83}$$

图 2-53　逆系统

【例题 2.25】　延时器是不是可逆系统?如果是,求其逆系统。

解:延时器是可逆系统,由于其单位冲激响应为

$$h(t) = \delta(t - t_0), \quad t_0 > 0$$

因此,其逆系统是一个超前系统,单位冲激响应为

$$h^{-1}(t) = \delta(t + t_0)$$

二者满足

$$h(t) * h^{-1}(t) = \delta(t - t_0) * \delta(t + t_0) = \delta(t)$$

【例题 2.26】　分析积分器的可逆性。

解:积分器的单位冲激响应

$$h(t) = u(t)$$

其逆系统是微分器

$$h^{-1}(t) = \delta'(t)$$

二者卷积

$$h(t) * h^{-1}(t) = u(t) * \delta'(t) = \int_{-\infty}^{t} \delta(\tau) d\tau * \frac{d}{dt} \delta(t) = \delta(t)$$

满足可逆性。

2.9　连续时间系统的数学模型

视频讲解

前面已经从两个方面对系统进行了描述和分析,一是系统的物理模型——框图,二是系统的时域表征——单位冲激响应 $h(t)$。本节介绍系统的另外一种重要描述方式——数学模型,用于描述系统的输入输出关系。

对于一个物理系统,不论是具体的电路,还是结构框图,都可以建立系统的数学模型,以便利用有效的数学工具解决实际问题。

连续时间系统的数学模型既可以在时域建立,也可以通过拉普拉斯变换在 s 域完成。在 s 域建立连续时间 LTI 系统的数学模型是重要且简单的。

本节以电路为例介绍连续时间系统数学模型的时域建立方法,系统数学模型的 s 域建立方法将在第 5 章阐述。

2.9.1 微分方程的时域建立

对于电路系统,建立微分方程时,需要考虑电路元件 R 、L 、C 的电压、电流之间的关系,再根据电路结构的电压、电流的约束关系建立输出和输入的微分方程。

三个典型元件的时域模型见图 2-54。

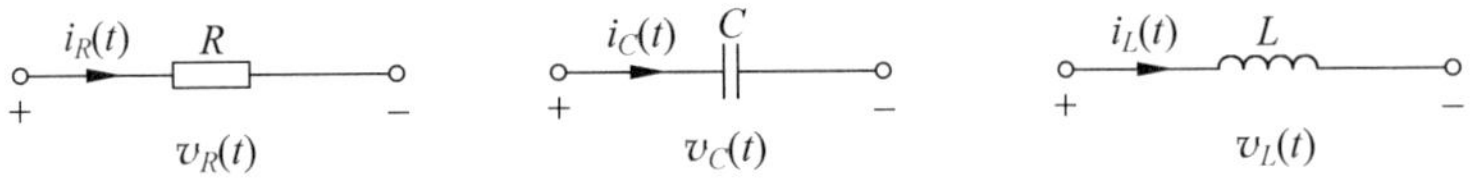

图 2-54 典型元件

1. 电阻

电阻是即时元件,电阻两端的电压和流过电阻的电流之间的关系为

$$v_R(t) = R i_R(t) \tag{2-84}$$

2. 电容

作为动态元件,电容的电压和电流之间是微分或积分的关系,即

$$i_C(t) = C \frac{\mathrm{d}}{\mathrm{d}t} v_C(t) \tag{2-85}$$

$$v_C(t) = \frac{1}{C} \int_{-\infty}^{t} i_C(\tau) \mathrm{d}\tau$$

$$= v_C(0_-) + \frac{1}{C} \int_{0_-}^{t} i_C(\tau) \mathrm{d}\tau, \quad t > 0 \text{ 或 } t \geqslant 0_+ \tag{2-86}$$

当 $i_C(t)$ 有限时,$v_C(0_+) = v_C(0_-)$,初始电压等于起始电压。

3. 电感

电感也是动态元件,其电压与电流之间的关系式

$$v_L(t) = L \frac{\mathrm{d}}{\mathrm{d}t} i_L(t) \tag{2-87}$$

$$i_L(t) = \frac{1}{L} \int_{-\infty}^{t} v_L(\tau) \mathrm{d}\tau$$

$$= i_L(0_-) + \frac{1}{L} \int_{0_-}^{t} v_L(\tau) \mathrm{d}\tau, \quad t > 0 \text{ 或 } t \geqslant 0_+ \tag{2-88}$$

当 $v_L(t)$ 有限时,$i_L(0_+) = i_L(0_-)$,初始电流等于起始电流。

由于动态元件的电压、电流是微分或积分的关系,因此,电路的数学模型将是微分方程。

【例题 2.27】 电路如图 2-55 所示,$e_1(t) = 2V$,$e_2(t) = e^{-2t}$,$C = 1/2\mathrm{F}$,$R = 2/5\Omega$,$L = 1/2\mathrm{H}$。当 $t < 0$ 时,开关位于 1,电路达到稳态。当 $t = 0$ 时,开关由 1 转到 2 的位置,

将电感两端的电压作为输出，建立电路的数学模型。

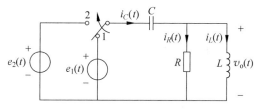

图 2-55　例题 2.27 图

解：首先建立 $t>0$ 电路的微分方程，根据节点电流的关系，有

$$i_C(t) - i_R(t) - i_L(t) = 0 \qquad (2\text{-}89)$$

其中，

$$i_C(t) = C \frac{\mathrm{d}}{\mathrm{d}t} v_C(t) = C \frac{\mathrm{d}}{\mathrm{d}t} \big[e(t) - v_o(t) \big]$$

$$i_R(t) = \frac{1}{R} v_o(t)$$

$$i_L(t) = \frac{1}{L} \int_{-\infty}^{t} v_o(\tau) \mathrm{d}\tau$$

将各项代入式(2-89)，有

$$C \frac{\mathrm{d}}{\mathrm{d}t}(e(t) - v_o(t)) - \frac{1}{R} v_o(t) - \frac{1}{L} \int_{-\infty}^{t} v_o(\tau) \mathrm{d}\tau = 0$$

两边求一次导数并整理，得

$$\frac{\mathrm{d}^2}{\mathrm{d}t^2} v_o(t) + \frac{1}{RC} \frac{\mathrm{d}}{\mathrm{d}t} v_o(t) + \frac{1}{LC} v_o(t) = \frac{\mathrm{d}^2}{\mathrm{d}t^2} e(t)$$

代入 R、L、C 的值，得

$$\frac{\mathrm{d}^2}{\mathrm{d}t^2} v_o(t) + 5 \frac{\mathrm{d}}{\mathrm{d}t} v_o(t) + 4 v_o(t) = \frac{\mathrm{d}^2}{\mathrm{d}t^2} e(t) \qquad (2\text{-}90)$$

这是一个线性常系数微分方程，是该电路的数学模型。

电路在 $(-\infty, +\infty)$ 整个时间域的激励为

$$e(t) = 2u(-t) + \mathrm{e}^{-2t} u(t)$$

在 $t \geqslant 0$ 的激励为

$$e(t) = \mathrm{e}^{-2t} u(t)$$

实际上，对于一般的 LTI 系统，其数学模型是线性常系数微分方程。

$$\frac{\mathrm{d}^n}{\mathrm{d}t^n} r(t) + a_1 \frac{\mathrm{d}^{n-1}}{\mathrm{d}t^{-1}} r(t) + \cdots + a_n r(t)$$

$$= b_0 \frac{\mathrm{d}^m}{\mathrm{d}t^m} e(t) + b_1 \frac{\mathrm{d}^{m-1}}{\mathrm{d}t^{m-1}} e(t) + \cdots + b_m e(t) \qquad (2\text{-}91)$$

线性常系数微分方程中的线性指的是方程中的所有项只含 $e(t)$ 或 $r(t)$，不含常数项，而且函数及其导数都是一次的，没有相乘项。而常系数指的是 a_k 和 b_m 都为常数。微分方

程在描述各种电气系统、机械、化学、生物等系统的输入输出关系中起着重要的作用。

建立了系统的数学模型之后,接下来的任务就是求解微分方程,从而得到系统的输出。

2.9.2 微分方程的时域经典解法

微分方程的求解方法很多,既可以在时域求解,也可以在变换域求解。时域求解方法也有多种,本节采用数学上的经典解法,得到齐次解和特解,其物理含义是自由响应和强迫响应。

对于一般的 n 阶微分方程

$$\frac{\mathrm{d}^n}{\mathrm{d}t^n}r(t)+a_1\frac{\mathrm{d}^{n-1}}{\mathrm{d}t^{-1}}r(t)+\cdots+a_nr(t)=b_0\frac{\mathrm{d}^m}{\mathrm{d}t^m}e(t)+b_1\frac{\mathrm{d}^{m-1}}{\mathrm{d}t^{m-1}}e(t)+\cdots+b_me(t)$$

1. 齐次解

齐次解是齐次方程的解。当激励项 $e(t)$ 及其各阶导数都为零时,微分方程变成齐次方程,即

$$\frac{\mathrm{d}^n}{\mathrm{d}t^n}r(t)+a_1\frac{\mathrm{d}^{n-1}}{\mathrm{d}t^{-1}}r(t)+\cdots+a_nr(t)=0$$

其特征方程为

$$\alpha^n+a_1\alpha^{n-1}+\cdots+a_{n-1}\alpha+a_n=0$$

解此特征方程,得到特征根 $\alpha_1,\alpha_2,\cdots,\alpha_n$。

根据特征根的不同情况,齐次解的表达形式不同。

1) 特征根为单实根

这是最简单的一种情况,这种情况下,齐次解的形式为

$$r_\mathrm{h}(t)=\sum_{i=1}^n A_i\mathrm{e}^{\alpha_i t},\quad t>0 \tag{2-92}$$

式中,A_i 为待定系数。

2) 特征根是重根

例如,特征方程因式分解得

$$(\alpha-\alpha_1)^k(\alpha-\alpha_2)\cdots(\alpha-\alpha_{n-k+1})=0$$

其中,α_1 是特征方程的 k 重根,其余为单根。

则齐次解为

$$r_\mathrm{h}(t)=(A_1t^{k-1}+A_2t^{k-2}+\cdots+A_{k-1}t+A_k)\mathrm{e}^{\alpha_1 t}+\sum_{i=k+1}^n A_i\mathrm{e}^{\alpha_{i-k+1}t} \tag{2-93}$$

相应于 α_1 的 k 重根部分有 k 项。

齐次解中的待定系数 A_i 需要由边界条件确定。

2. 特解

求微分方程的特解,一般采用视察法。将 $t>0$ 的输入信号代入微分方程右端,得到

自由项,特解的形式与自由项类似。表 2-1 列写了一些特解与自由项之间的对应关系。

表 2-1 微分方程的特解

自由项,$t>0$	特解 $r_{\mathrm{p}}(t)$,$t>0$
A	B
e^{at}	$B\mathrm{e}^{at}$,当 α 不是特征根时
	$(B_1 t + B_0)\mathrm{e}^{at}$,当 α 是单阶特征根时
	$(B_r t^r + B_{r-1} t^{r-1} + \cdots + B_1 t + B_0)\mathrm{e}^{at}$,当 α 是 r 重特征根时
$\sin(\omega_0 t)$	$B_1 \sin(\omega_0 t) + B_2 \cos(\omega_0 t)$
$\cos(\omega_0 t)$	
t^m	$B_m t^m + B_{m-1} t^{m-1} + \cdots + B_1 t + B_0$

一般情况下,对于线性常系数微分方程,自由项和激励信号具有一致的函数形式,因此,设特解时也可以直接根据激励信号进行设定。

将设定的特解代入微分方程,即可得到特解的表达式。

【**例题 2.28**】 系统的微分方程

$$\frac{\mathrm{d}^2}{\mathrm{d}t^2}r(t) + 3\frac{\mathrm{d}}{\mathrm{d}t}r(t) + 2r(t) = \frac{\mathrm{d}}{\mathrm{d}t}e(t) + 3e(t)$$

分别求 $e(t) = \mathrm{e}^{-4t}u(t)$ 和 $e(t) = \mathrm{e}^{-3t}u(t)$ 两种激励信号的特解。

解:

(1)激励信号 $e(t) = \mathrm{e}^{-4t}u(t)$,当 $t>0$ 时,$e(t) = \mathrm{e}^{-4t}$,将其代入微分方程右端,得到自由项

$$\frac{\mathrm{d}}{\mathrm{d}t}e(t) + 3e(t) = -4\mathrm{e}^{-4t} + 3\mathrm{e}^{-4t} = -\mathrm{e}^{-4t}$$

因此,设特解

$$r_{\mathrm{p}}(t) = B\mathrm{e}^{-4t}, \quad t>0$$

将特解代入微分方程,得

$$16B\mathrm{e}^{-4t} - 12B\mathrm{e}^{-4t} + 2B\mathrm{e}^{-4t} = -\mathrm{e}^{-4t}$$

即 $6B = -1$,$B = -1/6$。因此,特解为

$$r_{\mathrm{p}}(t) = -\frac{1}{6}\mathrm{e}^{-4t}u(t)$$

(2)激励信号 $e(t) = \mathrm{e}^{-3t}u(t)$,当 $t>0$ 时,$e(t) = \mathrm{e}^{-3t}$,将其代入微分方程右端,得到自由项

$$\frac{\mathrm{d}}{\mathrm{d}t}e(t) + 3e(t) = -3\mathrm{e}^{-3t} + 3\mathrm{e}^{-3t} = 0$$

因此,特解

$$r_{\mathrm{p}}(t) = 0$$

实际上,也可以根据激励信号 $e(t) = \mathrm{e}^{-3t}u(t)$,直接设特解

$$r_p(t) = Be^{-3t}, \quad t > 0$$

将其代入微分方程,可得 $B=0$,即特解 $r_p(t)=0,t>0$。

3. 完全解

将齐次解和特解相加,即是完全解。

$$r(t) = r_h(t) + r_p(t), \quad t > 0 \tag{2-94}$$

4. 根据边界条件求解待定系数 A_i

完全解中有待定系数,需要根据边界条件进行确定。由于响应的时间范围是 $t \geq 0_+$,因此,边界条件指的是 $t=0_+$ 时刻的响应值 $\{r^{(k)}(0_+)\}$。实际中,往往只知道系统的起始条件 $\{r^{(k)}(0_-)\}$,因此需要由起始条件确定初始条件 $\{r^{(k)}(0_+)\}$。一般情况下,从 0_- 到 0_+ 有跳变。

对于具体电路,可以根据物理概念求解 0_+ 时刻的值;而对于微分方程,可由 δ 函数匹配法求解边界条件。

下面用时域经典法求解例题 2.27 中电感两端的电压。

在例题 2.27 中,已经得到电路系统的微分方程

$$\frac{d^2}{dt^2}v_o(t) + 5\frac{d}{dt}v_o(t) + 4v_o(t) = \frac{d^2}{dt^2}e(t)$$

(1) 求齐次解

特征方程

$$\alpha^2 + 5\alpha + 4 = 0$$

得特征根 $\alpha_1 = -1, \alpha_2 = -4$。则齐次解

$$v_h(t) = (A_1 e^{-t} + A_2 e^{-4t})u(t)$$

(2) 求特解

特解与 $t>0$ 的输入信号类似,本题中,$t>0$ 时,$e(t)=e_2(t)=e^{-2t}$,所以,设特解为

$$v_p(t) = Be^{-2t}$$

将特解直接代入微分方程两端,得 $B=-2$。故特解为

$$v_p(t) = -2e^{-2t}u(t)$$

(3) 完全解

$$\begin{aligned} v_o(t) &= v_h(t) + v_p(t) \\ &= (A_1 e^{-t} + A_2 e^{-4t} - 2e^{-2t})u(t) \end{aligned}$$

(4) 求边界条件

本题是二阶微分方程,因此需要两个边界条件 $v_o(0_+)$ 和 $v_o{}'(0_+)$ 来确定完全解中的两个待定系数。在 $t<0$ 时电路达到稳定状态,可以求得

$$v_C(0_-) = 2, \quad i_L(0_-) = 0$$

则

$$v_C(0_+) = v_C(0_-) = 2, \quad i_L(0_+) = i_L(0_-) = 0$$

画出 0_+ 时刻的电路，如图 2-56 所示。

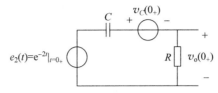

图 2-56　0_+ 时刻的电路

则

$$v_o(0_+) = e_2(t)\big|_{t=0_+} - v_C(0_+) = 1 - 2 = -1$$

$$i_C(t)\big|_{t=0_+} = C \frac{\mathrm{d}}{\mathrm{d}t}(e_2(t) - v_o(t))\bigg|_{t=0_+} = \frac{v_o(t)\big|_{t=0_+}}{R}$$

得 $v_o'(0_+) = 3$。

将 $v_o(0_+)$ 和 $v_o'(0_+)$ 代入完全解，求待定系数：

$$\begin{cases} A_1 + A_2 - 2 = -1 \\ -A_1 - 4A_2 + 4 = 3 \end{cases}$$

解得 $A_1 = 1, A_2 = 0$。则完全解

$$v_o(t) = (\mathrm{e}^{-t} - 2\mathrm{e}^{-2t})u(t)$$

其中，齐次解也称为自由响应

$$v_h(t) = \mathrm{e}^{-t}u(t)$$

特解也称为强迫响应

$$v_p(t) = -2\mathrm{e}^{-2t}u(t)$$

自由响应和强迫响应是系统响应的一种划分方式。自由响应即微分方程的齐次解，由特征根决定。特征根也称为系统的"固有频率"或"自由频率"，它决定了系统自由响应的形式；强迫响应是微分方程的特解，是由于外加激励强加于系统引起的响应。微分方程的完全解即系统的完全响应，包括系统自身特性决定的自由响应和外加激励决定的强迫响应。

提示：齐次解（自由响应）的形式由微分方程的特征根决定，与输入激励的形式无关，但自由响应解的系数需要由边界条件确定，而边界条件与输入激励是有关系的；特解（强迫响应）的形式由输入信号的形式决定。

2.10　因果 LTI 系统的零输入响应和零状态响应

对于线性时不变因果系统，系统的输出是由系统的起始条件和外加激励共同作用引起的，如图 2-57 所示。

如果将外加激励 $e(t)$ 和起始条件 $\{r(0_-), r'(0_-), r''(0_-), \cdots\}$ 都看作系统的"源"，

视频讲解

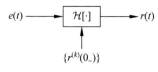

图 2-57　LTI 系统

分别考虑各自独立作用于系统时产生的响应,根据 LTI 系统的线性关系,总的输出等于各自单独输入引起的响应之和。这样的分析思路就产生了零输入响应和零状态响应。图 2-57 中,$\{r^{(k)}(0_-)\}$ 表示系统的起始条件 $\{r(0_-),r'(0_-),r''(0_-),\cdots\}$。

2.10.1　零输入响应和零状态响应的概念

如果系统的输入为零,仅由起始条件作用于系统,产生的响应称为零输入响应。简写成 ZIR(zero input response),如图 2-58 所示。

当系统的起始条件 $\{r^{(k)}(0_-)\}$ 为 0,仅由外加激励 $e(t)$ 引起的响应,称为系统的零状态响应,简写成 ZSR(zero state response),如图 2-59 所示。

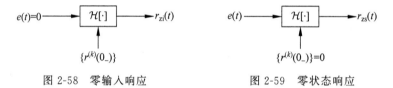

图 2-58　零输入响应　　　　　图 2-59　零状态响应

由于 LTI 系统满足线性关系,因此有

$$r(t) = \underbrace{\mathcal{H}\left[\{r^{(k)}(0-)\}\right]}_{\text{ZIR}} + \underbrace{\mathcal{H}\left[e(t)\right]}_{\text{ZSR}} = r_{zi}(t) + r_{zs}(t) \tag{2-95}$$

也就是说,完全响应等于零输入响应和零状态响应之和。

提示:零输入响应只在系统的起始状态不为零的情况下才有意义。

2.10.2　零输入响应和零状态响应的求解

下面由一道例题说明零输入响应和零状态响应的求解思路。

【例题 2.29】　系统的微分方程为 $\dfrac{d^2}{dt^2}r(t)+3\dfrac{d}{dt}r(t)+2r(t)=\dfrac{d}{dt}e(t)+3e(t)$,起始条件 $r(0_-)=1$,$r'(0_-)=2$,外加激励 $e(t)=u(t)$。求系统的零输入响应和零状态响应。

解:

(1) 求零输入响应

令 $e(t)=0$,相当于求解如下微分方程

$$\begin{cases} \dfrac{\mathrm{d}^2}{\mathrm{d}t^2}r(t) + 3\dfrac{\mathrm{d}}{\mathrm{d}t}r(t) + 2r(t) = 0 \\ r(0_-) = 1, \quad r'(0_-) = 2 \end{cases}$$

用时域经典解法求解。特征方程为

$$\alpha^2 + 3\alpha + 2 = 0$$

得特征根 $\alpha_1 = -1, \alpha_2 = -2$。则齐次解

$$r_{\mathrm{h}}(t) = (A_{zi1}\mathrm{e}^{-t} + A_{zi2}\mathrm{e}^{-2t})u(t)$$

由于外加激励为零,所以特解为零,故零输入解为

$$r_{zi}(t) = (A_{zi1}\mathrm{e}^{-t} + A_{zi2}\mathrm{e}^{-2t})u(t)$$

同样,由于外加激励为零,所以起始点不跳变,故有

$$r_{zi}(0_+) = r_{zi}(0_-) = 1, \quad r'_{zi}(0_+) = r'_{zi}(0_-) = 2$$

代入零输入解,得待定系数

$$A_{zi1} = 4, \quad A_{zi2} = -3$$

故,系统的零输入响应为

$$r_{zi}(t) = (4\mathrm{e}^{-t} - 3\mathrm{e}^{-2t})u(t)$$

(2) 求零状态响应

零状态响应要求起始状态为零,所以,相当于求解下述微分方程

$$\begin{cases} \dfrac{\mathrm{d}^2}{\mathrm{d}t^2}r(t) + 3\dfrac{\mathrm{d}}{\mathrm{d}t}r(t) + 2r(t) = \dfrac{\mathrm{d}}{\mathrm{d}t}e(t) + 3e(t) \\ r(0_-) = 0, \quad r'(0_-) = 0 \\ e(t) = u(t) \end{cases}$$

齐次解

$$[r_{zs}(t)]_{\mathrm{h}} = A_{zs1}\mathrm{e}^{-t} + A_{zs2}\mathrm{e}^{-2t}, \quad t \geqslant 0_+$$

根据输入信号的形式,设特解为

$$r_{\mathrm{p}}(t) = B$$

代入微分方程,解得 $2B = 3, B = 3/2$。因此,特解为

$$B(t) = \frac{3}{2}u(t)$$

故零状态解

$$r_{zs}(t) = (A_{zs1}\mathrm{e}^{-t} + A_{zs2}\mathrm{e}^{-2t} + 3/2)u(t)$$

剩下的问题就是寻找边界条件求待定系数 A_{zs1} 和 A_{zs2},可以采用 δ 函数匹配法分析 0_- 到 0_+ 的跳变,从而确定边界条件。

什么是 δ 函数匹配法?

δ 函数匹配法是一种纯数学方法,其核心思想是微分方程两端 $\delta(t)$ 及其各阶导数要匹配。微分方程在 $-\infty < t < +\infty$ 的任何时间成立,那么在 $t = 0$ 时也成立。如果由于激励的加入使得微分方程的右端出现 $\delta(t)$ 或其各阶导数,那么微分方程的左端也必然存在

视频讲解

$\delta(t)$ 或其各阶导数,只有这样等号两端才能匹配。依照这个理论,可以确定起始点的跳变量,进而确定边界条件。

将输入 $e(t)=u(t)$ 代入微分方程右端

$$\frac{\mathrm{d}^2}{\mathrm{d}t^2}r(t)+3\frac{\mathrm{d}}{\mathrm{d}t}r(t)+2r(t)=\frac{\mathrm{d}}{\mathrm{d}t}u(t)+3u(t)=\delta(t)+3u(t)$$

微分方程右端出现了 δ 函数,那么微分方程左端也必有 δ 函数,而且只能在最高阶导数项中出现。为此,在 $t=[0_-,0_+]$ 时间段内,设

$$\frac{\mathrm{d}^2}{\mathrm{d}t^2}r(t)=\delta(t)+a\,\Delta u(t)$$

$\Delta u(t)$ 表示在 $t=[0_-,0_+]$ 区间有一个跳变量。上式积分一次,有

$$\frac{\mathrm{d}}{\mathrm{d}t}r(t)=\Delta u(t)$$

说明 $r'(t)$ 在 $t=[0_-,0_+]$ 时间段内有一个跳变量,那么 $r(t)$ 在 $t=[0_-,0_+]$ 时间段内必连续,故有

$$\begin{cases} r'_{zs}(0_+)-r'_{zs}(0_-)=1 \\ r_{zs}(0_+)-r_{zs}(0_-)=0 \end{cases}$$

由此得到边界条件

$$r'_{zs}(0_+)=1, \quad r_{zs}(0_+)=0$$

将边界条件代入零状态解,有

$$\begin{cases} A_{zs1}+A_{zs2}+3/2=0 \\ -A_{zs1}-2A_{zs2}=1 \end{cases}$$

可得 $A_{zs1}=-2$,$A_{zs2}=1/2$。则系统的零状态响应

$$r_{zs}(t)=\left(-2\mathrm{e}^{-t}+\frac{1}{2}\mathrm{e}^{-2t}+\frac{3}{2}\right)u(t)$$

系统的完全响应为

$$\begin{aligned} r(t) &= r_{zi}(t)+r_{zs}(t) \\ &= (4\mathrm{e}^{-t}-3\mathrm{e}^{-2t})u(t)+\left(-2\mathrm{e}^{-t}+\frac{1}{2}\mathrm{e}^{-2t}+\frac{3}{2}\right)u(t) \\ &= \left(2\mathrm{e}^{-t}-\frac{5}{2}\mathrm{e}^{-2t}+\frac{3}{2}\right)u(t) \end{aligned}$$

在2.6节介绍过系统单位阶跃响应的概念,不难看出,由于本题 $e(t)=u(t)$,所以,本题求得的零状态响应 $r_{zs}(t)$ 就是该系统的单位阶跃响应,即

$$g(t)=\left(-2\mathrm{e}^{-t}+\frac{1}{2}\mathrm{e}^{-2t}+\frac{3}{2}\right)u(t)$$

提示:零输入响应仅与微分方程的特征根有关,与激励完全无关。如果微分方程不变,起始状态不变,则零输入响应不变。不同的输入将导致零状态响应不同,从而完全响应也不同。

2.10.3 系统的线性

线性常系数微分方程描述的系统不一定是线性系统,这取决于系统的起始状态 $\{r^{(k)}(0_-)\}$ 是否为零。只有当 $\{r^{(k)}(0_-)\}=0$ 时,线性常系数微分方程描述的系统才是线性系统。

对于 LTI 系统,其响应可以分解成零输入响应和零状态响应

$$r(t) = \mathcal{H}\left[r^{(k)}(0_-)\right] + \mathcal{H}\left[e(t)\right]$$

当起始状态 $\{r^{(k)}(0_-)\}$ 不等于零时,响应中含有起始状态 $\{r^{(k)}(0_-)\}$ 引起的零输入响应,因而响应将不随外加激励成比例改变,系统非线性。这类似于 $r(t)=a+be(t)$ 的系统,该系统是否线性取决于 a。当 $a \neq 0$ 时,系统非线性。因此,线性常系数微分方程描述的系统是线性系统的必要条件。

但是,如果将 $\{r^{(k)}(0_-)\}$ 也视为系统的激励源,系统将满足零状态线性和零输入线性。零状态线性是指系统的零状态响应对外加激励 $e(t)$ 呈线性;而零输入线性是指系统的零输入响应对各起始状态呈线性。这样,当某些条件改变时,只影响其所对应部分的响应。这是将系统响应分为零输入响应和零状态响应的意义所在。

【例题 2.30】 某 LTI 系统的起始条件不变且不为零,当激励为 $e(t)$ 时系统的完全响应为 $(2e^{-t}+\sin t)u(t)$,激励为 $2e(t)$ 时系统的完全响应为 $(3e^{-t}+2\sin t)u(t)$。

(1) 求系统的零输入响应。

(2) 求当激励为 $3e(t)$ 时系统的完全响应。

解: 由于系统的初始条件不变,所以系统的零输入响应不变,考虑系统的零状态线性,有

$$\begin{cases} (2e^{-t}+\sin t)u(t) = r_{zi}(t) + r_{zs}(t) \\ (3e^{-t}+2\sin t)u(t) = r_{zi}(t) + 2r_{zs}(t) \end{cases}$$

得

$$r_{zi}(t) = e^{-t}u(t), \quad r_{zs}(t) = (e^{-t}+\sin t)u(t)$$

故

(1) 零输入响应为 $r_{zi}(t)=e^{-t}u(t)$。

(2) 当激励为 $3e(t)$ 时,零输入响应不变,零状态响应为 $3r_{zs}(t)$,因此,系统的完全响应为

$$r(t) = e^{-t}u(t) + 3(e^{-t}+\sin t)u(t) = (4e^{-t}+3\sin t)u(t)$$

2.10.4 各对响应之间的关系

连续 LTI 系统的响应可分为自由响应和强迫响应,也可以分为零输入响应和零状态响应。

自由响应

$$r_{\mathrm{h}}(t) = \sum_{k=1}^{n} A_k \, \mathrm{e}^{\alpha_k t}$$

强迫响应

$$r_{\mathrm{p}}(t) = B(t)$$

零输入响应

$$r_{\mathrm{zi}}(t) = \sum_{k=1}^{n} A_{\mathrm{zi}k} \, \mathrm{e}^{\alpha_k t}$$

零状态响应

$$r_{\mathrm{zs}}(t) = \sum_{k=1}^{n} A_{\mathrm{zs}k} \, \mathrm{e}^{\alpha_k t} + B(t)$$

完全响应

$$r(t) = \underbrace{\sum_{k=1}^{n} A_k \, \mathrm{e}^{\alpha_k t}}_{\text{自由响应}} + \underbrace{B(t)}_{\text{强迫响应}}$$

$$= \underbrace{\sum_{k=1}^{n} A_{\mathrm{zi}k} \, \mathrm{e}^{\alpha_k t}}_{\text{零输入响应}} + \underbrace{\sum_{k=1}^{n} A_{\mathrm{zs}k} \, \mathrm{e}^{\alpha_k t} + B(t)}_{\text{零状态响应}}$$

系数之间的关系

$$A_k = A_{\mathrm{zi}k} + A_{\mathrm{zs}k} \tag{2-96}$$

因此,自由响应包括了零输入响应和零状态响应中的齐次解部分。

2.10.5　$h(t)$的时域求解

$h(t)$是输入为$\delta(t)$时的零状态响应,据此概念可以在时域求解$h(t)$。

【例题 2.31】　LTI 系统的微分方程为

$$\frac{\mathrm{d}^2}{\mathrm{d}t^2}r(t) + 3\frac{\mathrm{d}}{\mathrm{d}t}r(t) + 2r(t) = \frac{\mathrm{d}}{\mathrm{d}t}e(t) + 3e(t)$$

求系统的单位冲激响应 $h(t)$。

解：根据 $h(t)$ 的定义,可得

$$\begin{cases} \dfrac{\mathrm{d}^2}{\mathrm{d}t^2}h(t) + 3\dfrac{\mathrm{d}}{\mathrm{d}t}h(t) + 2h(t) = \dfrac{\mathrm{d}}{\mathrm{d}t}\delta(t) + 3\delta(t) \\ h(0_-) = 0, \quad h'(0_-) = 0 \end{cases}$$

齐次解

$$h(t) = (A_1 \mathrm{e}^{-t} + A_2 \mathrm{e}^{-2t})u(t)$$

问题的关键是:特解是多少?

由于 $e(t) = \delta(t)$，当 $t > 0$ 时，$e(t) = 0$，所以，特解为零。也就是说，系统的单位冲激响应 $h(t)$ 只有齐次解(自由响应)，没有特解(强迫响应)。因此 $h(t)$ 是系统所固有的，与外加激励无关。

由 δ 函数匹配法求边界条件，在 $[0_-, 0_+]$ 时间段内，设

$$\frac{\mathrm{d}^2}{\mathrm{d}t^2} h(t) = \frac{\mathrm{d}}{\mathrm{d}t}\delta(t) + a\delta(t) + b\,\Delta u(t)$$

则

$$\frac{\mathrm{d}}{\mathrm{d}t} h(t) = \delta(t) + a\,\Delta u(t)$$

$$h(t) = \Delta u(t)$$

将上述式子代入微分方程，得

$$\left[\frac{\mathrm{d}}{\mathrm{d}t}\delta(t) + a\delta(t) + b\,\Delta u(t)\right] + 3\left[\delta(t) + a\,\Delta u(t)\right] + 2\Delta u(t) = \frac{\mathrm{d}}{\mathrm{d}t}\delta(t) + 3\delta(t)$$

整理得

$$\frac{\mathrm{d}}{\mathrm{d}t}\delta(t) + (a+3)\delta(t) + (b+3a+2)\Delta u(t) = \frac{\mathrm{d}}{\mathrm{d}t}\delta(t) + 3\delta(t)$$

对应项的系数相等，因此有

$$a + 3 = 3$$

则 $a = 0$，故 $h'(t)$ 不跳变，而 $h(t)$ 的跳变量为 1，即

$$\begin{cases} h'(0_+) - h'(0_-) = 0 \\ h(0_+) - h(0_-) = 1 \end{cases}$$

则 $h(t)$ 的边界条件

$$h'(0_+) = 0, \quad h(0_+) = 1$$

代入齐次解，有

$$\begin{cases} A_1 + A_2 = 1 \\ -A_1 - 2A_2 = 0 \end{cases}$$

得 $A_1 = 2, A_2 = -1$。故单位冲激响应为

$$h(t) = (2\mathrm{e}^{-t} - \mathrm{e}^{-2t})u(t)$$

本题的微分方程和例题 2.29 的微分方程相同，在例题 2.29 中求得系统的单位阶跃响应

$$g(t) = \left(-2\mathrm{e}^{-t} + \frac{1}{2}\mathrm{e}^{-2t} + \frac{3}{2}\right)u(t)$$

本题求得了系统的单位冲激响应 $h(t)$，两者必满足

$$h(t) = \frac{\mathrm{d}}{\mathrm{d}t}g(t) \quad \text{或} \quad g(t) = \int_{-\infty}^{t} h(\tau)\mathrm{d}\tau$$

读者可自行验证。

本章知识 MAP 见图 2-60。

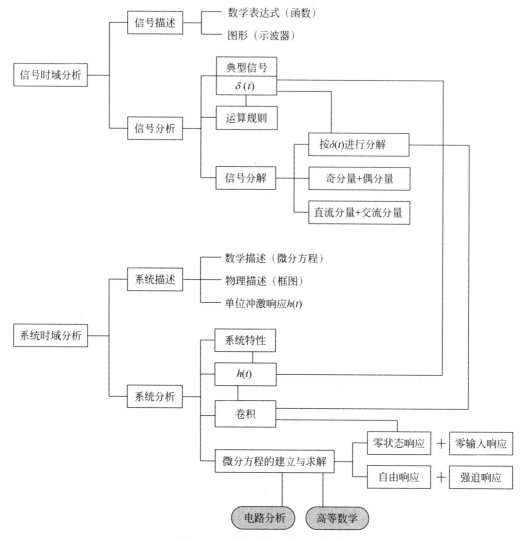

图 2-60 信号与系统的时域分析

视频讲解

本章结语

想一想:

在时域求解电路或微分方程的响应非常烦琐,有没有简单的求解方法呢? 其实,连续时间系统最简单的分析求解方法是利用第 5 章的拉普拉斯变换,尤其是系统的单位冲激响应,由第 5 章的系统函数进行求解,会异常简单。

虽然如此,但"时域"毕竟是客观存在的,我们不能脱离这个基础,而且有些信号的物理现象也主要在时域表现其特性,如电容的充放电过程;另外,信号与系统分析的各种概念、系统的各种响应的物理含义等,都需要在时域进行阐述。因此,时域分析是必要的,分析方法也相对直观。

不过,时域分析除了烦琐外,还有致命的缺陷,那就是对信号与系统的某些特性(比如频率特性)的分析远远不够。有些信号如人类语音、机械振动等在时域看起来杂乱无章,毫无头绪,但在别的域(如频率域)却表现出某些特征,使得信号易于解读。因此,有必要转到其他"域"进行分析。

我们在分析问题时,之所以从一个"域"转向另一个"域",唯一的原因就是在那个"域"中有求解问题答案的捷径。

本章知识解析

知识解析

习题

2-1 画出信号 $f(t) = \dfrac{\sin(3t)}{\pi t}$ 的波形。

2-2 画出信号 $f(t) = \dfrac{\sin[\pi(t-t_0)]}{t-t_0}$ 的波形。

2-3 $f(t)$ 的波形如题图 2-3 所示,画出 $f(3-2t)$ 的图形。

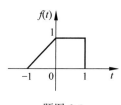

题图 2-3

2-4 画出信号 $f(t) = t[u(t)-u(t-2)]+u(t-2)$ 的波形。

2-5 写出题图 2-5 所示的半波正弦信号的数学表达式。

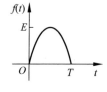

题图 2-5

2-6 计算 $\int_{-\infty}^{+\infty} \sin\left(t + \dfrac{\pi}{2}\right)\delta(t-\pi)\mathrm{d}t$。

2-7 已知 LTI 系统的起始状态为零,当输入信号 $e(t)=u(t)$ 时,输出 $r(t)=(1-\mathrm{e}^{-2t})u(t)$,求当输入信号 $e(t)=\delta(t)$ 时系统的输出。

2-8 已知 LTI 系统的起始状态为零,当输入信号 $e(t)=u(t)$ 时,输出 $r(t)=(1-\mathrm{e}^{-2t})u(t)$,求当输入信号 $e(t)=-u(t-1)+2u(t-3)$ 时系统的输出。

2-9 计算卷积 $f(t)=\mathrm{e}^{-t}u(t) * u(t)$。

2-10 用图解的方法计算卷积
$$f(t) = [u(t+1)-u(t-1)] * [u(t+1)-u(t-1)]$$

2-11 LTI 系统的结构如题图 2-11 所示,$h_1(t)=u(t)$,$h_2(t)=\delta(t-1)$,$h_3(t)=-\delta(t)$。

(1) 求系统的单位冲激响应;

(2) 如果 $e(t)=\mathrm{e}^{-t}u(t)$,求系统的响应。

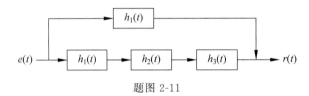

题图 2-11

2-12 某一阶 LTI 系统,当起始条件 $r_1(0_-)=1$,输入 $e(t)=u(t)$ 时,系统的完全响应 $r_1(t)=(3\mathrm{e}^{-2t}+3)u(t)$;当起始条件 $r_1(0_-)=2$,输入 $e(t)=4u(t)$ 时,系统的完全响应 $r_2(t)=(10\mathrm{e}^{-2t}+12)u(t)$。找出 $r_1(t)$ 中的零输入解和零状态解。

第 **3** 章

连续时间信号的频域分析

3.0 引言

前两章的内容是信号与系统的时域分析,时域分析的核心是LTI系统通过"卷积"运算求得任意输入引起的输出。卷积的原理是将信号分解成基本信号的叠加,每个基本分量都对系统产生响应,而总的响应就是各分量激励引起的响应的叠加。"卷积"中应用的基本信号是冲激信号,卷积的过程就是一个将移位和加权后的冲激响应组合起来从而得到总响应的过程。这种方法之所以有效,是因为LTI系统具有线性和时不变性。

下面思考这样一个问题,当输入信号为复指数信号 $e(t)=\mathrm{e}^{\mathrm{j}\omega_1 t}$ 时,通过单位冲激响应为 $h(t)$ 的LTI系统,响应是多少?

我们知道,对于LTI系统,输出等于输入和单位冲激响应的卷积,即

$$r(t)=e(t)*h(t)=\int_{-\infty}^{+\infty}h(\tau)\mathrm{e}^{\mathrm{j}\omega_1(t-\tau)}\mathrm{d}\tau=\mathrm{e}^{\mathrm{j}\omega_1 t}\int_{-\infty}^{+\infty}h(\tau)\mathrm{e}^{-\mathrm{j}\omega_1\tau}\mathrm{d}\tau \tag{3-1}$$

如果将 $\int_{-\infty}^{+\infty}h(\tau)\mathrm{e}^{-\mathrm{j}\omega_1\tau}\mathrm{d}\tau$ 表示成函数 $H(\mathrm{j}\omega_1)$,那么一个有趣的现象就出现了,式(3-1)将变成

$$r(t)=\mathrm{e}^{\mathrm{j}\omega_1 t}H(\mathrm{j}\omega_1) \tag{3-2}$$

$\mathrm{e}^{\mathrm{j}\omega_1 t}$ 虽然是时间的函数,但它却含有频率的意义,$\mathrm{e}^{\mathrm{j}\omega_1 t}$ 的角频率为 ω_1。

因此,当以 $\mathrm{e}^{\mathrm{j}\omega_1 t}$ 作为输入信号时,得到的输出信号与输入信号同频率,而且也是 $\mathrm{e}^{\mathrm{j}\omega_1 t}$ 的形式,只是幅度和相位不同。

由此产生了一种新的思路:能不能将信号进行另一种分解,分解成 $\mathrm{e}^{\mathrm{j}\omega t}$ 这种基本分量的形式,由此得到的输出是各复指数函数对应的输出之叠加?答案当然是肯定的,因为对于LTI系统,当 $e(t)=K_1\mathrm{e}^{\mathrm{j}\omega_1 t}+K_2\mathrm{e}^{\mathrm{j}\omega_2 t}$ 时,

$$r(t)=K_1\mathrm{e}^{\mathrm{j}\omega_1 t}H(\mathrm{j}\omega_1)+K_2\mathrm{e}^{\mathrm{j}\omega_2 t}H(\mathrm{j}\omega_2)$$

对信号进行复指数函数的分解,这就是著名的傅里叶分析。由于复指数函数含有频率的概念,因此这种分析方法相当于是在频域进行,这就是信号的频域分析,也称为信号的傅里叶分析。

根据欧拉公式

$$\mathrm{e}^{\mathrm{j}\omega t}=\cos(\omega t)+\mathrm{j}\sin(\omega t)$$

因此上述分解方法也相当于将信号分解成正弦函数或余弦函数,即三角级数。

其实,三角级数的概念最早见于古巴比伦时代的预测天体运动中。18世纪中叶,欧拉(Leonhard Euler,1707—1783)和伯努利(D. Bernoulli)等在振动弦的研究过程中印证了三角级数的概念,但他们最终却抛弃了自己最初的想法。同时拉格朗日(J. L. Lagrange,1736—1813)也强烈批评,坚持"一个具有间断点的函数是不可能用三角级数来表示的"。傅里叶(J. B. J. Fourier,1768—1830)在研究热的传播和扩散理论时,洞察出三角级数的重大意义。1807年,他向法兰西科学院提交了一篇论文,运用正弦曲线来描

述温度分布。论文里有一个在当时具有争议性的论点:任何周期信号都可以用呈谐波关系的正弦函数级数来表示。当时有 4 位科学家评审他的论文,其中拉普拉斯和另两位科学家同意傅里叶的观点,而拉格朗日坚决反对,在近 50 年的时间里,拉格朗日坚持认为三角级数无法表示有间断点的函数。几经周折直到 15 年后的 1822 年,傅里叶才在 *Theorie analytique de la chaleur*(《热的分析理论》)一书中以另一种方式展示了他的成果。谁是对的呢? 拉格朗日是对的:正弦曲线确实无法组合成一个带有间断点的信号。但是,我们可以用正弦曲线来非常逼近地表示它,逼近到两种表示方法不存在能量差别,二者对任何实际的物理系统的作用是相同的,基于此,傅里叶也是对的。到 1829 年,德国数学家狄里赫利(Dirichlet)第一个给出了三角级数的收敛条件,严格解释了什么函数可以或不可以由傅里叶级数表示。至此,傅里叶的论点有了数学基础。

不仅如此,傅里叶最重要的另一个成果是,他认为非周期信号可以用"不全成谐波关系的正弦信号加权积分"表示(即后来所谓的傅里叶变换)。为表彰傅里叶的工作,科学界将这种分析方法称为傅里叶分析。傅里叶分析在信号处理、物理学、光学、声学、机械、数论、组合数学、概率、统计、密码学等几乎所有领域都有着广泛的应用,这是傅里叶对人类的最大贡献。

简而言之,傅里叶的论点主要有两个,一是周期函数可以表示为谐波关系的正弦函数的加权和;二是非周期函数可以用正弦函数的加权积分表示。**由于正弦函数的表达式中既含有时间也含有频率,因此,傅里叶分析实际上揭示了信号的时间特性和频率特性之间的内在联系,是对信号的频率特性的分析,这是傅里叶分析的物理意义。**

什么是频域? 顾名思义,频域就是频率域,以"频率"为自变量对信号进行分析,分析信号的频率结构(由哪些单一频率的信号合成),并在频率域中对信号进行描述,这就是信号的频域分析,即傅里叶分析。

3.1 信号的正交分解

两个正交函数相乘并在某范围内积分,所得积分值为零。由于正交函数具有这样的特性,因此,不同的正交函数分量可以相互分离开,这是将信号分解成正交函数的好处。而且关键的是,时域中的任何波形都可以分解成正交函数,或者说,用完备的正交函数集可以表示任意信号。

正交信号很多,埃尔米特多项式(Hermite Polynomials)、勒让德多项式(Legendre Polynomials)、拉盖尔多项式(Laguerre Polynomials)、贝塞尔函数(Bessel Polynomials)以及正弦函数都是正交函数。尤为值得注意的是,三角函数和复指数函数是正交函数,而且,三角函数集 $\{\sin(n\omega_1 t), \cos(n\omega_1 t)\}$ 和复指数函数集 $\{e^{jn\omega_1 t}\}$ 是完备的正交函数集。

3.1.1 信号的谐波分量分解

尽管正交信号很多,但傅里叶分析选择了正弦函数作为正交函数进行分解,选择正

弦函数的理由有以下几点:

(1) 正弦波有精确的数学定义。

(2) 正弦波及其微分处处存在,而且其值是有界的。可以用正弦波来描述现实中的波形。

(3) 时域中的任何波形都可由各个频率的正弦波组合进行完整且唯一的描述。

(4) 任何两个不同频率的正弦波都是正交的,因此可以将不同的频率分量相互分离。

其实,最为关键的是,正弦信号含有频率的概念,正弦信号是唯一既含有时间又含有频率变量的函数,从正弦波中既可以看到时间的参量,也可以看到频率的影响。因此,也可以说,正弦波是对频域的描述,这是频域中最重要的规则。

在电气、电子信息、通信、控制等领域中的很多现象,都可以利用正弦波得到满意的解决,如,RLC 电路、互连线的电气效应、通信的带宽、信息码率等。

因此,傅里叶选择了正弦函数进行分解,就具有了非同寻常的工程意义。

以三角函数集 $\{\sin(n\omega_1 t), \cos(n\omega_1 t)\}$ 或复指数函数集 $\{e^{jn\omega_1 t}\}$ 展开的级数,就是傅里叶级数。$\sin(\omega_1 t)$ 和 $\cos(\omega_1 t)$ 是基本的周期信号,与其成谐波关系的函数是 $\sin(n\omega_1 t)$ 和 $\cos(n\omega_1 t)$。$e^{j\omega_1 t}$ 是基本的周期复指数信号,周期为 $T_1 = 2\pi/\omega_1$,与其成谐波关系的函数是复谐波函数 $e^{jn\omega_1 t}$。傅里叶级数就是将信号展开成基本分量和各次谐波分量之和。

3.1.2 Dirichlet 条件

Dirichlet 条件是将周期信号展成傅里叶级数的条件,任何周期信号只要满足 Dirichlet 条件,都可以展开成傅里叶级数。Dirichlet 条件包括以下三方面:

(1) 在一个周期内信号 $f(t)$ 是绝对可积的,即

$$\int_T |f(t)| \, dt < \infty \tag{3-3}$$

这里,$\int_T$ 表示在一个周期 T 内的积分,例如,积分限为 $-T/2 \sim T/2$ 或 $0 \sim T$。

(2) 在一个周期内,信号 $f(t)$ 是有界变量,即 $f(t)$ 在一个周期内有有限个极大值或极小值。

(3) 一个周期内,信号 $f(t)$ 是连续的,只有有限个第一类间断点。

这就是 Dirichlet 条件,是信号 $f(t)$ 能进行傅里叶级数展开的充分条件。工程应用中的许多物理信号都能满足 Dirichlet 条件,因此都可以进行傅里叶级数展开。

提示:

① 有些假设的信号不满足 Dirichlet 条件,但这些信号一般并没有已知的工程应用。

② 有些不满足 Dirichlet 条件的信号也可以展开成傅里叶级数。因为 Dirichlet 条件仅是傅里叶级数展开的充分条件而非必要条件。

3.2 周期信号的傅里叶级数展开

3.2.1 三角形式的傅里叶级数

三角函数集 $\{\cos(n\omega_1 t),\sin(n\omega_1 t)\}$ 是完备的正交函数集,任意周期信号只要满足 Dirichlet 条件,都可以展开成三角形式的傅里叶级数。

视频讲解

假设一个周期信号 $f(t)$,周期为 T_1,角频率为 $\omega_1 = \dfrac{2\pi}{T_1}$,那么,$f(t)$ 可以表示成三角函数的线性组合:

$$f(t) = a_0 + a_1\cos(\omega_1 t) + b_1\sin(\omega_1 t) + a_2\cos(2\omega_1 t) + b_2\sin(2\omega_1 t) + \cdots$$

$$= a_0 + \sum_{n=1}^{+\infty}\left[a_n\cos(n\omega_1 t) + b_n\sin(n\omega_1 t)\right] \tag{3-4}$$

系数

$$a_0 = \frac{1}{T_1}\int_{T_1} f(t)\,\mathrm{d}t \tag{3-5}$$

$$a_n = \frac{2}{T_1}\int_{T_1} f(t)\cos(n\omega_1 t)\,\mathrm{d}t \tag{3-6}$$

$$b_n = \frac{2}{T_1}\int_{T_1} f(t)\sin(n\omega_1 t)\,\mathrm{d}t \tag{3-7}$$

式中,$\displaystyle\int_{T_1}$ 表示在一个周期 T_1 内的积分。

其中,a_0 是常数项,表示直流分量。a_n 和 b_n 都是 $(n\omega_1)$ 的函数(n 为整数),或是频率 ω 的函数(但这里 $\omega = n\omega_1$,只能取一系列的离散值),表示谐波成分。一般将周期信号本身所具有的频率称为基频,$f_1 = 1/T_1$、$\omega_1 = 2\pi/T_1$ 是周期为 T_1 的周期信号的基本频率,展开式中与原信号频率相同的正余弦分量 a_1、b_1 称为基波分量。而具有基频整数倍(如 $2\omega_1$、$3\omega_1$、$\cdots$)的正余弦分量 a_2,b_2,a_3,b_3,$\cdots$ 称为谐波分量,依次为二次谐波、三次谐波、$\cdots$。a_n 是余弦项的系数,表示 n 次谐波的余弦分量,b_n 表示 n 次谐波的正弦分量。

因此,任何周期信号在满足 Dirichlet 的条件下都可以分解为直流分量和一系列正弦、余弦分量,这些正余弦分量的频率是原周期信号频率的整数倍。

3.2.2 幅度相位形式的傅里叶级数

将式(3-4)整理:

$$f(t) = a_0 + \sum_{n=1}^{+\infty}\sqrt{a_n^2 + b_n^2}\left[\frac{a_n}{\sqrt{a_n^2 + b_n^2}}\cos(n\omega_1 t) + \frac{b_n}{\sqrt{a_n^2 + b_n^2}}\sin(n\omega_1 t)\right]$$

令 $c_0 = a_0$,$c_n = \sqrt{a_n^2 + b_n^2}$,$\tan\varphi_n = \dfrac{b_n}{a_n}$,则

$$f(t) = c_0 + \sum_{n=1}^{+\infty} c_n \cos(n\omega_1 t - \varphi_n) \tag{3-8}$$

这就是幅度相位形式的傅里叶级数,c_0 是直流分量,c_n 表示 n 次谐波的幅度,$-\varphi_n$ 表示 n 次谐波的相位。系数间的关系如图 3-1 所示。

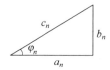

图 3-1　三角级数系数间的关系图

其实,幅度相位形式的傅里叶级数是三角形式傅里叶级数的变形,在工程应用中更常使用。

3.2.3　指数形式的傅里叶级数

除了可以展开成三角级数外,周期信号还可以展开成复指数函数 $e^{jn\omega_1 t}$ 的线性组合

$$f(t) = \sum_{n=-\infty}^{+\infty} F_n e^{jn\omega_1 t} \tag{3-9}$$

这就是指数形式的傅里叶级数展开,其中,系数公式

$$F_n = \frac{1}{T_1} \int_{T_1} f(t) e^{-jn\omega_1 t} \, \mathrm{d}t \tag{3-10}$$

式(3-9)中,$n \in (-\infty, +\infty)$,负频率的引入是由完备性决定的,是为了平衡正频率从而使求和的结果为实数值。

3.2.4　傅里叶级数展开式各系数间的关系

周期信号可以展开成指数形式的傅里叶级数,也可以展开成三角形式或幅度相位形式的傅里叶级数,三种形式的傅里叶级数表达式为

$$f(t) = \sum_{n=-\infty}^{+\infty} F_n e^{jn\omega_1 t}$$

$$= a_0 + \sum_{n=1}^{+\infty} [a_n \cos(n\omega_1 t) + b_n \sin(n\omega_1 t)]$$

$$= c_0 + \sum_{n=1}^{+\infty} c_n \cos(n\omega_1 t - \varphi_n)$$

只要求得每种形式展开式中的系数,代入展开式就可得到傅里叶级数。

下面推导三种展开式的系数之间的关系。

$$F_n = \frac{1}{T_1} \int_{T_1} f(t) e^{-jn\omega_1 t} \, \mathrm{d}t$$

$$= \frac{1}{T_1} \int_{T_1} f(t) \cos(n\omega_1 t) \mathrm{d}t - \mathrm{j} \frac{1}{T_1} \int_{T_1} f(t) \sin(n\omega_1 t) \mathrm{d}t$$

$$= \frac{1}{2} a_n - \mathrm{j} \frac{1}{2} b_n$$

F_n 一般是复数，可以表示成实部、虚部的形式，也可以表示成模和相位的形式，即

$$F_n = \mathrm{Re}F_n + \mathrm{j}\mathrm{Im}F_n$$

$$F_n = |F_n| \mathrm{e}^{\mathrm{j}\varphi_n}$$

由此可得各系数之间的关系：

直流分量

$$a_0 = c_0 = F_0 \tag{3-11}$$

n 次谐波

$$\begin{cases} a_n = 2\mathrm{Re}F_n \\ b_n = -2\mathrm{Im}F_n \\ c_n = \sqrt{a_n^2 + b_n^2} = 2|F_n| \end{cases} \tag{3-12}$$

【例题 3.1】　求周期性冲激信号 $\delta_{T_1}(t) = \sum\limits_{n=-\infty}^{+\infty} \delta(t - nT_1)$（见图 3-2）的傅里叶级数展开式。

视频讲解

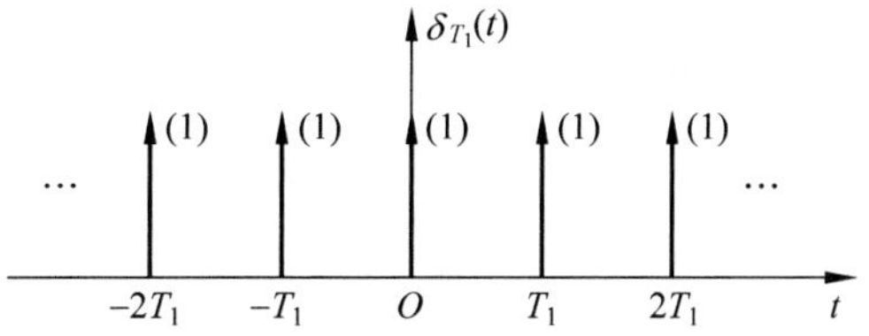

图 3-2　周期性冲激信号

解：

（1）先求指数形式的傅里叶级数的系数

$$F_n = \frac{1}{T_1} \int_{-T_1/2}^{T_1/2} \delta(t) \mathrm{e}^{-\mathrm{j}n\omega_1 t} \mathrm{d}t = \frac{1}{T_1} \tag{3-13}$$

则指数形式的傅里叶级数展开式为

$$\delta_{T_1}(t) = \sum_{n=-\infty}^{+\infty} \frac{1}{T_1} \mathrm{e}^{\mathrm{j}n\omega_1 t} \tag{3-14}$$

（2）也可以求三角形式的傅里叶级数展开式。

$$a_0 = F_0 = \frac{1}{T_1}, \quad a_n = 2\mathrm{Re}F_n = \frac{2}{T_1}, \quad b_n = -2\mathrm{Im}F_n = 0$$

则三角形式的傅里叶级数为

$$\delta_{T_1}(t) = \frac{1}{T_1} + \sum_{n=1}^{+\infty} \frac{2}{T_1} \cos(n\omega_1 t) \tag{3-15}$$

式(3-15)表明，周期性冲激信号含有直流分量以及无穷多的余弦分量，所有余弦分量

的幅度都是 $c_n = 2/T_1$,表明周期性冲激信号含有$[0,+\infty)$所有的频率成分,而且除直流分量为 $1/T_1$ 外,其余的每个频率分量的幅度都是 $2/T_1$,甚至无穷大的频率成分依然存在。

根据式(3-15)进行图形合成,可以更好地理解傅里叶级数展开的物理意义。图 3-3 只是示意性地画出了几个频率成分,但不难想象无穷多频率成分叠加的效果。

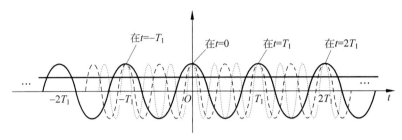

图 3-3　周期性冲激信号的傅里叶级数展开

对于任意整数 n,$\cos(n\omega_1 t)$在 $t=0$,$t=T_1$,$\cdots$,$t=nT_1$ 时都为 1(顶点),即在 $t=0$,T_1,$\cdots$,nT_1 点上,各谐波分量的幅度都为$(1/T_1+\infty \cdot 2/T_1)$,无穷多项相加的结果为无穷大。而在其他时刻,无穷多项余弦信号叠加(函数内插)的结果为零。这与周期性冲激信号是吻合的。

【例题 3.2】　求图 3-4 所示的周期矩形脉冲信号的傅里叶级数展开式。

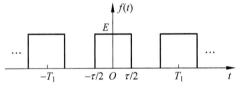

图 3-4　周期矩形信号

解:指数形式的傅里叶级数的系数

$$F_n = \frac{1}{T_1}\int_{-\tau/2}^{\tau/2} E\mathrm{e}^{-\mathrm{j}n\omega_1 t}\,\mathrm{d}t = \frac{E}{T_1}\frac{2}{n\omega_1}\sin(n\omega_1\tau/2)$$

$$= \frac{E\tau}{T_1}\cdot\frac{\sin(n\omega_1\tau/2)}{n\omega_1\tau/2} = \frac{E\tau}{T_1}\mathrm{Sa}(n\omega_1\tau/2)$$

指数形式的傅里叶级数展开式为

$$f(t) = \sum_{n=-\infty}^{+\infty}\frac{E\tau}{T_1}\mathrm{Sa}(n\omega_1\tau/2)\mathrm{e}^{\mathrm{j}n\omega_1 t}$$

三角形式的傅里叶级数的系数

$$a_0 = F_0 = \frac{E\tau}{T_1},\quad a_n = 2\mathrm{Re}F_n = \frac{2E\tau}{T_1}\mathrm{Sa}(n\omega_1\tau/2),\quad b_n = -2\mathrm{Im}F_n = 0$$

则三角形式的傅里叶级数展开式为

$$f(t) = \frac{E\tau}{T_1} + \sum_{n=1}^{+\infty}\frac{2E\tau}{T_1}\mathrm{Sa}(n\omega_1\tau/2)\cos(n\omega_1 t)$$

可以看出,图 3-4 所示的周期矩形信号含有直流成分和余弦分量,不含有正弦分量。

与例题 3.1 的周期性冲激信号相比,周期性矩形脉冲信号的傅里叶级数的系数不再是常数,而是 $n\omega_1$ 的函数,谐波幅度 c_n 随着频率 $n\omega_1$ 的增大按 $\dfrac{1}{n}$ 规律衰减变化。

实际上,周期性冲激信号的傅里叶级数的系数是常数,这是一种极为特殊的情况。一般情况下,傅里叶级数的系数都是 $n\omega_1$ 的函数。

【例题 3.3】 求周期性半波正弦信号(见图 3-5)的三角形式的傅里叶级数展开。

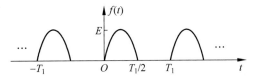

图 3-5　周期性半波正弦信号

解:傅里叶级数的系数

$$F_n = \frac{1}{T_1} \int_0^{T_1/2} E \sin(\omega_1 t) \mathrm{e}^{-\mathrm{j}n\omega_1 t} \, \mathrm{d}t$$

$$= \frac{E}{2\pi(1-n^2)}(1+\mathrm{e}^{-\mathrm{j}n\pi}) = \frac{E}{2\pi(1-n^2)}\left[1+\cos(n\pi)-\mathrm{j}\sin(n\pi)\right]$$

则

$$a_0 = F_0 = \frac{E}{\pi}$$

$$a_n = 2\mathrm{Re}F_n = \frac{E}{\pi}\frac{1+\cos(n\pi)}{1-n^2} = \begin{cases} \dfrac{2E}{\pi(1-n^2)}, & n \text{ 为偶数} \\ 0, & n \text{ 为奇数} \end{cases}$$

$$b_n = -2\mathrm{Im}F_n = \frac{E\sin(n\pi)}{\pi(1-n^2)} = \begin{cases} \dfrac{E}{2}, & n=1 \\ 0, & n \neq 1 \end{cases}$$

傅里叶级数展开式为

$$f(t) = \frac{E}{\pi} + \frac{E}{2}\sin(\omega_1 t) - \frac{2E}{3\pi}\cos(2\omega_1 t) - \frac{2E}{15\pi}\cos(4\omega_1 t) + \cdots$$

$$= \frac{E}{\pi} + \frac{E}{2}\sin(\omega_1 t) + \sum_{n \text{ 为偶数}} \frac{2E}{\pi(1-n^2)}\cos(n\omega_1 t)$$

周期性半波正弦信号含有直流、基波正弦分量以及一系列偶次余弦分量。谐波幅度按 $\dfrac{1}{n^2}$ 规律变化。

试想一下,如果是整波正弦信号 $f(t) = E\sin(\omega_1 t)$,那么信号的频率成分是怎样的呢?答案是,只含一个频率成分,那就是 ω_1,即基波分量。周期半波正弦信号除含有基波分量 $\dfrac{E}{2}\sin(\omega_1 t)$ 外,还含有直流以及一系列的谐波成分,原因就在于正弦信号在时域去掉了半波,不再是单一频率的正弦波信号,因此在频域增加了很多频率成分。

提示:信号的傅里叶级数展开式依然是时间函数的表达形式,重要的是傅里叶级数的系数,系数是频率的函数,也就是说,系数的表示中含有了频率的概念,表达的是信号所含的频率成分。当某些系数为零时,说明原信号 $f(t)$ 不含有这些频率分量。同样,系数的大小表示了相应的频率成分在整个信号频率成分含量中权重的大小。

3.3　傅里叶级数的性质

视频讲解

本节分析当周期信号进行某种运算或具有某种对称性时傅里叶级数的表现,运算包括线性叠加、位移、微分等;而当信号具有某种对称性时,其傅里叶级数的系数往往呈现某些特征。

3.3.1　线性

由式(3-10)可知,傅里叶级数的系数 F_n 与时间信号 $f(t)$ 之间的积分运算是一种线性运算,因此傅里叶级数的系数满足叠加性和均匀性。如果 $f_1(t)$ 的傅里叶级数系数为 F_{1n},$f_2(t)$ 的傅里叶级数系数为 F_{2n},则 $K_1 f_1(t) + K_2 f_2(t)$ 的傅里叶级数的系数为 $K_1 F_{1n} + K_2 F_{2n}$。

3.3.2　位移性质

如果 $f(t)$ 的傅里叶级数系数为 F_n,则 $f(t-\tau)$ 的傅里叶级数系数为 $F_n \mathrm{e}^{-jn\omega_1 \tau}$。

证明:根据傅里叶级数的系数公式,$f(t-\tau)$ 的傅里叶级数的系数

$$G_n = \frac{1}{T_1} \int_{t_0}^{t_0+T_1} f(t-\tau) \mathrm{e}^{-jn\omega_1 t} \mathrm{d}t$$

令 $x = t - \tau$,则上式变为

$$G_n = \frac{1}{T_1} \int_{t_0-\tau}^{t_0+T_1-\tau} f(x) \mathrm{e}^{-jn\omega_1(x+\tau)} \mathrm{d}x$$

$$= \left[\frac{1}{T_1} \int_{t_0-\tau}^{t_0+T_1-\tau} f(x) \mathrm{e}^{-jn\omega_1 x} \mathrm{d}x \right] \mathrm{e}^{-jn\omega_1 \tau} = F_n \mathrm{e}^{-jn\omega_1 \tau}$$

【例题 3.4】　求图 3-6 所示的周期信号的傅里叶级数。

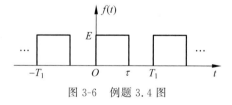

图 3-6　例题 3.4 图

解:本题的 $f(t)$ 实际上是例题 3.2 中图 3-4 所示对称矩形信号(门限信号)向右平移 $\tau/2$,因此,它的傅里叶级数系数为

$$F_n = \frac{E\tau}{T_1} \mathrm{Sa}(n\omega_1 \tau/2) \mathrm{e}^{-jn\omega_1 \tau/2}$$

则 $f(t)$ 的傅里叶级数展开式为

$$f(t) = \sum_{n=-\infty}^{+\infty} \left(\frac{E\tau}{T_1} \mathrm{Sa}(n\omega_1\tau/2) \mathrm{e}^{-jn\omega_1\tau/2} \right) \mathrm{e}^{jn\omega_1 t}$$

$$= \sum_{n=-\infty}^{+\infty} \frac{E\tau}{T_1} \mathrm{Sa}(n\omega_1\tau/2) \mathrm{e}^{jn\omega_1(t-\tau/2)}$$

3.3.3 时域微分性质

若 $f(t)$ 的傅里叶级数的系数为 F_n，则其导数 $\dfrac{\mathrm{d}}{\mathrm{d}t}f(t)$ 的傅里叶级数的系数为 $jn\omega_1 F_n$。

证明：若 $f(t)$ 的周期为 T_1，则其导数 $\dfrac{\mathrm{d}}{\mathrm{d}t}f(t)$ 也必然是周期为 T_1 的周期信号，$\dfrac{\mathrm{d}}{\mathrm{d}t}f(t)$ 的傅里叶级数系数

$$G_n = \frac{1}{T_1} \int_{t_0}^{t_0+T_1} f'(t) \mathrm{e}^{-jn\omega_1 t} \mathrm{d}t$$

$$= \frac{1}{T_1} \left[f(t)\mathrm{e}^{-jn\omega_1 t} \right]\Big|_{t_0}^{t_0+T_1} + \frac{1}{T_1} \int_{t_0}^{t_0+T_1} jn\omega_1 f(t) \mathrm{e}^{-jn\omega_1 t} \mathrm{d}t$$

$$= jn\omega_1 \left[\frac{1}{T_1} \int_{t_0}^{t_0+T_1} f(t) \mathrm{e}^{-jn\omega_1 t} \mathrm{d}t \right] = jn\omega_1 F_n$$

对于高阶导数 $\dfrac{\mathrm{d}^k}{\mathrm{d}t^k}f(t)$，其傅里叶级数的系数为 $(jn\omega_1)^k F_n$。

有些信号求导后可能出现比较简单甚至冲激函数的形式，对这类信号应用微分性质求傅里叶级数可能会简化运算。但需要注意的是，直流分量要特别考虑。

【例题 3.5】 利用性质求解图 3-7(a)所示的三角周期脉冲信号的傅里叶级数。

解：对 $f(t)$ 求导两次，得到图 3-7(c)，$f''(t)$ 的主周期信号为

$$f''_1(t) = \delta(t+1) - 2\delta(t) + \delta(t-1)$$

在例题 3.1 中已经求得周期性冲激信号的傅里叶级数的系数，结合位移性质和线性性质，可得 $f''(t)$ 的傅里叶级数的系数为

$$\frac{1}{T_1}\mathrm{e}^{jn\omega_1} - \frac{2}{T_1} + \frac{1}{T_1}\mathrm{e}^{-jn\omega_1}$$

由微分性质，得

$$(jn\omega_1)^2 F_n = \frac{1}{T_1}\mathrm{e}^{jn\omega_1} - \frac{2}{T_1} + \frac{1}{T_1}\mathrm{e}^{-jn\omega_1}$$

则三角周期脉冲的傅里叶级数的系数为

$$F_n = \frac{2}{T_1} \frac{1-\cos(n\omega_1)}{(n\omega_1)^2} = \frac{1}{T_1}\mathrm{Sa}^2\left(\frac{n\omega_1}{2}\right)$$

代入 $T_1 = 3$，$\omega_1 = \dfrac{2\pi}{3}$，得

$$F_n = \frac{1}{3}\mathrm{Sa}^2\left(\frac{n\pi}{3}\right)$$

故三角周期脉冲的傅里叶级数展开式为

$$f(t) = \sum_{n=-\infty}^{+\infty} \frac{1}{3} \mathrm{Sa}^2 \left(\frac{n\pi}{3}\right) \mathrm{e}^{jn(2\pi/3)t}$$

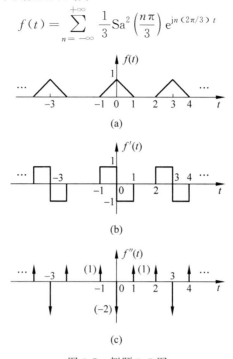

图 3-7　例题 3.5 图

3.3.4　时域奇偶对称性

周期信号的对称性分为两类,一类是整周期对称;另一类是半周期对称。整周期对称包括偶对称、奇对称,半周期对称主要是奇谐对称。

1. 偶对称信号

偶对称信号满足

$$f(t) = f(-t)$$

即 $f(t)$ 是偶函数。可求得其傅里叶级数的系数

$$b_n = \frac{2}{T_1} \int_{-T_1/2}^{T_1/2} f(t) \sin(n\omega_1 t) \mathrm{d}t = 0$$

$$a_0 = \frac{1}{T_1} \int_{-T_1/2}^{T_1/2} f(t) \mathrm{d}t \neq 0$$

$$a_n = \frac{2}{T_1} \int_{-T_1/2}^{T_1/2} f(t) \cos(n\omega_1 t) \mathrm{d}t = \frac{4}{T_1} \int_0^{T_1/2} f(t) \cos(n\omega_1 t) \mathrm{d}t \neq 0$$

所以,偶对称信号的傅里叶级数展开式为

$$f(t) = a_0 + \sum_{n=1}^{+\infty} a_n \cos(n\omega_1 t) \tag{3-16}$$

即偶对称信号只含有直流分量和余弦分量,不含有正弦分量。如 3.2 节中的例题 3.1 和例题 3.2,都是偶对称的例子。

2. 奇对称信号

奇对称信号满足

$$f(t) = -f(-t)$$

即 $f(t)$ 是奇函数,其傅里叶级数的系数

$$a_n = \frac{2}{T_1}\int_{-T_1/2}^{T_1/2} f(t)\cos(n\omega_1 t)\mathrm{d}t = 0$$

$$a_0 = \frac{1}{T_1}\int_{-T_1/2}^{T_1/2} f(t)\mathrm{d}t = 0$$

$$b_n = \frac{2}{T_1}\int_{-T_1/2}^{T_1/2} f(t)\sin(n\omega_1 t)\mathrm{d}t = \frac{4}{T_1}\int_{0}^{T_1/2} f(t)\sin(n\omega_1 t)\mathrm{d}t \neq 0$$

奇对称信号的傅里叶级数展开式为

$$f(t) = \sum_{n=1}^{+\infty} b_n \sin(n\omega_1 t) \tag{3-17}$$

可见,奇对称信号中不含直流分量,也没有余弦分量,仅仅含有正弦分量。正弦分量奇对称。

【**例题 3.6**】 求图 3-8 所示的周期锯齿信号的傅里叶级数展开式。

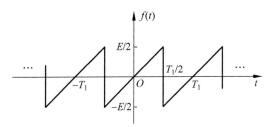

图 3-8 周期锯齿信号

解:信号满足奇对称,故 $f(t)$ 只含有正弦分量,不含直流和余弦分量。

$$a_0 = 0, \quad a_n = 0$$

$$b_n = \frac{2}{T_1}\int_{-T_1/2}^{T_1/2} f(t)\sin(n\omega_1 t)\mathrm{d}t = \frac{4}{T_1}\int_{0}^{T_1/2} \frac{E}{T_1}t\sin(n\omega_1 t)\mathrm{d}t$$

$$= \frac{(-1)^{n+1}E}{n\pi}$$

三角形式的傅里叶级数展开式为

$$f(t) = \sum_{n=1}^{+\infty} \frac{(-1)^{n+1}E}{n\pi}\sin(n\omega_1 t)$$

指数形式的傅里叶级数的系数

$$F_0 = a_0 = 0$$

$$F_n = \frac{1}{2}a_n - \mathrm{j}\frac{1}{2}b_n = -\mathrm{j}\frac{(-1)^{n+1}E}{2n\pi} = \mathrm{j}\frac{(-1)^{n}E}{2n\pi}$$

奇对称周期信号的 F_n 是一个纯虚数。

因此,指数形式的傅里叶级数展开式为

$$f(t) = \sum_{\substack{n=-\infty \\ n \neq 0}}^{+\infty} \left(j \frac{(-1)^n E}{2n\pi} \right) e^{jn\omega_1 t}$$

谐波幅度按 $\dfrac{1}{n}$ 规律变化。

3. 奇谐对称信号

如果信号 $f(t)$ 满足

$$f(t) = -f(t \pm T_1/2) \qquad\qquad (3\text{-}18)$$

这种信号称为奇谐对称信号。图 3-9 的信号就是一个奇谐对称信号。

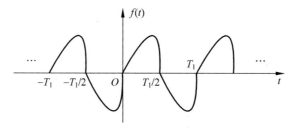

图 3-9　奇谐对称信号

实际上,这是一个半周期对称信号,信号平移半个周期后上下翻转与原信号重合。为什么将这种信号称为奇谐对称信号呢?

下面先求傅里叶级数的系数,将 $f(t)$ 表示成两部分

$$f(t) = \begin{cases} f_1(t), & -T_1/2 \leqslant t < 0 \\ -f_1(t - T_1/2), & 0 \leqslant t < T_1/2 \end{cases}$$

则

$$a_0 = \frac{1}{T_1} \int_{-T_1/2}^{0} f_1(t) \mathrm{d}t + \frac{1}{T_1} \int_{0}^{T_1/2} [-f_1(t - T_1/2)] \mathrm{d}t = 0$$

$$a_n = \frac{2}{T_1} \int_{-T_1/2}^{0} f_1(t) \cos(n\omega_1 t) \mathrm{d}t - \frac{2}{T_1} \int_{0}^{T_1/2} f_1(t - T_1/2) \cos(n\omega_1 t) \mathrm{d}t$$

令 $\tau = t - T_1/2$,则

$$a_n = \frac{2}{T_1} \int_{-T_1/2}^{0} f_1(t) \cos(n\omega_1 t) \mathrm{d}t - \frac{2}{T_1} \int_{-T_1/2}^{0} f_1(\tau) \cos\left[n\omega_1 (\tau + T_1/2) \right] \mathrm{d}\tau$$

$$= \frac{2}{T_1} \int_{-T_1/2}^{0} f_1(t) \cos(n\omega_1 t) \mathrm{d}t - \frac{2}{T_1} \int_{-T_1/2}^{0} f_1(\tau) \cos(n\omega_1 \tau + n\pi) \mathrm{d}\tau$$

$$= \begin{cases} \dfrac{4}{T_1} \displaystyle\int_{-T_1/2}^{0} f_1(t) \cos(n\omega_1 t) \mathrm{d}t, & n = 2r + 1 \\ 0, & n = 2r \end{cases}$$

同理

$$b_n = \begin{cases} \dfrac{4}{T_1}\displaystyle\int_{-T_1/2}^{0} f_1(t)\sin(n\omega_1 t)\mathrm{d}t, & n = 2r+1 \\[2mm] 0, & n = 2r \end{cases}$$

由此,当 n 为偶数时,$a_n = b_n = 0$;当 n 为奇数时,$a_n = a_{2r+1} \neq 0$,$b_n = b_{2r+1} \neq 0$。

所以,奇谐对称信号的傅里叶级数展开式为

$$f(t) = \sum_{r=0}^{+\infty} \left\{ a_{2r+1}\cos\left[(2r+1)\omega_1 t\right] + b_{2r+1}\sin\left[(2r+1)\omega_1 t\right] \right\} \tag{3-19}$$

现在明白了吧?为什么将具有这种对称性的信号称为奇谐对称,原因就是奇谐对称信号的傅里叶级数只含奇次谐波分量,不含直流分量,也不含偶次谐波。

4. 偶谐对称信号

如果信号 $f(t)$ 满足

$$f(t) = f(t \pm T_1/2) \tag{3-20}$$

将具有这种对称性的信号称为偶谐对称信号。这也是一个半周期对称信号,信号平移半个周期后与原信号重叠。实际上,偶谐对称信号的周期为 $T_1/2$。

正是由于周期为 $T_1/2$,所以基本角频率为 $2\omega_1$,谐波成分是基本角频率的偶数倍,即 $2n\omega_1$,故这种对称信号将只含有偶次谐波分量。具体证明可以参照奇谐函数的傅里叶级数系数求解过程,这里从略。

【**例题 3.7**】 分析图 3-10 所示信号含有什么频率成分?

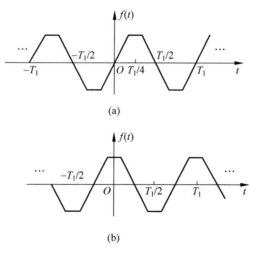

(a)

(b)

图 3-10 例题 3.7 图

解：图 3-10(a)所示信号 $f(t)$ 既是奇函数，又是奇谐函数，因此只含奇次谐波的正弦分量；图 3-10(b)所示信号 $f(t)$ 既是偶函数，又是奇谐函数，因此只含奇次谐波的余弦分量。

3.4 信号的频谱

傅里叶级数展开式依然是时间函数的表示，但展开式的每一项或是直流分量，或是谐波分量。一个信号到底含有什么频率成分以及各频率成分的相对关系，取决于信号的傅里叶级数的系数。当傅里叶级数的系数 $c_k = 0$ 时，说明不存在 k 次谐波的频率成分。而当 $c_n > c_m$ 时，说明信号中所含的 n 次谐波分量要比 m 次谐波分量大，即 n 次谐波分量所占的权重更大一些。

为了直观地表示信号所含各频率成分的大小，可以将傅里叶级数的系数与频率的关系画成图形，这就是信号的频谱。

3.4.1 信号的"谱"表示

视频讲解

傅里叶级数的系数与时间信号一一对应，不同的时间信号，其傅里叶级数的系数不同。如果将信号的傅里叶级数的系数与频率 ω 的关系表示出来，可以从另外一个角度（即频率的角度）来表示时间信号。

先分析一个简单的信号

$$f(t) = 3\cos(\omega_1 t)$$

如果将这个正弦信号在时域用图形表示出来，需要无穷多个点才能连成余弦曲线，其时域波形见图 3-11(a)。由于正弦信号的三要素是频率、幅度和相角，只要这三个要素确定，正弦信号就完全确定。这个周期信号只有一个频率，那就是 ω_1，幅度为 3，相位为零。如果画一个坐标系，横坐标代表频率、纵坐标代表幅度或相位，那么在这样的坐标系中，只需表示正弦信号的三要素就可以了。图 3-11(b)表示幅度-频率的关系，图 3-11(c)表示相位-频率的关系，二者合起来就完整地描述了这个正弦信号，当然，这种描述是从频域的角度。在频域，单频正弦信号只需一个点就可以表示。从图 3-11(b)看出，信号的频率只有 ω_1，相应的幅度为 3；而图 3-11(c)表示相位为 0。

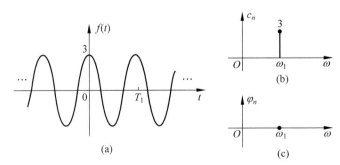

图 3-11 正弦信号的时域表示和频域表示

需要特别说明的是,图 3-11(a)的时域描述和图 3-11(b)、图 3-11(c)的频域描述,都是正弦信号 $3\cos(\omega_1 t)$ 的表示,只是一个在时域(自变量是 t),一个在频域(自变量是 ω),是同一事物的两种表现形式。所谓的"横看成岭侧成峰",不同的角度,表现的形式不同,但不管观察的角度如何,都是那座山。

再举一个例子,

$$f(t) = 3\cos(t - \pi/4) + 2\cos(3t + \pi/3)$$

$f(t)$ 的时域波形如图 3-12 所示,从时域波形中很难直接看出信号所含的频率成分。

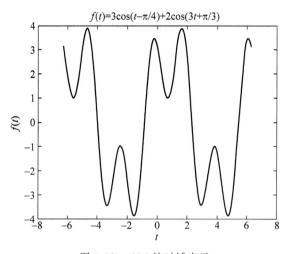

图 3-12　$f(t)$ 的时域表示

实际上该信号包含两个正弦信号,分别是基波分量和 3 次谐波,基波频率为 $\omega_1 = 1$,基波分量和 3 次谐波分量的幅度分别为 3 和 2,对应的相位分别为 $-\pi/4$ 和 $\pi/3$,其他频率成分为 0。画出 $f(t)$ 的频域描述如图 3-13 所示。

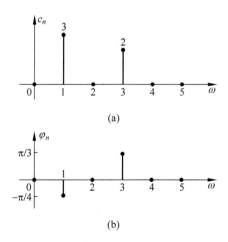

图 3-13　信号 $f(t)$ 的频域描述

在图 3-13 的信号频域描述图形中,信号所含的频率成分一目了然,这是信号频域分析的优势所在。

在信号的频域描述中,幅度谱线的长度代表了频率分量的振幅,相位谱线的长度代表了频率分量的相角大小,它们共同构成信号 $f(t)$ 的"谱"。

什么是"谱"? 一束白光通过三棱镜后呈现出"红、橙、黄、绿、蓝、靛、紫"的彩色光带,物理学中用折射和色散来解释。实际上,此现象也表现出了"谱"的概念。七种色光的频率各不相同,红光频率最小,紫光频率最大,所呈现的七彩光带就是白光的"谱",表明白光含有七种频率成分,而这七种频率成分恰恰是人眼能够识别的可见光频率。不过,工程中大多数信号的频率成分超出了可见光频率范围。

视频讲解

3.4.2 周期信号的频谱

傅里叶级数表明周期信号可以分解成若干不同幅度、不同相位、不同频率的余弦波的叠加。类似于图 3-12,将不同频率成分的幅度或相位画成图形,信号所含的频率成分一目了然,这样的图形称为信号的频谱图,是信号各次谐波分量的图形表示。因此,周期信号的频谱描述了周期信号的谐波组成情况,表示周期信号所含的频率成分。其中,幅度与频率的关系称为幅度频谱,简称幅度谱;相位与频率的关系称为相位频谱,简称相位谱。

周期信号既可以展开成指数形式的傅里叶级数,也可以展开成幅度相位形式的傅里叶级数,由各自系数即可得到指数形式的频谱图和三角形式的频谱图。

指数形式的傅里叶级数展开式

$$f(t) = \sum_{n=-\infty}^{+\infty} F_n e^{jn\omega_1 t}$$

将系数 F_n 表示成模和相位的形式

$$F_n = |F_n| e^{j\varphi_n} \tag{3-21}$$

画出 $|F_n|\text{-}\omega$ 和 $\varphi_n\text{-}\omega$ 的关系图,即得到指数形式的幅度频谱和相位频谱。

对于幅度相位形式的傅里叶级数展开式

$$f(t) = c_0 + \sum_{n=1}^{+\infty} c_n \cos(n\omega_1 t + \varphi_n)$$

其幅度 $c_n\text{-}\omega$ 和相角 $\varphi_n\text{-}\omega$ 的关系图即为三角形式的幅度频谱和相位频谱。

【例题 3.8】 信号 $f(t) = 1 + 3\cos(\omega_1 t - \pi/4) - 2\cos(3\omega_1 t)$,画出其幅度频谱和相位频谱。

解:将信号整理成标准形式

$$f(t) = 1 + 3\cos(\omega_1 t - \pi/4) + 2\cos(3\omega_1 t - \pi)$$

可以看出,$f(t)$ 自身就是傅里叶级数的表现形式,有直流分量、基波分量和三次谐波分量。画出各谐波成分的幅度及相位与频率的关系,就表示了该信号的幅度频谱和相位频谱,如图 3-14 所示。

本题的频率成分为有限个,一般将这种信号称为有限频宽信号,或称为带限信号。平常我们说的频带,指的是一段频率范围。当信号的傅里叶级数展开式只有有限项,例

如当 $n > k_{max}$ 时，$c_n = 0$，即

$$f(t) = c_0 + \sum_{n=1}^{k_{max}} c_n \cos(n\omega_1 t + \varphi_n)$$

这种信号就属于带限信号，其最大频率成分是 $k_{max}\omega_1$。例题 3.8 中的信号的最大角频率是 $3\omega_1$。

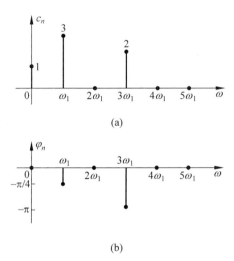

(a)

(b)

图 3-14　例题 3.8 的信号频谱图

【例题 3.9】　画出周期性冲激信号的频谱图。

解：在例题 3.1 中，已经得到指数形式的傅里叶级数的系数为

$$F_n = 1/T_1, \quad n \in (-\infty, +\infty)$$

幅度相位形式的傅里叶级数的系数

$$c_0 = a_0 = 1/T_1$$

$$c_n = \sqrt{a_n^2 + b_n^2} = a_n = 2/T_1, \quad n \in [1, +\infty)$$

分别画出指数形式的频谱图和三角形式的频谱图，见图 3-15(a) 和图 3-15(b)。周期性冲激信号含有从直流到无穷大的所有频率成分，而且随着频率的增大，信号的频谱是恒定的，并没有出现衰落的情况。

图 3-15(c) 是周期性冲激信号的时域波形，每隔周期 T_1 出现一个单位冲激，无始无终。这样的时间信号含有最丰富的频率成分。

指数形式的频谱在 $\pm n\omega_1$（正负频率）都要表示，负频率部分的频谱是数学演算的结果；三角形式的频谱只有正频率部分，是信号真实的频率分量。将指数形式负频率部分的幅度频谱以纵轴折叠到正频率部分，相应的谐波合起来就是三角形式的幅度频谱。这是欧拉公式的物理意义所在。注意，不论是指数形式还是三角形式的频谱，二者的直流成分是一致的。

图 3-15 分别从频域和时域对信号进行描述，显示的是周期性冲激信号在不同域的表现。

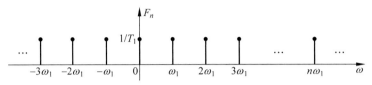

(a) 周期性冲激信号的指数形式的频谱

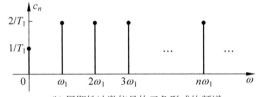

(b) 周期性冲激信号的三角形式的频谱

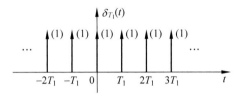

(c) 周期性冲激信号的时域波形

图 3-15 周期性冲激信号的频域和时域的图形表示

【例题 3.10】 画出周期性矩形脉冲信号(见图 3-4)的频谱图。假设 $E=1$, $T_1=8$, $\tau=2$。

解: 由 $T_1=8$, 得周期信号的基本角频率

$$\omega_1 = \frac{2\pi}{T_1} = \frac{\pi}{4}$$

在例题 3.2 中已经求得周期矩形信号的指数形式的傅里叶级数的系数和三角形式的傅里叶级数的系数

$$F_n = \frac{E\tau}{T_1} \mathrm{Sa}(n\omega_1\tau/2)$$

$$a_n = \frac{2E\tau}{T_1} \mathrm{Sa}(n\omega_1\tau/2), b_n = 0, a_0 = F_0 = \frac{E\tau}{T_1}$$

代入 $E=1$, $T_1=8$, $\tau=2$, 得

直流分量

$$c_0 = |F_0| = \frac{1}{4}$$

谐波分量

$$F_n = \frac{1}{4} \mathrm{Sa}(n\omega_1)$$

$$c_n = |a_n| = \frac{1}{2} |\mathrm{Sa}(n\omega_1)|$$

由于 F_n 是实数, 可以直接画出指数形式的频谱图 $F_n\text{-}\omega$, 见图 3-16(a); 也可以分别画出幅度频谱(见图 3-16(b))和相位频谱(见图 3-16(c))。

三角形式的幅度频谱和相位频谱分别见图 3-16(d)和图 3-16(e)。

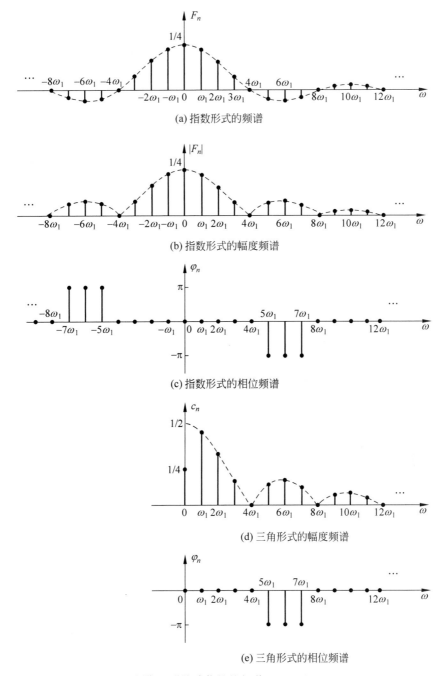

(a) 指数形式的频谱

(b) 指数形式的幅度频谱

(c) 指数形式的相位频谱

(d) 三角形式的幅度频谱

(e) 三角形式的相位频谱

图 3-16　周期矩形脉冲信号的频谱($\omega_1 = \pi/4$, $T_1 = 4\tau$)

从图 3-16 中可以看出,周期矩形信号含有无穷多的频率成分,其频谱的趋势按照抽样函数的包络变化,高频成分越来越小。在本题的参数下,指数形式频谱的包络是 $\mathrm{Sa}(\omega)/4$,三角形式频谱(除去直流外的谐波成分)的包络是 $\mathrm{Sa}(\omega)/2$,这是由于指数形式的频谱在正负频率处都要表现的缘故。另外,本题周期矩形信号的基波分量 $\omega_1 = \pi/4$,抽样包络趋势线的第一个零值点为 $2\pi/\tau = \pi = 4\omega_1$,恰恰是 4 次谐波的频率成分。因此,对于周期是脉宽 4 倍的周期矩形脉冲信号 $(T_1 = 4\tau)$,其 4 次谐波、8 次谐波、12 次谐波……的傅里叶级数的系数等于零,即信号不含有 4 次谐波、8 次谐波、…、$4k$ 次谐波成分(这里 k 为整数)。

【例题 3.11】 画出例题 3.6 中周期锯齿脉冲的频谱图。

解:三角形式的傅里叶级数的系数

$$a_0 = 0, \quad a_n = 0, \quad b_n = \frac{(-1)^{n+1}E}{n\pi}$$

故

$$c_0 = a_0 = 0, \quad c_n = \sqrt{a_n^2 + b_n^2} = |b_n|$$

周期锯齿脉冲的三角形式的幅度频谱和相位频谱如图 3-17(a)和图 3-17(b)所示。

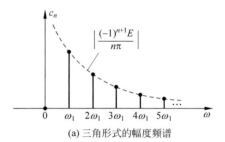

(a) 三角形式的幅度频谱

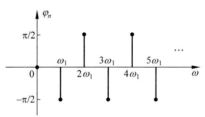

(b) 三角形式的相位频谱

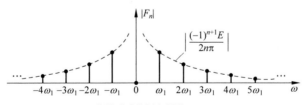

(c) 指数形式的幅度频谱

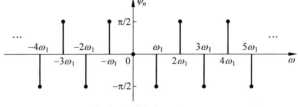

(d) 指数形式的相位频谱

图 3-17 周期锯齿脉冲的频谱图

也可以画出指数形式的频谱图。

$$F_0 = 0, \quad F_n = -\mathrm{j}\frac{(-1)^{n+1}E}{2n\pi}$$

由于 F_n 是纯虚数,故谐波分量的相位为 $\pm\pi/2$。指数形式的频谱见图 3-17(c) 和图 3-17(d)。

通过上述几道例题看出,三角形式的频谱是正频率分量处的频谱,是实际的物理频谱。指数形式的频谱具有正、负频率分量,且关于纵轴对称,幅度频谱满足偶对称,相位频谱满足奇对称(读者可自行证明)。如果将负频率分量的幅度频谱以纵轴为对称轴纵向折叠到正频率,即与三角形式的幅度频谱相吻合。无论是三角形式的频谱,还是指数形式的频谱,都是信号的频率成分的表示,而且二者在物理上是一致的,仅仅是数学演算上的差别。

3.4.3 周期信号频谱的特点

不同的信号具有不同的频谱,表明它们所含的频率成分不同。不过,周期信号的频谱具有一些共同的特点。

1. 离散性

周期信号的频谱是一条条离散的谱线。对于幅度频谱,每条谱线代表某一频率分量的幅度,连接各谱线顶点的曲线(包络线)反映各频率分量幅度的变化情况。对于相位频谱,每条谱线代表某一频率分量的相位值。

2. 谐波性

周期信号的频谱是在基本频率 ω_1,n 次谐波 $2\omega_1$、$3\omega_1$、$\cdots$、$n\omega_1$、$\cdots$ 上的频谱值,谱线间隔为 ω_1。$\omega_1/2$ 或 $(3/2)\omega_1$ 是没有意义的,也就是说周期信号不存在"1/2 次谐波"或"3/2 次谐波"。

例如,某周期信号的周期是 $1\mathrm{s}$,分析该信号是否存在 $0.5\mathrm{Hz}$、$1\mathrm{Hz}$、$1.5\mathrm{Hz}$、$2\mathrm{Hz}$ 的频率成分。

实际上,由 $T_1 = 1\mathrm{s}$ 可知,$f_1 = 1\mathrm{Hz}$,因此频率成分只可能是 $1\mathrm{Hz}$、$2\mathrm{Hz}$、$3\mathrm{Hz}\cdots$,不可能存在 $0.5\mathrm{Hz}$、$1.5\mathrm{Hz}$ 等非谐波频率成分。

3. 收敛性

一般周期信号的频谱理论上有无限多次谐波,从前面例题中不难看出,一般信号高次谐波的幅度总的趋势是逐渐变小的,也就是说信号的高频分量是逐渐衰减的,但不同信号高次谐波的收敛速度不同。如果对信号 $f(t)$ 进行 k 阶求导直至出现 δ 函数,那么其傅里叶级数将按 $1/n^k$ 的速度收敛(从整体趋势看)。

这个结论可用前面的例题验证。周期性矩形方波和锯齿波信号,求导一次就会出现 δ 函数,它们的傅里叶级数的系数都是按 $1/n$ 的速度收敛(例题 3.2 和例题 3.6);半波正弦信号和周期三角脉冲需要求导 2 次才出现 δ 函数,其傅里叶级数的系数按 $1/n^2$ 的速度收敛(例题 3.3 和例题 3.5)。如果一个周期信号求导 3 次才出现 δ 函数,那么它的幅度频谱的收敛速度是 $1/n^3$。

事实上,信号波形越平滑,需要越高阶求导才可能出现 δ 函数,因此,信号的高次谐波收敛速度很快,即其高次谐波的幅度越小,说明高频成分越少;而越是变化激烈的信号,其高频成分越丰富。在波形跳变点处,往往求导一次即出现 δ 函数,因此具有较为丰富的高频分量。两个极端的例子是直流信号和冲激信号,一个是最平滑的信号,只含有零频率;另一个是变化最激烈的信号,所含的高频成分异常丰富,在无穷大频点处频谱依然是常数。

表 3-1 对一些典型信号的时域和频域进行了对比,从中可以看出时域的平滑对应频域的低频分量,而时域如果剧烈变化,其频域高频成分将变得丰富,即信号中含有很多的高频分量。

表 3-1 典型信号的时域和频域

信 号	时 域 波 形	幅 度 频 谱
直流信号		直流信号的频率成分仅在零频。它是非周期信号,其频谱密度为 δ 函数(将直流信号放于此处仅仅为了对比。)
正弦信号		
半波正弦信号		

续表

信 号	时 域 波 形	幅 度 频 谱
周期矩形脉冲	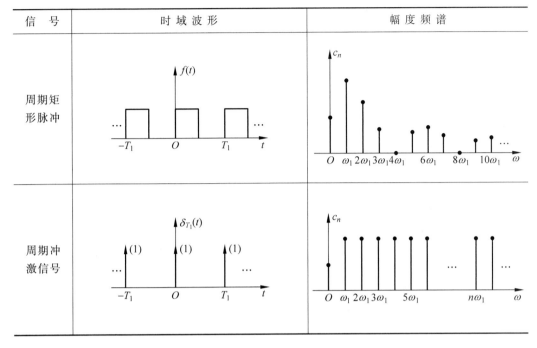	
周期冲激信号		

小结：

傅里叶级数将信号展开成正余弦函数的形式，而正弦信号含有了频率的概念，因此，傅里叶级数展开的目的是分析信号的直流分量和一系列谐波分量，是对信号的频率成分进行分析。

当把一个时间信号用"其傅里叶级数的系数与频率的关系"表示时，就得到了信号的频域表示或者信号的谱表示。

傅里叶级数展开式是时域的表示，而傅里叶级数的系数则是频域的表示。

因此，对于连续时间信号，其波形描述有两种，一种是第 2 章的时域波形，横坐标是时间 t，可用示波器观看；另一种是本章的频域描述，横坐标是频率 ω（或 f），可用频谱仪观看。信号的频域波形也称为频谱。

3.5 信号的功率谱

周期为 T_1 的周期信号 $f(t)$，在时域求功率

$$P = \frac{1}{T_1}\int_{T_1} |f(t)|^2 \mathrm{d}t \tag{3-22}$$

下面推导信号功率的频域表示。

$$P = \frac{1}{T_1}\int_{T_1} |f(t)|^2 \mathrm{d}t = \frac{1}{T_1}\int_{T_1} f(t)f^*(t)\mathrm{d}t$$

为了在频域求功率，需要将 $f(t)$ 展开成傅里叶级数，为

$$P = \frac{1}{T_1} \int_{T_1} \left(\sum_{n=-\infty}^{+\infty} F_n e^{jn\omega_1 t} \right) \left(\sum_{m=-\infty}^{+\infty} F_m e^{jm\omega_1 t} \right)^* dt$$

$$= \sum_{n=-\infty}^{+\infty} F_n \sum_{m=-\infty}^{+\infty} F_m^* \left(\frac{1}{T_1} \int_{T_1} e^{j(n-m)\omega_1 t} dt \right)$$

其中

$$\frac{1}{T_1} \int_{T_1} e^{j(n-m)\omega_1 t} dt = \begin{cases} 1, & m = n \\ 0, & m \neq n \end{cases}$$

所以

$$P = \sum_{n=-\infty}^{+\infty} F_n F_n^* = \sum_{n=-\infty}^{+\infty} |F_n|^2 \qquad (3\text{-}23)$$

这就是周期信号功率的频域求解公式,表明周期信号的平均功率等于频域中直流分量、基波分量以及各次谐波分量的平均功率之和。

将式(3-23)进一步整理

$$P = F_0^2 + \sum_{n=1}^{+\infty} 2|F_n|^2 = c_0^2 + \sum_{n=1}^{+\infty} 2(c_n/2)^2$$

即

$$P = c_0^2 + \sum_{n=1}^{+\infty} (c_n/\sqrt{2})^2 \qquad (3\text{-}24)$$

$c_n/\sqrt{2}$ 表示谐波成分的有效值,因此,周期信号的平均功率等于有效值的平方之和。

信号的平均功率既可以在时域求得,也可以在频域通过幅度谱求得。即

$$P = \frac{1}{T_1} \int_{T_1} |f(t)|^2 dt = \sum_{n=-\infty}^{+\infty} |F_n|^2 = c_0^2 + \sum_{n=1}^{+\infty} (c_n/\sqrt{2})^2 \qquad (3\text{-}25)$$

式(3-25)体现了能量守恒的概念,称为帕塞瓦尔(Parseval)定理。

想一想:

为什么可以用信号的频谱求功率?

这是因为,一个信号的时域描述和频域描述(频谱)表示同一个信号,是同一信号的不同表现形式,二者所包含的信息是完全相同的,仅仅是从不同的角度表现而已。因此,自然而然既可以在时域求功率,也可以在频域求功率了。

将各次谐波的平均功率与频率的关系绘成图形,就是周期信号的功率谱。

【例题 3.12】 周期电流信号 $i(t) = 1 - \sin(\pi t) + \cos(\pi t) + \frac{1}{\sqrt{2}} \cos\left(2\pi t + \frac{\pi}{6}\right)$,单位为 A,画出该信号的频谱和功率谱,并计算平均功率。

解: 将信号整理成幅度相位形式

$$i(t) = 1 + \sqrt{2} \cos\left(\pi t + \frac{\pi}{4}\right) + \frac{1}{\sqrt{2}} \cos\left(2\pi t + \frac{\pi}{6}\right)$$

可知直流成分 $c_0 = 1$;基波角频率 $\omega_1 = \pi$,$c_1 = \sqrt{2}$,$\varphi_1 = \pi/4$;信号含有二次谐波 $2\omega_1 = 2\pi$,二次谐波的幅度 $c_2 = 1/\sqrt{2}$,相位 $\varphi_2 = \pi/6$。因此信号的频谱如图 3-18 所示。信号的

功率谱如图 3-19 所示。

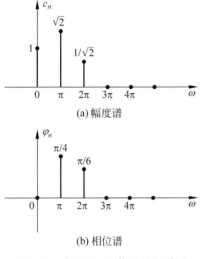

(a) 幅度谱

(b) 相位谱

图 3-18 例题 3.12 信号的频谱图

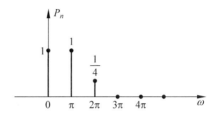

图 3-19 例题 3.12 信号的功率谱

信号的平均功率既可以在时域求,也可以在频域求。本题只有有限的频率成分,应用 Parseval 定理利用信号的频谱成分求功率非常简单。

$$P = c_0^2 + \sum_{n=1}^{+\infty} \left(c_n / \sqrt{2} \right)^2$$
$$= c_0^2 + \left(c_1 / \sqrt{2} \right)^2 + \left(c_2 / \sqrt{2} \right)^2$$
$$= 1^2 + \left(\sqrt{2} / \sqrt{2} \right)^2 + \left((1/\sqrt{2}) / \sqrt{2} \right)^2$$
$$= 2.25 \text{(W)}$$

深层理解:

一个连续时间周期信号,既可以分析其频谱,也可以求其功率谱。那么,频谱和功率谱的根本区别在哪里呢?

信号的频谱只是将这个信号从"时域表示"转换成"频域表示",是同一个信号的不同表现形式。而功率谱是从能量的观点对信号进行研究,对于功率有限信号,功率谱指的是信号在每个频率分量上的功率,反映了信号功率在频域的分布状况。从式(3-25)看出,功率谱只保留了频谱的幅度信息,而丢失了相位信息。所以,频谱不同的信号其功率谱有可能是相同的。

频谱是信号的各次谐波与频率的分布关系($|F_n|$-ω 和 φ_n-ω),量纲就是信号 $f(t)$ 的单位,假如 $f(t)$ 是电压信号,通过傅里叶级数展开成正余弦分量,这些分量自然还是电压信号,振幅或幅度 c_n 的量纲是 V;而功率谱则是周期信号各次谐波的平均功率随频率的分布情况($|F_n|^2$-ω),量纲是 W。频谱和功率谱的关系归根结底还是信号和功率(能量)之间的关系。

视频讲解

3.6 有限项和均方误差

一般周期信号的傅里叶级数有无穷多项,即信号的频率成分有无穷多,但在实际工程中,往往截取其主要的频率成分,即用有限项代替无穷项,这样做的结果必然产生误差。

$f(t)$ 的傅里叶级数展开式

$$f(t) = c_0 + \sum_{n=1}^{+\infty} c_n \cos(n\omega_1 t - \varphi_n)$$

如果用有限项(例如,前 $N+1$ 项)来逼近原信号,前 $N+1$ 项的傅里叶级数表示式为

$$s_N(t) = c_0 + \sum_{n=1}^{N} c_n \cos(n\omega_1 t - \varphi_n)$$

用 $s_N(t)$ 逼近 $f(t)$,引起的误差函数为

$$\varepsilon_N(t) = f(t) - s_N(t) \tag{3-26}$$

则均方误差

$$\begin{aligned}
\overline{\varepsilon_N^2(t)} &= \frac{1}{T_1} \int_{t_0}^{t_0+T_1} \left[f(t) - s_N(t) \right]^2 \mathrm{d}t \\
&= \overline{f^2(t)} - \overline{s_N^2(t)} \\
&= \left[c_0^2 + \sum_{n=1}^{+\infty} (c_n/\sqrt{2})^2 \right] - \left[c_0^2 + \sum_{n=1}^{N} (c_n/\sqrt{2})^2 \right]
\end{aligned} \tag{3-27}$$

图 3-20 示出了对周期矩形脉冲信号只取有限项频率成分时的频谱图和时域波形图,随着所取频率成分的增多,波形越来越接近原信号。

其中矩形方波信号(见图 3-20(a))的周期为 $T_1=1$,主周期为

$$f_1(t) = 2 \left[u(t+1/4) - u(t-1/4) \right]$$

其傅里叶级数有无穷多项,展开式为

$$f(t) = 1 + \frac{4}{\pi}\cos(2\pi t) - \frac{4}{3\pi}\cos(6\pi t) + \frac{4}{5\pi}\cos(10\pi t) - \frac{4}{7\pi}\cos(14\pi t) + \cdots$$

该信号的基本频率为 $\omega_1 = 2\pi$。

直流分量加上基本分量(见图 3-20(b))

$$f(t) = 1 + \frac{4}{\pi}\cos(2\pi t)$$

直流分量、基本分量、3 次谐波之和(见图 3-20(c))

$$f(t) = 1 + \frac{4}{\pi}\cos(2\pi t) - \frac{4}{3\pi}\cos(6\pi t)$$

当进行前四项相加时,即由直流成分、基本分量、3 次谐波和 5 次谐波组成的信号为

$$f(t) = 1 + \frac{4}{\pi}\cos(2\pi t) - \frac{4}{3\pi}\cos(6\pi t) + \frac{4}{5\pi}\cos(10\pi t)$$

见图 3-20(d)。

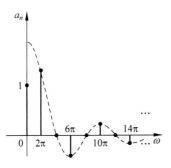

矩形方波的频谱图

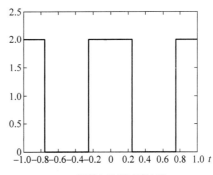

矩形方波的时域波形

(a) 原信号及其频谱

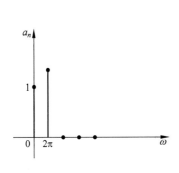

频谱图

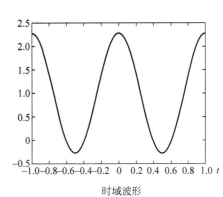

时域波形

(b) "直流"加"基本分量"

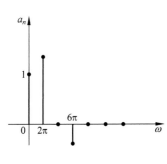

频谱图

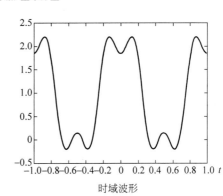

时域波形

(c) "直流"加"基本分量"加"三次谐波"

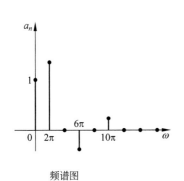

频谱图

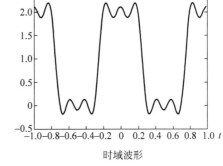

时域波形

(d) "直流"加"基本分量"加"三次谐波"加"五次谐波"

图 3-20　傅里叶级数的有限项

从傅里叶级数展开的角度来看,有限项傅里叶级数所取的项数越多,相加后的波形越接近于原来的信号。当 $f(t)$ 为脉冲信号时,低频分量影响脉冲的顶部,而高频分量影响跳变沿。所取的项数越多,所含的高频谐波分量越多,合成后的波形越陡峭。这也印证了"时域波形变化越激烈,所含的高频分量越丰富"的观点。而且所取项数越多,顶部的波纹越小,波纹数越多,整体效果是顶部越近似"平坦"。

但是,对于有间断点的时间信号,当用有限项傅里叶级数逼近原信号时,虽然项数 N 越多,顶部波纹越小越平滑,但在间断点处的第一个峰起值("过冲")的幅度却不会随着 N 的增大而减小或消失,如图 3-21 所示。这个峰起值是一个恒定值,约等于间断点处跳变值的 8.95%(证明见第 4 章)。即使 $N \to \infty$,无穷多项级数收敛于原信号,但是在间断点处却不收敛。事实上,当 $N \to \infty$ 时,这 8.95% 的过冲也存在,这种现象称为吉布斯(Gibbs)现象,是为了纪念吉布斯(Josiah Gibbs)第一次用数学描述了这种现象。

对于有间断点的时间信号,虽然在数学上证明原信号和它的傅里叶级数表达式处处相等,但在间断点附近明显存在着过冲或波纹,所取的项数越多,波纹越紧密地集中在间断点附近。当 $N \to \infty$ 时,峰起的波纹宽度趋于零,幅度恒定为 8.95%,由于零宽度的过冲不包含任何能量,所以,当 $N \to \infty$ 时,傅里叶级数表示的信号功率收敛于原信号的功率。而且,当 $N \to \infty$ 时,在任何时刻 t,傅里叶级数表示的函数值都趋近于原信号的值。它们在任意有限的时间间隔上有相同的能量,对任意物理系统的作用是一样的。

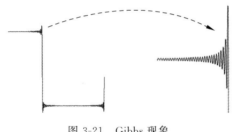

图 3-21　Gibbs 现象

另外,需要说明的是,在傅里叶级数的展开式中,如果任一频谱分量的幅度或相位发生相对变化,合成的波形一般会产生失真。

3.7　非周期信号的傅里叶变换

视频讲解

傅里叶级数是一种很好的分析工具,但作用有限。它可以把工程中任何实用的有限时间信号和无限时间周期信号用一组成谐波关系的三角级数的线性组合来表示,却不能描述非周期的无限时间信号。

本节将把傅里叶级数的思想应用于非周期信号,引出傅里叶变换。最终将发现,傅里叶级数其实只是傅里叶变换的一种特殊情况(只含有离散的频率分量)。

3.7.1 从傅里叶级数到傅里叶变换

一个周期信号 $f_{T_1}(t)$ 当其周期 $T_1 \to \infty$ 时将变成非周期信号 $f(t)$，即

$$f(t) = \lim_{T_1 \to \infty} f_{T_1}(t) \tag{3-28}$$

在前面的傅里叶级数分析中已经知道，周期信号的频谱 F_n 是一条条离散的谱线，谱线间隔为 ω_1。周期信号 $f_{T_1}(t)$ 的傅里叶级数的系数

$$F_n = \frac{1}{T_1} \int_{-T_1/2}^{T_1/2} f_{T_1}(t) e^{-jn\omega_1 t} dt \tag{3-29}$$

当周期 T_1 增大时，谱线间隔 $\omega_1 = 2\pi/T_1$ 将变小，谱线将变密，但频谱包络依然保持原来的包络形状（因为函数关系并没有改变）。当 $T_1 \to \infty$ 时，显然 $\omega_1 \to 0$，谱线间隔无限变小，谱线连成一片，$n\omega_1 \to \omega$，即离散变量 $n\omega_1$ 趋于连续变量 ω。但同时出现了另一个现象，$F_n \to 0$，即谱线幅度将无限变小趋于零，是信号在频域消失了吗？当然不是，根据 Parseval 能量守恒定理，频域中依然具有能量。这该怎么理解呢？

对式(3-29)取极限

$$\lim_{T_1 \to \infty} F_n = \lim_{T_1 \to \infty} \frac{1}{T_1} \int_{-T_1/2}^{T_1/2} f_{T_1}(t) e^{-jn\omega_1 t} dt$$

考虑式(3-28)，有

$$\lim_{T_1 \to \infty} (F_n \cdot T_1) = \lim_{T_1 \to \infty} \int_{-T_1/2}^{T_1/2} f_{T_1}(t) e^{-jn\omega_1 t} dt = \int_{-\infty}^{+\infty} f(t) e^{-j\omega t} dt$$

定义

$$F(\omega) = \int_{-\infty}^{+\infty} f(t) e^{-j\omega t} dt \tag{3-30}$$

这就是著名的傅里叶正变换公式，一般用符号 $\mathscr{F}[\ ]$ 表示，即

$$\mathscr{F}[f(t)] = \int_{-\infty}^{+\infty} f(t) e^{-j\omega t} dt$$

由傅里叶正变换公式可以求出非周期信号 $f(t)$ 的每个连续频率成分。

提示：在整个推导过程中，周期 T_1 的作用相当玄妙。

我们已经知道，傅里叶级数的系数 F_n 表示信号的频谱，那么傅里叶变换 $F(\omega)$ 具有什么含义呢？

根据公式

$$F(\omega) = \lim_{T_1 \to \infty} (F_n \cdot T_1) = \lim_{\omega_1 \to 0} \frac{2\pi F_n}{\omega_1} = \lim_{f_1 \to 0} \frac{F_n}{f_1} \tag{3-31}$$

可知 $F(\omega)$ 表示的是单位频带内的频谱，即频谱密度的概念。因此，$F(\omega)$ 是 $f(t)$ 的频谱密度函数或谱密度。

考虑到 F_n 的量纲是物理信号的单位，如电压信号的频谱的单位是 V，由于频率间隔 f_1 属于频率的范畴，单位是 Hz，因此，电压信号的傅里叶变换 $F(\omega)$ 的单位是 V/Hz。

根据傅里叶积分公式，并不是所有的非周期信号都存在傅里叶变换。只有当 $f(t)$ 满

足绝对可积条件时,傅里叶积分才收敛。即

$$\int_{-\infty}^{+\infty} |f(t)| \, dt < \infty \tag{3-32}$$

这是傅里叶变换存在的充分条件。虽然这是一个比较苛刻的条件,数学中有些信号无法满足,但工程中的大部分实际信号都满足这个条件,因此,傅里叶分析有非常实际的物理意义。而且,引入冲激函数后,可以对一些傅里叶积分不收敛的信号进行广义傅里叶变换。

将 $F(\omega)$ 写成模和相位的形式

$$F(\omega) = |F(\omega)| e^{j\varphi(\omega)} \tag{3-33}$$

$|F(\omega)|$ 称为 $f(t)$ 的幅度频谱密度函数,简称幅度谱;$\varphi(\omega)$ 称为相位频谱密度函数,简称相位谱。

下面由傅里叶级数展开式推导傅里叶反变换的公式。

周期信号 $f_{T_1}(t)$ 的傅里叶级数展开式

$$f_{T_1}(t) = \sum_{n=-\infty}^{+\infty} F_n e^{jn\omega_1 t}$$

代入 F_n 的表达式,得

$$f_{T_1}(t) = \sum_{n=-\infty}^{+\infty} \left[\frac{1}{T_1} \int_{-T_1/2}^{T_1/2} f_{T_1}(\tau) e^{-jn\omega_1 \tau} d\tau \right] e^{jn\omega_1 t}$$

$$= \sum_{n=-\infty}^{+\infty} \left[\frac{\omega_1}{2\pi} \int_{-T_1/2}^{T_1/2} f_{T_1}(\tau) e^{-jn\omega_1 \tau} d\tau \right] e^{jn\omega_1 t}$$

当 $T_1 \to \infty$ 时,$f_{T_1}(t) \to f(t)$,而 $n\omega_1 \to \omega$,$\sum_{n=-\infty}^{+\infty} \to \int_{-\infty}^{+\infty}$,$\omega_1 \to d\omega$。上式变为

$$f(t) = \lim_{T_1 \to \infty} \left\{ \sum_{n=-\infty}^{+\infty} \left[\frac{\omega_1}{2\pi} \int_{-T_1/2}^{T_1/2} f(\tau) e^{-jn\omega_1 \tau} d\tau \right] e^{jn\omega_1 t} \right\}$$

$$= \frac{1}{2\pi} \lim_{T_1 \to \infty} \sum_{n=-\infty}^{+\infty} \left[\int_{-\infty}^{+\infty} f(\tau) e^{-j\omega \tau} d\tau \right] e^{j\omega t} \omega_1$$

$$= \frac{1}{2\pi} \lim_{\omega_1 \to 0} \sum_{n=-\infty}^{+\infty} F(\omega) e^{j\omega t} \omega_1$$

$$= \frac{1}{2\pi} \int_{-\infty}^{+\infty} F(\omega) e^{j\omega t} d\omega$$

即

$$f(t) = \frac{1}{2\pi} \int_{-\infty}^{+\infty} F(\omega) e^{j\omega t} d\omega \tag{3-34}$$

这就是傅里叶反变换的公式,用符号表示为 $\mathscr{F}^{-1}[\ ]$。傅里叶反变换的公式表明非周期信号也可以进行频率分量的分解,只不过不再是分解成"成谐波关系的正弦信号的加权和",而是分解成"频率连续变化的正弦函数的加权积分"。将 $f(t)$ 的所有频率分量(无限精度)$F(\omega)$ 重新结合就可以还原出原信号 $f(t)$。

提示:周期信号的傅里叶级数展开,得到了一系列离散的频率成分,它们是直流、基

波以及频率是基波频率整数倍的谐波,其频谱是离散的;而傅里叶变换也是寻找信号的频率成分,对于非周期信号,其频率成分是连续变化的,频谱密度将是连续曲线。

傅里叶变换是"从时域到频域",而傅里叶反变换是"从频域到时域"。

3.7.2 典型信号的傅里叶变换

本节对一些典型信号求解傅里叶变换,画出频谱密度图,分析它们的频域特性,理解信号傅里叶变换的深层含义。

1. 单边指数信号

单边指数信号的时域表达式

$$f(t) = e^{-at}u(t), \quad a > 0$$

根据傅里叶变换公式

$$F(\omega) = \int_{-\infty}^{+\infty} f(t)e^{-j\omega t}\,dt = \int_{0}^{+\infty} e^{-at}e^{-j\omega t}\,dt = \int_{0}^{+\infty} e^{-(a+j\omega)t}\,dt$$

$$= \frac{e^{-(a+j\omega)t}}{-(a+j\omega)}\bigg|_{0}^{+\infty} = \frac{1}{a+j\omega} \tag{3-35}$$

这是一个复数表达式,求其模和相位,得到幅度频谱密度函数和相位频谱密度函数

$$\begin{cases} |F(\omega)| = \dfrac{1}{\sqrt{a^2+\omega^2}} \\ \varphi(\omega) = -\arctan(\omega/a) \end{cases}$$

画出其幅度频谱密度和相位频谱密度,如图 3-22 所示。非周期信号的频谱密度是连续曲线。

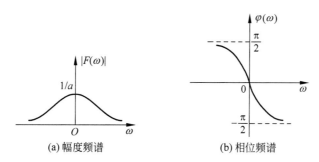

(a) 幅度频谱   (b) 相位频谱

图 3-22 单边指数信号的频谱密度曲线

2. 双边指数信号

双边指数信号的时域表达式

$$f(t) = e^{-a|t|}, \quad a > 0$$

其傅里叶变换(频域表达式)为

$$F(\omega) = \int_{-\infty}^{0} e^{at} e^{-j\omega t} dt + \int_{0}^{+\infty} e^{-at} e^{-j\omega t} dt$$

$$= \frac{2a}{a^2 + \omega^2} \tag{3-36}$$

双边指数信号的傅里叶变换是一个正实数,因此

$$\begin{cases} |F(\omega)| = \dfrac{2a}{a^2 + \omega^2} \\ \varphi(\omega) = 0 \end{cases}$$

其频谱密度如图 3-23 所示,由于是正实数,因此该图也是双边指数信号的幅度谱,相位谱为零。

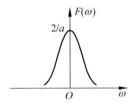

图 3-23　双边指数信号的频谱密度图

深入分析:

分别画出单边指数信号和双边指数信号的时域波形及其各自的幅度谱,如图 3-24 所示。

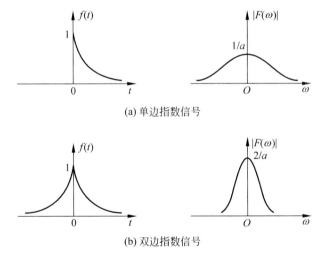

(a) 单边指数信号

(b) 双边指数信号

图 3-24　单边指数信号和双边指数信号的时域波形及频域图

通过对比不难发现信号的时域和频域之间内在的联系。首先分析单边指数信号和双边指数信号的直流成分,从它们的时间函数波形很容易看出,双边指数信号的均值是单边指数信号均值的 2 倍,即双边指数信号的直流分量等于单边指数信号的直流分量的 2 倍。这点可以通过二者的幅度谱来验证,单边指数信号的零频(直流)$F(0) = 1/a$,而双

边指数信号的零频（直流）$F(0)=2/a$。其次，观看它们的时间函数波形，单边指数信号变化更激烈（在 $t=0$ 有断点），而双边指数信号相对更平滑一些。相应地，单边指数信号的幅度谱按 $1/\omega$ 衰减；而双边指数信号的幅度谱按 $1/\omega^2$ 衰减，衰减得更快，表明双边指数信号的高频含量相对较少。也印证了"变化激烈的信号所含的高频成分更丰富"，而"变化缓慢（平滑）的信号含有更多的低频分量"的观点。

3. 矩形脉冲信号

这里所说的矩形脉冲实际上是门限信号，工程中有时将具有矩形波形的信号统称为方波。

矩形脉冲信号的傅里叶变换为

$$F(\omega)=\int_{-\tau/2}^{\tau/2}E\mathrm{e}^{-\mathrm{j}\omega t}\,\mathrm{d}t=E\tau\mathrm{Sa}\left(\frac{\omega\tau}{2}\right) \tag{3-37}$$

矩形脉冲信号的傅里叶变换是抽样函数，如图 3-25 所示。

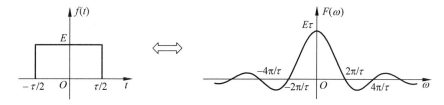

图 3-25 矩形脉冲信号的波形及其傅里叶变换

由于 $F(\omega)$ 是实函数，因此，幅度谱是 $F(\omega)$ 的绝对值，相位根据 $F(\omega)$ 的正或负取 0 或 $\pm\pi$。

$$|F(\omega)|=\left|E\tau\mathrm{Sa}\left(\frac{\omega\tau}{2}\right)\right|$$

$$\varphi(\omega)=\begin{cases}0, & F(\omega)>0\\ \pm\pi, & F(\omega)<0\end{cases}$$

图 3-26 示出其幅度谱和相位谱。

4. 钟形脉冲信号

钟形脉冲信号也称为高斯函数，时间函数表达式

$$f(t)=E\mathrm{e}^{-(t/\tau)^2}$$

其傅里叶变换为

$$F(\omega)=\sqrt{\pi}E\tau\mathrm{e}^{-(\omega\tau/2)^2} \tag{3-38}$$

高斯函数的傅里叶变换依然是高斯的，如图 3-27 所示。高斯函数是速降函数。

$$\begin{cases}|F(\omega)|=\sqrt{\pi}E\tau\mathrm{e}^{-(\omega\tau/2)^2}\\ \varphi(\omega)=0\end{cases}$$

一个有意思的情况是，如果令 $E=1,\tau=1/\sqrt{\pi}$，则

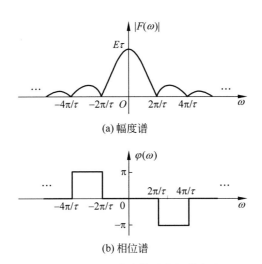

(a) 幅度谱

(b) 相位谱

图 3-26 矩形脉冲信号的频谱密度

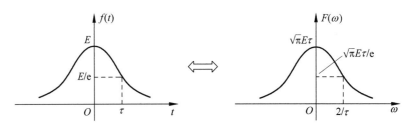

图 3-27 高斯信号及其频谱

$$\mathscr{F}\left[e^{-\pi t^{2}}\right]=e^{-\pi f^{2}} \tag{3-39}$$

上面四个信号既典型又实用,下面分析几个典型但特殊的信号,这些信号中有的不符合傅里叶积分的收敛条件,但引入冲激函数的概念后依然可以进行傅里叶分析。

5. 单位冲激信号

视频讲解

$$\mathscr{F}\left[\delta(t)\right]=\int_{-\infty}^{+\infty}\delta(t)e^{-j\omega t}\,dt$$

由于 $\delta(t)e^{-j\omega t}=\delta(t)$,故

$$\mathscr{F}\left[\delta(t)\right]=1 \tag{3-40}$$

$\delta(t)$ 的傅里叶变换是常数,说明它等量地含有所有的频率成分,频谱密度是均匀的,通常称为均匀谱,或白色谱,如图 3-28 所示。

单位冲激信号是变化最激烈的信号,其频宽无限大,即使无穷大频点依然具有恒定的频率成分。

6. 直流信号

直流信号不满足绝对可积条件,不能直接由傅里叶变换公式求得。为了对直流信号进行傅里叶分析,可借助于矩形信号,当矩形信号的脉宽取极限时就得到直流。因此,将

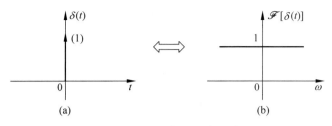

图 3-28　冲激信号及其频谱

矩形脉冲的傅里叶变换取极限,即可得到直流信号的傅里叶变换。

直流信号

$$f(t) = E$$

其傅里叶变换

$$\mathscr{F}[E] = \int_{-\infty}^{+\infty} E e^{-j\omega t} \, dt = \lim_{\tau \to \infty} \int_{-\tau}^{\tau} E e^{-j\omega t} \, dt$$

$$= \lim_{\tau \to \infty} \frac{2E}{\omega} \sin(\omega\tau) = 2\pi E \lim_{\tau \to \infty} \left[\frac{\tau}{\pi} \text{Sa}(\omega\tau)\right]$$

根据式(2-26),可得

$$\mathscr{F}[E] = 2\pi E \delta(\omega) \tag{3-41}$$

直流信号的傅里叶变换是"零频",这与实际是吻合的,如图 3-29 所示。

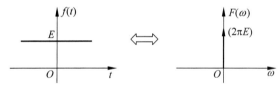

图 3-29　直流信号的傅里叶变换

令 $E=1$,有

$$\mathscr{F}[1] = 2\pi\delta(\omega) \tag{3-42}$$

由式(3-42),显然下列式子成立

$$\int_{-\infty}^{+\infty} e^{\pm j\omega t} \, dt = 2\pi\delta(\omega) \tag{3-43}$$

$$\int_{-\infty}^{+\infty} e^{\pm j\omega t} \, d\omega = 2\pi\delta(t) \tag{3-44}$$

7. 符号函数

符号函数也不满足绝对可积条件,不能应用傅里叶积分公式进行求解。

将符号函数表示成如下的极限形式

$$f(t) = \text{sgn}(t) = e^{-a|t|} \text{sgn}(t) \Big|_{a \to 0}$$

$$= \lim_{a \to 0} \left[e^{-at} u(t) - e^{at} u(-t)\right]$$

因此

$$F(\omega) = \lim_{a \to 0}\left[\int_{0}^{+\infty} e^{-at}\,e^{-j\omega t}\,dt - \int_{-\infty}^{0} e^{at}\,e^{-j\omega t}\,dt\right]$$

$$= \lim_{a \to 0}\left[\frac{1}{a+j\omega} - \frac{1}{a-j\omega}\right] = \frac{2}{j\omega} \tag{3-45}$$

符号函数的傅里叶变换是一个纯虚数,其幅度谱和相位谱见图 3-30。

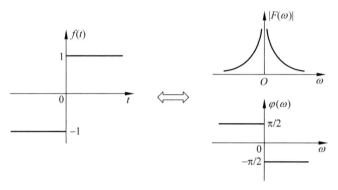

图 3-30　符号函数及其频谱图

8. 单位阶跃信号

单位阶跃信号可以表示成直流信号和符号函数相加,即

$$u(t) = \frac{1}{2} + \frac{1}{2}\mathrm{sgn}(t)$$

由直流信号和符号函数的傅里叶变换可得

$$\mathscr{F}[u(t)] = \pi\delta(\omega) + \frac{1}{j\omega} \tag{3-46}$$

单位阶跃信号的波形及幅度频谱如图 3-31 所示。

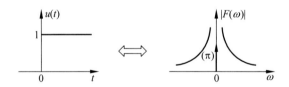

图 3-31　单位阶跃信号及其幅度频谱

想一想: 符号函数和阶跃信号的傅里叶变换的差异在哪里? 为什么会有这种差异?

3.7.3　傅里叶变换的性质

通过傅里叶变换,一个时间信号 $f(t)$ 可以表示成频谱密度函数 $F(\omega)$,同样利用傅里叶反变换可以由 $F(\omega)$ 唯一求得 $f(t)$,因此傅里叶分析建立了时域和频域之间的联系。为了更进一步了解时域和频域之间的内在联系,简化运算,便于应用傅里叶变换分析问题,

视频讲解

本节介绍傅里叶变换的性质,分析信号在一个域中的变化在另一个域中会有怎样的表现。

1. 线性

傅里叶变换是线性变换,满足线性关系。

若 $\mathscr{F}[f_1(t)]=F_1(\omega)$, $\mathscr{F}[f_2(t)]=F_2(\omega)$,则

$$\mathscr{F}[a_1 f_1(t)+a_2 f_2(t)]=a_1 F_1(\omega)+a_2 F_2(\omega) \tag{3-47}$$

【**例题 3.13**】 求图 3-32 所示信号的傅里叶变换。

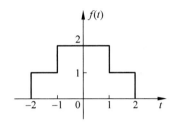

图 3-32 例题 3.13 图

解:$f(t)$ 可以看成两个矩形脉冲的叠加

$$f(t)=f_1(t)+f_2(t)$$

其中,

$$f_1(t)=u(t+1)-u(t-1), \quad \mathscr{F}[f_1(t)]=2\mathrm{Sa}(\omega)$$

$$f_2(t)=u(t+2)-u(t-2), \quad \mathscr{F}[f_2(t)]=4\mathrm{Sa}(2\omega)$$

则

$$\begin{aligned}\mathscr{F}[f(t)]&=\mathscr{F}[f_1(t)+f_2(t)]\\&=\mathscr{F}[f_1(t)]+\mathscr{F}[f_2(t)]=2\mathrm{Sa}(\omega)+4\mathrm{Sa}(2\omega)\end{aligned}$$

2. 对偶性

若 $\mathscr{F}[f(t)]=F(\omega)$,则

$$\mathscr{F}[F(t)]=2\pi f(-\omega) \tag{3-48}$$

这个性质之所以存在,源于连续时间信号的傅里叶变换和反变换的定义式非常相近,仅仅是 e 的指数符号和积分变量名不同。

证明:

$$f(t)=\frac{1}{2\pi}\int_{-\infty}^{+\infty}F(\omega)\mathrm{e}^{\mathrm{j}\omega t}\mathrm{d}\omega$$

则

$$f(-t)=\frac{1}{2\pi}\int_{-\infty}^{+\infty}F(\omega)\mathrm{e}^{-\mathrm{j}\omega t}\mathrm{d}\omega$$

将变量 t 和 ω 互换符号,得到

$$f(-\omega)=\frac{1}{2\pi}\int_{-\infty}^{+\infty}F(t)\mathrm{e}^{-\mathrm{j}\omega t}\mathrm{d}t$$

等号右端的积分就是 $F(t)$ 的傅里叶变换,故

$$f(-\omega)=\frac{1}{2\pi}\mathscr{F}[F(t)]$$

即

$$\mathscr{F}[F(t)]=2\pi f(-\omega)$$

这就是傅里叶变换的对偶性质,表明了信号的时域和频域之间的对称关系。从数学上看,对偶性相当于对一个函数进行傅里叶积分后再傅里叶积分一次,结果等于原函数的转置乘以 2π。

当 $f(t)$ 是偶函数时,有

$$\mathscr{F}[F(t)]=2\pi f(\omega)$$

利用对偶性可以简化傅里叶变换的分析计算。

例如,$\mathscr{F}[\delta(t)]=1$,则 $\mathscr{F}[1]=2\pi\delta(-\omega)=2\pi\delta(\omega)$。

这比直接用傅里叶积分求解简单得多。

下面列举第二个利用对偶性简化分析的信号——矩形脉冲和抽样函数的傅里叶变换。

前面已经知道,矩形脉冲信号的傅里叶变换是抽样函数,那么根据对偶性,抽样函数的傅里叶变换一定是矩形函数形式,如图 3-33 所示。

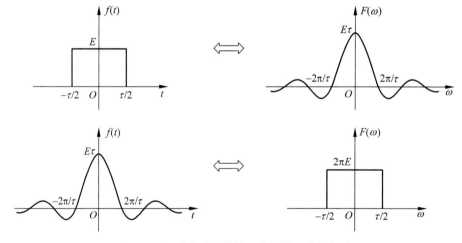

图 3-33　矩形脉冲和抽样函数的傅里叶变换对

写出数学表达式,矩形信号

$$f(t)=E[u(t+\tau/2)-u(t-\tau/2)]$$

其傅里叶变换

$$F(\omega)=E\tau\mathrm{Sa}(\omega\tau/2)$$

根据对偶性,如果时间信号

$$f(t)=E\tau\mathrm{Sa}(t\tau/2)$$

则其傅里叶变换必为

$$F(\omega) = 2\pi E[u(\omega + \tau/2) - u(\omega - \tau/2)]$$

诀窍：

关于矩形信号和抽样信号之间的傅里叶变换对的计算问题，有一些规律性的技巧，无须进行烦琐的积分计算或者记忆公式。下面以一道例题来说明。

【例题 3.14】 求 $\mathrm{Sa}(t)$ 的傅里叶变换。

解： 根据对偶性，$\mathrm{Sa}(t)$ 的傅里叶变换是矩形函数，下面应用两个公式来确定关键点的坐标。

傅里叶变换和傅里叶反变换公式

$$F(\omega) = \int_{-\infty}^{+\infty} f(t) e^{-j\omega t}\, dt$$

$$f(t) = \frac{1}{2\pi} \int_{-\infty}^{+\infty} F(\omega) e^{j\omega t}\, d\omega$$

分别令 $\omega = 0$ 和 $t = 0$，有

$$F(0) = \int_{-\infty}^{+\infty} f(t)\, dt \tag{3-49}$$

$$f(0) = \frac{1}{2\pi} \int_{-\infty}^{+\infty} F(\omega)\, d\omega \tag{3-50}$$

式(3-49)是傅里叶正变换在 $\omega = 0$ 的公式，由此求得的 $F(0)$ 是信号 $f(t)$ 的直流成分——零频；式(3-50)是傅里叶反变换在 $t = 0$ 的公式，由此求得的 $f(0)$ 是时间信号在零时刻的值。

据此关系可以确定抽样信号傅里叶变换中矩形的坐标值，如图 3-34 所示。

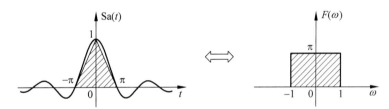

图 3-34 例题 3.14 抽样函数的傅里叶变换求解

由图 3-34 直接写出 $\mathrm{Sa}(t)$ 的傅里叶变换的表达式

$$\mathscr{F}[\mathrm{Sa}(t)] = \pi[u(\omega + 1) - u(\omega - 1)]$$

对于矩形脉冲信号的傅里叶变换，也可先直接画出其傅里叶变换的图形，再写出数学表达式。

【例题 3.15】 求 $f(t) = 1/t$ 的傅里叶变换，并画出其幅度谱和相位谱。

解：

$$\mathscr{F}[\mathrm{sgn}(t)] = \frac{2}{j\omega}$$

根据对偶性，有

$$\mathscr{F}\left[\frac{2}{jt}\right] = 2\pi\,\mathrm{sgn}(-\omega) = -2\pi\,\mathrm{sgn}(\omega)$$

故

$$\mathscr{F}\left[\frac{1}{t}\right]=-\mathrm{j}\pi\mathrm{sgn}(\omega)=\pi\mathrm{e}^{-\mathrm{j}\frac{\pi}{2}\mathrm{sgn}(\omega)}$$

画出其幅度谱和相位谱,如图 3-35 所示。

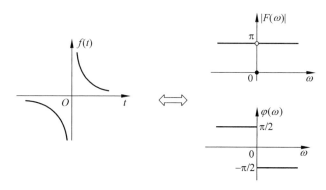

图 3-35　例题 3.15 图

一般来讲,时限信号的频谱是无限宽度的($-\infty<\omega<+\infty$),由傅里叶变换的对偶性,频带有限的信号其时域一定是无限持续时间的($-\infty<t<+\infty$)。

3. 共轭对称性

对于实信号 $f(t)$,其傅里叶变换满足共轭对称性。

$$F(\omega)=\int_{-\infty}^{+\infty}f(t)\mathrm{e}^{-\mathrm{j}\omega t}\,\mathrm{d}t=\left[\int_{-\infty}^{+\infty}f(t)\mathrm{e}^{\mathrm{j}\omega t}\,\mathrm{d}t\right]^{*}$$

即

$$F(\omega)=F^{*}(-\omega) \tag{3-51}$$

同样,若时间函数是共轭对称的,即 $f(t)=f^{*}(-t)$,则其傅里叶变换必为实函数。也就是说,如果函数在一个域(时间或频率)中是共轭对称的,则在另一个域中为实函数。

对于实信号,将式(3-51)表示成实部和虚部

$$\mathrm{Re}F(\omega)+\mathrm{jIm}F(\omega)=\mathrm{Re}F(-\omega)-\mathrm{jIm}F(-\omega)$$

则有

$$\begin{cases}\mathrm{Re}F(\omega)=\mathrm{Re}F(-\omega)\\\mathrm{Im}F(\omega)=-\mathrm{Im}F(-\omega)\end{cases} \tag{3-52}$$

以及

$$\begin{cases}|F(\mathrm{j}\omega)|=\sqrt{[\mathrm{Re}F(\mathrm{j}\omega)]^{2}+[\mathrm{Im}F(\mathrm{j}\omega)]^{2}}\\\varphi(\omega)=\arctan\dfrac{\mathrm{Im}F(\omega)}{\mathrm{Re}F(\omega)}\end{cases} \tag{3-53}$$

由此看出,实信号傅里叶变换满足某种对称性,具体来说,实部满足偶对称,虚部满足奇对称;模满足偶对称,相位满足奇对称。

由实信号的傅里叶变换的共轭对称性,可以简化一些具有某种对称性的信号的傅里

叶变换表达式。

（1）如果 $f(t)$ 是 t 的实函数、偶函数，则

$$
\begin{aligned}
F(\omega) &= \int_{-\infty}^{+\infty} f(t)\mathrm{e}^{-\mathrm{j}\omega t}\,\mathrm{d}t \\
&= \int_{-\infty}^{+\infty} f(t)\cos(\omega t)\,\mathrm{d}t - \mathrm{j}\int_{-\infty}^{+\infty} f(t)\sin(\omega t)\,\mathrm{d}t \\
&= \int_{-\infty}^{+\infty} f(t)\cos(\omega t)\,\mathrm{d}t = \mathrm{Re}F(\omega)
\end{aligned}
\tag{3-54}
$$

实偶信号的傅里叶变换 $F(\omega)$ 是 ω 的实函数、偶函数，相位为 0 或 $\pm\pi$。例如，单位冲激信号、矩形脉冲、抽样函数都是实偶函数，它们的傅里叶变换都是实偶的。

（2）如果 $f(t)$ 是 t 的实函数、奇函数，则

$$
F(\omega) = \int_{-\infty}^{+\infty} f(t)\mathrm{e}^{-\mathrm{j}\omega t}\,\mathrm{d}t = -\mathrm{j}\int_{-\infty}^{+\infty} f(t)\sin(\omega t)\,\mathrm{d}t = \mathrm{j}\mathrm{Im}F(\omega)
\tag{3-55}
$$

实奇信号的傅里叶变换 $F(\omega)$ 是 ω 的虚函数、奇函数，相位为 $\pm\pi/2$。例如，符号函数和例题 3.15 中的信号都是实奇函数，它们的傅里叶变换都是纯虚数且奇对称。

（3）对信号进行奇偶分量分解

$$
f(t) = f_{\mathrm{e}}(t) + f_{\mathrm{o}}(t)
$$

根据前面的对称性分析，可得

$$
\begin{cases}
\mathscr{F}[f_{\mathrm{e}}(t)] = \mathrm{Re}F(\omega) \\
\mathscr{F}[f_{\mathrm{o}}(t)] = \mathrm{j}\mathrm{Im}F(\omega)
\end{cases}
\tag{3-56}
$$

即一个信号的偶分量的傅里叶变换对应其傅里叶变换的实部，奇分量的傅里叶变换对应其傅里叶变换的虚部。

这可以用一个例子来验证，例如，$u(t)$ 的傅里叶变换

$$
\mathscr{F}[u(t)] = \pi\delta(\omega) + \frac{1}{\mathrm{j}\omega}
$$

将 $u(t)$ 分解成奇偶分量

$$
u(t) = \frac{1}{2} + \frac{1}{2}\mathrm{sgn}(t)
$$

奇偶分量与傅里叶变换的实虚部之间的对应关系一目了然。

4. 展缩性质

这个性质指的是时间信号被压缩或扩展后，其傅里叶变换的频谱将扩展或压缩。

若 $\mathscr{F}[f(t)] = F(\omega)$，则

$$
\mathscr{F}[f(at)] = \frac{1}{|a|}F\left(\frac{\omega}{a}\right)
\tag{3-57}
$$

当 $a>1$ 时，时域压缩，频域将扩展；当 $0<a<1$ 时，时域扩展，频域将压缩；当 $a=-1$ 时，时域翻折，频域也翻折。展缩性质再一次体现了时域和频域之间相反的关系。

证明：当 $a>0$ 时，

$$
\int_{-\infty}^{+\infty} f(at)\mathrm{e}^{-\mathrm{j}\omega t}\,\mathrm{d}t = \frac{1}{a}\int_{-\infty}^{+\infty} f(\tau)\mathrm{e}^{-\mathrm{j}(\omega/a)\tau}\,\mathrm{d}\tau = \frac{1}{a}F\left(\frac{\omega}{a}\right)
$$

当 $a < 0$ 时的证明(略)。

下面以矩形脉冲为例说明展缩性质,如图 3-36 所示。

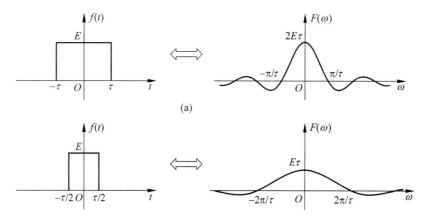

(a)

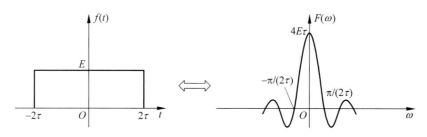

(b)时域压缩,频域扩展

(c)时域扩展,频域压缩

图 3-36　展缩性质

展缩性质在实际生活中的应用非常多,如声音的录制和播放。如果正常录制后快放,相当于时域压缩,其频域将扩展,额外增加了高频成分,声音听起来尖锐而急促。又如高速通信,每个码所占的时宽很窄,其频带必定很宽,占据带宽很大。

5. 时移特性

若 $\mathscr{F}[f(t)] = F(\omega)$,则

$$\mathscr{F}[f(t-t_0)] = e^{-j\omega t_0} F(\omega) \tag{3-58}$$

证明:

$$\begin{aligned}
\mathscr{F}[f(t-t_0)] &= \int_{-\infty}^{+\infty} f(t-t_0) e^{-j\omega t} \, dt \\
&= \int_{-\infty}^{+\infty} f(\tau) e^{-j\omega(\tau+t_0)} \, d\tau \\
&= e^{-j\omega t_0} \int_{-\infty}^{+\infty} f(\tau) e^{-j\omega\tau} \, d\tau \\
&= e^{-j\omega t_0} F(\omega)
\end{aligned}$$

信号时域位移后其幅度谱并没有改变,改变的是相位谱。因此,"时域位移"导致"频

域相移"。当 $t_0 > 0$,时域延时,频域中的相位有一个($-\omega t_0$)的增量。在实际系统中,延时是物理存在的,因此在频域中往往体现在信号负相位的增量。

【例题 3.16】 求 $\delta(t-\tau)$ 的傅里叶变换。

解:由 $\mathcal{F}[\delta(t)]=1$,得

$$\mathcal{F}[\delta(t-\tau)]=\mathrm{e}^{-\mathrm{j}\omega\tau} \tag{3-59}$$

$\delta(t-\tau)$ 的频谱密度的幅度为 1;相位为 $-\omega\tau$,是 ω 的线性函数。当 $\tau>0$ 时,实际上这是理想延时器的频谱特性。理想延时器的单位冲激响应及其频谱密度如图 3-37 所示。

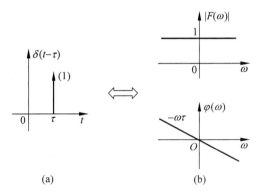

图 3-37　理想延时器的单位冲激响应及其频谱密度

【例题 3.17】 已知 $F(\omega)=\cos(\omega)$,求对应的时间函数 $f(t)$。

解:如果直接利用傅里叶反变换公式求解,需要做一个并不简单的积分运算。下面利用性质求解,由欧拉公式

$$F(\omega)=\cos(\omega)=\frac{1}{2}(\mathrm{e}^{\mathrm{j}\omega}+\mathrm{e}^{-\mathrm{j}\omega})$$

根据时移性质,或者参考例题 3.16,得

$$f(t)=\frac{1}{2}[\delta(t+1)+\delta(t-1)]$$

综合展缩性质和位移性质,有

$$\mathcal{F}[f(at-t_0)]=\frac{1}{|a|}F\left(\frac{\omega}{a}\right)\mathrm{e}^{-\mathrm{j}\frac{\omega}{a}t_0} \tag{3-60}$$

6. 频移特性

若 $\mathcal{F}[f(t)]=F(\omega)$,则

$$\mathcal{F}[f(t)\mathrm{e}^{\mathrm{j}\omega_0 t}]=F(\omega-\omega_0) \tag{3-61}$$

证明:

$$\mathcal{F}[f(t)\mathrm{e}^{\mathrm{j}\omega_0 t}]=\int_{-\infty}^{+\infty}f(t)\mathrm{e}^{\mathrm{j}\omega_0 t}\,\mathrm{e}^{-\mathrm{j}\omega t}\,\mathrm{d}t$$

$$=\int_{-\infty}^{+\infty}f(t)\mathrm{e}^{-\mathrm{j}(\omega-\omega_0)t}\,\mathrm{d}t=F(\omega-\omega_0)$$

$f(t)\mathrm{e}^{\mathrm{j}\omega_0 t}$ 的傅里叶变换与 $f(t)$ 的傅里叶变换函数形式相同,仅仅位移了 ω_0。

同样,有

$$\mathscr{F}\left[f(t)\mathrm{e}^{-\mathrm{j}\omega_0 t}\right]=F(\omega+\omega_0)$$

实际上,$f(t)\mathrm{e}^{\mathrm{j}\omega_0 t}$ 这种运算是通信早期的一种调制方式,其频谱密度作位移运算,称为频谱搬移。通常将 $f(t)\mathrm{e}^{\mathrm{j}\omega_0 t}$ 称为复调制,一般实际中是 $f(t)\cos(\omega_0 t)$ 或 $f(t)\sin(\omega_0 t)$,在通信中将 $\cos(\omega_0 t)$ 或 $\sin(\omega_0 t)$ 称为载波。利用欧拉公式以及频移特性,可以求出 $f(t)\cos(\omega_0 t)$ 或 $f(t)\sin(\omega_0 t)$ 的傅里叶变换

$$\mathscr{F}\left[f(t)\cos(\omega_0 t)\right]=\frac{1}{2}\left[F(\omega-\omega_0)+F(\omega+\omega_0)\right] \qquad (3\text{-}62)$$

$$\mathscr{F}\left[f(t)\sin(\omega_0 t)\right]=\frac{1}{2\mathrm{j}}\left[F(\omega-\omega_0)-F(\omega+\omega_0)\right] \qquad (3\text{-}63)$$

【例题 3.18】 信号 $f(t)$ 是一个矩形脉冲,通过乘法器与 $\cos(\omega_0 t)$ 相乘,如图 3-38 所示。画出输出信号的频谱图。

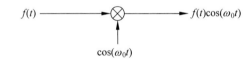

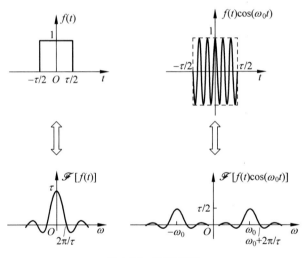

图 3-38 频谱搬移

解:$f(t)$ 的傅里叶变换是抽样函数

$$\mathscr{F}\left[f(t)\right]=\tau\mathrm{Sa}(\omega\tau/2)$$

则

$$\mathscr{F}\left[f(t)\cos(\omega_0 t)\right]=\frac{1}{2}\left[F(\omega-\omega_0)+F(\omega+\omega_0)\right]$$

$$=\frac{\tau}{2}\mathrm{Sa}\left[(\omega-\omega_0)\tau/2\right]+\frac{\tau}{2}\mathrm{Sa}\left[(\omega+\omega_0)\tau/2\right]$$

图解过程见图 3-38,调制后的频谱图形与原信号的频谱图形一样,仅仅向左和向右搬移了 ω_0,幅度变为原来的一半。

【例题 3.19】 求 $e^{j\omega_1 t}$ 的傅里叶变换。

解:利用典型信号的傅里叶变换和傅里叶变换的性质求解,考虑

$$\mathscr{F}[1] = 2\pi\delta(\omega)$$

$$\mathscr{F}[f(t)e^{j\omega_1 t}] = F(\omega - \omega_1)$$

将 $e^{j\omega_1 t}$ 看成 $1 \cdot e^{j\omega_1 t}$,故

$$\mathscr{F}[e^{j\omega_1 t}] = 2\pi\delta(\omega - \omega_1) \tag{3-64}$$

$$\mathscr{F}[e^{-j\omega_1 t}] = 2\pi\delta(\omega + \omega_1) \tag{3-65}$$

7. 时域卷积定理

若 $\mathscr{F}[f_1(t)] = F_1(\omega)$,$\mathscr{F}[f_2(t)] = F_2(\omega)$,则

$$\mathscr{F}[f_1(t) * f_2(t)] = F_1(\omega) \cdot F_2(\omega) \tag{3-66}$$

证明:

$$
\begin{aligned}
\mathscr{F}[f_1(t) * f_2(t)] &= \int_{-\infty}^{+\infty} [f_1(t) * f_2(t)] e^{-j\omega t} \, dt \\
&= \int_{-\infty}^{+\infty} \left[\int_{-\infty}^{+\infty} f_1(\tau) f_2(t-\tau) \, d\tau \right] e^{-j\omega t} \, dt \\
&= \int_{-\infty}^{+\infty} f_1(\tau) e^{-j\omega\tau} \left[\int_{-\infty}^{+\infty} f_2(t-\tau) e^{-j\omega(t-\tau)} \, dt \right] d\tau \\
&= \int_{-\infty}^{+\infty} f_1(\tau) e^{-j\omega\tau} F_2(\omega) \, d\tau \\
&= F_2(\omega) \int_{-\infty}^{+\infty} f_1(\tau) e^{-j\omega\tau} \, d\tau = F_1(\omega) \cdot F_2(\omega)
\end{aligned}
$$

提示:时域卷积定理简言之就是"时域卷积,频域相乘",这是信号与系统分析中最重要的一个定理,它建立了时域分析和频域分析之间的联系,是非常有效的分析工具,可以简化傅里叶变换的数学运算,有时甚至是唯一有效的运算途径。除此之外,卷积定理也是系统频域分析的核心内容,是系统、输入信号以及输出信号三者在时域和频域之间的内在联系,也是第 4 章的核心内容之一。

【例题 3.20】 用时域卷积定理求三角脉冲(见图 3-39)的傅里叶变换。

解:三角脉冲可以表示为两个等宽矩形脉冲的卷积,矩形脉冲 $f_1(t)$ 见图 3-40。

$$f(t) = f_1(t) * f_1(t)$$

$$\mathscr{F}[f_1(t)] = \sqrt{E\tau/2}\, \mathrm{Sa}(\omega\tau/4)$$

故三角脉冲的傅里叶变换

$$\mathscr{F}[f(t)] = \sqrt{E\tau/2}\, \mathrm{Sa}(\omega\tau/4) \cdot \sqrt{E\tau/2}\, \mathrm{Sa}(\omega\tau/4) = (E\tau/2)\, \mathrm{Sa}^2(\omega\tau/4)$$

8. 频域卷积定理

若 $\mathscr{F}[f_1(t)] = F_1(\omega)$,$\mathscr{F}[f_2(t)] = F_2(\omega)$,则

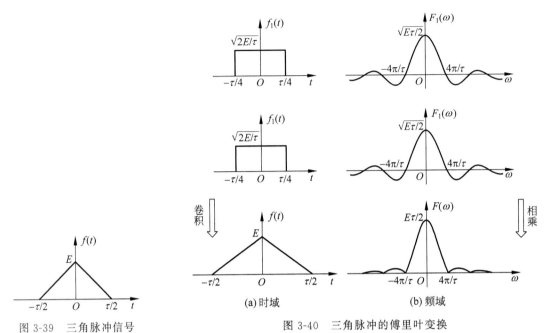

图 3-39 三角脉冲信号

图 3-40 三角脉冲的傅里叶变换

$$\mathscr{F}\left[f_1(t) \cdot f_2(t)\right] = \frac{1}{2\pi} F_1(\omega) * F_2(\omega) \tag{3-67}$$

证明：

$$\mathscr{F}\left[f_1(t) \cdot f_2(t)\right] = \int_{-\infty}^{+\infty} \left[f_1(t) \cdot f_2(t)\right] e^{-j\omega t} dt$$

$$= \int_{-\infty}^{+\infty} f_2(t) e^{-j\omega t} \left[\frac{1}{2\pi} \int_{-\infty}^{+\infty} F_1(\Omega) e^{j\Omega t} d\Omega\right] dt$$

$$= \frac{1}{2\pi} \int_{-\infty}^{+\infty} F_1(\Omega) \left[\int_{-\infty}^{+\infty} f_2(t) e^{-j(\omega-\Omega)t} dt\right] d\Omega$$

$$= \frac{1}{2\pi} \int_{-\infty}^{+\infty} F_1(\Omega) F_2(\omega-\Omega) d\Omega$$

$$= \frac{1}{2\pi} F_1(\omega) * F_2(\omega)$$

频域卷积定理说明"时域相乘,频域卷积",与时域卷积定理非常相似,这是傅里叶变换对偶性的又一表现。式(3-67)中的 $1/2\pi$ 是因为频域采用了角频率 ω 的缘故。

两个卷积定理告诉我们,信号在一个域的卷积运算,对应着另一个域的乘法运算,反之亦然。

9. 时域积分特性

若 $\mathscr{F}\left[f(t)\right] = F(\omega)$,则

$$\mathscr{F}\left[\int_{-\infty}^{t} f(\tau) d\tau\right] = \frac{F(\omega)}{j\omega} + \pi F(0) \delta(\omega) \tag{3-68}$$

证明：

$$\int_{-\infty}^{t} f(\tau)\mathrm{d}\tau = f(t) * u(t)$$

根据时域卷积定理，有

$$\mathscr{F}\left[\int_{-\infty}^{t} f(\tau)\mathrm{d}\tau\right] = \mathscr{F}[f(t)] \cdot \mathscr{F}[u(t)]$$

$$= F(\omega)\left[\pi\delta(\omega) + \frac{1}{\mathrm{j}\omega}\right] = \frac{F(\omega)}{\mathrm{j}\omega} + \pi F(0)\delta(\omega)$$

10. 时域微分特性

若 $\mathscr{F}[f(t)] = F(\omega)$，则

$$\mathscr{F}\left[\frac{\mathrm{d}}{\mathrm{d}t}f(t)\right] = \mathrm{j}\omega F(\omega) \tag{3-69}$$

证明：傅里叶反变换公式

$$f(t) = \frac{1}{2\pi}\int_{-\infty}^{+\infty} F(\omega)\mathrm{e}^{\mathrm{j}\omega t}\mathrm{d}\omega$$

两端对 t 求导

$$\frac{\mathrm{d}}{\mathrm{d}t}f(t) = \frac{1}{2\pi}\int_{-\infty}^{+\infty} (\mathrm{j}\omega)F(\omega)\mathrm{e}^{\mathrm{j}\omega t}\mathrm{d}\omega$$

上式等号右端是傅里叶反变换的形式，即 $\dfrac{\mathrm{d}}{\mathrm{d}t}f(t)$ 是 $(\mathrm{j}\omega)F(\omega)$ 的傅里叶反变换，因此

$$\mathrm{j}\omega F(\omega) = \mathscr{F}\left[\frac{\mathrm{d}}{\mathrm{d}t}f(t)\right]$$

同样，可得高阶微分的傅里叶变换

$$\mathscr{F}\left[\frac{\mathrm{d}^n}{\mathrm{d}t^n}f(t)\right] = (\mathrm{j}\omega)^n F(\omega) \tag{3-70}$$

【例题 3.21】 用微分性质求矩形脉冲的傅里叶变换。

解：设矩形脉冲

$$f(t) = E[u(t+\tau/2) - u(t-\tau/2)]$$

其导数

$$f'(t) = E[\delta(t+\tau/2) - \delta(t-\tau/2)]$$

则

$$\mathscr{F}[f'(t)] = E(\mathrm{e}^{\mathrm{j}\omega\tau/2} - \mathrm{e}^{-\mathrm{j}\omega\tau/2}) = 2\mathrm{j}E\sin(\omega\tau/2)$$

根据微分性质

$$\mathscr{F}[f'(t)] = \mathrm{j}\omega F(\omega)$$

故

$$F(\omega) = \frac{\mathscr{F}[f'(t)]}{\mathrm{j}\omega} = \frac{2\mathrm{j}E\sin(\omega\tau/2)}{\mathrm{j}\omega} = E\tau\mathrm{Sa}(\omega\tau/2)$$

11. 频域微分特性

若 $\mathscr{F}[f(t)] = F(\omega)$,则

$$\mathscr{F}[-\mathrm{j}tf(t)] = \frac{\mathrm{d}}{\mathrm{d}\omega}F(\omega) \tag{3-71}$$

证明:由傅里叶变换公式

$$F(\omega) = \int_{-\infty}^{+\infty} f(t)\mathrm{e}^{-\mathrm{j}\omega t}\,\mathrm{d}t$$

两端对 ω 求导,得

$$\frac{\mathrm{d}}{\mathrm{d}\omega}F(\omega) = \int_{-\infty}^{+\infty}(-\mathrm{j}t)f(t)\mathrm{e}^{-\mathrm{j}\omega t}\,\mathrm{d}t = \mathscr{F}[-\mathrm{j}tf(t)]$$

同样,频域高阶微分性质为

$$\mathscr{F}[(-\mathrm{j}t)^n f(t)] = \frac{\mathrm{d}^n}{\mathrm{d}\omega^n}F(\omega) \tag{3-72}$$

【例题 3.22】 求 $f(t) = tu(t)$ 的傅里叶变换,并求 $f(t) = |t|$ 和 $f(t) = t$ 的傅里叶变换。

解: 根据微分性质

$$\mathscr{F}[-\mathrm{j}tu(t)] = \frac{\mathrm{d}}{\mathrm{d}\omega}\left[\pi\delta(\omega) + \frac{1}{\mathrm{j}\omega}\right] = \pi\delta'(\omega) + \frac{\mathrm{j}}{\omega^2}$$

故

$$\mathscr{F}[tu(t)] = \mathrm{j}\pi\delta'(\omega) - \frac{1}{\omega^2}$$

将 $f(t) = tu(t)$ 进行奇偶分量分解,有

$$f_{\mathrm{e}}(t) = |t|/2, \quad f_{\mathrm{o}}(t) = t/2$$

根据实信号的奇偶性和傅里叶变换的虚实性的关系,得

$$\mathscr{F}[f_{\mathrm{e}}(t)] = -1/\omega^2, \quad \mathscr{F}[f_{\mathrm{o}}(t)] = \mathrm{j}\pi\delta'(\omega)$$

故

$$\mathscr{F}[|t|] = -2/\omega^2$$

$$\mathscr{F}[t] = \mathrm{j}2\pi\delta'(\omega)$$

实际上,$f(t) = tu(t)$ 不满足绝对可积条件,无法应用傅里叶积分公式求其傅里叶变换。

12. 因果信号的傅里叶变换

因果信号指的是当 $t < 0$ 时 $f(t) = 0$ 的信号,即单边信号,因此有

$$f(t) = f(t)u(t)$$

上式两端求傅里叶变换,并应用傅里叶变换的频域卷积定理,有

$$F(\omega) = \frac{1}{2\pi}F(\omega) * \left[\pi\delta(\omega) + \frac{1}{\mathrm{j}\omega}\right]$$

将 $F(\omega)$ 写成实部和虚部的形式

$$F(\omega) = R(\omega) + jX(\omega)$$

则

$$R(\omega) + jX(\omega) = \frac{1}{2\pi} [R(\omega) + jX(\omega)] * \left[\pi\delta(\omega) + \frac{1}{j\omega} \right]$$

$$= \frac{1}{2} [R(\omega) + jX(\omega)] * \delta(\omega) + \frac{1}{2\pi} [R(\omega) + jX(\omega)] * \frac{1}{j\omega}$$

$$= \frac{1}{2} [R(\omega) + jX(\omega)] + \frac{1}{2\pi} \left\{ \left[R(\omega) * \frac{1}{j\omega} \right] + \left[jX(\omega) * \frac{1}{j\omega} \right] \right\}$$

整理得

$$R(\omega) + jX(\omega) = \frac{1}{\pi} \left[X(\omega) * \frac{1}{\omega} \right] - j\frac{1}{\pi} \left[R(\omega) * \frac{1}{\omega} \right]$$

因此

$$\begin{cases} R(\omega) = X(\omega) * \dfrac{1}{\pi\omega} \\[3mm] X(\omega) = R(\omega) * \left(-\dfrac{1}{\pi\omega} \right) \end{cases} \tag{3-73}$$

式(3-73)表明,因果信号傅里叶变换的实部由其虚部确定,虚部由其实部确定。即,因果信号的傅里叶变换的实部和虚部之间满足唯一互相被确定的关系,彼此之间互不独立,可以互算。也说明因果信号频谱的实部包含了其虚部的全部信息,反之亦然。

13. Parseval 定理

实信号 $f(t)$ 的能量定义为

$$E = \int_{-\infty}^{+\infty} f^2(t) \mathrm{d}t$$

这是时域的能量计算公式。下面推导信号 $f(t)$ 在频域中的能量表示。

$$E = \int_{-\infty}^{+\infty} f^2(t) \mathrm{d}t = \int_{-\infty}^{+\infty} f(t) \left[\frac{1}{2\pi} \int_{-\infty}^{+\infty} F(\omega) \mathrm{e}^{j\omega t} \mathrm{d}\omega \right] \mathrm{d}t$$

交换积分次序

$$E = \frac{1}{2\pi} \int_{-\infty}^{+\infty} F(\omega) \left[\int_{-\infty}^{+\infty} f(t) \mathrm{e}^{j\omega t} \mathrm{d}t \right] \mathrm{d}\omega$$

$$= \frac{1}{2\pi} \int_{-\infty}^{+\infty} F(\omega) F(-\omega) \mathrm{d}\omega$$

$$= \frac{1}{2\pi} \int_{-\infty}^{+\infty} F(\omega) F^*(\omega) \mathrm{d}\omega$$

$$= \frac{1}{2\pi} \int_{-\infty}^{+\infty} |F(\omega)|^2 \mathrm{d}\omega$$

因此,信号 $f(t)$ 的能量

$$E = \int_{-\infty}^{+\infty} f^2(t) \mathrm{d}t = \frac{1}{2\pi} \int_{-\infty}^{+\infty} |F(\omega)|^2 \mathrm{d}\omega \tag{3-74}$$

这就是 Parseval 定理,也称为能量守恒定理。时域中的能量等于频域中的能量,说明信号在进行傅里叶变换前后,其能量是守恒的。这也从另一个角度说明,信号的时域表示和它的频域表示所含的信息是相同的,只是同一个信号在两个不同域的表现形式而已。另外,式(3-74)也说明,信号的能量只与信号的幅度频谱密度 $|F(\omega)|$ 有关,与相位频谱密度无关。

一般将 $|F(\omega)|^2$ 称为信号 $f(t)$ 的能量谱密度。

【**例题 3.23**】 用 Parseval 定理证明 $\int_{-\infty}^{+\infty}|\mathrm{Sa}(\omega)|^2\mathrm{d}\omega=\pi$。

证明:设 $F(\omega)=\mathrm{Sa}(\omega)$,则

$$f(t)=\frac{1}{2}\left[u(t+1)-u(t-1)\right]$$

由 Parseval 定理,有

$$\int_{-\infty}^{+\infty}|\mathrm{Sa}(\omega)|^2\mathrm{d}\omega=2\pi\int_{-\infty}^{+\infty}f^2(t)\mathrm{d}t=2\pi\left[(1/2)^2\cdot 2\right]=\pi$$

$。$

3.8　周期信号的傅里叶变换

视频讲解

前面分析了非周期信号的傅里叶变换,对于周期信号,不满足整个时间域内绝对可积的条件,但借助冲激函数,同样可以求其傅里叶变换,表示的是周期信号的频谱密度。

3.8.1　典型周期信号的傅里叶变换

先从最简单的周期信号——正余弦信号开始,看看它们的傅里叶变换具有怎样的特点。

1. 正弦信号的傅里叶变换

正弦信号是最简单的周期信号,根据欧拉公式

$$\cos(\omega_1 t)=\frac{1}{2}(\mathrm{e}^{\mathrm{j}\omega_1 t}+\mathrm{e}^{-\mathrm{j}\omega_1 t})$$

$$\sin(\omega_1 t)=\frac{1}{2\mathrm{j}}(\mathrm{e}^{\mathrm{j}\omega_1 t}-\mathrm{e}^{-\mathrm{j}\omega_1 t})$$

由式(3-64)和式(3-65)得

$$\mathscr{F}\left[\cos(\omega_1 t)\right]=\frac{1}{2}\left[2\pi\delta(\omega-\omega_1)+2\pi\delta(\omega+\omega_1)\right]$$

即

$$\mathscr{F}\left[\cos(\omega_1 t)\right]=\pi\delta(\omega-\omega_1)+\pi\delta(\omega+\omega_1) \qquad (3-75)$$

$\cos(\omega_1 t)$ 的频谱密度如图 3-41 所示。

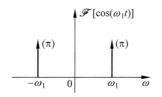

图 3-41 $\cos(\omega_1 t)$ 的频谱密度

深入思考：

这个结果是不是很有意思呢？$\cos(\omega_1 t)$ 的频率成分当然是 ω_1，从频谱图看出，频谱成分仅仅位于 ω_1 处（注意，$-\omega_1$ 是数学演算的结果，代表的频率成分也是 ω_1）。另外，正弦信号的傅里叶变换为什么是 δ 函数呢？这里先分析 $\cos(\omega_1 t)$ 的频谱，即 $\cos(\omega_1 t)$ 的傅里叶级数的系数。直观地看，$f(t) = \cos(\omega_1 t)$ 的频谱为

$$c_n = \begin{cases} 1, & n = 1 \\ 0, & \text{其他} \end{cases}$$

或者考虑指数形式的频谱

$$f(t) = \cos(\omega_1 t) = \frac{1}{2}(e^{j\omega_1 t} + e^{-j\omega_1 t})$$

即

$$F_n = \begin{cases} 1/2, & n = \pm 1 \\ 0, & \text{其他} \end{cases}$$

$\cos(\omega_1 t)$ 的频谱如图 3-42 所示。

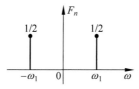

图 3-42 $\cos(\omega_1 t)$ 的频谱

傅里叶变换是频谱密度的概念，是单位频带的频谱，即

$$\mathscr{F}[\cos(\omega_1 t)] = \lim_{\omega \to 0} \frac{2\pi F_n}{\omega}$$

这下能理解 $\cos(\omega_1 t)$ 的傅里叶变换是 δ 函数了吧。

同样可以得到正弦函数的傅里叶变换

$$\mathscr{F}[\sin(\omega_1 t)] = \mathscr{F}\left[\frac{1}{2j}(e^{j\omega_1 t} - e^{-j\omega_1 t})\right]$$

$$= \frac{1}{2j}[2\pi\delta(\omega - \omega_1) - 2\pi\delta(\omega + \omega_1)]$$

即

$$\mathscr{F}\left[\sin(\omega_1 t)\right] = -\mathrm{j}\pi\delta(\omega-\omega_1) + \mathrm{j}\pi\delta(\omega+\omega_1) \tag{3-76}$$

正弦函数的傅里叶变换也是$\pm\omega_1$处的δ函数,如图3-43所示。与余弦函数相比,二者幅频特性一样,相频特性是相位相差$-\pi/2$。其实,数学上正弦函数与余弦函数的相角相差就是$-\pi/2$,这也说明正弦函数和余弦函数是正交的。

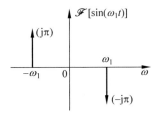

图 3-43　$\sin(\omega_1 t)$的频谱密度

2. 周期性冲激信号的傅里叶变换

周期性冲激信号不满足绝对可积的条件,也不能由傅里叶变换的积分公式直接求解。首先将其展开成傅里叶级数

$$\delta_{T_1}(t) = \sum_{n=-\infty}^{+\infty}\delta(t-nT_1) = \sum_{n=-\infty}^{+\infty}\frac{1}{T_1}\mathrm{e}^{\mathrm{j}n\omega_1 t}$$

两端进行傅里叶变换

$$\mathscr{F}\left[\delta_{T_1}(t)\right] = \mathscr{F}\left[\sum_{n=-\infty}^{+\infty}\frac{1}{T_1}\mathrm{e}^{\mathrm{j}n\omega_1 t}\right] = \frac{1}{T_1}\sum_{n=-\infty}^{+\infty}\mathscr{F}\left[\mathrm{e}^{\mathrm{j}n\omega_1 t}\right] = \frac{1}{T_1}\sum_{n=-\infty}^{+\infty}2\pi\delta(\omega-n\omega_1)$$

故

$$\mathscr{F}\left[\delta_{T_1}(t)\right] = \omega_1\sum_{n=-\infty}^{+\infty}\delta(\omega-n\omega_1) \tag{3-77}$$

可见周期性冲激信号的傅里叶变换是位于谐波点$n\omega_1$处的一系列冲激,其频率成分是谐波成分$n\omega_1$,其频谱密度如图3-44所示。

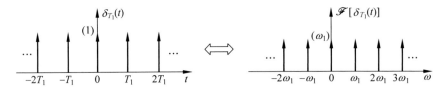

图 3-44　周期性冲激信号及其频谱密度

3.8.2　一般周期信号的傅里叶变换

不论是单频率的正弦信号,还是频率成分最丰富的周期性冲激信号,它们的傅里叶

变换都是冲激函数。下面分析一般周期信号的傅里叶变换,分别从主周期信号的傅里叶变换和周期信号的傅里叶级数的系数出发,推导出一般周期信号的傅里叶变换公式。

1. 用主周期信号的傅里叶变换表示

周期信号可以表示成主周期信号与冲激串的卷积,即

$$f_{T_1}(t) = f_1(t) * \sum_{n=-\infty}^{+\infty} \delta(t - nT_1)$$

则

$$\mathscr{F}[f_{T_1}(t)] = \mathscr{F}\left[f_1(t) * \sum_{n=-\infty}^{+\infty} \delta(t - nT_1)\right]$$

$$= \mathscr{F}[f_1(t)] \cdot \mathscr{F}\left[\sum_{n=-\infty}^{+\infty} \delta(t - nT_1)\right]$$

$$= F_1(\omega)\left[\omega_1 \sum_{n=-\infty}^{+\infty} \delta(\omega - n\omega_1)\right]$$

故

$$\mathscr{F}[f_{T_1}(t)] = \sum_{n=-\infty}^{+\infty} \omega_1 F_1(n\omega_1)\delta(\omega - n\omega_1) \tag{3-78}$$

一般周期信号的傅里叶变换是一系列在谐波频率点上的冲激,冲激的强度为 $\omega_1 F_1(n\omega_1) = \omega_1 F_1(\omega)\big|_{\omega=n\omega_1}$,按照单周期信号傅里叶变换的 ω_1 倍的包络变化,其频谱密度如图 3-45 所示。

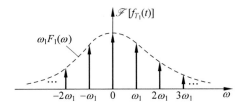

图 3-45　一般周期信号的频谱密度

2. 由周期信号的傅里叶级数的系数表示傅里叶变换

将周期信号展开成傅里叶级数

$$f_{T_1}(t) = \sum_{n=-\infty}^{+\infty} F_n e^{jn\omega_1 t}$$

两端求傅里叶变换

$$\mathscr{F}[f_{T_1}(t)] = \mathscr{F}\left[\sum_{n=-\infty}^{+\infty} F_n e^{jn\omega_1 t}\right]$$

$$= \sum_{n=-\infty}^{+\infty} F_n \mathscr{F}\left[\mathrm{e}^{\mathrm{j}n\omega_1 t}\right]$$

$$= \sum_{n=-\infty}^{+\infty} F_n \left[2\pi\delta(\omega - n\omega_1)\right]$$

故

$$\mathscr{F}\left[f_{T_1}(t)\right] = \sum_{n=-\infty}^{+\infty} 2\pi F_n \delta(\omega - n\omega_1) \tag{3-79}$$

式(3-79)说明周期信号的傅里叶变换是由一串在谐波频率($n\omega_1$)点上的冲激函数组成,其强度等于傅里叶级数系数的 2π 倍,即 $2\pi F_n$。

因此,周期信号的傅里叶变换是一系列冲激函数,这些冲激函数位于谐波频率($n\omega_1$)处,其强度等于 $\omega_1 F_1(\omega)\big|_{\omega=n\omega_1}$ 或 $2\pi F_n$,而二者应该相等,故有

$$\omega_1 F_1(\omega)\big|_{\omega=n\omega_1} = 2\pi F_n$$

由此得出周期信号傅里叶级数系数的另一个计算公式

$$F_n = \frac{1}{T_1} F_1(\omega)\big|_{\omega=n\omega_1} \tag{3-80}$$

即,周期信号傅里叶级数的系数可以由单周期的傅里叶变换在谐波频率点上取值除以周期得到。当然,式(3-80)也印证了傅里叶级数的系数公式和傅里叶变换公式之间的关系。

【例题 3.24】 矩形脉冲信号 $f_1(t)$ 如图 3-46 所示。

(1) 求 $f_1(t)$ 的傅里叶变换并画出其频谱。

(2) 如果将 $f_1(t)$ 以 $T_1 = 4$ 为周期进行周期延拓得到周期信号 $f(t)$,求 $f(t)$ 的傅里叶级数展开式,并画出周期信号 $f(t)$ 的频谱图。

(3) 求周期信号 $f(t)$ 的傅里叶变换,画出频谱密度图。

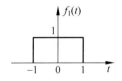

图 3-46　矩形脉冲信号

解:

(1) $f_1(t)$ 的傅里叶变换

$$F_1(\omega) = 2\mathrm{Sa}(\omega)$$

(2) 周期信号 $f(t)$ 的傅里叶级数的系数

$$F_n = \frac{1}{T_1} F_1(\omega)\big|_{\omega=n\omega_1} = \frac{1}{2}\mathrm{Sa}(n\omega_1)$$

其中，$\omega_1 = \dfrac{2\pi}{T_1} = \dfrac{\pi}{2}$。

则 $f(t)$ 的傅里叶级数展开式为

$$f(t) = \sum_{n=-\infty}^{+\infty} \frac{1}{2}\mathrm{Sa}(n\omega_1)\mathrm{e}^{\mathrm{j}n\omega_1 t}$$

（3）周期信号的傅里叶变换

$$F(\omega) = \sum_{n=-\infty}^{+\infty} \pi\mathrm{Sa}(n\omega_1)\delta(\omega - n\omega_1)$$

图 3-47 分别画出了矩形脉冲信号 $f_1(t)$ 的频谱密度、周期信号 $f(t)$ 的频谱图和频谱密度图。

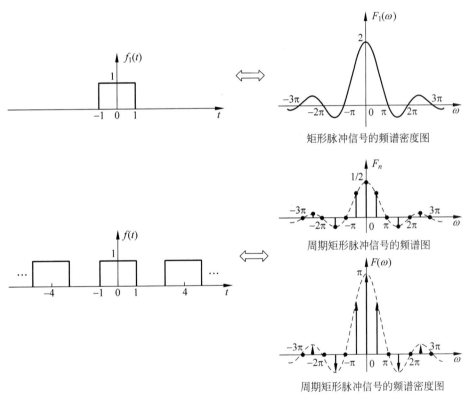

图 3-47　例题 3.24 图

周期信号的频谱指的是傅里叶级数的系数，而周期信号的频谱密度指的是傅里叶变换。两者相同点是"时域周期，频域离散"。不同的是，周期信号的傅里叶级数系数是有限值，反映的是频谱的概念；而周期信号的傅里叶变换是冲激函数，不是有限值，反映的是频谱密度（单位频带内的频谱）的概念。

本章知识 MAP 见图 3-48。

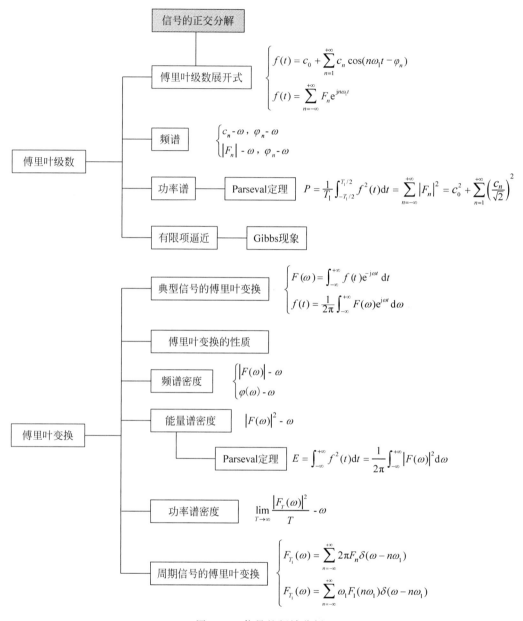

图 3-48　信号的频域分析

视频讲解

本章结语

　　时域是真实世界,是唯一客观存在的域。频域是一个数学架构,虽然它不是真实的,但是频域中的频率却是一个物理量,因此,频域是有物理意义的。正弦信号是唯一在其表达式中既有时间又有频率的函数,由它可以建立时域和频域之间的联系,这就是傅里叶分析。

本章在频域对信号进行分析。

如果知道时间信号,要分析它所含有的频谱成分,可以通过傅里叶积分求出其频谱或频谱密度,即对信号进行频谱分析。这个过程就是傅里叶级数的谱系数或傅里叶正变换。

傅里叶级数系数显示的是离散谐波,而傅里叶变换显示的是连续频率。两者都属于傅里叶分析,都将原来的时域信号变成另外一种形式(频域中的形式),但所包含的信息不变。

信号在频域中的表现形式就是信号的频谱(或频谱密度),频谱是信号的频域描述,频域中不可能产生新的信息,同一波形的时域或频域描述所含的信息完全相同。例如,信号幅度增加一倍,那么各个频率成分的幅度也增加一倍。

如果知道频谱,要想观察它的时域波形,只需将每个频率分量变换成它的时域正弦波,再将其全部叠加即可,这个过程就是傅里叶级数展开或傅里叶反变换,也称为信号的正交分解。

傅里叶级数和傅里叶变换的性质,进一步揭示了时域和频域之间的内在联系,可以简化运算,便于分析实际中的应用。

信号的频率特性除去频谱和频谱密度外,还有能量谱密度和功率谱密度,表示的是信号在频域中的能量或功率的概念。而 Parseval 定理是能量守恒定理,揭示了信号在时域中的能量或功率与其频域中的能量或功率是相等的。

总之,傅里叶分析建立了时域和频域之间的桥梁,可以分析在时域中难以解读的信号的频域特征,揭示了信号的时间特性和频率特性之间的内在联系。

本章知识解析

知识解析

习题

3-1 一个电压信号 $f(t)$ 只含有三个频率成分的余弦分量:1Hz、3Hz、5Hz,幅度分别为 3V、2V、1V,写出 $f(t)$ 的表达式。

3-2 信号 $f(t)=1+\cos(18\pi t)+0.5\cos(30\pi t)$,求信号 $f(t)$ 的周期以及所含的谐波成分。

3-3 求题图 3-3 所示周期信号的傅里叶级数,并画出其幅度频谱和相位频谱。

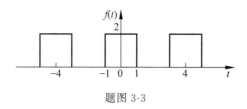

题图 3-3

3-4 某信号的频谱如题图 3-4 所示,写出该信号的表达式。

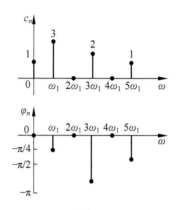

题图 3-4

3-5 画出信号 $f(t)=1+\cos(\pi t/6)-\cos(\pi t/3)$ 的频谱图,并应用 Parseval 定理求平均功率。

3-6 求信号 $f(t)=u(t+1)-u(t-1)$ 的傅里叶变换,并画出频谱密度图。

3-7 求信号 $f(t)=u(t)-u(t-2)$ 的傅里叶变换,并画出频谱密度图。

3-8 求信号 $f(t)=\dfrac{\sin(2t)}{t}$ 的傅里叶变换,并画出频谱密度图。

3-9 求信号 $f(t)=\mathrm{e}^{-|t|}$ 的傅里叶变换。

3-10 已知 $\mathscr{F}[f(t)]=F(\omega)$,利用傅里叶变换的性质求 $f(2t-3)$ 的傅里叶变换。

3-11 已知 $\mathscr{F}[f(t)]=F(\omega)$,利用傅里叶变换的性质求 $f(t)\mathrm{e}^{-\mathrm{j}2t}$ 的傅里叶变换。

3-12 求 $F(\omega)=u(\omega+\pi)-u(\omega-\pi)$ 的傅里叶反变换。

3-13 求 $F(\omega)=\mathrm{Sa}(2\omega)$ 的傅里叶反变换。

3-14 求 $F(\omega)=\cos(2\omega)$ 的傅里叶反变换。

3-15 应用 Parseval 定理求 $f(t)=\mathrm{Sa}(2t)$ 的能量。

3-16 求 $f(t)=1+\cos(18\pi t)+0.5\cos(30\pi t)$ 的傅里叶变换,画出频谱图和频谱密度图。

3-17 信号 $f_1(t)=u(t+1/2)-u(t-1/2)$,求 $f_1(t)$ 的傅里叶变换,画出其频谱密度图。如果将 $f_1(t)$ 以 $T_1=2$ 为周期进行周期延拓,形成周期信号 $f(t)$,求周期信号 $f(t)$ 的傅里叶级数和傅里叶变换,画出 $f(t)$ 的频谱图和频谱密度图。

第

4

章

连续时间系统的频域分析

4.0　引言

第 3 章介绍信号的频域分析,本章介绍系统的频域分析。

信号的频域分析指的是将信号分解成正弦信号的加权和,或者加权积分。由于正弦信号既是时间的函数,又含有频率的概念,故将信号进行正弦函数分解的目的是分析信号的频率成分。

同样,也可以对系统进行频域分析,分析系统对输入信号所含的各个频率成分的响应,得到 LTI 系统的频域表征——系统的频率响应。系统的频域分析是从频谱改变的观点分析系统对输入信号的响应过程,这是本章的核心内容。

在第 2 章,单位冲激响应 $h(t)$ 是 LTI 系统的时域表征。系统的时域分析主要是通过卷积运算来分析系统对输入信号的响应,以及通过 $h(t)$ 对系统的基本特性进行分析。但是,时域分析方法对系统频率特性的分析非常欠缺,而且在求解微分方程和分析电路方面也相当烦琐。当在一个"域"分析问题比较困难时,换到另一个"域"进行分析求解也许既简单又有效。在接下来的两章将在频域和 s 域对系统进行分析。

系统的频域分析,也称为系统的傅里叶分析。本章将用符号 $F(\mathrm{j}\omega)$、$H(\mathrm{j}\omega)$ 代替 $F(\omega)$、$H(\omega)$,事实上,一般情况下傅里叶变换是复函数

$$F(\mathrm{j}\omega) = \int_{-\infty}^{+\infty} f(t)\mathrm{e}^{-\mathrm{j}\omega t}\,\mathrm{d}t \tag{4-1}$$

用 $F(\mathrm{j}\omega)$ 表示 $f(t)$ 的傅里叶变换,一则显示 $F(\mathrm{j}\omega)$ 是复函数,二则在系统分析与设计中,这样表示应用起来更方便。

4.1　系统的频率响应

视频讲解

在第 3 章导引中,复指数信号 $e(t)=\mathrm{e}^{\mathrm{j}\omega_1 t}$(单频信号)通过单位冲激响应为 $h(t)$ 的 LTI 系统,得到的输出为

$$r(t) = \mathrm{e}^{\mathrm{j}\omega_1 t} H(\mathrm{j}\omega_1)$$

这里,

$$H(\mathrm{j}\omega_1) = \int_{-\infty}^{+\infty} h(t)\mathrm{e}^{-\mathrm{j}\omega_1 t}\,\mathrm{d}t$$

也就是说,$\mathrm{e}^{\mathrm{j}\omega_1 t}$ 通过系统后得到了同频率的信号 $\mathrm{e}^{\mathrm{j}\omega_1 t} H(\mathrm{j}\omega_1)$。

同样,如果输入另一个频率为 ω_2 的信号 $e(t)=\mathrm{e}^{\mathrm{j}\omega_2 t}$,系统的响应将为 $\mathrm{e}^{\mathrm{j}\omega_2 t} H(\mathrm{j}\omega_2)$。由此可以设想,对于一个线性时不变系统,通过改变输入信号的频率成分 ω_k,就可以得到系统对不同频率成分的响应 $\mathrm{e}^{\mathrm{j}\omega_k t} H(\mathrm{j}\omega_k)$,将这些不同频率点的 $H(\mathrm{j}\omega_k)$ 连成曲线,这条曲线称为系统的频率响应曲线。事实上,$H(\mathrm{j}\omega_k)$ 体现了系统对频率为 ω_k 的信号的响应特征。

考虑所有的 $\omega(-\infty < \omega < +\infty)$,$\omega$ 是一个连续量,包含所有的频率成分,得到的 $H(\mathrm{j}\omega)$ 称为连续时间系统的频率响应。

对于 LTI 系统,如果系统的单位冲激响应为 $h(t)$,在满足 $h(t)$ 绝对可积的情况下,系统的频率响应 $H(\mathrm{j}\omega)$ 是 $h(t)$ 的傅里叶变换,即

$$H(\mathrm{j}\omega) = \int_{-\infty}^{+\infty} h(t)\mathrm{e}^{-\mathrm{j}\omega t}\,\mathrm{d}t \tag{4-2}$$

想一想:

为什么 $H(\mathrm{j}\omega)$ 是系统的频率响应?

事实上,由于 $h(t)$ 是当输入为 $\delta(t)$ 时的响应,而 $\delta(t)$ 的傅里叶变换为 1,也即等量地包含了所有的频率成分,因此当 LTI 系统输入 $\delta(t)$ 时,相当于输入了所有频率的正弦信号,那么其输出自然就是 LTI 系统的频率响应了。

LTI 系统的输入和输出的关系满足

$$r(t) = e(t) * h(t)$$

应用傅里叶变换的时域卷积定理,可得

$$R(\mathrm{j}\omega) = E(\mathrm{j}\omega) \cdot H(\mathrm{j}\omega) \tag{4-3}$$

式(4-3)表明,输入信号 $e(t)$ 的频谱密度为 $E(\mathrm{j}\omega)$,输出信号的频谱密度变为 $E(\mathrm{j}\omega) \cdot H(\mathrm{j}\omega)$,因此,系统改变了输入信号的频率成分。这种分析方法在实际中非常有用,是分析和设计系统的基础。任何一个信号都有自身特有的频率成分,通过系统后,得到了具有全新频率成分的输出信号。由于系统 $H(\mathrm{j}\omega)$ 的影响,输入信号中的有些频率成分可能被加强,有些频率成分可能被削弱甚至完全消失。对于非线性系统,还可能产生不同于输入信号原来频谱成分的新的频率分量。所有这些都由系统的频率响应 $H(\mathrm{j}\omega)$ 决定,也就是说,输入信号的频率成分被 $H(\mathrm{j}\omega)$ 加权了。从这个意义上来说,系统是一个"滤波器",对信号的频率成分进行"过滤"。式(4-3)也阐释了 LTI 系统分析中"时域卷积,频域滤波"的概念。

根据式(4-3),有

$$H(\mathrm{j}\omega) = \frac{R(\mathrm{j}\omega)}{E(\mathrm{j}\omega)} \tag{4-4}$$

$H(\mathrm{j}\omega)$ 等于零状态条件下系统输出信号的傅里叶变换与输入信号的傅里叶变换的比值。相应于 $h(t)$ 是 LTI 系统的时域表征,系统的频率响应 $H(\mathrm{j}\omega)$ 是 LTI 系统的频域表征。只要系统确定,$H(\mathrm{j}\omega)$ 就被确定,与外加激励无关。

将 $H(\mathrm{j}\omega)$ 表示成幅度、相位的形式

$$H(\mathrm{j}\omega) = \left| H(\mathrm{j}\omega) \right| \mathrm{e}^{\mathrm{j}\varphi(\omega)} \tag{4-5}$$

$\left| H(\mathrm{j}\omega) \right|$ 称为系统的幅度频率响应特性,简称幅度频响特性或幅频特性,表示系统对输入信号频率成分的幅度加权——滤波;$\varphi(\omega)$ 称为系统的相位频率响应特性,简称相位频响特性或相频特性,表示系统对输入信号频率成分的相位加权。

几种理想滤波器的幅频特性如图 4-1 所示。

由于

$$R(\mathrm{j}\omega) = E(\mathrm{j}\omega) \cdot H(\mathrm{j}\omega)$$

则

$$\left| R(\mathrm{j}\omega) \right| = \left| E(\mathrm{j}\omega) \right| \cdot \left| H(\mathrm{j}\omega) \right|$$

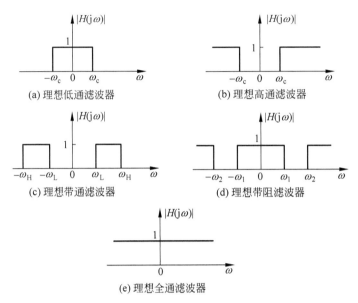

图 4-1 理想滤波器的幅度频响特性

对于理想低通滤波器,当 $\omega \leqslant \omega_c$ 时,根据式(4-3),$|R(\mathrm{j}\omega)| = |E(\mathrm{j}\omega)|$,因此,对于 $\omega \leqslant \omega_c$ 的信号频率成分,系统将无衰减令其通过,同时完全阻止频率高于 ω_c 的频率成分,这就是"低通"的含义。即低通滤波器允许信号中的低频率成分通过,而高频成分被截止。这里的 ω_c 称为截止频率,也是理想低通滤波器的带宽。对于理想低通滤波器,将 $\omega \leqslant \omega_c$ 的频率范围称为通带,将 $\omega > \omega_c$ 的频率范围称为阻带。

同样,高通滤波器指的是允许信号中的高频成分通过,低频成分被截止;带通滤波器允许信号中一个频段内($\omega_L \leqslant \omega \leqslant \omega_H$)的信号通过,其他成分被截止,带通滤波器的带宽为

$$\omega_B = \omega_H - \omega_L$$

带阻滤波器正好与带通滤波器相反,是低频通过、高频通过,中间一段频率成分被截止滤除。

还有一种理想滤波器,是所有频率成分($0 \leqslant \omega < \infty$)全部通过,这就是全通滤波器。理想全通滤波器使得在全频率范围内 $|R(\mathrm{j}\omega)| = |E(\mathrm{j}\omega)|$,因此不会改变输入信号的频率成分,它的作用主要是改变相位。

上面讨论各种滤波器时,只考虑了幅频特性,也就是滤波特性。滤波器的相频特性会导致各个频率成分的相位改变,在第 2 章例题 2.7 中,曾经分析,对于正弦信号,负的相位偏移体现了时间的延时。如果系统在其通带内具有负的线性相位,那么输入信号中落于系统通带内的各个频率成分将有相同的延时,即群延时相同,这在后面的内容中会有所讨论。

【例题 4.1】 用傅里叶变换求 $e(t) = \mathrm{e}^{\mathrm{j}\omega_0 t}$ 通过 LTI 系统的响应。

解:$e(t)$ 的傅里叶变换

$$E(\mathrm{j}\omega) = 2\pi\delta(\omega - \omega_0)$$

则

$$R(j\omega) = E(j\omega) \cdot H(j\omega)$$
$$= 2\pi\delta(\omega - \omega_0) \cdot H(j\omega)$$
$$= 2\pi\delta(\omega - \omega_0) H(j\omega_0)$$

所以

$$r(t) = e^{j\omega_0 t} H(j\omega_0)$$

其中

$$H(j\omega_0) = H(j\omega)\big|_{\omega = \omega_0}$$

4.2　电路元器件的频域特性

视频讲解

1. 理想电阻

电阻 R 的电压电流关系

$$v_R(t) = Ri_R(t)$$

两端作傅里叶变换，得

$$V_R(j\omega) = RI_R(j\omega)$$

理想电阻两端的电压与流经的电流除去幅度可能不同外，频率特性完全相同，也没有任何相移，因此，信号通过理想电阻不会产生延时，是即时元件。

当输入为电流、输出为电压时，电阻元件的频率响应

$$H_R(j\omega) = \frac{V_R(j\omega)}{I_R(j\omega)} = R \tag{4-6}$$

2. 理想电容

电容元件的电压电流关系为

$$i_C(t) = C\frac{\mathrm{d}}{\mathrm{d}t}v_C(t)$$

两端作傅里叶变换，得

$$I_C(j\omega) = j\omega C V_C(j\omega)$$

由上式看出，即使加在电容两端的电压幅度不变，但流经电容的电流的幅度也会随着频率的增大而增大，当 $\omega = 0$ 时，即直流电压加于电容两端，则流经的电流为零，表明电容隔直。

当电流为输入、电压为输出时，电容元件的频率响应为

$$H_C(j\omega) = \frac{V_C(j\omega)}{I_C(j\omega)} = \frac{1}{j\omega C} = \frac{1}{\omega C}e^{-j\frac{\pi}{2}} \tag{4-7}$$

这也是电容的阻抗。电容元件的幅频特性为 $1/\omega C$，与频率成反比。当频率增大时，幅度频率响应减小，说明频率越大电容元件的阻抗值越小。而相频特性是 $-\pi/2$，说明电压信号相较于电流信号产生了 $-\pi/2$ 的相位。

3. 理想电感

电感的电压电流关系

$$v_L(t) = L\frac{\mathrm{d}}{\mathrm{d}t}i_L(t)$$

对两边进行傅里叶变换

$$V_L(\mathrm{j}\omega) = \mathrm{j}\omega L I_L(\mathrm{j}\omega)$$

上式表明,即使流经电感的电流幅度固定不变时,电感两端电压也随着信号频率的增大而变大。当 $\omega = 0$ 时,即直流电流流经电感元件,则产生的电压为0,此时电感相当于理想导线。

电感元件的频率响应(电流为输入、电压为输出)为

$$H_L(\mathrm{j}\omega) = \frac{V_L(\mathrm{j}\omega)}{I_L(\mathrm{j}\omega)} = \mathrm{j}\omega L = \omega L \mathrm{e}^{\mathrm{j}\frac{\pi}{2}} \tag{4-8}$$

这也是电感的阻抗。幅频特性为 ωL,当频率增大时,幅度频率响应也增大,说明频率越大电感元件的阻抗值越大,输出的电流越小。相频特性是 $\pi/2$,说明电压信号相较于电流信号产生 $\pi/2$ 的相位。

提示:在频域中,电容元件和电感元件的阻抗随频率变化的情况得到了清晰的描述,这是频域分析方法的优点之一,也是电路工程师们往往将电路转换到频域来寻求解决方案的原因。

4. 微分器

微分器对输入信号进行求导运算,微分器的输入输出关系为

$$r(t) = \frac{\mathrm{d}}{\mathrm{d}t}e(t)$$

根据傅里叶变换的微分性质,有

$$R(\mathrm{j}\omega) = \mathrm{j}\omega E(\mathrm{j}\omega)$$

由此看出,微分器对较大的 ω 值有较大的放大。即信号通过微分器,其高频成分将得到增强。

微分器的频率响应

$$H(\mathrm{j}\omega) = \frac{R(\mathrm{j}\omega)}{E(\mathrm{j}\omega)} = \mathrm{j}\omega \tag{4-9}$$

其幅频特性和相频特性如图 4-2 所示。

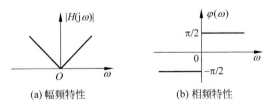

(a) 幅频特性 (b) 相频特性

图 4-2 微分器的频率响应

5．积分器

积分器对输入信号进行积分运算，其输入输出关系

$$r(t) = \int_{-\infty}^{t} e(\tau) \mathrm{d}\tau$$

根据傅里叶变换的积分性质，得

$$R(\mathrm{j}\omega) = \pi E(0)\delta(\omega) + \frac{E(\mathrm{j}\omega)}{\mathrm{j}\omega}$$

由此看出，变化越激烈的信号，其 ω 越大，通过积分器后将受到更严重的衰减。也就是说，积分器会削弱输入信号的高频成分，使波形变得平缓。

积分器的频率响应为

$$H(\mathrm{j}\omega) = \pi\delta(\omega) + \frac{1}{\mathrm{j}\omega} \tag{4-10}$$

其幅频特性和相频特性如图 4-3 所示。

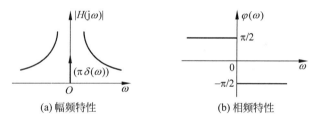

(a) 幅频特性　　　　　　　(b) 相频特性

图 4-3　积分器的频率响应

由积分器的幅频特性看出，积分器是一个低通滤波器，由于积分累加作用，可以平滑一些比较大的突变或抖动，消除毛刺。不过，积分器的低通滤波特性较差。

6．增益放大器

增益放大器的输入输出关系为

$$r(t) = A e(t)$$

频域的关系为

$$R(\mathrm{j}\omega) = A E(\mathrm{j}\omega)$$

表明输入信号通过放大器后，所有频率成分被等比例放大或缩小，其频率响应如图 4-4 所示。

$$H(\mathrm{j}\omega) = A \tag{4-11}$$

7．理想延时器

理想延时器的输入输出关系

$$r(t) = e(t - T)$$

其中 T 为常数。两端作傅里叶变换，得

$$R(\mathrm{j}\omega) = E(\mathrm{j}\omega)\mathrm{e}^{-\mathrm{j}\omega T}$$

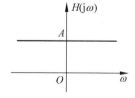

图 4-4　放大器的频率响应

延时器的频率响应

$$H(\mathrm{j}\omega) = \mathrm{e}^{-\mathrm{j}\omega T} \tag{4-12}$$

幅频特性和相频特性为

$$\begin{cases} |H(\mathrm{j}\omega)| = 1 \\ \varphi(\omega) = -\omega T \end{cases}$$

理想延时器的幅频特性为常数,相位特性是线性的,时域中的延时在频域中体现为相位的改变。理想延时器的频率响应如图 4-5 所示。

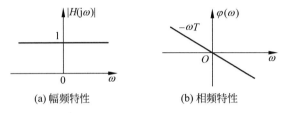

(a) 幅频特性   (b) 相频特性

图 4-5 　理想延时器的频率响应

视频讲解

4.3　系统的级联、并联

1. 系统的级联

时域中,$h_1(t)$ 和 $h_2(t)$ 两个子系统级联后总的单位冲激响应为

$$h(t) = h_1(t) * h_2(t)$$

由傅里叶变换的性质,有

$$H(\mathrm{j}\omega) = H_1(\mathrm{j}\omega) H_2(\mathrm{j}\omega) \tag{4-13}$$

式(4-13)表明,级联系统的频率响应等于各组成子系统的频率响应相乘,如图 4-6 所示。对于线性时不变系统,级联的子系统可以交换顺序而不影响总的频率响应。

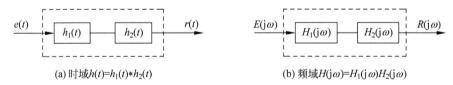

(a) 时域$h(t)=h_1(t)*h_2(t)$ (b) 频域$H(\mathrm{j}\omega)=H_1(\mathrm{j}\omega)H_2(\mathrm{j}\omega)$

图 4-6 　系统的级联

系统的输出为

$$R(\mathrm{j}\omega) = E(\mathrm{j}\omega) H_1(\mathrm{j}\omega) H_2(\mathrm{j}\omega)$$

因此,级联系统相当于对输入信号进行"多次滤波"。

2. 系统的并联

并联系统的单位冲激响应等于子系统单位冲激响应做"加法"运算,如图 4-7 所示。

$$h(t) = h_1(t) + h_2(t)$$

则

$$H(j\omega) = H_1(j\omega) + H_2(j\omega) \qquad (4\text{-}14)$$

并联系统的频率响应是各组成子系统的频率响应相加。

$$R(j\omega) = E(j\omega)\left[H_1(j\omega) + H_2(j\omega)\right]$$

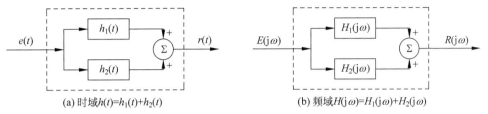

(a) 时域 $h(t)=h_1(t)+h_2(t)$ (b) 频域 $H(j\omega)=H_1(j\omega)+H_2(j\omega)$

图 4-7 系统的并联

4.4 用傅里叶变换分析系统

本节通过两道例题,说明在频域分析系统以及求解系统响应的方法,着重频域分析中所包含的物理意义。

【例题 4.2】 系统结构如图 4-8 所示,求系统的频率响应。

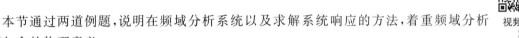

图 4-8 例题 4.2 图

解:根据系统结构,相当于三部分(子系统)级联,写出系统的频率响应表达式

$$H(j\omega) = (-e^{-j\omega T} + 1) \cdot \frac{1}{T} \cdot \left(\pi\delta(\omega) + \frac{1}{j\omega}\right)$$

$$= \frac{1}{j\omega T}(1 - e^{-j\omega T}) = \frac{1}{j\omega T}e^{-j\omega T/2}(e^{j\omega T/2} - e^{-j\omega T/2})$$

$$= \frac{2\sin(\omega T/2)}{\omega T}e^{-j\omega T/2} = \mathrm{Sa}(\omega T/2)\,e^{-j\omega T/2}$$

系统的幅频特性为抽样函数

$$|H(j\omega)| = |\mathrm{Sa}(\omega T/2)|$$

相频特性为

$$\varphi(\omega) = -\omega T/2 + \arg\left[\mathrm{Sa}(\omega T/2)\right]$$

系统的频率响应如图 4-9 所示。

根据系统的结构,也可以直接写出该系统的单位冲激响应

$$h(t) = \int_{-\infty}^{t}\left[-\delta(\tau - T) + \delta(\tau)\right]\frac{1}{T}\mathrm{d}\tau = \frac{1}{T}\left[u(t) - u(t - T)\right]$$

从幅频特性可以看出,这是一个低通滤波器,对信号的高频率成分有抑制作用,这与

系统结构中的积分器是吻合的,因为积分器有平滑突变信号的作用。而从系统的单位冲激响应中却无法看出这些性能,这是频域分析优于时域分析的地方。

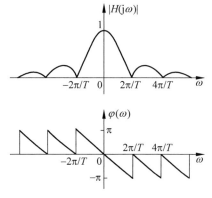

图 4-9　例题 4.2 的系统的频率响应

【**例题 4.3**】　如图 4-10 所示的 RC 电路,输入信号 $v_1(t) = u(t) - u(t-\tau)$,利用频域分析方法求电容两端的电压 $v_2(t)$。

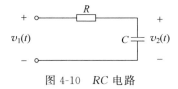

图 4-10　RC 电路

解:

$$v_1(t) = u(t) - u(t-\tau)$$

其傅里叶变换为

$$V_1(j\omega) = \left[\pi\delta(\omega) + \frac{1}{j\omega}\right] - \left[\pi\delta(\omega) + \frac{1}{j\omega}\right]e^{-j\omega\tau}$$

$$= \frac{1}{j\omega}(1 - e^{-j\omega\tau}) \tag{4-15}$$

画出阻抗形式的电路图,如图 4-11 所示。

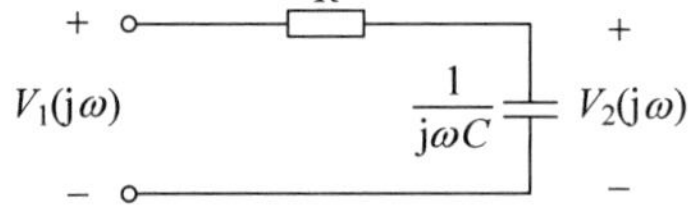

图 4-11　电路的频域模型

该电路的频率响应

$$H(j\omega) = \frac{1/j\omega C}{R + 1/j\omega C} = \frac{1/RC}{j\omega + 1/RC} \tag{4-16}$$

令 $\alpha = 1/RC$,则

$$H(j\omega) = \frac{\alpha}{\alpha + j\omega}$$

$v_2(t)$ 的傅里叶变换为

$$V_2(j\omega) = V_1(j\omega) \cdot H(j\omega)$$

$$= \frac{1}{j\omega}(1 - e^{-j\omega\tau}) \cdot \frac{\alpha}{\alpha + j\omega} = \left(\frac{1}{j\omega} - \frac{1}{\alpha + j\omega}\right)(1 - e^{-j\omega\tau})$$

$$= \frac{1}{j\omega}(1 - e^{-j\omega\tau}) - \frac{1}{\alpha + j\omega}(1 - e^{-j\omega\tau})$$

考虑到 $\mathscr{F}[e^{-\alpha t}u(t)] = \dfrac{1}{\alpha + j\omega}$ 以及式(4-15),可得

$$v_2(t) = [u(t) - u(t-\tau)] - [e^{-\alpha t}u(t) - e^{-\alpha(t-\tau)}u(t-\tau)]$$

$$= (1 - e^{-\alpha t})u(t) - (1 - e^{-\alpha(t-\tau)})u(t-\tau)$$

画出 $v_2(t)$ 的波形,见图 4-12。

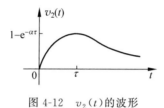

图 4-12　$v_2(t)$ 的波形

从求解过程可以看出,在频域求解电路比较复杂,但是求解过程所体现的物理概念却是非常清晰的,具体表现如下。

首先将 $H(j\omega)$、$V_1(j\omega)$ 分别表示成幅度和相位的形式

$$H(j\omega) = \frac{\alpha}{\alpha + j\omega} = \frac{\alpha}{\sqrt{\alpha^2 + \omega^2}} e^{j\varphi_H(\omega)}$$

$\varphi_H(\omega)$ 为 $H(j\omega)$ 的相位,本题着重分析系统的滤波概念,相位不具体求解。

$$V_1(j\omega) = \frac{1}{j\omega}(1 - e^{-j\omega\tau}) = \frac{1}{j\omega}e^{-j\omega\tau/2}(e^{j\omega\tau/2} - e^{-j\omega\tau/2})$$

$$= \tau \mathrm{Sa}(\omega\tau/2) e^{-j\omega\tau/2} = \tau |\mathrm{Sa}(\omega\tau/2)| e^{j\varphi_1(\omega)}$$

$\varphi_1(\omega)$ 为 $-\omega\tau/2$ 和 $\mathrm{Sa}(\omega\tau/2)$ 的相位合成。

由 $V_2(j\omega) = V_1(j\omega) \cdot H(j\omega)$ 得

$$V_2(j\omega) = \frac{\alpha\tau}{\sqrt{\alpha^2 + \omega^2}} |\mathrm{Sa}(\omega\tau/2)| e^{j[\varphi_H(\omega) + \varphi_1(\omega)]} \tag{4-17}$$

首先分析电压信号 $v_1(t)$ 通过 RC 电路后幅度频谱的变化,如图 4-13 所示。

(1) 从频域角度来看,该系统 $|H(j\omega)|$ 具有低通滤波特性,因此输入信号的高频成分受到了比低频更大的衰减,导致输出信号幅度谱 $|V_2(j\omega)|$ 的主瓣更尖锐,旁瓣幅度更小。由于 $|H(j0)| = 1$,因此,直流成分完全通过。

(2) 从时域角度来看,对比 $v_2(t)$ 和 $v_1(t)$ 的波形,输出信号波形与输入信号波形相

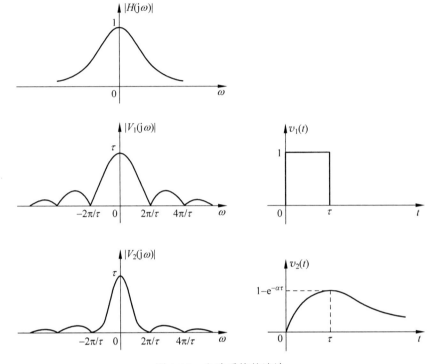

图 4-13　电路系统的滤波

比产生了失真,输出信号的波形有上升沿、下降沿以及拖尾。

(3) 时域频域对照,输入信号在 $t=0$ 和 $t=\tau$ 时刻有跳变,此时,时间信号急剧变化,说明其高频分量非常丰富。但是,由于系统具有低通滤波特性,对高频成分严重衰减,因此,输出信号中高频分量相对较小,波形变得平滑。由于低通滤波的作用,输入信号的快速变化受到了抑制。

(4) 另外,如果减小 RC 电路的时间常数 RC 值,即增加 α 值,相当于滤波系统的频带宽度增加,将允许更多的高频分量通过,会导致响应波形的上升沿和下降沿缩短。

(5) 除了 $H(j\omega)$ 的幅频特性(滤波特性)对输入信号频率成分的影响,以及对时域波形的影响外,$H(j\omega)$ 的相位特性也会影响响应的波形。

想一想:

实际上,从电路的角度,这是一个 RC 电路,当给电路突然加上电压,电容开始充电,电容两端的电压从零逐步增大;当停止加压,电容开始放电过程。电路的充放电效果在 $v_2(t)$ 得到充分体现,这是电路的时域表现。

从系统的角度,电路中的充放电过程,体现在电路系统对输入信号的滤波过程。

系统的分析可以在时域中进行,也可以在频域中进行。

在时域,系统改变了原有信号 $e(t)$ 的波形,形成了新的波形 $r(t)$。即

$$r(t)=e(t)*h(t)$$

在频域,系统改变了原有信号的频谱结构 $E(j\omega)$,形成了新的频谱 $R(j\omega)$。

$$R(j\omega)=E(j\omega)\cdot H(j\omega)$$

其中

$$|R(j\omega)| = |E(j\omega)| \cdot |H(j\omega)|$$

$$\varphi_R(\omega) = \varphi_E(\omega) + \varphi_H(\omega)$$

即输入信号各频率分量的幅度被 $|H(j\omega)|$ 加权,相位被 $\varphi_H(\omega)$ 加权。

因此,一般情况下,输入信号通过系统后都会产生失真。接下来的问题是,如何保证信号通过系统后不产生失真? 什么样的频率响应是理想的? 理想的系统频率响应是否物理可实现? 信号在经过系统前后能量如何变化? 如何根据要求设计系统? 这些将是后续章节的内容。

4.5 信号通过线性系统不失真的条件

前已分析,信号通过系统一般会产生失真。在时域中,失真是指波形改变;在频域中,失真是指频谱成分改变。那么是否有一种系统,信号通过该系统后,不改变波形,或者不改变原有信号的频率成分? 如果有这样的系统,应该满足什么条件?

先从波形角度来分析,如果输出波形和输入波形一致,也就是函数关系一致,那么

$$r(t) = Ke(t)$$

不过对于实际的物理系统,延时是客观存在的,因此,只要满足

$$r(t) = Ke(t - t_0)$$

除去延时和幅度倍乘外,输出和输入波形完全一致,这样的系统就是无失真传输系统。

4.5.1 无失真传输系统的定义

所谓无失真传输,是指系统的零状态响应与激励信号相比,只是幅度的大小与出现的时间不同,波形无变化。

据此得到无失真传输系统的输入输出关系式

$$r(t) = \mathcal{H}[e(t)] = Ke(t - t_0) \tag{4-18}$$

其中,K 为常数; t_0 为滞后时间,如图 4-14 所示。

将式(4-18)两端进行傅里叶变换,得到

$$R(j\omega) = KE(j\omega)e^{-j\omega t_0}$$

则无失真系统的频率响应

$$H(j\omega) = \frac{R(j\omega)}{E(j\omega)} = Ke^{-j\omega t_0} \tag{4-19}$$

其幅频特性在整个频率范围($-\infty < \omega < +\infty$)内为常数,即

$$|H(j\omega)| = K \tag{4-20}$$

相频特性是一条过原点的斜率为 $-t_0$ 的直线,即具有线性相位的特性。

$$\varphi(\omega) = -\omega t_0 \tag{4-21}$$

无失真传输系统的频率响应如图 4-15 所示。

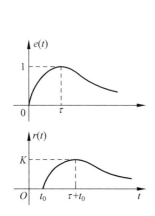

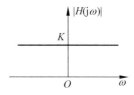

(a) 无失真系统的幅频特性曲线

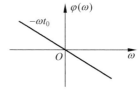

(b) 无失真系统的相频特性曲线

图 4-14　信号经过无失真传输系统　　图 4-15　无失真系统的频率响应曲线

无失真传输系统使得输入信号的所有频率成分都同等比例地通过,对所有频率成分都产生 $-\omega t_0$ 的相移。即全频域 $(-\infty<\omega<+\infty)$ 无失真,这是一种理想情况。4.2 节中的理想延时器就是一个无失真传输系统。

无失真传输系统要求线性相移,即相频特性与频率成正比。频率改变,相移同等比例改变。例如,假设输入信号中 100Hz 的频率成分通过系统后相移 $-2\pi\times100t_0$,那么,200Hz 的频率成分通过系统后相移为 $-2\pi\times200t_0$,以此类推。为了说明相频特性与频率的关系,定义群延时

$$\tau=-\frac{\mathrm{d}}{\mathrm{d}\omega}\varphi(\omega) \tag{4-22}$$

群延时描述的是相位变化随着频率变化的快慢程度,从式(4-22)看出,群延时是相频特性曲线的斜率,反映的是系统对频带内每个频率点信号相位的影响。单个频率是不存在群延时的。

对于无失真传输系统,群延时

$$\tau=-\frac{\mathrm{d}}{\mathrm{d}\omega}(-\omega t_0)=t_0 \tag{4-23}$$

即无失真传输系统对输入信号的所有频率成分都产生 t_0 的延时,最终表现在输出信号比输入信号延时 t_0。

什么是群时延?

下面用一个易于理解的日常现象解释群延时。例如一个班有 30 个人,按顺序排好队列,同时从起点开始跑步。当大家速度一致时,就会保持队形,经过一定时间 t_0 后同时到达终点,即大家的"群"延时是 t_0,此时队列依然如初。

将这样的解释引申到"信号的传输",当系统具有过坐标原点的线性相位特性时,输入信号的各个频率成分通过系统产生的群延时将相同,这些频率成分同时到达接收端,此时,信号的波形将保持不变;反之,当大家各自速度不一致时,会先后到达终点,原来的

队形一定变了,即信号的波形变了,产生了失真。

对式(4-19)求傅里叶反变换,得到无失真传输系统的单位冲激响应

$$h(t) = K\delta(t - t_0) \tag{4-24}$$

无失真传输系统的 $h(t)$ 依然是冲激信号,输出波形与输入波形相同,符合无失真的定义,如图 4-16 所示。

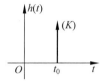

图 4-16 无失真传输系统的单位冲激响应

实际上,单位冲激响应也可以由无失真的定义直接得到,由式(4-18)可得

$$h(t) = \mathcal{H}[\delta(t)] = K\delta(t - t_0)$$

【例题 4.4】 如图 4-17 所示电路,$R_1 = R_2 = 1\Omega, L = 1\mathrm{H}, C = 1\mathrm{F}$。分析该电路是否是无失真传输系统? 信号通过电路是否产生延时?

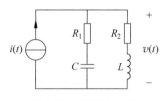

图 4-17 例题 4.4 图

解:根据串联、并联关系,可得

$$H(\mathrm{j}\omega) = \frac{(R_2 + \mathrm{j}\omega L)(R_1 + 1/\mathrm{j}\omega C)}{(R_2 + \mathrm{j}\omega L) + (R_1 + 1/\mathrm{j}\omega C)} = \frac{(1 + \mathrm{j}\omega)(1 + 1/\mathrm{j}\omega)}{(1 + \mathrm{j}\omega) + (1 + 1/\mathrm{j}\omega)} = 1$$

因此,该电路是无失真传输系统。由于相频特性为 0,因此,信号通过电路不会产生延时。

【例题 4.5】 某系统的频率响应为 $H(\mathrm{j}\omega) = 2\mathrm{e}^{-\mathrm{j}\omega/4}$,求信号 $e(t) = 3\mathrm{e}^{-t}\cos(2\pi t)$ 通过该系统的响应。

解:由 $H(\mathrm{j}\omega)$ 的表达式知道这是一个无失真传输系统,根据无失真系统的输入输出关系,可以直接写出响应的表达式

$$r(t) = 6\mathrm{e}^{-(t-1/4)}\cos(2\pi(t - 1/4)) = 6\mathrm{e}^{1/4}\mathrm{e}^{-t}\cos(2\pi t - \pi/2)$$

4.5.2 失真分类

一般情况下,大多数系统的频率响应不满足无失真传输的条件;或者,实际中,根据要求有意识地产生某种失真以达到改变波形的目的。失真分为线性失真和非线性失真,线性失真不会产生新的频率成分,只是系统对信号中各频率分量的幅度产生不同程度的

衰减(称为幅度失真),或者系统对各频率分量产生的相移不与频率成正比,使得响应的各频率分量在时间轴上的相对位置产生变化(称为相位失真)。而非线性失真由于系统的非线性特性一般产生新的频率成分。

人的耳朵对频率敏感,在听音乐时,"跑调"(频率偏差)就会让人听起来不舒服;而眼睛则对相位敏感,在看电视时,如果出现不同步现象(相位偏差),人眼会立刻识别出来。

假设输入信号为

$$e(t) = A\cos(\omega_1 t) + B\cos(\omega_2 t)$$

输出信号为

$$r(t) = C\cos(\omega_1 t + \varphi_1) + D\cos(\omega_2 t + \varphi_2)$$
$$= C\cos[\omega_1(t + \varphi_1/\omega_1)] + D\cos[\omega_2(t + \varphi_2/\omega_2)]$$

输入信号的频率成分为 ω_1、ω_2,输出信号的频率成分也是 ω_1 和 ω_2,系统没有产生新的频率成分,所以该系统不存在非线性失真。

如果 $A/C \neq B/D$,说明系统对输入信号的不同频率成分产生的衰减(或增长)不同,则系统将产生幅度失真。

如果 $\varphi_1/\omega_1 \neq \varphi_2/\omega_2$,说明系统对输入信号的不同频率成分产生的相移不与频率成正比,即系统对不同频率成分产生的延时不同,将产生相位失真。

下面用例子说明信号的各种失真。

假设某信号为

$$f(t) = 1 + \frac{4}{\pi}\cos(2\pi t) - \frac{4}{3\pi}\cos(6\pi t) + \frac{4}{5\pi}\cos(10\pi t)$$

其图形见图 4-18(a),以该信号作为输入信号。

如果系统的输出为

$$r_1(t) = 1 + \frac{6}{\pi}\cos(2\pi t) - \frac{2}{3\pi}\cos(6\pi t) + \frac{3}{5\pi}\cos(10\pi t)$$

$r_1(t)$ 与原输入信号 $f(t)$ 相比,输出信号的频率成分没有改变,但相应频率成分的幅度不成比例变化,因此 $r_1(t)$ 产生了幅度失真,见图 4-18(b)。

而如果输出信号为

$$r_2(t) = 1 + \frac{4}{\pi}\cos\left(2\pi t - \frac{\pi}{3}\right) - \frac{4}{3\pi}\cos\left(6\pi t - \frac{\pi}{2}\right) + \frac{4}{5\pi}\cos\left(10\pi t + \frac{\pi}{4}\right)$$

$r_2(t)$ 与输入信号 $f(t)$ 相比,相应频率成分及其幅度一致,但相角有变化,显然 $r_2(t)$ 具有相位失真,见图 4-18(c)。

假设输出为

$$r_3(t) = 1 + \frac{4}{\pi}\cos(3\pi t) - \frac{4}{3\pi}\cos(7\pi t) + \frac{4}{5\pi}\cos(9\pi t)$$

此时出现了新的频率成分,频率成分改变,因此属于非线性失真,见图 4-18(d)。

非线性失真的例子很多,如由于放大器的非线性导致的谐波失真、互调失真等。

想一想:

从图 4-18 所示的时域图形怎样分析信号的各种失真? 为什么图 4-18(b)～图 4-18(d)

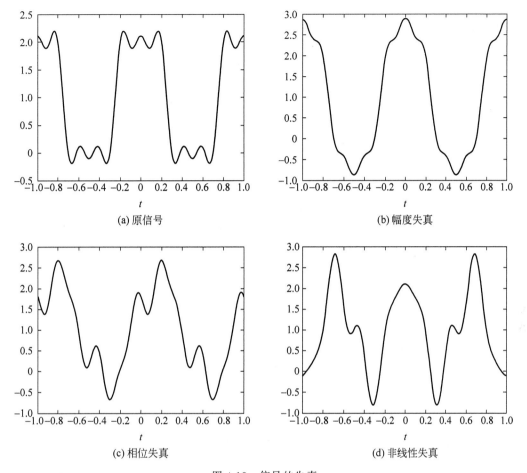

(a) 原信号　　　　　　　　　　　(b) 幅度失真

(c) 相位失真　　　　　　　　　　(d) 非线性失真

图 4-18　信号的失真

分别是幅度失真、相位失真、非线性失真?

【例题 4.6】　某系统的输入输出关系为 $r(t)=e^2(t)$,判断该系统是否是无失真传输系统,如果不是,分析有哪种失真。

解：假设 $e(t)=\cos(\omega_1 t)$,则

$$r(t)=\cos^2(\omega_1 t)=\frac{1+\cos(2\omega_1 t)}{2}$$

输入信号的频率成分为 ω_1,输出信号的频率成分为 0 和 $2\omega_1$,产生了新的频率成分,因此属于非线性失真。

无失真传输系统,要求考虑($-\infty<\omega<+\infty$)的全部频率范围无失真,这在实际的物理系统中是难以满足的,也是不必要的。因为在实际的信号处理中,一般会将信号截取成有限频宽。对于有限频宽信号,可以设计针对相应带宽的理想频率响应特性,只要在信号的频率范围内满足幅频特性为常数、相频特性是一条过原点的直线,那么,对于该信号来讲,这个系统就可以对其进行无失真传输。

提示：无失真传输系统与信号被无失真传输不是一个概念。

视频讲解

4.6 理想滤波器

4.6.1 理想低通滤波器

1. 理想低通滤波器的频率响应

理想低通滤波器对信号的低频率成分通过,对高频率成分截止。理想低通滤波器的频率响应为

$$H(j\omega) = \begin{cases} e^{-j\omega t_0}, & |\omega| < \omega_c \\ 0, & |\omega| > \omega_c \end{cases} \tag{4-25}$$

其中,ω_c 为截止角频率; f_c 为截止频率。理想低通滤波器的频率响应如图 4-19 所示。

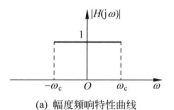

(a) 幅度频响特性曲线

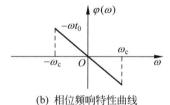

(b) 相位频响特性曲线

图 4-19 理想低通滤波器的频率响应曲线

式(4-25)表示的是理想线性相位低通滤波器,滤波器对低于截止频率 ω_c 的所有频率分量都给予不失真传输,对大于 ω_c 的频率分量完全截止。其线性相移特性则表明理想低通滤波器对输入信号中低于截止频率的频率分量将产生一致的相移,在时域表现为截止频率以下的频率成分的群延时为 t_0。

【例题 4.7】 求图 4-20 所示的周期矩形脉冲信号通过理想低通滤波器的响应,其中,理想低通滤波器的频率响应为

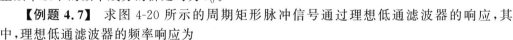

$$H(j\omega) = u(\omega + 2\pi) - u(\omega - 2\pi)$$

视频讲解

解:单周期信号的傅里叶变换

$$F_1(\omega) = \mathrm{Sa}\left(\frac{\omega}{2}\right)$$

$$\omega_1 = 2\pi/T_1 = \pi$$

$$F_n = \frac{1}{T_1}F_1(\omega)\big|_{\omega=n\omega_1} = \frac{1}{2}\mathrm{Sa}\left(\frac{n\pi}{2}\right)$$

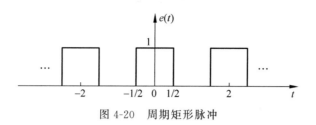

图 4-20   周期矩形脉冲

则周期矩形脉冲信号的傅里叶变换为

$$E(\mathrm{j}\omega) = \sum_{n=-\infty}^{+\infty} 2\pi F_n \delta(\omega - n\omega_1) = \sum_{n=-\infty}^{+\infty} \pi \mathrm{Sa}\left(\frac{n\pi}{2}\right) \delta(\omega - n\pi)$$

画出输入信号的频谱密度图以及系统的频率响应,根据系统的滤波特性可得输出信号的
频谱密度,如图 4-21 所示。

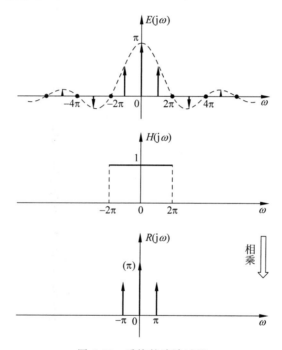

图 4-21   系统的滤波过程

从图中可以看出,虽然输入信号(周期矩形脉冲)有无穷多的频率成分,但由于系统
(理想低通滤波器)只允许通过低于 2π 的频率成分($\omega_c = 2\pi$),其他频率成分全部被截止。
因此,输出信号的傅里叶变换为

$$R(\mathrm{j}\omega) = E(\mathrm{j}\omega)H(\mathrm{j}\omega) = \pi\delta(\omega) + 2\delta(\omega - \pi) + 2\delta(\omega + \pi)$$

进行反变换即得输出信号

$$r(t) = \frac{1}{2} + \frac{1}{\pi}(\mathrm{e}^{\mathrm{j}\pi t} + \mathrm{e}^{-\mathrm{j}\pi t}) = \frac{1}{2} + \frac{2}{\pi}\cos(\pi t)$$

从结果可以看出,原本具有无穷多频率成分的周期矩形信号通过理想低通滤波器后,只
留下了直流分量和基本分量(余弦波),输出波形变得非常平滑。

【例题 4.8】 系统为理想低通滤波器,频率响应

$$H(j\omega) = \begin{cases} 3e^{-j\omega}, & |\omega| \leqslant 1 \\ 0, & |\omega| > 1 \end{cases}$$

求输入信号为 $e(t) = \dfrac{\sin(2t)}{t}$ 时的输出。

解: $e(t) = \dfrac{\sin(2t)}{t} = 2\mathrm{Sa}(2t)$,则

$$E(j\omega) = \pi[u(\omega+2) - u(\omega-2)]$$

通过截止角频率 $\omega_c = 1$ 的理想低通,见图 4-22,得到的输出为

$$R(j\omega) = E(j\omega)H(j\omega) = 3\pi[u(\omega+1) - u(\omega-1)]e^{-j\omega}$$

则

$$r(t) = 3\mathrm{Sa}(t-1)$$

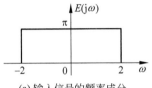

(a) 输入信号的频率成分

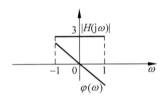

(b) 理想低通滤波器的频响特性曲线

图 4-22 例题 4.8 图

由于理想低通滤波器的截止频率低于信号的频带宽度,因此输入信号的频率成分不能完全通过,输出信号虽然也是抽样函数,但相较于输入信号,波形更平滑一些,同时还产生了 $t_0 = 1$ 的延时,这是由于理想低通滤波器的相频特性 $\varphi(\omega) = e^{-j\omega}$ 而引起的。

【例题 4.9】 理想低通滤波器的频率响应

$$H(j\omega) = \begin{cases} 1, & |\omega| \leqslant \pi \\ 0, & |\omega| > \pi \end{cases}$$

分别求下列输入信号时引起的系统输出:(1) $e(t) = \delta(t)$;(2) $e(t) = \mathrm{Sa}(\pi t)$。

解:

(1) 由 $e(t) = \delta(t)$,可知

$$E(j\omega) = 1$$

则

$$R(j\omega) = E(j\omega)H(j\omega) = u(\omega+\pi) - u(\omega-\pi)$$

故

$$r(t)=\mathrm{Sa}(\pi t)$$

（2）由 $e(t)=\mathrm{Sa}(\pi t)$，可知

$$E(\mathrm{j}\omega)=u(\omega+\pi)-u(\omega-\pi)$$

则

$$R(\mathrm{j}\omega)=E(\mathrm{j}\omega)H(\mathrm{j}\omega)=u(\omega+\pi)-u(\omega-\pi)$$

故

$$r(t)=\mathrm{Sa}(\pi t)$$

想一想：

这是一个非常有意思的结果，对于这个理想低通滤波器，输入 $e(t)=\delta(t)$ 和输入 $e(t)=\mathrm{Sa}(\pi t)$ 的响应完全相同。为什么？

原因是，理想低通滤波器只截取了 $\delta(t)$ 中 $0\sim\pi$ 的频率成分（虽然 $\delta(t)$ 等量地含有 $-\infty\sim+\infty$ 的所有频率成分），得到了输出 $r(t)=\mathrm{Sa}(\pi t)$；该理想低通滤波器却完全通过了 $e(t)=\mathrm{Sa}(\pi t)$，因而其输出也是 $r(t)=\mathrm{Sa}(\pi t)$。

这就是滤波的概念！

2. 理想低通滤波器的单位冲激响应

对式（4-25）求傅里叶反变换

$$h(t)=\frac{1}{2\pi}\int_{-\infty}^{+\infty}H(\mathrm{j}\omega)\mathrm{e}^{\mathrm{j}\omega t}\,\mathrm{d}\omega=\frac{1}{2\pi}\int_{-\omega_c}^{\omega_c}\mathrm{e}^{-\mathrm{j}\omega t_0}\mathrm{e}^{\mathrm{j}\omega t}\,\mathrm{d}\omega$$

$$=\frac{1}{\pi}\frac{\sin[\omega_c(t-t_0)]}{t-t_0}$$

即

$$h(t)=\frac{\omega_c}{\pi}\mathrm{Sa}[\omega_c(t-t_0)] \tag{4-26}$$

$h(t)$ 是延时的抽样函数，延时 t_0 是由于理想低通滤波器的相位特性 $\mathrm{e}^{-\mathrm{j}\omega t_0}$ 造成的，其波形如图 4-23 所示。

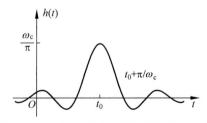

图 4-23 理想低通滤波器的单位冲激响应

由 $h(t)$ 的波形可以看出，$h(t)$ 完全不同于输入信号 $\delta(t)$ 的波形，产生了很大的失真。原因是，理想低通滤波器是一个有限带宽系统，而 $\delta(t)$ 的频谱宽度是无穷大，即有无穷多频率成分。$\delta(t)$ 通过理想低通滤波器后，$\delta(t)$ 中高于 ω_c 的所有频率成分被完全截

止掉,只有低于ω_c的那些频率成分通过,自然会造成失真。由于缺失了高频成分,所以输出波形不再如$\delta(t)$那样激烈变化,波形变得平滑。

图4-24中,将抽样函数左右第一个零值点之间部分称为"主瓣"。$h(t)$的主瓣宽度为$2\pi/\omega_c$,与ω_c成反比;幅度为ω_c/π,与ω_c成正比。当截止频率ω_c增大时,系统将允许更多的高频成分通过,此时$h(t)$的主瓣宽度将变窄,幅度将增大,波形变得陡峭。当$\omega_c \to +\infty$时,理想低通滤波器变成了全频域无失真传输系统,此时,

$$\lim_{\omega_c \to +\infty} h(t) = \lim_{\omega_c \to +\infty} \frac{\omega_c}{\pi} \mathrm{Sa}[\omega_c(t-t_0)] = \delta(t-t_0)$$

$h(t)$将成为冲激,此时系统无失真。

对于理想低通滤波器,冲激响应$h(t)$在t为负值时已经存在,而输入$\delta(t)$却是在$t=0$时才加入,说明在$\delta(t)$输入之前,系统已经有响应了,这显然不符合常规。因此,理想低通滤波器是非因果的,物理上无法实现。

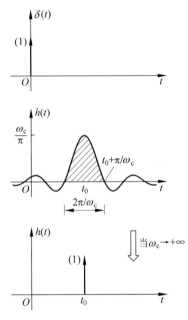

图4-24 $\delta(t)$通过理想低通滤波器

3. 理想低通滤波器的单位阶跃响应

系统的单位阶跃响应是当输入$e(t)=u(t)$时的零状态响应,故

$$g(t) = u(t) * h(t) = \int_{-\infty}^{t} h(\tau)\mathrm{d}\tau = \int_{-\infty}^{t} \frac{\omega_c}{\pi} \mathrm{Sa}(\omega_c(\tau-t_0))\mathrm{d}\tau$$

令$x=\omega_c(\tau-t_0)$,则

$$g(t) = \frac{1}{\pi}\int_{-\infty}^{\omega_c(t-t_0)} \mathrm{Sa}(x)\mathrm{d}x = \frac{1}{\pi}\int_{-\infty}^{0} \mathrm{Sa}(x)\mathrm{d}x + \frac{1}{\pi}\int_{0}^{\omega_c(t-t_0)} \mathrm{Sa}(x)\mathrm{d}x \qquad (4\text{-}27)$$

其中

$$\int_{-\infty}^{0} \mathrm{Sa}(x)\,\mathrm{d}x = \frac{\pi}{2}$$

定义正弦积分

$$\mathrm{Si}(y) = \int_{0}^{y} \mathrm{Sa}(x)\,\mathrm{d}x$$

则式(4-27)变为

$$g(t) = \frac{1}{2} + \frac{1}{\pi}\mathrm{Si}[\omega_c(t - t_0)] \tag{4-28}$$

正弦积分 $\mathrm{Si}(y)$ 及 $g(t)$ 的波形见图 4-25。

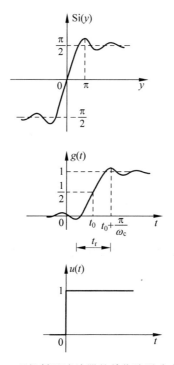

图 4-25　理想低通滤波器的单位阶跃响应曲线

从图中可以看出，理想低通滤波器阶跃响应的波形不再像单位阶跃信号那样陡直，而是有个逐渐上升的过程。如果将从最小值上升到最大值所需的时间定义为上升时间 t_r，则 $g(t)$ 的上升时间为

$$t_r = 2\pi/\omega_c = 1/f_c \tag{4-29}$$

可见，上升时间与滤波器的截止频率 f_c 有关。对于理想低通滤波器，f_c 也是滤波器的带宽。从式(4-29)看出，上升时间 t_r 与带宽成反比。当 ω_c 增大时，低通滤波器的通带宽度增大，上升时间减小，波形更陡峭，说明 $u(t)$ 中较多的高频分量通过了低通滤波器。工程中，一般将稳定值的 $10\% \sim 90\%$ 的时间定义为上升时间。不管怎样定义，上升时间都与带宽成相反的关系，上升时间越短，信号的频带越宽。或者，系统的带宽越宽，信号通过系统的响应速度越快。上升时间是一个重要参数，很多信号完整性问题都与信

号上升时间有关。

除上升时间外,理想低通滤波器的阶跃响应 $g(t)$ 还有一个参量,即延时 t_0,t_0 由滤波器的线性相移 $e^{-j\omega t_0}$ 引起,波形上升到稳定值一半的时间即 t_0,是上升沿各点的平均延迟时间,它等于滤波器的群延时。

4. Gibbs 现象

从图 4-25 看出,理想低通滤波器的单位阶跃响应 $g(t)$ 并不是平坦的。相对于输入 $u(t)$,响应有明显的失真,在上升之前 $t \to -\infty$ 开始就有振荡,波形上升之后又有延续到 $t \to +\infty$ 的振荡,一般将这种振荡称为 Gibbs 纹波。由于波形的振荡是逐步衰减的,所以在上升之前有一个幅度最大的负向峰值,在上升之后又有一个幅度最大的正向峰值(过冲),其幅度约为稳定值的 8.95%,与 ω_c 大小无关,这就是 Gibbs 现象。Gibbs 现象在第 3 章有过分析,当有间断点的周期信号用有限项傅里叶级数逼近时,会出现 Gibbs 现象。

为什么峰值是 8.95% 呢?计算如下:

$$g(t) = \frac{1}{2} + \frac{1}{\pi} \int_0^{\omega_c(t-t_0)} \mathrm{Sa}(x)\,\mathrm{d}x$$

当 $t = t_0 + \pi/\omega_c$ 时,$\omega_c(t-t_0) = \pi$,则

$$g(t)\big|_{t=t_0+\pi/\omega_c} = \frac{1}{2} + \frac{1}{\pi} \int_0^{\pi} \mathrm{Sa}(x)\,\mathrm{d}x = 1 + 8.95\%$$

假设 $\omega_c \to \infty$,此时没有截止频率,输入信号的所有频率成分都可无失真通过。而 $t_r \to 0$,波形将变得陡直。此时阶跃响应变为

$$\lim_{\omega_c \to +\infty} g(t) = \lim_{\omega_c \to +\infty} \frac{1}{\pi} \int_{-\infty}^{\omega_c(t-t_0)} \mathrm{Sa}(x)\,\mathrm{d}x$$

$$= \begin{cases} \dfrac{1}{\pi} \displaystyle\int_{-\infty}^{-\infty} \mathrm{Sa}(x)\,\mathrm{d}x = 0, & t < t_0 \\[3mm] \dfrac{1}{\pi} \displaystyle\int_{-\infty}^{0} \mathrm{Sa}(x)\,\mathrm{d}x = \dfrac{1}{2}, & t = t_0 \\[3mm] \dfrac{1}{\pi} \displaystyle\int_{-\infty}^{+\infty} \mathrm{Sa}(x)\,\mathrm{d}x = 1, & t > t_0 \end{cases}$$

$$= u(t - t_0)$$

而 $g(t)$ 的最大值和最小值分别为

$$g_{\max}(t) = g(t)\big|_{t=t_0+\pi/\omega_c} = \frac{1}{2} + \frac{1}{\pi} \int_0^{\pi} \mathrm{Sa}(x)\,\mathrm{d}x = \frac{1}{2} + \frac{1}{\pi}\mathrm{Si}(\pi) = 1 + 8.95\%$$

$$g_{\min}(t) = g(t)\big|_{t=t_0-\pi/\omega_c} = \frac{1}{2} + \frac{1}{\pi} \int_0^{-\pi} \mathrm{Sa}(x)\,\mathrm{d}x = \frac{1}{2} + \frac{1}{\pi}\mathrm{Si}(-\pi) = -8.95\%$$

即使 $\omega_c \to \infty$,阶跃响应的峰起值也不变,为

$$g_{\max}(t) = 1.0895$$

4.6.2　理想带通滤波器

理想带通滤波器的幅度频响为

$$|H(j\omega)| = \begin{cases} 1, & \omega_L \leqslant |\omega| \leqslant \omega_H \\ 0, & \text{其他} \end{cases}$$

如果相位频响特性为线性相位,则频率响应为

$$H(j\omega) = \begin{cases} e^{-j\omega t_0}, & \omega_L \leqslant |\omega| \leqslant \omega_H \\ 0, & \text{其他} \end{cases}$$

对于任意输入信号,只要其频率成分在 $\omega_L \sim \omega_H$ 内,通过线性相位理想带通滤波器后,它将既无幅度失真,也无相位失真。输入信号中位于通带内的所有频率成分将无失真地通过滤波器,当然,将延时 t_0。由于允许通过频率成分在一个频段内($\omega_L \leqslant |\omega| \leqslant \omega_H$),因此称为带通滤波器。在频带之外的频率成分被完全截止。

理想线性相位带通滤波器的频率响应如图 4-26 所示。

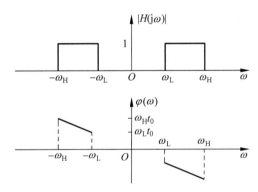

图 4-26　理想线性相位带通滤波器的频率响应曲线

另一种是在通带内线性相位的带通滤波器,如图 4-27 所示。

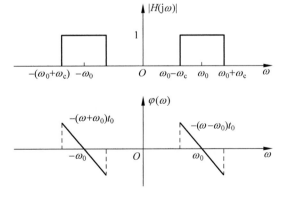

图 4-27　理想带通滤波器的频率响应曲线

它与理想低通滤波器的关系为

$$H_B(j\omega) = H_L(j\omega) * [\delta(\omega + \omega_0) + \delta(\omega - \omega_0)]$$

因此,其单位冲激响应

$$h_B(t) = 2\pi h_L(t) \cdot \left[\frac{1}{2\pi}(e^{-j\omega_0 t} + e^{j\omega_0 t})\right]$$

$$= \frac{2\omega_c}{\pi} \text{Sa}[\omega_c(t - t_0)] \cos(\omega_0 t) \tag{4-30}$$

【例题 4.10】 求信号 $e(t) = 1 + \cos(20\pi t) + \cos(500\pi t) + \cos(2000\pi t)$ 通过以下两种滤波器的输出。

(1) 截止频率为 50Hz、群延时为 10ms 的理想低通滤波器。

(2) 滤波器的频率响应

$$H(j\omega) = \begin{cases} e^{-j\omega t_0}, & 200\pi \leqslant |\omega| \leqslant 800\pi \\ 0, & \text{其他 } \omega \end{cases}$$

解:
$$e(t) = 1 + \cos(2\pi \times 10t) + \cos(2\pi \times 250t) + \cos(2\pi \times 1000t)$$

该信号含有直流、10Hz、250Hz 和 1000Hz 共 4 个频率分量。

(1) 对于 $f_c = 50$Hz 的理想低通滤波器,将只有直流分量和 10Hz 的频率分量通过,其他频率成分被截止,考虑群延时 10ms,因此输出为

$$r(t) = 1 + \cos(20\pi(t - 10 \times 10^{-3})) = 1 + \cos(20\pi t - \pi/5)$$

(2) 这是一个带通滤波器,只有角频率位于 $200\pi \sim 800\pi$ 频带内的信号通过,因此输出为

$$r(t) = \cos(500\pi(t - t_0))$$

系统的"滤波"功能在本例题中一目了然。

【例题 4.11】 周期电流信号 $i(t) = 1 - \sin(\pi t) + \cos(\pi t) + \dfrac{1}{\sqrt{2}}\cos\left(2\pi t + \dfrac{\pi}{6}\right)$,单位为 A,通过单位冲激响应为 $h(t) = \dfrac{2}{3}\text{Sa}\left(\dfrac{2\pi}{3}t\right)$ 的系统。求系统的输出,并分别计算信号通过系统前后的平均功率。

解:将信号整理成标准的谐波分量

$$i(t) = 1 + \sqrt{2}\cos\left(\pi t + \frac{\pi}{4}\right) + \frac{1}{\sqrt{2}}\cos\left(2\pi t + \frac{\pi}{6}\right)$$

求 $h(t)$ 的傅里叶变换,得

$$H(j\omega) = u\left(\omega + \frac{2\pi}{3}\right) - u\left(\omega - \frac{2\pi}{3}\right)$$

这是一个截止频率为 $\dfrac{2\pi}{3}$ 的理想低通滤波器,因此信号 $i(t)$ 中只有直流能够通过,即

$$r(t) = 1$$

信号通过系统前信号的平均功率为

$$P = 1^2 + \left(\frac{1}{\sqrt{2}}\sqrt{2}\right)^2 + \left(\frac{1}{\sqrt{2}} \cdot \frac{1}{\sqrt{2}}\right)^2 = 2.25(\text{W})$$

通过系统后信号的平均功率

$$P = 1^2 = 1(\text{W})$$

由于滤波器阻止了信号的部分频率成分通过,因此信号通过系统前后能量有改变,输出信号的能量有所减小。

4.6.3 全通系统的频率响应

前述滤波器都只允许信号中的某些频率成分通过,其他频率成分会被截止。 如果有一种滤波器,系统允许输入信号中的全部频率成分完全通过,这就是全通系统。 全通系统和无失真传输系统的差别在哪里呢?

其实,全通系统只对幅频特性进行了定义,理想全通系统(见图 4-28)在全频率($-\infty < \omega < +\infty$)范围内系统的幅频特性为常数,即

$$|H(j\omega)| = K \tag{4-31}$$

全通系统对相频特性没有提出要求,也就是说,全通系统对输入信号的各个频率分量产生的延时可能会随着各自频率的不同而不同,不再是常数。因此,输出信号会产生变形,这是全通系统和无失真传输系统的区别所在。

提示:全通系统不是无失真传输系统,无失真系统是全通系统的特例。

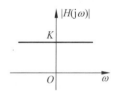

图 4-28 全通系统幅频特性曲线

LTI 系统最重要的应用之一就是滤波。 理想滤波器具有良好的滤波性能,但却是非因果的,物理不可实现。 尽管不可实现,但我们可以将实际滤波器设计得尽量接近理想滤波性能,因此有关理想滤波器的研究是有意义的。

4.7 物理可实现系统频率响应的约束条件

理想滤波器是非因果的,物理上不可实现。 那么,可以实现的物理系统应该满足什么条件呢? 本节将分析因果系统的傅里叶变换,找到物理可实现系统的频域特征。

4.7.1 物理可实现系统的频域准则

一个物理可实现的系统在激励加入之前是不可能有响应输出的,这称为因果条件,这个条件在时域中表现为

$$h(t) = 0, \quad t < 0$$

由于输入 $\delta(t)$ 在 $t = 0$ 时才加入,那么输出 $h(t)$ 当然不能在 $t < 0$ 时就存在了。 也就是说,物理可实现系统的单位冲激响应必须是有起因的。

从频域来看,如果幅频特性满足平方可积条件,即

$$\int_{-\infty}^{+\infty} |H(j\omega)| < \infty \tag{4-32}$$

佩利(Paley)和维纳(Wiener)证明了对于幅频特性物理可实现的必要条件是

$$\int_{-\infty}^{+\infty} \frac{|\ln|H(j\omega)||}{1+\omega^2} d\omega < \infty \tag{4-33}$$

式(4-33)被称为佩利-维纳(Paley-Wiener)准则。

从式(4-33)看出,允许$|H(j\omega)|$在某些不连续的频率点上为零,但不允许在一个有限频带内为零。原因是,当$|H(j\omega)|=0$,$|\ln|H(j\omega)||\rightarrow\infty$,式(4-33)不成立。由此可知,理想低通滤波器、理想高通滤波器、理想带通滤波器、理想带阻滤波器都不是物理可实现的,它们都不满足Paley-Wiener准则。

另外,Paley-Wiener准则要求幅频特性$|H(j\omega)|$总的衰减不能过于迅速。根据式(4-33),幅频特性不能比指数函数衰减得还要快。例如,$|H(j\omega)|=ke^{-a|\omega|}$是可以实现的,但具有高斯函数的幅频特性是实现不了的。在第3章曾经指出,高斯函数是速降函数。

【例题 4.12】 用Paley-Wiener准则证明幅频特性为高斯函数的系统是物理不可实现的。

证明: 系统的幅频特性为高斯函数,设

$$|H(j\omega)|=e^{-\omega^2}$$

由Paley-Wiener准则

$$\int_{-\infty}^{+\infty} \frac{|\ln|H(j\omega)||}{1+\omega^2} d\omega = \int_{-\infty}^{+\infty} \frac{|\ln(e^{-\omega^2})|}{1+\omega^2} d\omega$$

$$= \int_{-\infty}^{+\infty} \frac{\omega^2}{1+\omega^2} d\omega = \int_{-\infty}^{+\infty} \left(1 - \frac{1}{\omega^2+1}\right) d\omega$$

$$= \lim_{B\to\infty} (\omega - \arctan\omega) \Big|_{-B}^{B} = \lim_{B\to\infty} 2(B - \arctan B)$$

$$= 2\left(\lim_{B\to\infty} B - \frac{\pi}{2}\right)$$

积分是发散的,因此物理不可实现。实际上,频谱为高斯函数的时间信号也是高斯函数,当$t<0$时,$h(t)\neq0$,也印证了系统非因果。

需要注意的是,Paley-Wiener准则是对$|H(j\omega)|$的限制条件,只从幅频特性提出了要求,在相位方面未作约束。因此,Paley-Wiener准则仅仅是物理可实现系统的必要条件。

例如,一个因果系统$h(t)$,由它构造另一个系统$h(t+t_0)$,$t_0>0$。显然,这两个系统具有同样的$|H(j\omega)|$,自然都满足Paley-Wiener准则。但$h(t+t_0)$不再是因果系统,因此,Paley-Wiener准则仅仅是因果系统的必要条件。

接下来的问题是,如果$h(t)$满足Paley-Wiener准则,由$|H(j\omega)|$如何构造$h(t)u(t)$?答案是4.8节的希尔伯特变换。当我们验证了幅频特性满足Paley-Wiener准则以后,可以利用希尔伯特变换找到合适的相位特性函数,从而构成一个物理可实现系统的频率响应。

4.7.2 因果系统的频率响应

第 3 章曾经推导过因果信号的傅里叶变换,得出了因果信号傅里叶变换的实部、虚部之间的关系,即式(3-73)。

$$\begin{cases} R(\omega) = X(\omega) * \left(\dfrac{1}{\pi\omega} \right) \\ X(\omega) = R(\omega) * \left(-\dfrac{1}{\pi\omega} \right) \end{cases}$$

同样,对于因果系统

$$h(t) = 0, \quad t < 0$$

即

$$h(t) = h(t) u(t)$$

经过同样的推导过程,设

$$H(j\omega) = R(\omega) + jX(\omega)$$

可以得出因果系统频率响应的实部、虚部之间的关系

$$\begin{cases} R(\omega) = X(\omega) * \left(\dfrac{1}{\pi\omega} \right) \\ X(\omega) = R(\omega) * \left(-\dfrac{1}{\pi\omega} \right) \end{cases} \tag{4-34}$$

其中,$R(\omega) = \text{Re}\left[H(j\omega) \right]$,$X(\omega) = \text{Im}\left[H(j\omega) \right]$。

实际上,式(4-34)称为希尔伯特变换对,$R(\omega)$ 是 $X(\omega)$ 的希尔伯特变换,$X(\omega)$ 是 $R(\omega)$ 的希尔伯特逆变换。也就是说,因果系统的频率响应的实部、虚部之间互相唯一被确定,知道其中一个,可以按照式(4-34)求出另一个的表达式。

将 $H(j\omega)$ 表示成模和相位的形式

$$H(j\omega) = \left| H(j\omega) \right| e^{j\varphi(\omega)}$$

取自然对数

$$\ln H(j\omega) = \ln \left| H(j\omega) \right| + j\varphi(\omega)$$

那么,$\ln H(j\omega)$ 的实部 $\ln | H(j\omega) |$ 和虚部 $\varphi(\omega)$ 之间应该满足式(4-34)。如果幅频特性满足 Paley-Wiener 准则,便可找到适当的相频特性函数 $\varphi(\omega)$,与幅频特性函数 $| H(j\omega) |$ 一起构造一个物理可实现的系统。因此,通过希尔伯特变换,可以建立它们的傅里叶变换的实部和虚部、幅频特性和相频特性之间的联系。

*4.8 希尔伯特滤波器

因果系统频率响应的实部、虚部是一对希尔伯特变换,如果系统的单位冲激响应为

$$h(t) = \frac{1}{\pi t} \tag{4-35}$$

该系统就是希尔伯特变换器如图 4-29 所示。

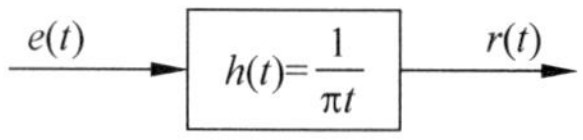

$$e(t) \rightarrow \boxed{h(t) = \frac{1}{\pi t}} \rightarrow r(t)$$

图 4-29　希尔伯特变换器

希尔伯特变换器的频率响应

$$H(j\omega) = -j\text{sgn}(\omega) \tag{4-36}$$

幅频特性和相频特性

$$|H(j\omega)| = \begin{cases} 1, & \omega \neq 0 \\ 0, & \omega = 0 \end{cases}$$

$$\varphi(\omega) = \begin{cases} -\pi/2, & \omega > 0 \\ +\pi/2, & \omega < 0 \end{cases}$$

由希尔伯特变换器的频率响应(见图 4-30)可以得出以下结论：

① 希尔伯特变换器对 $\hat{e}(t)$ 存在的信号构成全通系统。直流信号($\omega = 0$)不存在希尔伯特变换。

② 希尔伯特变换器实际上是一个使相位滞后 $\pi/2$ 的全通移相滤波器,将输入信号 $e(t)$ 中除直流成分外的所有频率成分相移 $-90°$ 而幅度保持不变,相当于 $\pi/2$ 移相器。也就是说,希尔伯特变换可以提供 $\pi/2$ 的相位变化而不会改变频谱分量的幅度。信号通过希尔伯特变换器相当于对该信号进行正交移相,得到自身的正交对。

③ 理想的希尔伯特变换器是非因果的,物理上不可实现。

如果将输入信号 $e(t)$ 的所有频率成分相移 $90°$,而幅度保持不变,则具有这种特性的系统称为希尔伯特滤波器。

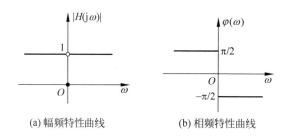

(a) 幅频特性曲线　　　　　　(b) 相频特性曲线

图 4-30　希尔伯特变换器的频率响应曲线

【例题 4.13】　求余弦函数通过希尔伯特变换器后的输出信号。

解：设 $e(t) = \cos(\omega_0 t)$,则

$$E(j\omega) = \pi[\delta(\omega + \omega_0) + \delta(\omega - \omega_0)]$$

希尔伯特变换器的频率响应

$$H(j\omega) = -j\text{sgn}(\omega)$$

则输出

$$R(\mathrm{j}\omega) = E(\mathrm{j}\omega)H(\mathrm{j}\omega)$$
$$= [\pi\delta(\omega + \omega_0) + \pi\delta(\omega - \omega_0)] \cdot [-\mathrm{j}\,\mathrm{sgn}(\omega)]$$
$$= \mathrm{j}\pi\delta(\omega + \omega_0) - \mathrm{j}\pi\delta(\omega - \omega_0)$$

因此输出为

$$r(t) = \sin(\omega_0 t)$$

希尔伯特变换使余弦信号相位移动 $90°$，得到了正弦信号。

本章知识 MAP 见图 4-31。

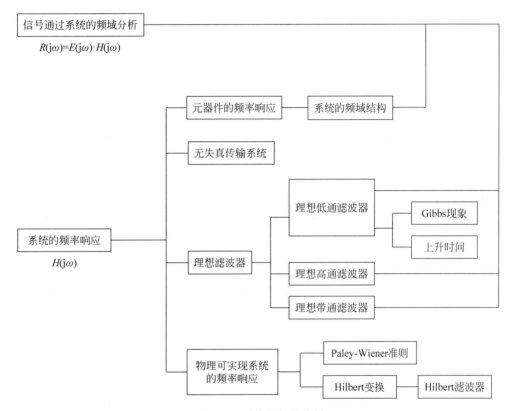

图 4-31 系统的频域分析

本章结语

本章的内容是在频域对系统进行分析，其核心内容有两个，一是在频域中分析信号通过系统的响应过程，即

$$R(\mathrm{j}\omega) = E(\mathrm{j}\omega) \cdot H(\mathrm{j}\omega)$$

二是分析系统的频率响应 $H(\mathrm{j}\omega)$。对于不同的系统，$H(\mathrm{j}\omega)$ 有不同的表现形式。

其实，二者是同一个问题，即系统的"滤波"，这是系统频域分析的核心内容。

视频讲解

本章知识解析

知识解析

习题

4-1 如果一 LTI 系统,当输入 $e(t)=e^{-t}u(t)$ 时系统的输出为 $r(t)=(2e^{-t}+e^{-3t})u(t)$,求系统的频率响应。

4-2 已知系统函数 $H(j\omega)=\dfrac{1}{j\omega+2}$,激励信号 $e(t)=e^{-3t}u(t)$,利用傅里叶分析法求系统响应 $r(t)$。

4-3 LTI 系统的结构如题图 4-3 所示,$H_1(j\omega)=\dfrac{1}{1+j\omega}$,求系统的频率响应,并求当输入 $e(t)=u(t)$ 时系统的输出。

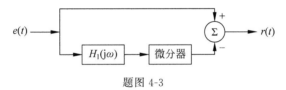

题图 4-3

4-4 一个 LTI 系统,输入为 $e(t)=\cos t+3\sin(2t)$,如果输出为下列信号时,分析是否是无失真传输? 如果有失真,分析有哪些失真。

(1) $r(t)=2\cos t+6\sin(2t)$　　　　　(2) $r(t)=2\cos t+\sin(2t)$

(3) $r(t)=2\cos(t-1)+6\sin(2t-1)$　　(4) $r(t)=2\cos t+3\sin(2t)+\cos(3t)$

4-5 某系统的频率响应为 $3e^{-j\omega/2}$,求当 $e(t)=e^{-t}\sin(2t)$ 时系统的响应 $r(t)$。

4-6 理想低通滤波器的频率响应为

$$H(j\omega)=\begin{cases}3e^{-j\omega}, & -2<\omega<2\\ 0, & \text{其他}\end{cases}$$

当输入信号为下列信号时,求系统的响应,并判断有无失真。

(1) $e(t)=\cos t$　　　　　　　　　(2) $e(t)=2+\cos\left(5t-\dfrac{\pi}{3}\right)$

4-7 某 LTI 系统的频率响应为 $H(j\omega)=\dfrac{1}{1+j\omega}$,画出系统的幅频特性和相频特性,并求下列输入信号的响应。

（1）$e(t) = \cos t$　　　　　　　　　　（2）$e(t) = 2 + \cos\left(5t - \dfrac{\pi}{3}\right)$

4-8　滤波器的频率响应为

$$H(\mathrm{j}\omega) = \begin{cases} \mathrm{e}^{-\mathrm{j}\omega}, & |\omega| \leqslant 2\pi \\ 0, & |\omega| > 2\pi \end{cases}$$

分析题图 4-8 所示的周期矩形脉冲信号通过滤波器的响应。

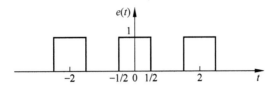

题图 4-8　周期矩形脉冲响应曲线

第 5 章

连续时间信号与系统的复频域分析

5.0 引言

前面章节分别在时域和频域对信号与系统进行了分析。由于时域是真实的物理世界，所以时域分析求解很直观。频域属于变换域，侧重分析信号与系统的频率特性。在自然界，频率具有明确的物理意义，因此频域分析过程所体现出来的物理概念很强。

可以说，信号的时域描述和频域描述是从不同的角度观察同一事物，虽然看起来不同，本质却是一样的。而且对于现实中的很多信号，频域的表现比时域更加明了、易于解读。因此，傅里叶分析是信号与系统非常重要的分析方法。

但是，由于傅里叶变换的收敛条件比较严格，一些有用的信号无法进行傅里叶变换；而且傅里叶分析也只能针对稳定系统。法国数学家拉普拉斯（Pierre-Simon Laplace，1749—1827），放宽了傅里叶被积函数的范围。在自然界，指数信号 $e^{-\sigma t}$ 是衰减最快的信号之一，将信号乘上 $e^{-\sigma t}$ 之后，很容易满足绝对可积条件，因此，原本无法进行傅里叶变换的信号也可以进行傅里叶积分了，这就是拉普拉斯变换。而且至关重要的是，拉普拉斯变换能将微分方程变成代数方程，在 18 世纪末、19 世纪初计算机还远未发明的年代，其意义非常重大。原本在时域或频域非常烦琐的系统响应求解问题，通过拉普拉斯变换变得异常轻松。

拉普拉斯变换和傅里叶变换一样，是一个线性变换。在经典控制理论中，对控制系统的分析和综合，都是建立在拉普拉斯变换的基础上。而且拉普拉斯变换的另一个重要贡献是用系统函数代替常系数微分方程来描述系统的特性。

有意思的是，信号与系统中的两大变换——傅里叶变换和拉普拉斯变换的创立者傅里叶和拉普拉斯是同时代的法国人，当时正处拿破仑执政时代，国力昌盛，科技发达。拉普拉斯、拉格朗日、傅里叶是当时最著名的三位科学大师，他们的工作极大地推动了人类进步。

5.1 拉普拉斯变换公式推导

5.1.1 从傅里叶变换到拉普拉斯变换

傅里叶变换公式

$$F(j\omega) = \int_{-\infty}^{+\infty} f(t) e^{-j\omega t} \, dt$$

其收敛条件是 $f(t)$ 绝对可积。但是，工程中一些很有用的信号，如直流 E、$u(t)$、$e^{at} u(t)$ 等，它们的傅里叶积分并不收敛，但如果将信号 $f(t)$ 乘上一个衰减因子 $e^{-\sigma t}$ 后再求傅里叶变换，$f(t) e^{-\sigma t}$ 的傅里叶积分就可能收敛。

$$\int_{-\infty}^{+\infty} f(t) e^{-\sigma t} e^{-j\omega t} \, dt = \int_{-\infty}^{+\infty} f(t) e^{-(\sigma+j\omega)t} \, dt = F(\sigma + j\omega) \tag{5-1}$$

视频讲解

视频讲解

作变量代换,令

$$s = \sigma + \mathrm{j}\omega \tag{5-2}$$

则式(5-1)变成

$$F(s) = \int_{-\infty}^{+\infty} f(t) \mathrm{e}^{-st} \, \mathrm{d}t \tag{5-3}$$

这就是双边拉普拉斯变换的公式,用符号 $\mathscr{L}_\mathrm{B}[f(t)]$ 或 $F_\mathrm{B}(s)$ 表示。

5.1.2 拉普拉斯变换与傅里叶变换的比较

由于拉普拉斯变换是原信号乘上衰减因子 $\mathrm{e}^{-\sigma t}$ 后再作傅里叶变换,因此很多不存在傅里叶变换的信号存在拉普拉斯变换。例如单边指数增长信号

$$f(t) = \mathrm{e}^{at} u(t), \quad a > 0$$

它不存在傅里叶变换,但存在拉普拉斯变换

$$F_\mathrm{B}(s) = \int_{-\infty}^{+\infty} \mathrm{e}^{at} u(t) \mathrm{e}^{-st} \, \mathrm{d}t = \int_0^{+\infty} \mathrm{e}^{at} \mathrm{e}^{-st} \, \mathrm{d}t = \frac{1}{s-a}$$

当然,该积分收敛是有条件的,由积分表达式

$$\int_0^{+\infty} \mathrm{e}^{at} \mathrm{e}^{-st} \, \mathrm{d}t = \int_0^{+\infty} \mathrm{e}^{(a-\sigma)t} \mathrm{e}^{-\mathrm{j}\omega t} \, \mathrm{d}t$$

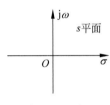

图 5-1 s 平面

如果上述积分收敛,要求 $a - \sigma < 0$,即 $\sigma > a$,或 $\mathrm{Re}(s) > a$。这也称为 $f(t)$ 的拉普拉斯变换的收敛域。

另外,重要的是,傅里叶变换是时域到频域的变换,即 $t \rightarrow \omega$ 的变换,ω 是角频率,是实变量。拉普拉斯变换是 $t \rightarrow s$ 的变换,$s = \sigma + \mathrm{j}\omega$ 是复变量,称为 s 平面,如图 5-1 所示。

需要注意的是,s 的虚部 $\mathrm{j}\omega$ 就是傅里叶变换的 ω,因此,拉普拉斯变换是时域到复频域的变换。

5.2 单边拉普拉斯变换及其性质

视频讲解

5.2.1 单边拉普拉斯变换

对于连续时间域,工程中更多的是因果信号和因果系统,即

当 $t < 0$ 时, $f(t) = 0$ 或 $h(t) = 0$

由此,拉普拉斯变换变成单边积分,一般称为单边拉普拉斯变换,即

$$F(s) = \int_0^{+\infty} f(t) \mathrm{e}^{-st} \, \mathrm{d}t$$

对于连续时间信号与系统,单边拉普拉斯具有更广泛的应用。

单边拉普拉斯变换的积分下限为 0,但是,取 0_+ 还是 0_- 呢? 对于大多数信号,两者没有差别,但对于 δ 函数的拉普拉斯变换,积分下限取 0_+ 还是 0_- 所得的结果完全不同。

$$F(s) = \int_{0_+}^{+\infty} \delta(t) e^{-st} \, dt = \int_{0_+}^{+\infty} \delta(t) \, dt = 0$$

$$F(s) = \int_{0_-}^{+\infty} \delta(t) e^{-st} \, dt = \int_{0_-}^{+\infty} \delta(t) \, dt = 1$$

为了明确在 $t=0$ 具有跳变的信号的拉普拉斯变换的积分限,同时考虑到连续时间系统的起始条件,单边拉普拉斯变换积分下限选取 0_-,并用符号 $\mathscr{L}[\ ]$ 表示单边拉普拉斯变换,即

$$F(s) = \mathscr{L}[f(t)] = \int_{0_-}^{+\infty} f(t) e^{-st} \, dt \tag{5-4}$$

提示:单边拉普拉斯变换只能处理因果信号(单边信号)和因果系统,双边信号和非因果系统可用双边拉普拉斯变换分析处理。

本章在 5.12 节分析双边拉普拉斯变换,之前只对因果信号和因果系统进行单边拉普拉斯变换,得出的结论也都是基于因果信号和因果系统。因果信号拉普拉斯变换的收敛域都在收敛轴的右边平面(见 5.12 节),为简便起见,单边拉普拉斯变换略去收敛域。

5.2.2　典型信号的拉普拉斯变换

本节对一些典型信号求拉普拉斯变换,之后可以作为公式使用。

1. 单位冲激信号 $\delta(t)$

$$\mathscr{L}[\delta(t)] = 1 \tag{5-5}$$

2. 单位阶跃信号 $u(t)$

$$\mathscr{L}[u(t)] = \int_0^{+\infty} u(t) e^{-st} \, dt = \int_0^{+\infty} e^{-st} \, dt = \frac{1}{s} \tag{5-6}$$

3. 单边指数信号 $e^{-at} u(t)$

$$\mathscr{L}[e^{-at} u(t)] = \int_0^{+\infty} e^{-at} e^{-st} \, dt = \int_0^{+\infty} e^{-(s+a)t} \, dt = \frac{1}{s+a} \tag{5-7}$$

4. 单边正弦信号 $\sin(\omega_0 t) u(t)$

$$\begin{aligned}
\mathscr{L}[\sin(\omega_0 t) u(t)] &= \int_0^{+\infty} \sin(\omega_0 t) e^{-st} \, dt = \int_0^{+\infty} \frac{1}{2j} (e^{j\omega_0 t} - e^{-j\omega_0 t}) e^{-st} \, dt \\
&= \frac{1}{2j} \left[\frac{-1}{s - j\omega_0} e^{-(s-j\omega_0)t} \Big|_0^{+\infty} + \frac{1}{s + j\omega_0} e^{-(s+j\omega_0)t} \Big|_0^{+\infty} \right] \\
&= \frac{\omega_0}{s^2 + \omega_0^2}
\end{aligned} \tag{5-8}$$

5. 单边余弦信号 $\cos(\omega_0 t) u(t)$

同样计算可得

$$\mathscr{L}\left[\cos(\omega_0 t)u(t)\right]=\frac{s}{s^2+\omega_0^2} \tag{5-9}$$

5.2.3 拉普拉斯变换的性质

视频讲解

1. 线性

拉普拉斯变换属于线性变换,若

$$\mathscr{L}\left[f_1(t)\right]=F_1(s), \quad \mathscr{L}\left[f_2(t)\right]=F_2(s)$$

则

$$\mathscr{L}\left[K_1 f_1(t)+K_2 f_2(t)\right]=K_1 F_1(s)+K_2 F_2(s) \tag{5-10}$$

其中,K_1、K_2 是常数。

例如,电阻元件,$v(t)=Ri(t)$,则 $V(s)=RI(s)$。其 s 域模型见图 5-2。

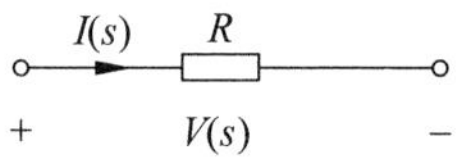

图 5-2　电阻元件的 s 域模型

2. 原函数微分

若 $\mathscr{L}\left[f(t)\right]=F(s)$,则

$$\mathscr{L}\left[\frac{\mathrm{d}}{\mathrm{d}t}f(t)\right]=sF(s)-f(0_-) \tag{5-11}$$

证明：应用分部积分法

$$
\begin{aligned}
\mathscr{L}\left[\frac{\mathrm{d}}{\mathrm{d}t}f(t)\right] &=\int_{0_-}^{+\infty}\left[\frac{\mathrm{d}}{\mathrm{d}t}f(t)\right]\mathrm{e}^{-st}\,\mathrm{d}t \\
&=f(t)\mathrm{e}^{-st}\Big|_{0_-}^{+\infty}-\int_{0_-}^{+\infty}f(t)(-s\mathrm{e}^{-st})\,\mathrm{d}t \\
&=-f(0_-)+sF(s)
\end{aligned}
$$

依次可证明高阶微分的拉普拉斯变换

$$\mathscr{L}\left[(f'(t))'\right]=s\left[sF(s)-f(0_-)\right]-f'(0_-)$$

即

$$\mathscr{L}\left[\frac{\mathrm{d}^2}{\mathrm{d}t^2}f(t)\right]=s^2 F(s)-sf(0_-)-f'(0_-) \tag{5-12}$$

$$\mathscr{L}\left[\frac{\mathrm{d}^n}{\mathrm{d}t^n}f(t)\right]=s^n F(s)-s^{n-1}f(0_-)-s^{n-2}f'(0_-)-\cdots-f^{(n-1)}(0_-) \tag{5-13}$$

通过拉普拉斯变换,时域中的微分关系变成了 s 域中的代数关系,除此之外,单边拉普拉斯变换的微分性质只需要起始条件 $f^{(k)}(0_-)$,不涉及 0_- 到 0_+ 的跳变,这将大大简

化系统的分析。通过拉普拉斯变换分析求解连续时间系统既简单又有效。

【例题 5.1】 求 $\delta'(t)$ 的拉普拉斯变换。

解：

$$\mathscr{L}\left[\delta'(t)\right] = s \times 1 - \delta(0_-) = s \tag{5-14}$$

同样，考虑到 $\delta^{(k)}(0_-) = 0$，可知

$$\mathscr{L}\left[\delta^{(k)}(t)\right] = s^k \tag{5-15}$$

单位冲激信号的高阶导数的拉普拉斯变换是 s 的多项式。

【例题 5.2】 建立电感和电容元件的 s 域等效模型。

解： 对于电感元件

$$v_L(t) = L\frac{\mathrm{d}}{\mathrm{d}t}i_L(t)$$

两端进行拉普拉斯变换

$$V_L(s) = L\left[sI_L(s) - i_L(0_-)\right] = LsI_L(s) - Li_L(0_-)$$

画出电感元件的时域和 s 域模型，如图 5-3 所示。

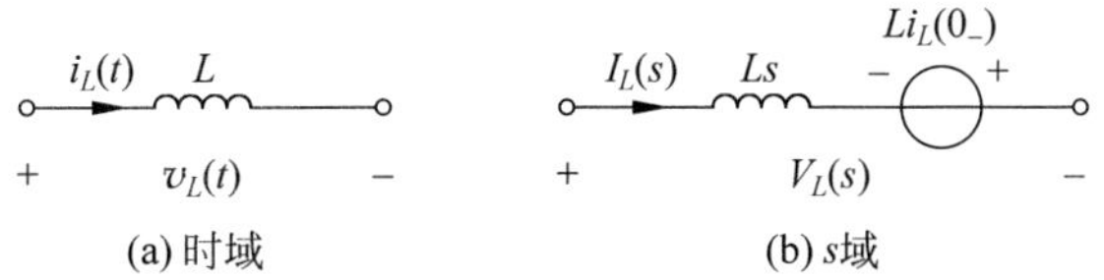

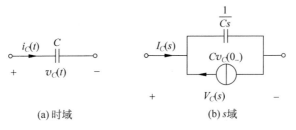

图 5-3　电感元件的 s 域等效模型

在 s 域的等效模型中，电感 L 变成了 Ls，增加了由电感起始条件引起的恒压源 $-Li_L(0_-)$。电感元件的电压电流之间的微分关系变成了代数关系（可理解为阻抗），因此将大大简化分析计算。

同样的分析方法可以应用到电容元件，电容的电流和电压关系

$$i_C(t) = C\frac{\mathrm{d}}{\mathrm{d}t}v_C(t)$$

两端进行拉普拉斯变换

$$I_C(s) = C\left[sV_C(s) - v_C(0_-)\right] = CsV_C(s) - Cv_C(0_-)$$

画出电容元件的时域和 s 域模型，如图 5-4 所示。

图 5-4　电容元件的 s 域等效模型

同样的,电容元件 C 在 s 域以 $\dfrac{1}{Cs}$ 的形式表现为"阻抗",与一个反向的电流源 $-Cv_C(0_-)$ 并联构成 s 域等效模型,电流与电压之间的微分关系也变成了代数关系,将极大地简化电路的分析。

想一想:

在图 5-3(b)和图 5-4(b)中,对等效电压源 $-Li_L(0_-)$ 和等效电流源 $-Cv_C(0_-)$ 可能会产生困惑,为什么起始电流乘以电感变成了电压源 $-Li_L(0_-)$? 为什么起始电压乘以电容变成了电流源 $-Cv_C(0_-)$?

其实,s 域仅仅是一个数学架构,所谓的等效电流源或等效电压源也仅仅是一个数学模型,并不是真实的物理世界。有时可以将 s 等同于算子符号处理。

3. 积分的拉普拉斯变换

若 $\mathscr{L}[f(t)]=F(s)$,则

$$\mathscr{L}\left[\int_{0_-}^t f(\tau)\mathrm{d}\tau\right]=\frac{F(s)}{s} \tag{5-16}$$

$$\mathscr{L}\left[\int_{-\infty}^t f(\tau)\mathrm{d}\tau\right]=\frac{F(s)}{s}+\frac{f^{(-1)}(0)}{s} \tag{5-17}$$

其中,

$$f^{(-1)}(0)=\int_{-\infty}^{0-} f(\tau)\mathrm{d}\tau$$

证明:

$$\int_{-\infty}^t f(\tau)\mathrm{d}\tau=\int_{-\infty}^{0_-} f(\tau)\mathrm{d}\tau+\int_{0_-}^t f(\tau)\mathrm{d}\tau=f^{(-1)}(0)+\int_{0_-}^t f(\tau)\mathrm{d}\tau$$

两边进行单边拉普拉斯变换

$$\mathscr{L}\left[\int_{-\infty}^t f(\tau)\mathrm{d}\tau\right]=\mathscr{L}[f^{(-1)}(0)]+\mathscr{L}\left[\int_{0_-}^t f(\tau)\mathrm{d}\tau\right]$$

而

$$\mathscr{L}[f^{(-1)}(0)]=\frac{f^{(-1)}(0)}{s}$$

$$\mathscr{L}\left[\int_{0_-}^t f(\tau)\mathrm{d}\tau\right]=\int_{0_-}^{+\infty}\left[\int_{0_-}^t f(\tau)\mathrm{d}\tau\right]\mathrm{e}^{-st}\mathrm{d}t$$

$$=-\frac{\mathrm{e}^{-st}}{s}\int_{0_-}^t f(\tau)\mathrm{d}\tau\bigg|_{0-}^{+\infty}+\frac{1}{s}\int_{0_-}^{+\infty} f(t)\mathrm{e}^{-st}\mathrm{d}t=\frac{F(s)}{s}$$

【例题 5.3】 应用积分性质建立电感和电容元件的 s 域模型。

解: 对于电容,电压是电流的积分

$$v_C(t)=\frac{1}{C}\int_{-\infty}^t i_C(\tau)\mathrm{d}\tau$$

两端进行拉普拉斯变换

$$V_C(s)=\frac{1}{C}\left(\frac{1}{s}I_C(s)+\frac{1}{s}\int_{-\infty}^{0-} i_C(\tau)\mathrm{d}\tau\right)=\frac{1}{Cs}I_C(s)+\frac{1}{s}v_C(0_-)$$

画出 s 域模型,如图 5-5 所示。这是电容元件在 s 域的另一个模型(串联形式)。

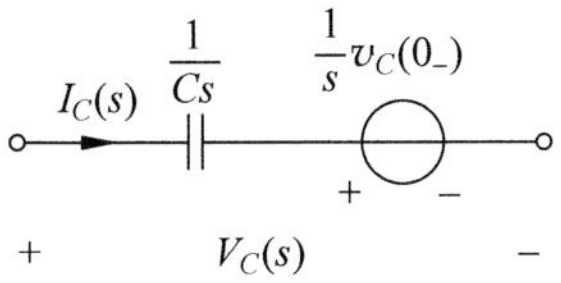

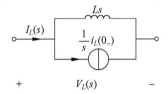

图 5-5 电容元件的 s 域模型

对于电感,电流是电压的积分

$$i_L(t) = \frac{1}{L} \int_{-\infty}^{t} v_L(\tau) \, d\tau$$

两端进行拉普拉斯变换,得

$$I_L(s) = \frac{1}{L} \left(\frac{1}{s} V_L(s) + \frac{1}{s} \int_{-\infty}^{0-} v_L(\tau) \, d\tau \right) = \frac{1}{Ls} V_L(s) + \frac{1}{s} i_L(0_-)$$

画出电感 s 域的另一模型,见图 5-6,"阻抗"Ls 与一个等效电流源并联。

图 5-6 电感元件的 s 域模型

4. 时域延时

若 $\mathscr{L}[f(t)] = F(s)$,则

$$\mathscr{L}[f(t - t_0) u(t - t_0)] = e^{-st_0} F(s) \tag{5-18}$$

证明:

$$\mathscr{L}[f(t - t_0) u(t - t_0)] = \int_{0_-}^{+\infty} f(t - t_0) u(t - t_0) e^{-st} \, dt$$

$$= \int_{t_0}^{+\infty} f(t - t_0) e^{-st} \, dt$$

令 $\tau = t - t_0$,则

$$\mathscr{L}[f(t - t_0) u(t - t_0)] = e^{-st_0} \int_{0}^{+\infty} f(\tau) e^{-s\tau} \, d\tau = e^{-st_0} F(s)$$

该性质有两点需要注意,首先,式(5-18)是单边拉普拉斯变换的位移性质,因此要求 $t_0 > 0$(在证明过程中已经体现),表示的是延时;如果 $t_0 < 0$,波形左移,那么将有 $[t_0, 0_-)$ 部分没有包含在积分区间内。其次,延时性质指的是 $f(t - t_0) u(t - t_0)$ 的拉普拉斯变换,不是 $f(t - t_0) u(t)$ 的拉普拉斯变换。如果 $f(t)$ 本身是单边的,$f(t - t_0) u(t)$ 和 $f(t - t_0) u(t - t_0)$ 一致,但如果 $f(t)$ 是双边信号,$f(t - t_0) u(t - t_0)$ 就不等同于 $f(t - t_0) u(t)$,当然它们的单边拉普拉斯变换也不相等。

5. s 域平移

若 $\mathscr{L}[f(t)] = F(s)$，则

$$\mathscr{L}[\mathrm{e}^{-at} f(t)] = F(s+a) \tag{5-19}$$

证明：

$$\mathscr{L}[\mathrm{e}^{-at} f(t)] = \int_{0_-}^{+\infty} \mathrm{e}^{-at} f(t) \mathrm{e}^{-st} \mathrm{d}t = \int_{0_-}^{+\infty} f(t) \mathrm{e}^{-(a+s)t} \mathrm{d}t = F(s+a)$$

【例题 5.4】 应用性质求 $f(t) = \mathrm{e}^{-at}\cos(\omega_0 t)u(t)$ 和 $f(t) = \mathrm{e}^{-at}\sin(\omega_0 t)u(t)$ 的拉普拉斯变换。

解： 前已求得

$$\mathscr{L}[\cos(\omega_0 t)u(t)] = \frac{s}{s^2 + \omega_0^2}, \quad \mathscr{L}[\sin(\omega_0 t)u(t)] = \frac{\omega_0}{s^2 + \omega_0^2}$$

则

$$\mathscr{L}[\mathrm{e}^{-at}\cos(\omega_0 t)u(t)] = \frac{s+a}{(s+a)^2 + \omega_0^2} \tag{5-20}$$

$$\mathscr{L}[\mathrm{e}^{-at}\sin(\omega_0 t)u(t)] = \frac{\omega_0}{(s+a)^2 + \omega_0^2} \tag{5-21}$$

6. 展缩变换

若 $\mathscr{L}[f(t)] = F(s)$，则

$$\mathscr{L}[f(at)] = \frac{1}{a}F\left(\frac{s}{a}\right), \quad a > 0 \tag{5-22}$$

如果时域压缩或扩展，s 域将扩展或压缩。

证明：

$$\mathscr{L}[f(at)] = \int_{0_-}^{+\infty} f(at)\mathrm{e}^{-st} \mathrm{d}t = \int_{0_-}^{+\infty} f(\tau)\mathrm{e}^{-(s/a)\tau} \mathrm{d}(\tau/a) = \frac{1}{a}F\left(\frac{s}{a}\right)$$

考虑单边拉普拉斯变换，因此在证明过程中，$a > 0$。

7. s 域中的微分和积分

1) s 域微分

若 $\mathscr{L}[f(t)] = F(s)$，则

$$\mathscr{L}[-tf(t)] = \frac{\mathrm{d}}{\mathrm{d}s}F(s) \tag{5-23}$$

$$\mathscr{L}[(-t)^n f(t)] = \frac{\mathrm{d}^n}{\mathrm{d}s^n}F(s) \tag{5-24}$$

【例题 5.5】 求 $tu(t)$ 的拉普拉斯变换。

解： $\mathscr{L}[u(t)] = \dfrac{1}{s}$，应用 s 域微分性质，有

$$\mathscr{L}[-tu(t)] = \frac{\mathrm{d}}{\mathrm{d}s}\left(\frac{1}{s}\right) = -\frac{1}{s^2}$$

视频讲解

故

$$\mathscr{L}\left[t\,u(t)\right]=\frac{1}{s^2} \tag{5-25}$$

同样可得

$$\mathscr{L}\left[t^2u(t)\right]=\frac{2}{s^3} \tag{5-26}$$

一般,

$$\mathscr{L}\left[t^nu(t)\right]=\frac{n!}{s^{n+1}} \tag{5-27}$$

2) s 域积分

若 $\mathscr{L}\left[f(t)\right]=F(s)$,且 $\lim\limits_{t\to 0}\left(\dfrac{f(t)}{t}\right)$ 存在,则

$$\mathscr{L}\left[\frac{f(t)}{t}\right]=\int_s^{+\infty}F(v)\mathrm{d}v \tag{5-28}$$

证明:

$$\int_s^{+\infty}F(v)\mathrm{d}v=\int_s^{+\infty}\int_{0-}^{+\infty}f(t)\mathrm{e}^{-vt}\,\mathrm{d}t\,\mathrm{d}v=\int_{0-}^{+\infty}f(t)\int_s^{+\infty}\mathrm{e}^{-vt}\,\mathrm{d}v\mathrm{d}t$$

$$=\int_{0-}^{+\infty}\frac{f(t)}{t}\mathrm{e}^{-st}\,\mathrm{d}t$$

故

$$\int_s^{+\infty}F(v)\mathrm{d}v=\mathscr{L}\left[\frac{f(t)}{t}\right]$$

8. 初值定理

在时域求 $f(t)$ 的初值 $f(0_+)$,往往是从 $f(0_-)$ 到 $f(0_+)$,通过物理概念或数学演算找到 0_- 到 0_+ 的跳变量。应用拉普拉斯变换,可以直接通过取极限得到信号的初值。

若 $\mathscr{L}\left[f(t)\right]=F(s)$,且 $F(s)$ 是有理真分式,则

$$f(0_+)=\lim_{s\to\infty}sF(s) \tag{5-29}$$

证明:应用微分性质,有

$$\mathscr{L}\left[f'(t)\right]=sF(s)-f(0_-)$$

而

$$\mathscr{L}\left[f'(t)\right]=\int_{0-}^{+\infty}f'(t)\mathrm{e}^{-st}\,\mathrm{d}t=\int_{0-}^{0_+}f'(t)\mathrm{e}^{-st}\,\mathrm{d}t+\int_{0_+}^{+\infty}f'(t)\mathrm{e}^{-st}\,\mathrm{d}t$$

$$=f(0_+)-f(0_-)+\int_{0_+}^{+\infty}f'(t)\mathrm{e}^{-st}\,\mathrm{d}t$$

即

$$sF(s)-f(0_-)=f(0_+)-f(0_-)+\int_{0_+}^{+\infty}f'(t)\mathrm{e}^{-st}\,\mathrm{d}t$$

则

$$f(0_+) = sF(s) - \int_{0_+}^{+\infty} f'(t)e^{-st}\,dt$$

当 $s \to \infty$ 时，$\int_{0_+}^{+\infty} f'(t)e^{-st}\,dt = 0$，故

$$f(0_+) = \lim_{s \to \infty} sF(s)$$

需要注意的是，如果 $F(s)$ 不是有理真分式，需要先对 $F(s)$ 进行化简，化成多项式和有理真分式之和，对其中的有理真分式部分应用式(5-29)，求得的值才是 $f(t)$ 的初值 $f(0_+)$。

想一想：

为什么需要这么做呢？

由式(5-15)可知，$\delta^{(k)}(t)$ 的拉普拉斯变换为 s^k，因此，拉普拉斯变换的多项式部分对应的反变换应该为 $\delta^{(k)}(t)$，而 $\delta^{(k)}(t)$ 在 $t=0_+$ 时为零，因此，这部分不会影响 $f(0_+)$。

【例题 5.6】 求下列拉普拉斯变换对应的时间函数 $f(t)$ 的初值。

(1) $F(s) = \dfrac{s+2}{s^2+2s+1}$ (2) $F(s) = \dfrac{2s}{s+1}$

解：

(1) $F(s)$ 是有理真分式，可直接应用初值定理。

$$f(0_+) = \lim_{s \to \infty} sF(s) = \lim_{s \to \infty} \frac{s^2+2s}{s^2+2s+1} = 1$$

(2) $F(s)$ 不是真分式，需要先化成真分式和多项式之和，对真分式部分应用初值定理。

$$F(s) = \frac{2s}{s+1} = \frac{2(s+1)-2}{s+1} = 2 - \frac{2}{s+1}$$

则

$$f(0_+) = \lim_{s \to \infty} s\left(-\frac{2}{s+1}\right) = -2$$

对于第(2)小题，如果直接应用初值定理公式，会得到如下结果

$$f(0_+) = \lim_{s \to \infty} s\frac{2s}{s+1} = \infty$$

这是错误的，因为 $F(s) = \dfrac{2s}{s+1}$ 所对应的时间信号是

$$f(t) = 2\delta(t) - 2e^{-t}u(t)$$

由于 $\delta(t)|_{t=0_+} = 0$，所以有 $f(0_+) = -2$，如图 5-7 所示。

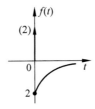

图 5-7　例题 5.6（2）所对应的时间信号

提示：当 $F(s)$ 不是有理真分式时，不能直接应用式(5-29)求解初值。

9. 终值定理

若 $\mathscr{L}[f(t)] = F(s)$，则

$$f(+\infty) = \lim_{t \to +\infty} f(t) = \lim_{s \to 0} sF(s) \tag{5-30}$$

证明：在初值定理的证明中，已得

$$f(0_+) = sF(s) - \int_{0_+}^{+\infty} f'(t)\mathrm{e}^{-st}\,\mathrm{d}t$$

两端取极限 $s \to 0$，有

$$f(0_+) = \lim_{s \to 0} sF(s) - \lim_{s \to 0}\int_{0_+}^{+\infty} f'(t)\mathrm{e}^{-st}\,\mathrm{d}t = \lim_{s \to 0} sF(s) - \int_{0_+}^{+\infty} f'(t)\,\mathrm{d}t$$

即

$$f(0_+) = \lim_{s \to 0} sF(s) - f(+\infty) + f(0_+)$$

故有

$$f(+\infty) = \lim_{s \to 0} sF(s)$$

注意：$sF(s)$ 在 $j\omega$ 轴上(除去坐标原点)或 s 右半平面解析，才可应用终值定理。否则，$F(s)$ 对应的时间函数为正弦振荡信号或增长信号，终值定理并不适用。

【例题 5.7】 已知 $F(s) = \dfrac{s}{s^2+1}$，求 $f(t)$ 的终值。

解：当 $s = \pm j$ 时，$F(s)$ 的分母等于零，因此 $F(s)$ 在 $j\omega$ 轴上不解析，此时不能应用终值定理求时间信号的终值；否则，将得到错误的结果。

事实上，$F(s)$ 对应的时间信号 $f(t) = \cos(t)u(t)$，其终值并不存在。

而如果 $F(s) = \dfrac{1}{s}$，$F(s)$ 只在坐标原点不收敛，此时可以应用终值定理，

$$f(+\infty) = \lim_{s \to 0} sF(s) = \lim_{s \to 0} \frac{1}{s} = 1$$

又如，$F(s) = \dfrac{1}{s-1}$，其 $f(t) = \mathrm{e}^t u(t)$，信号不断增长直至无穷大，不能应用终值定理。

10. 卷积定理

1) 时域卷积

若 $\mathscr{L}[f_1(t)] = F_1(s)$，$\mathscr{L}[f_2(t)] = F_2(s)$，则

$$\mathscr{L}[f_1(t) * f_2(t)] = F_1(s)F_2(s) \tag{5-31}$$

和傅里叶变换的时域卷积定理一样，时域卷积，s 域相乘。

证明：

$$\mathscr{L}[f_1(t) * f_2(t)] = \int_0^{+\infty} [f_1(t) * f_2(t)]\mathrm{e}^{-st}\,\mathrm{d}t$$

$$= \int_0^{+\infty} \left[\int_0^{+\infty} f_1(\tau)f_2(t-\tau)\,\mathrm{d}\tau\right]\mathrm{e}^{-st}\,\mathrm{d}t$$

$$= \int_0^{+\infty} f_1(\tau) e^{-s\tau} \left[\int_0^{+\infty} f_2(t-\tau) e^{-s(t-\tau)} dt \right] d\tau$$

$$= \int_0^{+\infty} f_1(\tau) e^{-s\tau} F_2(s) d\tau$$

$$= F_2(s) \int_0^{+\infty} f_1(\tau) e^{-s\tau} d\tau$$

$$= F_1(s) \cdot F_2(s)$$

【例题 5.8】 求单边周期信号的拉普拉斯变换。

解： 先求单边周期性冲激信号的拉普拉斯变换

$$\mathscr{L}\left[\sum_{n=0}^{+\infty} \delta(t-nT) \right] = \sum_{n=0}^{+\infty} \mathscr{L}\left[\delta(t-nT) \right] = \sum_{n=0}^{+\infty} e^{-snT} = \frac{1}{1-e^{-sT}} \tag{5-32}$$

对于一般周期信号

$$f_{T_1}(t) = \sum_{k=0}^{+\infty} f_1(t-kT_1)$$

其中 $f_1(t)$ 是主周期，周期信号与其主周期信号的关系为

$$f_{T_1}(t) = \sum_{k=0}^{+\infty} f_1(t-kT_1) = f_1(t) * \sum_{k=0}^{+\infty} \delta(t-kT_1)$$

应用时域卷积定理，可得单边周期信号的拉普拉斯变换

$$F_{T_1}(s) = F_1(s) \cdot \mathscr{L}\left[\sum_{k=0}^{+\infty} \delta(t-kT_1) \right] = F_1(s) \frac{1}{1-e^{-sT_1}} \tag{5-33}$$

提示： 一般信号的拉普拉斯变换是有理分式(或多项式)，当拉普拉斯变换的分母出现 $1-e^{-sT_1}$ 时，一般表示这是一个单边周期信号。

时域卷积定理是信号与系统中最有力的分析工具，其最重要的应用是系统的滤波分析以及求系统的零状态响应。

在时域求解零状态响应，需要卷积积分运算，即

$$r(t) = e(t) * h(t)$$

根据时域卷积定理，有

$$R(s) = E(s)H(s)$$

因此，在 s 域只需作乘法运算，这将极大地简化分析过程。

2) s 域卷积

若 $\mathscr{L}[f_1(t)] = F_1(s)$，$\mathscr{L}[f_2(t)] = F_2(s)$，则

$$\mathscr{L}[f_1(t)f_2(t)] = \frac{1}{2\pi j} F_1(s) * F_2(s) \tag{5-34}$$

这个性质表明，时域相乘，s 域卷积。

在结束本节内容之前，将常用的典型信号的拉普拉斯变换和拉普拉斯变换的性质列于表 5-1 和表 5-2 中。

表 5-1 典型信号的拉普拉斯变换

序号	信号 $f(t)$	拉普拉斯变换 $F(s)$
1	$\delta(t)$	1
2	$u(t)$	$\dfrac{1}{s}$
3	$e^{-at}u(t)$	$\dfrac{1}{s+a}$
4	$\cos(\omega_0 t)u(t)$	$\dfrac{s}{s^2+\omega_0^2}$
5	$\sin(\omega_0 t)u(t)$	$\dfrac{\omega_0}{s^2+\omega_0^2}$
6	$e^{-at}\cos(\omega_0 t)u(t)$	$\dfrac{s+a}{(s+a)^2+\omega_0^2}$
7	$e^{-at}\sin(\omega_0 t)u(t)$	$\dfrac{\omega_0}{(s+a)^2+\omega_0^2}$

表 5-2 单边拉普拉斯变换的性质

序号	时域 $(t>0)$	s 域
1	$K_1 f_1(t) + K_2 f_2(t)$	$K_1 F_1(s) + K_2 F_2(s)$
2	$\dfrac{\mathrm{d}}{\mathrm{d}t}f(t)$ $\dfrac{\mathrm{d}^2}{\mathrm{d}t^2}f(t)$	$sF(s) - f(0_-)$ $s^2 F(s) - sf(0_-) - f'(0_-)$
3	$\displaystyle\int_{-\infty}^{t} f(\tau)\mathrm{d}\tau$	$\dfrac{F(s)}{s} + \dfrac{f^{(-1)}(0)}{s}$
4	$f(t-t_0)u(t-t_0)$	$e^{-st_0}F(s)$
5	$e^{-at}f(t)$	$F(s+a)$
6	$f(at), a>0$	$(1/a)F(s/a), a>0$
7	$(-t)^n f(t)$	$\dfrac{\mathrm{d}^n}{\mathrm{d}s^n}F(s)$
8	$\dfrac{f(t)}{t}$	$\displaystyle\int_{s}^{+\infty} F(v)\mathrm{d}v$
9	$f_1(t) * f_2(t)$	$F_1(s)F_2(s)$
10	$\displaystyle\sum_{k=0}^{+\infty} f_1(t-kT_1)$	$F_1(s)\dfrac{1}{1-e^{-sT_1}}$
11	初值定理	$f(0_+) = \lim\limits_{s\to\infty} sF(s)$
12	终值定理	$\lim\limits_{t\to+\infty} f(t) = \lim\limits_{s\to 0} sF(s)$

5.3 拉普拉斯反变换

一般情况下,拉普拉斯反变换最简单有效的求解方法是"部分分式展开法"结合"典型信号的拉普拉斯变换"以及"拉普拉斯变换性质",类似于一种比对的方法。求得的反变换 $f(t)$,$t>0$。

5.3.1 观察法

本方法适于一些简单的拉普拉斯变换形式,例如,分母是单因子、单阶,简单整理后只需比对一些典型信号的拉普拉斯变换,结合拉普拉斯变换的性质,就可以直接得到时间信号。

【例题 5.9】 已知 $F(s) = \dfrac{1 - 2\mathrm{e}^{-a(s+1)}}{s+2}$,求拉普拉斯反变换。

解:先将 $F(s)$ 整理,得

$$F(s) = \frac{1 - 2\mathrm{e}^{-a(s+1)}}{s+2} = \frac{1}{s+2} - \frac{2\mathrm{e}^{-a}}{s+2}\mathrm{e}^{-as}$$

应用典型信号 $\mathrm{e}^{-at}u(t)$ 的拉普拉斯变换,以及拉普拉斯变换的延时性质,可得

$$f(t) = \mathrm{e}^{-2t}u(t) - 2\mathrm{e}^{-a}\,\mathrm{e}^{-2(t-a)}u(t-a) = \mathrm{e}^{-2t}u(t) - 2\mathrm{e}^{a}\,\mathrm{e}^{-2t}u(t-a)$$

5.3.2 部分分式展开法

一般信号的拉普拉斯变换都是有理分式,这从表 5-1 和表 5-2 中可以得到印证。

$$F(s) = \frac{A(s)}{B(s)} = \frac{a_m s^m + a_{m+1}s^{m+1} + \cdots + a_1 s + a_0}{b_n s^n + b_{n-1}s^{n-1} + \cdots + b_1 s + b_0} \tag{5-35}$$

这种情况下,最简单的求解拉普拉斯反变换的方法是部分分式展开法,将有理分式展开成单因子的部分分式,再利用典型信号的拉普拉斯变换(见表 5-1)即可得到时间信号。对于重根的情况可以再利用 s 域微分性质。

在求解拉普拉斯反变换之前,先介绍两个概念——零点和极点。

将 $F(s)$ 的分子、分母进行因式分解

$$F(s) = \frac{a_m(s - z_1)(s - z_2)\cdots(s - z_m)}{b_n(s - p_1)(s - p_2)\cdots(s - p_n)}$$

令 $F(s) = 0$,得 $s = z_1, z_2, \cdots, z_m$,称为 $F(s)$ 的零点。所谓"零点"指的是在 s 平面上,使 $F(s)$ 等于零的 s 点(s 值)。

同样地,令 $F(s) \to \infty$,得 $s = p_1, p_2, \cdots, p_n$,称为 $F(s)$ 的极点,所谓"极点"指的是在 s 平面上,使 $F(s)$ 趋于 ∞ 的 s 点(s 值)。

提示:用部分分式展开法求解拉普拉斯反变换时,需要先判断分子、分母的阶次。对于有理真分式和非有理真分式的情况,求解思路是有差异的。

1. $F(s)$是有理真分式

有理真分式，指的是 $F(s)$ 的分子阶次比分母阶次低。对于真分式，根据 $F(s)$ 的极点情况进一步划分。

1）$F(s)$ 的极点是实数，且为一阶

将 $F(s)$ 展开成单阶的部分分式

$$F(s) = \frac{K_1}{s - p_1} + \frac{K_2}{s - p_2} + \cdots + \frac{K_n}{s - p_n} \tag{5-36}$$

式中，$K_1, K_2, \cdots, K_n$ 为待定系数。

将上式两端同乘以 $s - p_i$，并令 $s = p_i$，有

$$F(s)(s - p_i)\big|_{s=p_i} = \frac{K_1}{s - p_1}(s - p_i)\big|_{s=p_i} + \frac{K_2}{s - p_2}(s - p_i)\big|_{s=p_i} + \cdots +$$

$$\frac{K_i}{s - p_i}(s - p_i)\big|_{s=p_i} + \cdots + \frac{K_n}{s - p_n}(s - p_i)\big|_{s=p_i}$$

$$= K_i$$

因此

$$K_i = (s - p_i)F(s)\big|_{s=p_i} \tag{5-37}$$

这就是部分分式 $\dfrac{K_i}{s - p_i}$ 的系数 K_i 的求解公式。实际上，$K_i(i = 1, 2, \cdots, n)$ 是极点 p_i 处的留数。

系数 K_i 确定后，根据典型信号（指数信号）的拉普拉斯变换，可以直接写出时间信号的表达式

$$f(t) = (K_1 \mathrm{e}^{p_1 t} + K_2 \mathrm{e}^{p_2 t} + \cdots + K_n \mathrm{e}^{p_n t})u(t) \tag{5-38}$$

2）$F(s)$ 极点为共轭复数且无重根的情况

如果 $F(s)$ 的分母因式分解时出现如下形式

$$F(s) = \frac{A(s)}{[(s + \alpha)^2 + \beta^2](s - p_1)(s - p_2)\cdots(s - p_{n-2})}$$

式中，$p_1, p_2, \cdots, p_{n-2}$ 为单实根，$-\alpha \pm \mathrm{j}\beta$ 为共轭复数根。

将 $F(s)$ 部分分式展开，共轭复数根部分不再进一步分解，得到下式

$$F(s) = \frac{K_1}{s - p_1} + \frac{K_2}{s - p_2} + \cdots + \frac{K_{n-2}}{s - p_{n-2}} + \frac{Cs + D}{(s + \alpha)^2 + \beta^2} \tag{5-39}$$

式中，$K_1, K_2, \cdots, K_{n-2}$ 以及 C 和 D 为待定系数，其中单实根部分的系数

$$K_i = (s - p_i)F(s)\big|_{s=p_i}, \quad i = 1, 2, \cdots, n - 2$$

对应的反变换参见情况 1）。

下面求共轭复数极点部分的反变换。

将 K_i 代入式(5-39)，通分可得系数 C 和 D。对于复数根部分，设

$$F_1(s) = \frac{Cs + D}{(s + \alpha)^2 + \beta^2}$$

利用式(5-20)和式(5-21),经过匹配整理

$$F_1(s)=\frac{Cs+D}{(s+\alpha)^2+\beta^2}=\frac{C(s+\alpha)+\beta\left(\dfrac{D-C\alpha}{\beta}\right)}{(s+\alpha)^2+\beta^2}$$

$$=C\frac{s+\alpha}{(s+\alpha)^2+\beta^2}+\left(\frac{D-C\alpha}{\beta}\right)\frac{\beta}{(s+\alpha)^2+\beta^2} \tag{5-40}$$

即得 $F_1(s)$ 的反变换

$$f_1(t)=\left[Ce^{-\alpha t}\cos(\beta t)+\left(\frac{D-C\alpha}{\beta}\right)e^{-\alpha t}\sin(\beta t)\right]u(t)$$

【例题 5.10】 已知 $F(s)=\dfrac{s^2+3}{(s^2+2s+5)(s+2)}$,求 $f(t)$。

解:进行部分分式展开

$$F(s)=\frac{K_0}{s+2}+\frac{K_1s+K_2}{s^2+2s+5}$$

$$K_0=(s+2)\frac{s^2+3}{(s^2+2s+5)(s+2)}\bigg|_{s=-2}=\frac{7}{5}$$

则

$$F(s)=\frac{7/5}{s+2}+\frac{K_1s+K_2}{s^2+2s+5}=\frac{7/5}{s+2}+\frac{(-2/5)s-2}{s^2+2s+5}$$

$$=\frac{7/5}{s+2}+\frac{(-2/5)(s+1)}{(s+1)^2+2^2}+\frac{(-4/5)\cdot2}{(s+1)^2+2^2}$$

故

$$f(t)=\frac{7}{5}e^{-2t}u(t)+\left[-\frac{2}{5}e^{-t}\cos(2t)-\frac{4}{5}e^{-t}\sin(2t)\right]u(t)$$

3) $F(s)$ 为有理真分式且极点为高阶(重极点)情况

设

$$F(s)=\frac{A(s)}{(s-p_1)^rD(s)}$$

其中 $D(s)$ 可分解成单阶因子。对于 $F(s)$ 的重根部分,进行部分分式展开时,要展开成 r 项。

$$F(s)=\underbrace{\frac{A_{11}}{(s-p_1)^r}+\frac{A_{12}}{(s-p_1)^{r-1}}+\cdots+\frac{A_{1r}}{s-p_1}}+\frac{E(s)}{D(s)} \tag{5-41}$$

式(5-41)两端乘以 $(s-p_1)^r$,有

$$(s-p_1)^rF(s)=A_{11}+A_{12}(s-p_1)+\cdots+A_{1r}(s-p_1)^{r-1}+(s-p_1)^r\frac{E(s)}{D(s)} \tag{5-42}$$

令 $s=p_1$,得

$$A_{11}=(s-p_1)^rF(s)\big|_{s=p_1}$$

对式(5-42)求一阶导数,并令 $s=p_1$,得

$$A_{12} = \frac{\mathrm{d}}{\mathrm{d}s}\left[(s-p_1)^r F(s)\right]\big|_{s=p_1}$$

一般系数

$$A_{1i} = \frac{1}{(i-1)!}\frac{\mathrm{d}^{i-1}}{\mathrm{d}s^{i-1}}\left[(s-p_1)^r F(s)\right]\big|_{s=p_1} \tag{5-43}$$

【例题 5.11】 已知 $F(s) = \dfrac{s-2}{s(s+1)^2}$,求 $f(t)$。

解:先进行部分分式展开

$$F(s) = \frac{K_0}{s} + \frac{A_{11}}{(s+1)^2} + \frac{A_{12}}{s+1}$$

$$K_0 = s\,\frac{s-2}{s(s+1)^2}\bigg|_{s=0} = -2$$

$$A_{11} = (s+1)^2\,\frac{s-2}{s(s+1)^2}\big|_{s=-1} = 3$$

$$A_{12} = \frac{\mathrm{d}}{\mathrm{d}s}\left[(s+1)^2\,\frac{s-2}{s(s+1)^2}\right]\bigg|_{s=-1} = 2$$

所以

$$F(s) = \frac{-2}{s} + \frac{3}{(s+1)^2} + \frac{2}{s+1}$$

设 $F_1(s) = \dfrac{1}{s+1}$,即 $f_1(t) = \mathrm{e}^{-t}u(t)$。由于

$$\frac{\mathrm{d}}{\mathrm{d}s}F_1(s) = \frac{-1}{(s+1)^2}$$

故

$$\frac{3}{(s+1)^2} = -3\,\frac{\mathrm{d}}{\mathrm{d}s}F_1(s)$$

即

$$\mathscr{L}^{-1}\left[\frac{3}{(s+1)^2}\right] = 3tf_1(t) = 3t\mathrm{e}^{-t}u(t)$$

则

$$f(t) = (-2 + 3t\mathrm{e}^{-t} + 2\mathrm{e}^{-t})u(t)$$

2. 当 $m \geqslant n$ 时,$F(s)$ 分子多项式阶次等于或大于分母多项式阶次

这种情况下需要先将 $F(s)$ 分解成有理多项式和有理真分式之和,即

$$F(s) = R(s) + \frac{P(s)}{Q(s)}$$

其中 $R(s)$ 为多项式,$\dfrac{P(s)}{Q(s)}$ 是有理真分式。有理真分式部分的反变换同 1. 中所述方法。

而对于多项式部分的反变换,考虑公式

$$\mathscr{L}\left[A\delta(t)\right]=A$$

$$\mathscr{L}\left[A\delta^{(k)}(t)\right]=As^k$$

【例题 5.12】 求 $F(s)=\dfrac{s^2+3s+1}{s+1}$ 的拉普拉斯反变换。

解:$F(s)$ 的分子阶次大于分母阶次,需要将 $F(s)$ 展开成多项式和有理真分式之和。

$$F(s)=\frac{s(s+1)+2(s+1)-1}{s+1}=s+2-\frac{1}{s+1}$$

则

$$f(t)=\delta'(t)+2\delta(t)-\mathrm{e}^{-t}u(t)$$

5.4 用拉普拉斯变换求解微分方程和分析电路

本章前 3 节的内容是信号的 s 域分析,实际上属于基础部分。从本节开始,进入本章的核心内容——在 s 域分析求解连续时间系统。包括两方面的内容,一是作为工具,利用拉普拉斯变换求解微分方程和电路的响应;二是在 s 域分析系统的特性。

拉普拉斯变换的微分性质显示,时域的求导运算在 s 域变成了代数运算。因此,在时域曾经非常困难的微分方程和电路的求解问题,在 s 域将变得异常简单。

5.4.1 用拉普拉斯变换求解微分方程

视频讲解

在用拉普拉斯变换求解微分方程时,需要用到微分性质

$$\begin{cases} \mathscr{L}\left[\dfrac{\mathrm{d}}{\mathrm{d}t}f(t)\right]=sF(s)-f(0_-) \\[3mm] \mathscr{L}\left[\dfrac{\mathrm{d}^2}{\mathrm{d}t^2}f(t)\right]=s^2F(s)-sf(0_-)-f'(0_-) \end{cases}$$

【例题 5.13】 连续时间系统的微分方程 $\dfrac{\mathrm{d}^2}{\mathrm{d}t^2}r(t)+3\dfrac{\mathrm{d}}{\mathrm{d}t}r(t)+2r(t)=\dfrac{\mathrm{d}}{\mathrm{d}t}e(t)+3e(t)$,

$e(t)=u(t),r(0_-)=1,r'(0_-)=2$,用拉普拉斯变换求系统的响应 $r(t)$。

解:微分方程两端进行拉普拉斯变换,根据微分性质,得

$$\left[s^2R(s)-sr(0_-)-r'(0_-)\right]+3\left[sR(s)-r(0_-)\right]+2R(s)$$

$$=\left[sE(s)-e(0_-)\right]+3E(s)$$

其中,$e(0_-)=u(t)\big|_{t=0_-}=0$。整理得

$$(s^2+3s+2)R(s)=\left[sr(0_-)+r'(0_-)+3r(0_-)\right]+(s+3)E(s)$$

代入 $r(0_-)$ 和 $r'(0_-)$ 的值,并将 $e(t)$ 进行拉普拉斯变换

$$E(s)=\frac{1}{s}$$

得

$$R(s) = \frac{s^2 + 6s + 3}{s(s^2 + 3s + 2)} = \frac{2}{s+1} - \frac{5/2}{s+2} + \frac{3/2}{s}$$

则系统响应

$$r(t) = \left(2e^{-t} - \frac{5}{2}e^{-2t} + \frac{3}{2}\right)u(t)$$

显然,拉普拉斯变换将微分方程变成了代数方程,因此求解微分方程的响应变得非常简单。

另外,根据零输入响应和零状态响应的概念,在 s 域求解 ZIR 和 ZSR 也变得非常容易。

对于一般的微分方程

$$\frac{d^n}{dt^n}r(t) + a_1\frac{d^{n-1}}{dt^{n-1}}r(t) + \cdots + a_n r(t) = b_0\frac{d^m}{dt^m}e(t) + b_1\frac{d^{m-1}}{dt^{m-1}}e(t) + \cdots + b_m e(t)$$

两端进行拉普拉斯变换

$$\left[s^n R(s) - \sum_{k=0}^{n-1}s^{n-k-1}r^{(k)}(0_-)\right] + a_1\left[s^{n-1}R(s) - \sum_{k=0}^{n-2}s^{n-k-2}r^{(k)}(0_-)\right] + \cdots + a_n R(s)$$

$$= b_0 s^m E(s) + b_1 s^{m-1} E(s) + \cdots + b_m E(s)$$

整理得

$$R(s) = \frac{\sum_{k=0}^{n-1}s^{n-k-1}r^{(k)}(0_-) + a_1\sum_{k=0}^{n-2}s^{n-k-2}r^{(k)}(0_-) + \cdots + a_{n-1}r(0_-)}{s^n + a_1 s^{n-1} + a_2 s^{n-2} + \cdots + a_n} + \frac{b_0 s^m + b_1 s^{m-1} + \cdots + b_m}{s^n + a_1 s^{n-1} + a_2 s^{n-2} + \cdots + a_n}E(s)$$

式中,等号右端第一项与输入信号 $E(s)$ 无关,仅仅由起始条件 $\{r^{(k)}(0_-)\}$ 决定,因此,这部分属于零输入响应;第二项由 $E(s)$ 决定,与起始条件无关,因此属于零状态响应。

因此有

$$R_{zi}(s) = \frac{\sum_{k=0}^{n-1}s^{n-k-1}r^{(k)}(0_-) + a_1\sum_{k=0}^{n-2}s^{n-k-2}r^{(k)}(0_-) + \cdots + a_{n-1}r(0_-)}{s^n + a_1 s^{n-1} + a_2 s^{n-2} + \cdots + a_n} \tag{5-44}$$

$$R_{zs}(s) = \frac{b_0 s^m + b_1 s^{m-1} + \cdots + b_m}{s^n + a_1 s^{n-1} + a_2 s^{n-2} + \cdots + a_n}E(s) \tag{5-45}$$

分别经过拉普拉斯反变换,即可得到零输入响应和零状态响应。

【例题 5.14】 求例题 5.13 的微分方程的零输入响应和零状态响应。

解:微分方程两端进行拉普拉斯变换

$$[s^2 R(s) - sr(0_-) - r'(0_-)] + 3[sR(s) - r(0_-)] + 2R(s) = sE(s) + 3E(s)$$

整理得

$$R(s) = \frac{sr(0_-) + r'(0_-) + 3r(0_-)}{s^2 + 3s + 2} + \frac{s+3}{s^2 + 3s + 2}E(s)$$

所以,

$$R_{\mathrm{zi}}(s) = \frac{sr(0_-) + r'(0_-) + 3r(0_-)}{s^2 + 3s + 2}$$

$$R_{\mathrm{zs}}(s) = \frac{s+3}{s^2 + 3s + 2}E(s)$$

代入 $r(0_-)$ 和 $r'(0_-)$ 的值,得零输入响应

$$R_{\mathrm{zi}}(s) = \frac{s+5}{s^2 + 3s + 2} = \frac{4}{s+1} - \frac{3}{s+2}$$

$$r_{\mathrm{zi}}(t) = (4\mathrm{e}^{-t} - 3\mathrm{e}^{-2t})u(t)$$

代入 $E(s) = \dfrac{1}{s}$,得零状态响应

$$R_{\mathrm{zs}}(s) = \frac{s+3}{s^2 + 3s + 2} \cdot \frac{1}{s} = \frac{3/2}{s} + \frac{-2}{s+1} + \frac{1/2}{s+2}$$

$$r_{\mathrm{zs}}(t) = \left(\frac{3}{2} - 2\mathrm{e}^{-t} + \frac{1}{2}\mathrm{e}^{-2t}\right)u(t)$$

因此,完全响应

$$r(t) = r_{\mathrm{zi}}(t) + r_{\mathrm{zs}}(t) = \left(\frac{3}{2} + 2\mathrm{e}^{-t} - \frac{5}{2}\mathrm{e}^{-2t}\right)u(t)$$

最终结果与例题 5.13 的结果一致。

本题在第 2 章曾用时域方法求解(见例题 2.29),相比于时域解法,拉普拉斯变换求解微分方程要简单得多。尤其是零状态响应的求解,在时域是最烦琐的,而在 s 域却是最简单的。

5.4.2 用拉普拉斯变换分析电路

视频讲解

拉普拉斯变换作为一种非常强大的线性系统分析工具,不仅求解微分方程异常简单,对于电路,在 s 域分析也很容易。

在 5.2 节拉普拉斯变换的性质中,根据线性性质、微分性质和积分性质,已经推导出电阻、电容、电感等电路元件的 s 域模型,时域里动态元件的电压、电流之间的微分、积分关系在 s 域中变成了代数关系,电路元件在 s 域可作为"阻抗"处理。

图 5-8 表示的是三个电路元件的 s 域模型。

【例题 5.15】 电路如图 5-9 所示,$e_1(t) = 2\mathrm{V}$,$e_2(t) = \mathrm{e}^{-2t}$,$C = 1/2\mathrm{F}$,$R = 2/5\,\Omega$,$L = 1/2\mathrm{H}$。$t < 0$ 时开关位于 1,电路达到稳态。$t = 0$ 时开关由 1 转到 2 的位置,求电感两端的电压。

解:

(1) 确定开关转换前 $t = 0_-$ 时刻储能元件的起始状态。$t \leqslant 0_-$ 时电源 $e_1(t) = 2\mathrm{V}$,电路达到稳态,因此,$i_L(0_-) = 0\mathrm{A}$,$v_C(0_-) = 2\mathrm{V}$。

(2) 将 $t > 0$ 的激励源 $e_2(t) = \mathrm{e}^{-2t}u(t)$ 进行拉普拉斯变换,得

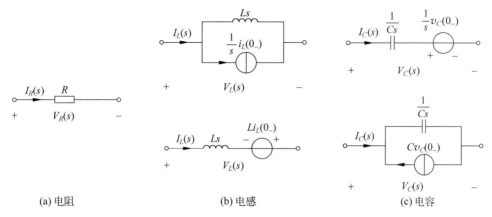

(a) 电阻　　　　　　　　　　　(b) 电感　　　　　　　　　(c) 电容

图 5-8　电路元件的 s 域等效模型

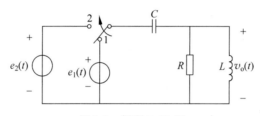

图 5-9　例题 5.15 图

$$E_2(s) = \frac{1}{s+2}$$

（3）画出 $t \geqslant 0_+$ 时电路的 s 域等效模型（见图 5-10），在 s 域中电路元件等同于阻抗，通过"阻抗"元件的分压、分流关系可以得到关于输出 $V_\text{o}(s)$ 的方程。

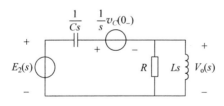

图 5-10　电路的 s 域等效模型

（4）根据 s 域等效电路，列写节点电流方程

$$\frac{V_\text{o}(s)}{Ls} + \frac{V_\text{o}(s)}{R} = \frac{E_2(s) - \frac{1}{s}v_C(0_-) - V_\text{o}(s)}{\frac{1}{Cs}}$$

代入参数，得

$$\frac{V_\text{o}(s)}{s/2} + \frac{V_\text{o}(s)}{2/5} = \frac{\frac{1}{s+2} - 2/s - V_\text{o}(s)}{2/s}$$

整理得

$$V_o(s) = \frac{2s}{s^2+5s+4} \cdot \frac{-(s+4)}{2(s+2)} = \frac{-s}{(s+1)(s+2)}$$

（5）求拉普拉斯反变换

将 $V_o(s)$ 部分分式展开

$$V_o(s) = \frac{1}{s+1} + \frac{-2}{s+2}$$

得

$$v_o(t) = (e^{-t} - 2e^{-2t})u(t)$$

本题就是例题 2.27 的电路系统，在第 2 章曾用时域方法分析求解，本章在 s 域求解，解题过程明显简单很多。

5.5　系统函数及零极点

拉普拉斯变换作为连续时间系统分析和设计的一种强大工具，不仅用于求解微分方程和电路的响应，更重要的是对系统进行分析。通过系统函数的零极点分布，分析系统的内在特性。

连续时间系统有三种描述方式，一是系统的数学模型——微分方程；二是系统的物理模型——框图。当然，电路是真实的物理系统。除了上述描述方式，还有第三种，就是本节阐述的系统函数，这也是拉普拉斯变换的重要贡献之一——用系统函数代替时域的微分方程来表示系统。

实际上，第 2 章的单位冲激响应 $h(t)$ 和系统函数是同一种描述方式，一个是系统的时域表征，一个是系统的 s 域表征，是同一概念在不同域的不同表示。

从本节开始，通过系统函数对系统进行分析。在控制系统中，系统函数也称为传递函数。

5.5.1　系统函数

对于 LTI 系统，系统函数定义为单位冲激响应的拉普拉斯变换，图 5-11 描述了系统函数与单位冲激响应之间以及任意输入与其输出之间的关系。

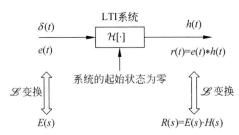

图 5-11　LTI 系统的时域和 s 域

由图 5-11 可得

$$H(s) = \mathscr{L}[h(t)] = \frac{R(s)}{E(s)} \tag{5-46}$$

$H(s)$ 称为系统函数,等于零状态条件下输出的拉普拉斯变换与输入的拉普拉斯变换之比。系统函数是系统的 s 域表征,是系统固有的,与外加激励无关,与系统的状态无关。

【例题 5.16】 系统微分方程 $\dfrac{d^2}{dt^2}r(t)+3\dfrac{d}{dt}r(t)+2r(t)=\dfrac{d}{dt}e(t)+3e(t)$,求系统函数和单位冲激响应。

解:微分方程两端进行拉普拉斯变换,注意零状态条件下,$r(0_-)=0$,$r'(0_-)=0$,则

$$s^2R(s)+3sR(s)+2R(s)=sE(s)+3E(s)$$

得系统函数

$$H(s)=\frac{R(s)}{E(s)}=\frac{s+3}{s^2+3s+2}$$

将 $H(s)$ 进行部分分式展开

$$H(s)=\frac{2}{s+1}+\frac{-1}{s+2}$$

则

$$h(t)=(2e^{-t}-e^{-2t})u(t)$$

系统函数和微分方程都是系统的描述,它们之间有着唯一互相对应的关系。

对于 n 阶微分方程

$$\frac{d^n}{dt^n}r(t)+a_1\frac{d^{n-1}}{dt^{n-1}}r(t)+\cdots+a_nr(t)=b_0\frac{d^m}{dt^m}e(t)+b_1\frac{d^{m-1}}{dt^{m-1}}e(t)$$
$$+\cdots+b_me(t) \tag{5-47}$$

两端进行拉普拉斯变换(零状态条件下),有

$$s^nR(s)+a_1s^{n-1}R(s)+\cdots+a_nR(s)=b_0s^mE(s)+b_1s^{m-1}E(s)+\cdots+b_mE(s)$$

则系统函数

$$H(s)=\frac{R(s)}{E(s)}=\frac{b_0s^m+b_1s^{m-1}+\cdots+b_m}{s^n+a_1s^{n-1}+\cdots+a_n} \tag{5-48}$$

观察式(5-47)和式(5-48),$H(s)$ 与微分方程系数之间的对应关系一目了然。

提示:系统函数作为系统的重要描述,是连接微分方程、物理系统、单位冲激响应之间的桥梁。实际上,系统的单位冲激响应最简单的解法是先求系统函数 $H(s)$,再进行拉普拉斯反变换。

【例题 5.17】 求例题 5.15 所示电路(见图 5-9)的系统函数,在 s 域建立电路的微分方程。

解:画出零状态条件下电路的 s 域模型,如图 5-12 所示。

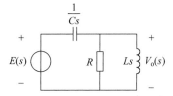

图 5-12 零状态条件下电路的 s 域模型

$$H(s) = \frac{V_o(s)}{E(s)} = \frac{\dfrac{R \cdot Ls}{R + Ls}}{\dfrac{1}{Cs} + \dfrac{R \cdot Ls}{R + Ls}}$$

代入参数,得

$$H(s) = \frac{V_o(s)}{E(s)} = \frac{s^2}{s^2 + 5s + 4}$$

故

$$(s^2 + 5s + 4)V_o(s) = s^2 E(s)$$

可得电路的微分方程

$$\frac{\mathrm{d}^2}{\mathrm{d}t^2}v_o(t) + 5\frac{\mathrm{d}}{\mathrm{d}t}v_o(t) + 4v_o(t) = \frac{\mathrm{d}^2}{\mathrm{d}t^2}e(t)$$

结果与第 2 章求得的结果一致,但通过系统函数建立微分方程既简单又有效。

可以进一步得到图 5-9 所示电路的单位冲激响应。

$$H(s) = \frac{s^2}{s^2 + 5s + 4} = 1 + \frac{1/3}{s + 1} - \frac{16/3}{s + 4}$$

则

$$h(t) = \delta(t) + \left(\frac{1}{3}\mathrm{e}^{-t} - \frac{16}{3}\mathrm{e}^{-4t}\right)u(t)$$

另外,由系统函数求解零状态解也非常简单,由

$$r_{zs}(t) = e(t) * h(t)$$

则

$$R(s) = E(s) \cdot H(s)$$

【例题 5.18】 系统微分方程$\dfrac{\mathrm{d}^2}{\mathrm{d}t^2}r(t) + 3\dfrac{\mathrm{d}}{\mathrm{d}t}r(t) + 2r(t) = \dfrac{\mathrm{d}}{\mathrm{d}t}e(t) + 3e(t)$,$e(t) = u(t)$,求系统的零状态响应。

解:由微分方程直接写出系统函数

$$H(s) = \frac{s + 3}{s^2 + 3s + 2}$$

激励信号的拉普拉斯变换

$$E(s) = \frac{1}{s}$$

则

$$R_{zs}(s) = E(s) \cdot H(s) = \frac{1}{s} \cdot \frac{s + 3}{s^2 + 3s + 2} = \frac{3/2}{s} + \frac{-2}{s + 1} + \frac{1/2}{s + 2}$$

因此,零状态响应

$$r_{zs}(t) = \left(\frac{3}{2} - 2e^{-t} + \frac{1}{2}e^{-2t} \right) u(t)$$

5.5.2 系统的零极点分布图

系统的零点和极点是指系统函数的零点和极点。在 s 平面上,将系统的零点和极点标示出来,这样的图形就是系统的零极点分布图。

对于 n 阶 LTI 系统,系统函数一般是有理分式,将分子分母因式分解,得

$$H(s) = \frac{a_m(s-z_1)(s-z_2)\cdots(s-z_m)}{b_m(s-p_1)(s-p_2)\cdots(s-p_n)} \tag{5-49}$$

令 $H(s)=0$,得 $s=z_1, z_2, \cdots, z_m$,即系统的零点;令 $H(s) \to \infty$,得 $s=p_1, p_2, \cdots, p_n$,即系统的极点。将 $s=z_1, z_2, \cdots, z_m$ 和 $s=p_1, p_2, \cdots, p_n$ 标示在 s 平面上,零点用 "○"表示,极点用"×"表示,得到的就是系统的零极点分布图。

【例题 5.19】 系统函数 $H(s) = \dfrac{s^2-2s+2}{s^2(s+1)}$,画出系统的零极点分布图。

解:令 $H(s)=0$,即 $s^2-2s+2=0$,得到系统的零点 $z_1=1+j, z_2=1-j$。

令 $H(s) \to \infty$,即 $s^2(s+1)=0$,得到系统的极点 $p_{1,2}=0$(二阶),$p_3=-1$。

在 s 平面上画出系统的零极点分布图,如图 5-13 所示。

实际上,用零极点分布图可以直接表示系统(等同于系统函数的图形描述),再限定一些其他条件,就可以唯一确定系统函数,也即确定了系统。

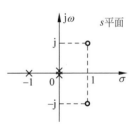

图 5-13 零极点分布

【例题 5.20】 系统的零极点分布如图 5-14 所示,且 $\lim\limits_{t \to +\infty} h(t)=10$,求 $H(s)$。

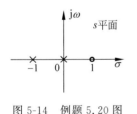

图 5-14 例题 5.20 图

解:根据零极点分布,写出系统函数

$$H(s) = K\frac{s-1}{s(s+1)}$$

由终值定理,得

$$\lim_{t \to +\infty} h(t) = \lim_{s \to 0} sH(s) = \lim_{s \to 0} K\frac{s(s-1)}{s(s+1)} = -K = 10$$

即 $K=-10$。故

$$H(s) = -10\frac{s-1}{s(s+1)}$$

读者可以通过求 $h(t)$ 并计算 $h(+\infty)$ 自行验证。

对于 LTI 系统,由系统的零极点分布可以分析系统的很多特性,如时间特性、频率特性、稳定性等,还可以进一步确定系统的各种响应。因此,系统的零极点分析是 LTI 系统分析的重要内容。

5.6 系统的零极点分布与时间特性

本节分析系统的零极点分布与系统时间特性之间的关系,这里所说的时间特性指的是系统的时域表征 $h(t)$。因此,本节的内容实际上是分析"系统函数 $H(s)$ 的零极点分布与系统单位冲激响应 $h(t)$ 之间的关系"。

将系统函数表示为

$$H(s) = K \frac{\prod_{j=1}^{m}(s-z_j)}{\prod_{i=1}^{n}(s-p_i)}$$

其中,p_i 为系统的极点;z_j 为系统的零点。当极点、零点位于 s 平面不同位置时,$h(t)$ 的波形形状、幅度或相位有着怎样的变化,这是本节要分析的内容。

5.6.1 极点分布与时域波形

下面通过一些实例,分析极点对 $h(t)$ 波形的影响。为了更有说服力,在分析过程中,系统一般只含有极点,不含有零点。

1. 极点位于 s 左半平面

1) 单阶极点

对于单阶实极点的情况,例如

$$H(s) = \frac{1}{s+a}, \quad a > 0$$

则

$$h(t) = e^{-at}u(t)$$

可知 $h(t)$ 是单调衰减的,如图 5-15(a)所示。

对于单阶复极点的情况,例如

$$H(s) = \frac{\omega_0}{(s+a)^2 + \omega_0^2}, \quad a > 0$$

则

$$h(t) = e^{-at}\sin(\omega_0 t)u(t)$$

$h(t)$ 振荡衰减,如图 5-15(b)所示。

2) 多阶极点

例如

$$H(s) = \frac{1}{(s+a)^2}, \quad a > 0$$

可知

$$h(t) = te^{-at}u(t)$$

$h(t)$ 的波形总体是衰减的,如图 5-15(c)所示。

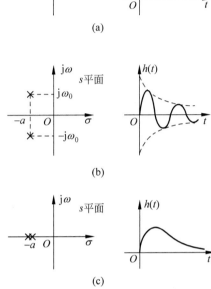

图 5-15　s 左半平面的极点

由此得出第一个结论,如果极点位于 s 左半平面,$h(t)$ 的波形是衰减的。

2. 极点位于右半平面

1) 单阶极点

对于单阶实极点的情况,例如

$$H(s) = \frac{1}{s-a}, \quad a > 0$$

则

$$h(t) = e^{at}u(t)$$

$h(t)$ 的波形单调增长,如图 5-16(a)所示。

对于单阶复极点的情况,例如

$$H(s) = \frac{\omega_0}{(s-a)^2 + \omega_0^2}, \quad a > 0$$

则

$$h(t) = e^{at} \sin(\omega_0 t) u(t)$$

$h(t)$的波形振荡增长,如图 5-16(b)所示。

2) 多阶极点

例如

$$H(s) = \frac{1}{(s-a)^2}$$

可知

$$h(t) = t e^{at} u(t)$$

$h(t)$的波形也是增长的,而且增长速度更快,如图 5-16(c)所示。

由此得出第二个结论,如果极点位于 s 右半平面,$h(t)$的波形是增长的。

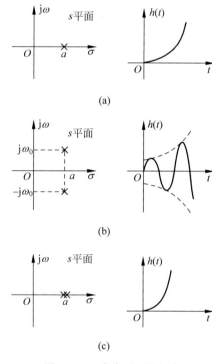

(a)

(b)

(c)

图 5-16　s 右半平面的极点

3. 极点位于 $j\omega$ 轴上

1) 单阶极点

对于单阶实极点,例如

$$H(s) = \frac{1}{s}$$

则

$$h(t) = u(t)$$

$h(t)$ 是阶跃函数,波形单调等幅,如图 5-17(a)所示。

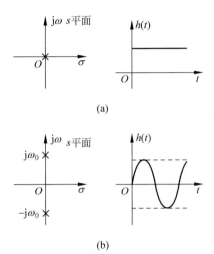

(a)

(b)

图 5-17 $j\omega$ 轴上的单阶极点

对于单阶复数极点,例如

$$H(s) = \frac{\omega_0}{s^2 + \omega_0^2}$$

则

$$h(t) = \sin(\omega_0 t) u(t)$$

$h(t)$ 的波形是振荡等幅的,如图 5-17(b)所示。

由此得出第三个结论,如果单阶极点位于 $j\omega$ 轴上,$h(t)$ 的波形是等幅的。

2) $j\omega$ 轴上的高阶极点

对于 $j\omega$ 轴上的高阶实极点,例如

$$H(s) = \frac{1}{s^2}$$

可知

$$h(t) = t u(t)$$

$h(t)$ 的波形单调增长,如图 5-18(a)所示。

对于 $j\omega$ 轴上的高阶复数极点,例如

$$H(s) = \frac{2\omega_0 s}{(s^2 + \omega_0^2)^2}$$

则

$$h(t) = t \sin(\omega_0 t) u(t)$$

$h(t)$ 的波形振荡增长,如图 5-18(b)所示。

由此得出第四个结论,位于 $j\omega$ 轴上的高阶极点,$h(t)$ 的波形是增长的。

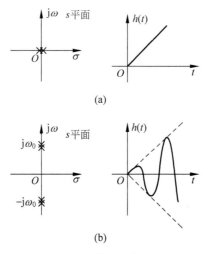

图 5-18　jω 轴上的高阶极点

实际上，系统的极点决定 $h(t)$ 的波形形状。左半平面的极点，波形衰减；右半平面的极点，波形增长；jω 轴上的单阶极点，波形等幅；jω 轴上的高阶极点，波形增长。而实数极点对应的波形是单调变化的，复数极点对应的波形是振荡变化的。

5.6.2　零点影响波形的幅度和相位

为了证明这个结论，考虑两个具有相同极点而零点不同的系统

$$H_i(s) = \frac{s+a}{(s+a)^2 + \omega_0^2}$$

$$H_j(s) = \frac{s+b}{(s+a)^2 + \omega_0^2}$$

系统 $H_i(s)$ 和系统 $H_j(s)$ 具有相同的极点 $-a \pm j\omega_0$，根据前面的分析可知，这两个系统的 $h(t)$ 具有相同的波形形状——振荡衰减。不同的是，两个系统的零点不同，分别是 $z_i = -a$ 和 $z_j = -b$。不同的零点会导致什么不同呢？下面分别求两个系统的 $h(t)$。

$$h_i(t) = \mathrm{e}^{-at} \cos(\omega_0 t) u(t)$$

而

$$h_j(t) = \left[\mathrm{e}^{-at} \cos(\omega_0 t) + \frac{b-a}{\omega_0} \mathrm{e}^{-at} \sin(\omega_0 t) \right] u(t)$$

$$= \sqrt{\frac{\omega_0^2 + (b-a)^2}{\omega_0^2}} \, \mathrm{e}^{-at} \cos(\omega_0 t + \varphi) u(t)$$

对比 $h_i(t)$ 和 $h_j(t)$，可以发现，二者的幅度和相位不同。因此，零点影响 $h(t)$ 波形的幅度和相位。

5.7 因果系统的稳定性

本节所讨论的系统稳定性指的是因果系统的稳定性,对于非因果系统,在 5.12 节进行分析。

5.7.1 因果稳定系统的 s 域特征

在第 2 章,已经分析过 BIBO 系统稳定性的时域特征,即

$$\int_{-\infty}^{+\infty} |h(t)| \, \mathrm{d}t < \infty$$

对于因果稳定系统,有

$$\int_{0}^{+\infty} |h(t)| \, \mathrm{d}t < \infty$$

由此可知

$$\lim_{t \to +\infty} h(t) = 0$$

因果稳定系统要求 $h(t)$ 的波形总的趋势是衰减的。根据 5.6 节 $H(s)$ 的极点与时域波形的关系可知,极点只有位于 s 左半平面,波形才是衰减的。因此,LTI 因果稳定系统的 s 域特征是系统的极点全部位于 s 左半平面。这是判断因果连续系统是否稳定的一个准则。需要注意的是,如果有零极点相消,在利用系统函数进行稳定性分析之前消去零极点对,但可能存在潜在不稳定的状况。

5.7.2 稳定性的分类

根据因果系统是否具有稳定性,将系统分为三类。第一种是稳定系统,系统函数的所有极点都位于 s 左半平面,$h(t)$ 的波形衰减。第二种是临界稳定系统,系统的一个或多个极点位于 $j\omega$ 轴上且为单阶,此时 $h(t)$ 的波形不随时间衰减,也不随波形增长,而是等幅变化,这种系统称为临界稳定系统。第三种是不稳定系统,系统有多重极点位于 $j\omega$ 轴上或有极点位于 s 右半平面,此时 $h(t)$ 的波形随着时间增长而增长,当 $t \to \infty$ 时,$h(t) \to \infty$,系统不稳定。临界稳定系统是不稳定系统的一种特例。

【例题 5.21】 电路如图 5-19 所示,假设图中运算放大器的输入阻抗为∞,输出阻抗为零。为使系统稳定,求 A 的取值范围。如果要求电路处于临界稳定状态,求电路的单位冲激响应。

解:为了便于分析,设 $v_1(t)$,如图 5-19 所示。由于运算放大器的输入阻抗无穷大而输出阻抗为零,故有

$$V_o(s) = -A \left[V_i(s) - V_1(s) \right]$$

$$V_1(s) = \frac{1/Cs}{1/Cs + R} V_o(s)$$

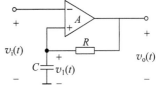

图 5-19 例题 5.21 图

消去中间变量 $V_1(s)$,得系统函数

$$H(s) = \frac{V_o(s)}{V_i(s)} = \frac{-(s+1/RC)A}{s + \dfrac{1-A}{RC}}$$

极点 $p_1 = -\dfrac{1-A}{RC}$,极点为实数,为使系统稳定,极点需要落在 s 左半平面,故

$$-\frac{1-A}{RC} < 0$$

即 $A<1$。

实际上,该电路中的电阻 R 反馈到了放大器正端,$A<1$ 使系统稳定就易于理解了;反之,如果 $A>1$,会导致信号不断增强,系统不稳定。

临界稳定要求极点落在 $j\omega$ 轴上且为单阶,因此

$$p_1 = -\frac{1-A}{RC} = 0$$

即 $A=1$,此时

$$H(s) = -\frac{s+1/RC}{s} = -1 - \frac{1}{RC} \cdot \frac{1}{s}$$

此时电路的单位冲激响应为

$$h(t) = -\delta(t) - \frac{1}{RC}u(t)$$

视频讲解

5.8 由零极点分析系统的响应

5.8.1 自由响应与强迫响应

对于 n 阶系统,微分方程

$$\frac{d^n}{dt^n}r(t) + a_1\frac{d^{n-1}}{dt^{n-1}}r(t) + \cdots + a_n r(t) = b_0\frac{d^m}{dt^m}e(t) + b_1\frac{d^{m-1}}{dt^{m-1}}e(t) + \cdots + b_m e(t)$$

特征方程

$$\alpha^n + a_1\alpha^{n-1} + a_2\alpha^{n-2} + \cdots + a_n = 0 \tag{5-50}$$

因式分解

$$(\alpha - \alpha_1)(\alpha - \alpha_2)\cdots(\alpha - \alpha_n) = 0$$

可得特征根 $\alpha = \alpha_1, \alpha_2, \cdots, \alpha_n$。

另一方面,由微分方程可得系统函数

$$H(s) = \frac{b_0 s^m + b_1 s^{m-1} + \cdots + b_m}{s^n + a_1 s^{n-1} + a_2 s^{n-2} + \cdots + a_n}$$

令

$$s^n + a_1 s^{n-1} + a_2 s^{n-2} + \cdots + a_n = 0 \qquad (5\text{-}51)$$

因式分解

$$(s - p_1)(s - p_2)\cdots(s - p_n) = 0$$

可得极点 $s = p_1, p_2, \cdots, p_n$。

事实上,式(5-50)和式(5-51)的方程相同,因此有

$$p_1 = \alpha_1, \quad p_2 = \alpha_2, \quad p_3 = \alpha_3, \quad \cdots, \quad p_n = \alpha_n$$

一个有意思的现象出现了,微分方程的特征根就是系统函数的极点。明白"极点"的含义了吧? 对,极点就是特征根。

明确了系统极点就是微分方程的特征根之后,就可以在 s 域根据极点分布确定自由响应和强迫响应。

微分方程两边进行拉普拉斯变换

$$\left[s^n R(s) - \sum_{k=0}^{n-1} s^{n-k-1} r^{(k)}(0_-) \right] + a_1 \left[s^{n-1} R(s) - \sum_{k=0}^{n-2} s^{n-k-2} r^{(k)}(0_-) \right] + \cdots + a_n R(s)$$

$$= b_0 s^m E(s) + b_1 s^{m-1} E(s) + \cdots + b_m E(s)$$

整理得

$$R(s) = \frac{\sum_{k=0}^{n-1} s^{n-k-1} r^{(k)}(0_-) + a_1 \sum_{k=0}^{n-2} s^{n-k-2} r^{(k)}(0_-) + \cdots + a_{n-1} r(0_-)}{s^n + a_1 s^{n-1} + a_2 s^{n-2} + \cdots + a_n} +$$

$$\frac{b_0 s^m + b_1 s^{m-1} + \cdots + b_m}{s^n + a_1 s^{n-1} + a_2 s^{n-2} + \cdots + a_n} E(s)$$

令

$$A(s) = \sum_{k=0}^{n-1} s^{n-k-1} r^{(k)}(0_-) + a_1 \sum_{k=0}^{n-2} s^{n-k-2} r^{(k)}(0_-) + \cdots + a_{n-1} r(0_-)$$

$$H(s) = \frac{b_0 s^m + b_1 s^{m-1} + \cdots + b_m}{s^n + a_1 s^{n-1} + a_2 s^{n-2} + \cdots + a_n} = \frac{B(s)}{\displaystyle\prod_{i=1}^{n} (s - p_i)}$$

$$E(s) = \frac{C(s)}{\displaystyle\prod_{j=1}^{v} (s - p_j)}$$

其中,p_i 是 $H(s)$ 的极点;p_j 是 $E(s)$ 的极点。

则

$$R(s) = \frac{A(s)}{\displaystyle\prod_{i=1}^{n} (s - p_i)} + \frac{B(s)}{\displaystyle\prod_{i=1}^{n} (s - p_i)} \cdot \frac{C(s)}{\displaystyle\prod_{j=1}^{v} (s - p_j)}$$

$$= \frac{D(s)}{\displaystyle\prod_{i=1}^{n} (s - p_i) \prod_{j=1}^{v} (s - p_j)} \qquad (5\text{-}52)$$

在有理真分式的情况下,$R(s)$部分分式展开为

$$R(s) = \underbrace{\sum_{i=1}^{n} \frac{A_i}{s - p_i}}_{\text{自由响应}} + \underbrace{\sum_{j=1}^{v} \frac{B_j}{s - p_j}}_{\text{强迫响应}} \tag{5-53}$$

由于 p_i 是系统函数的极点,也即微分方程的特征根,因此,$\sum_{i=1}^{n} \frac{A_i}{s - p_i}$ 对应的是齐次解,即自由响应;而 p_j 是激励信号的拉普拉斯变换的极点,因此,$\sum_{j=1}^{v} \frac{B_j}{s - p_j}$ 对应的是特解,即强迫响应。

因此,自由响应

$$r_\mathrm{h}(t) = \sum_{i=1}^{n} A_i \mathrm{e}^{p_i t}, \quad t > 0$$

强迫响应

$$r_\mathrm{p}(t) = \sum_{j=1}^{v} B_j \mathrm{e}^{p_j t}, \quad t > 0$$

提示:$H(s)$ 的极点形成自由响应部分,$E(s)$ 的极点形成强迫响应部分。

【例题 5.22】 系统微分方程 $\dfrac{\mathrm{d}^2}{\mathrm{d}t^2} r(t) + 3 \dfrac{\mathrm{d}}{\mathrm{d}t} r(t) + 2r(t) = \dfrac{\mathrm{d}}{\mathrm{d}t} e(t) + 3e(t)$,$r(0_-) = 1$,$r'(0_-) = 2$,$e(t) = u(t)$,用拉普拉斯变换求自由响应和强迫响应。

解:由微分方程,得

$$H(s) = \frac{s + 3}{s^2 + 3s + 2}$$

系统极点为 $p_1 = -1$,$p_2 = -2$。

输入信号的拉普拉斯变换 $E(s) = \dfrac{1}{s}$,输入信号的极点为 $p_3 = 0$。

微分方程两端拉普拉斯变换,有

$$[s^2 R(s) - sr(0_-) - r'(0_-)] + 3[sR(s) - r(0_-)] + 2R(s) = sE(s) + 3E(s)$$

代入参数并整理得

$$R(s) = \frac{s^2 + 6s + 3}{s(s^2 + 3s + 2)} = \frac{2}{s + 1} - \frac{5/2}{s + 2} + \frac{3/2}{s}$$

前两项对应 $H(s)$ 的极点,属于自由响应部分;第三项对应激励信号的极点,属于强迫响应部分。

因此,自由响应

$$R_\mathrm{h}(s) = \frac{2}{s + 1} - \frac{5/2}{s + 2}$$

$$r_\mathrm{h}(t) = \left(2\mathrm{e}^{-t} - \frac{5}{2}\mathrm{e}^{-2t}\right) u(t)$$

强迫响应

$$R_p(s) = \frac{3/2}{s}$$

$$r_p(t) = \frac{3}{2}u(t)$$

读者可自行用时域方法求解本题的自由响应和强迫响应进行验证。

【例题 5.23】 系统的零极点分布如图 5-20 所示，$h(0_+) = -4$，求 $e(t) = u(t)$ 时的自由响应和强迫响应。

解：由零极点写出系统函数

$$H(s) = K\frac{s(s-2)}{(s+1)^2 + 4} = K - \frac{K(4s+5)}{(s+1)^2 + 4}$$

根据初值定理

$$h(0_+) = \lim_{s \to \infty} s \cdot \frac{-K(4s+5)}{(s+1)^2 + 4} = -4K = -4$$

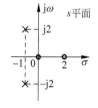

图 5-20 例题 5.23 图

得 $K = 1$。所以，

$$H(s) = \frac{s(s-2)}{(s+1)^2 + 4}$$

由 $e(t) = u(t)$ 得 $E(s) = \frac{1}{s}$，故

$$R(s) = E(s)H(s) = \frac{1}{s} \cdot \frac{s(s-2)}{(s+1)^2 + 4} = \frac{s-2}{(s+1)^2 + 4}$$

$$= \frac{s+1}{(s+1)^2 + 4} - (3/2)\frac{2}{(s+1)^2 + 4}$$

$$r(t) = e^{-t}\left[\cos(2t) - \frac{3}{2}\sin(2t)\right]u(t)$$

本题由于 $E(s)$ 的极点被 $H(s)$ 的零点抵消掉，$R(s)$ 中的极点只剩下 $H(s)$ 的极点，故没有强迫响应，只有自由响应。即

$$r_h(t) = e^{-t}\left[\cos(2t) - \frac{3}{2}\sin(2t)\right]u(t)$$

$$r_p(t) = 0$$

5.8.2 暂态响应和稳态响应

在系统的响应中，暂态响应指的是当 $t \to \infty$ 时，响应 $r(t)$ 中消失的部分。而稳态响应指的是当 $t \to \infty$ 时，响应 $r(t)$ 中依然稳定存在的部分。因此，暂态响应的时间函数必是随着时间而衰减，工程中有意义的稳态响应的时间函数应该是随着时间的延续最后趋于恒定。

考虑极点的影响，由于左半平面的极点对应的波形是衰减的，因此 $R(s)$ 中由左半平面的极点决定的响应属于暂态响应，表示为 $R_{ts}(s)$；位于 $j\omega$ 轴上的单阶极点，对应的波形等幅，当 $t \to \infty$ 时不会消失，属于稳态响应，表示为 $R_{ss}(s)$。

完全响应

$$R(s) = R_{ts}(s) + R_{ss}(s)$$

在例题 5.22 中,可知

$$R(s) = \underbrace{\frac{2}{s+1} - \frac{5/2}{s+2}}_{\text{暂态响应}} + \underbrace{\frac{3/2}{s}}_{\text{稳态响应}}$$

暂态响应

$$r_{ts}(t) = \left(2e^{-t} - \frac{5}{2}e^{-2t}\right)u(t)$$

稳态响应

$$r_{ss}(t) = \frac{3}{2}u(t)$$

由于该因果系统 $H(s)$ 的极点 $p_1 = -1$ 和 $p_1 = -2$ 位于 s 左半平面,因此,该系统是稳定系统。对于因果稳定系统,单位阶跃信号产生的稳态响应依然是阶跃信号,其终值将趋于常数。

而例题 5.23 中,虽然输入信号也是单位阶跃信号 $u(t)$,但由于零极点相抵消,输入信号的极点被 $H(s)$ 的零点抵消掉,因此没有剩下稳态响应,只有暂态响应过程。

$$r_{ts}(t) = e^{-t}\left[\cos(2t) - \frac{3}{2}\sin(2t)\right]u(t)$$

$$r_{ss}(t) = 0$$

【例题 5.24】 系统微分方程 $\dfrac{\mathrm{d}^2}{\mathrm{d}t^2}r(t) + 4r(t) = \dfrac{\mathrm{d}}{\mathrm{d}t}e(t)$,$r(0_-) = 1$,$r'(0_-) = 2$,$e(t) = e^{-t}u(t)$,求暂态响应和稳态响应。

解:微分方程两端作拉普拉斯变换

$$[s^2 R(s) - s r(0_-) - r'(0_-)] + 4R(s) = sE(s)$$

$$E(s) = \frac{1}{s+1}$$

代入起始条件及 $E(s)$,并整理得

$$R(s) = \frac{s^2 + 4s + 2}{(s^2 + 4)(s+1)} = \frac{-1/5}{s+1} + \frac{6/5s + 14/5}{s^2 + 4}$$

式中,第一项的极点在左半平面,属于暂态响应,第二项的极点位于 $\mathrm{j}\omega$ 轴上且为一阶,对应稳态响应。故

$$R_{ts}(s) = \frac{-1/5}{s+1}$$

即暂态响应 $r_{ts}(t) = -\dfrac{1}{5}e^{-t}u(t)$。

而稳态响应

$$R_{ss}(s) = \frac{(6/5)s + 14/5}{s^2 + 4}$$

即 $r_{ss}(t)=\left[\dfrac{6}{5}\cos(2t)+\dfrac{7}{5}\sin(2t)\right]u(t)$。

与例题 5.22 和例题 5.23 不同的是,本题的稳态响应是由于系统的一阶极点位于 jω 轴上引起的。这是一个临界稳定系统。

思考一下,本题的自由响应是什么?

5.8.3 正弦信号和单边正弦信号通过稳定系统的响应

单边正弦信号指的是在 $t=0$ 开始加入的正弦信号,即

$$e(t)=A\cos(\omega_0 t)u(t)$$

而正弦信号存在于整个时间域($-\infty<t<+\infty$),即

$$e(t)=A\cos(\omega_0 t)$$

下面分析这两种信号通过稳定系统的响应。

视频讲解

1. 单边正弦信号通过稳定系统

激励信号为单边正弦信号

$$e(t)=A\cos(\omega_0 t)u(t)$$

其拉普拉斯变换为

$$E(s)=\frac{As}{s^2+\omega_0^2}=\frac{As}{(s+\mathrm{j}\omega_0)(s-\mathrm{j}\omega_0)}$$

设稳定系统的系统函数为

$$H(s)=\frac{\displaystyle\prod_{j=1}^{m}b_0(s-z_j)}{\displaystyle\prod_{i=1}^{n}(s-p_i)}$$

由于系统稳定,故极点 p_i 落在 s 左半平面。

那么,$e(t)$ 通过稳定系统 $H(s)$ 的响应为

$$R(s)=E(s)\cdot H(s)=\frac{As}{(s+\mathrm{j}\omega_0)(s-\mathrm{j}\omega_0)}\cdot H(s)$$

$$=\frac{As}{(s+\mathrm{j}\omega_0)(s-\mathrm{j}\omega_0)}\cdot\frac{\displaystyle\prod_{j=1}^{m}b_0(s-z_j)}{\displaystyle\prod_{i=1}^{n}(s-p_i)} \tag{5-54}$$

部分分式展开

$$R(s)=\frac{K_1}{s+\mathrm{j}\omega_0}+\frac{K_2}{s-\mathrm{j}\omega_0}+\sum_{i=1}^{n}\frac{B_i}{s-p_i} \tag{5-55}$$

式(5-55)前两项的极点 $\pm\omega_0$ 是输入信号 $E(s)$ 的极点,位于 jω 轴上,且为单阶极

点,故对应的波形是等幅振荡的,属于稳态响应。而后面的 $\sum$ 项的极点 p_i 是系统函数 $H(s)$ 的极点,由于系统稳定,p_i 落在 s 左半平面,对应的波形是衰减的,属于暂态响应。

因此,暂态响应

$$R_{ts}(s) = \sum_{i=1}^{n} \frac{B_i}{s - p_i}$$

即

$$r_{ts}(t) = \sum_{i=1}^{n} B_i e^{p_i t}, \quad t > 0$$

稳态响应

$$R_{ss}(s) = \frac{K_1}{s + j\omega_0} + \frac{K_2}{s - j\omega_0}$$

下面确定系数 K_1 和 K_2,根据式(5-54)

$$K_1 = (s + j\omega_0)R(s)\big|_{s = -j\omega_0} = \frac{A}{2}H(-j\omega_0)$$

$$K_2 = (s - j\omega_0)R(s)\big|_{s = j\omega_0} = \frac{A}{2}H(j\omega_0)$$

则

$$R_{ss}(s) = \frac{\dfrac{A}{2}H(-j\omega_0)}{s + j\omega_0} + \frac{\dfrac{A}{2}H(j\omega_0)}{s - j\omega_0}$$

反变换得到稳态响应

$$r_{ss}(t) = \frac{A}{2}H(-j\omega_0)e^{-j\omega_0 t} + \frac{A}{2}H(j\omega_0)e^{j\omega_0 t}, \quad t > 0 \tag{5-56}$$

将 $H(j\omega_0)$ 表示成幅度、相位形式

$$H(j\omega_0) = |H(j\omega_0)| e^{j \arg H(j\omega_0)}$$

根据傅里叶变换的共轭对称性,有

$$H(-j\omega_0) = |H(j\omega_0)| e^{-j \arg H(j\omega_0)}$$

则式(5-56)成为

$$r_{ss}(t) = \frac{A}{2}|H(j\omega_0)| e^{-j \arg H(j\omega_0)} e^{-j\omega_0 t} + \frac{A}{2}|H(j\omega_0)| e^{j \arg H(j\omega_0)} e^{j\omega_0 t}$$

$$= \frac{A}{2}|H(j\omega_0)| \left[e^{-j(\omega_0 t + \arg H(j\omega_0))} + e^{j(\omega_0 t + \arg H(j\omega_0))} \right]$$

$$= A|H(j\omega_0)| \cos[\omega_0 t + \arg H(j\omega_0)], \quad t > 0$$

因此,当输入信号为单边正弦信号

$$e(t) = A\cos(\omega_0 t)u(t)$$

经过稳定系统,得到的稳态响应为

$$r_{ss}(t) = A|H(j\omega_0)| \cos[\omega_0 t + \arg H(j\omega_0)] u(t) \tag{5-57}$$

其中

$$H(j\omega_0) = H(s)\big|_{s=j\omega_0} \tag{5-58}$$

单边正弦信号通过稳定系统的响应包括两部分,一部分属于暂态响应,由 $H(s)$ 的极点决定衰减速度;另一部分是稳态响应,由激励信号(单边正弦信号)的极点引起,而且是与激励信号同频率的正弦信号,其幅度和相位由系统在正弦信号频率点的频率响应加权。幅频 $|H(j\omega_0)|$ 加权于正弦输出的幅度,相频 $\arg H(j\omega_0)$ 加权于正弦输出的相角。

【**例题 5.25**】 输入信号 $e(t) = \cos(100t)u(t)$,通过系统 $h(t) = 2e^{-100t}u(t)$,求稳态响应和暂态响应。

解:

$$H(s) = \frac{2}{s+100}$$

极点 $p = -100$ 落于 s 左半平面,系统稳定。

输入信号的频率 $\omega_0 = 100$,则

$$H(j\omega_0) = H(j100) = \frac{2}{j100+100} = \frac{\sqrt{2}}{100}e^{-j\frac{\pi}{4}}$$

根据式(5-58),得稳态响应

$$r_{ss}(t) = \frac{\sqrt{2}}{100}\cos\left(100t - \frac{\pi}{4}\right)u(t)$$

下面求暂态响应。

输入信号的拉普拉斯变换

$$E(s) = \frac{s}{s^2+100^2}$$

则

$$R(s) = E(s) \cdot H(s) = \frac{s}{s^2+100^2} \cdot \frac{2}{s+100} = \frac{K_1}{s+100} + \frac{K_2 s + K_3}{s^2+100^2}$$

$$K_1 = (s+100)\frac{s}{s^2+100^2} \cdot \frac{2}{s+100}\bigg|_{s=-100} = -\frac{1}{100}$$

故暂态响应

$$R_{ts}(s) = \frac{-1/100}{s+100}$$

$$r_{ts}(t) = -\frac{1}{100}e^{-100t}u(t)$$

稳态响应与输入信号同频率,暂态响应由系统的极点决定衰减速度。

对于任意角频率 ω,式(5-58)可以表示为

$$H(j\omega) = H(s)\big|_{s=j\omega} \tag{5-59}$$

式(5-59)是系统频率响应的另一种表示,对于 BIBO 稳定系统,系统的频率响应 $H(j\omega)$ 等于系统函数 $H(s)$ 在 $j\omega$ 轴上的取值。例题 5.25 的系统的频率响应

$$H(j\omega) = H(s)\big|_{s=j\omega} = \frac{2}{j\omega+100}$$

实际上,在傅里叶积分收敛的情况下,$j\omega$ 轴上的拉普拉斯变换等于傅里叶变换。因此,一般也将 s 平面的 $j\omega$ 轴称为频率轴,将 s 域分析称为复频域分析。

提示:对于因果稳定信号或系统,$j\omega$ 轴上的拉普拉斯变换就是其傅里叶变换。

2. 正弦信号通过稳定系统

如果激励信号为正弦信号

$$e(t) = A\cos(\omega_0 t)$$

这是双边信号,不能用单边拉普拉斯变换求解。下面用傅里叶分析方法求解正弦信号通过稳定系统的响应。

激励信号的傅里叶变换为

$$E(j\omega) = A[\pi\delta(\omega + \omega_0) + \pi\delta(\omega - \omega_0)]$$

对于 BIBO 稳定系统

$$H(j\omega) = H(s)\big|_{s=j\omega}$$

故

$$
\begin{aligned}
R(j\omega) &= E(j\omega) \cdot H(j\omega) \\
&= A[\pi\delta(\omega + \omega_0) + \pi\delta(\omega - \omega_0)] \cdot H(j\omega) \\
&= A[\pi H(-j\omega_0)\delta(\omega + \omega_0) + \pi H(j\omega_0)\delta(\omega - \omega_0)]
\end{aligned}
\tag{5-60}
$$

令

$$H(j\omega_0) = |H(j\omega_0)| e^{j\arg H(j\omega_0)}$$

$$H(-j\omega_0) = |H(j\omega_0)| e^{-j\arg H(j\omega_0)}$$

代入式(5-60),得

$$
\begin{aligned}
R(j\omega) &= A[\pi|H(j\omega_0)|e^{-j\arg H(j\omega_0)}\delta(\omega + \omega_0) + \pi|H(j\omega_0)|e^{j\arg H(j\omega_0)}\delta(\omega - \omega_0)] \\
&= A|H(j\omega_0)|[\pi e^{-j\arg H(j\omega_0)}\delta(\omega + \omega_0) + \pi e^{j\arg H(j\omega_0)}\delta(\omega - \omega_0)]
\end{aligned}
$$

对上式进行傅里叶反变换,考虑

$$
\begin{cases}
\mathscr{F}^{-1}[2\pi\delta(\omega + \omega_0)] = e^{-j\omega_0 t} \\
\mathscr{F}^{-1}[2\pi\delta(\omega - \omega_0)] = e^{j\omega_0 t}
\end{cases}
$$

则

$$
\begin{aligned}
r(t) &= A|H(j\omega_0)|\left[e^{-j\arg H(j\omega_0)} \cdot \frac{1}{2}e^{-j\omega_0 t} + e^{j\arg H(j\omega_0)} \cdot \frac{1}{2}e^{j\omega_0 t}\right] \\
&= \frac{1}{2}A|H(j\omega_0)|[e^{-j(\omega_0 t + \arg H(j\omega_0))} + e^{j(\omega_0 t + \arg H(j\omega_0))}] \\
&= A|H(j\omega_0)|\cos(\omega_0 t + \arg H(j\omega_0))
\end{aligned}
\tag{5-61}
$$

这就是正弦信号 $A\cos(\omega_0 t)$ 通过 BIBO 稳定系统的响应,这是一个稳态解,输出依然是同频率的正弦信号,只是幅度和相位被正弦信号的频率点处的频率响应加权。

深层分析:

有趣的是,正弦信号 $A\cos(\omega_0 t)$ 通过稳定系统的响应与单边正弦信号 $A\cos(\omega_0 t)u(t)$

通过稳定系统的稳态响应完全一样,这是为什么?

因为 $A\cos(\omega_0 t)$ 从 $t=-\infty$ 开始加入并作用于系统,那么,到任何有限时刻 t_0 时暂态分量已经消失(从 $t=-\infty$ 到 t_0 经历了无限长时间),留下的当然仅仅是稳态分量了。

5.9 系统的零极点分布与频率特性

本节分析系统的零极点分布与系统的频率响应之间的关系,即 $H(s)$ 的零极点怎样决定 $H(j\omega)$。

对于因果稳定系统,$H(s)$ 的极点全部位于 s 左半平面,其单位冲激响应 $h(t)$ 随着 t 的增大而衰减,系统函数

$$H(s) = \int_0^{+\infty} h(t) e^{-st} \, dt$$

以及频率响应

$$H(j\omega) = \int_0^{+\infty} h(t) e^{-j\omega t} \, dt$$

都是存在的(积分收敛),而且满足

$$H(j\omega) = H(s) \big|_{s=j\omega}$$

因此,稳定系统的频率响应 $H(j\omega)$ 可以通过系统函数 $H(s)$ 得到,只要令 $s=j\omega$ 即可。这就是系统频率响应的零极点确定法的缘由所在。

视频讲解

5.9.1 稳定系统频率响应的几何确定法

将 $H(s)$ 表示成零极点的形式

$$H(s) = K \frac{(s-z_1)(s-z_2)\cdots(s-z_m)}{(s-p_1)(s-p_2)\cdots(s-p_n)}$$

令 $s=j\omega$,得到系统的频率响应

$$H(j\omega) = K \frac{(j\omega-z_1)(j\omega-z_2)\cdots(j\omega-z_m)}{(j\omega-p_1)(j\omega-p_2)\cdots(j\omega-p_n)} \tag{5-62}$$

实际上,s 平面($s=\sigma+j\omega$)的虚轴 $j\omega$ 就是傅里叶变换的自变量频率 ω。为了画出系统的频率响应特性曲线,在具有零极点分布的 s 平面上,将 s 限制为 $j\omega$,即 s 的取值范围仅仅在 s 平面的虚轴上。

对于任意的 ω,式(5-62)的分子、分母的每个因子都可看作 s 平面的矢量。当频率 ω 改变时,矢量也随之改变,自然,矢量的长度和相角也随之在变,如图 5-21 所示。

将矢量表示成幅度和相角

$$j\omega - z_k = |j\omega - z_k| e^{j\psi_k}$$

$$j\omega - p_i = |j\omega - p_i| e^{j\theta_i}$$

则系统频率响应的幅度,即幅频特性为

$$|H(j\omega)| = |K| \frac{|j\omega-z_1| |j\omega-z_2| \cdots |j\omega-z_m|}{|j\omega-p_1| |j\omega-p_2| \cdots |j\omega-p_n|} \tag{5-63}$$

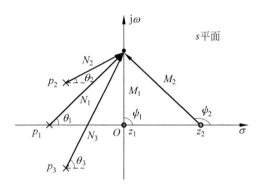

图 5-21　几何法确定系统的频率响应

式(5-63)表明,$|H(\mathrm{j}\omega)|$ 由"每个零点的矢量长度之积"除以"每个极点的矢量长度之积"并乘以系数 $|K|$ 得到。

系统频率响应的相位,即相频特性

$$\angle H(\mathrm{j}\omega) = \angle K + [\angle(\mathrm{j}\omega - z_1) + \angle(\mathrm{j}\omega - z_2) + \cdots + \angle(\mathrm{j}\omega - z_m)] -$$
$$[\angle(\mathrm{j}\omega - p_1) + \angle(\mathrm{j}\omega - p_2) + \cdots + \angle(\mathrm{j}\omega - p_n)] \tag{5-64}$$

$\angle H(\mathrm{j}\omega)$ 由系数 K 的相位加上"每个零点的矢量的相角之和"再减去"每个极点的矢量的相角之和"得到。K 是常数,其相位

$$\angle K = \begin{cases} 0, & K > 0 \\ \pm\pi, & K < 0 \end{cases} \tag{5-65}$$

当频率从直流开始增大直至无穷大频率时,相当于 ω 从 $\omega=0$ 开始增大直至 $\omega \to \infty$,各个矢量的终点将从坐标原点沿着 $\mathrm{j}\omega$ 轴向上移动直至无穷远点。那么,各个矢量的长度和相角都将发生变化。画出 $|H(\mathrm{j}\omega)|$-ω 的关系曲线就是系统的幅频特性,$\angle H(\mathrm{j}\omega)$-$\omega$ 的关系曲线就是系统的相频特性。

将 $H(\mathrm{j}\omega)$ 表示成

$$H(\mathrm{j}\omega) = |H(\mathrm{j}\omega)| \mathrm{e}^{\mathrm{j}\varphi(\omega)}$$

用 M_k 表示分子矢量的长度,ψ_k 为分子矢量的相角；N_i 表示分母矢量的长度,θ_i 是分母矢量的相角,则根据式(5-62),有

$$|H(\mathrm{j}\omega)| = |K| \frac{M_1 M_2 \cdots M_m}{N_1 N_2 \cdots N_n} \tag{5-66}$$

$$\varphi(\omega) = \angle K + (\psi_1 + \psi_2 + \cdots + \psi_m) - (\theta_1 + \theta_2 + \cdots + \theta_n) \tag{5-67}$$

5.9.2　系统的频率响应分析举例

【例题 5.26】　RC 电路如图 5-22 所示,分析该电路的频率响应特性。

解:

$$H(s) = \frac{R}{R + 1/(Cs)} = \frac{s}{s + 1/RC}$$

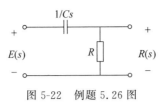

图 5-22　例题 5.26 图

零点 $z=0$，极点 $p=-1/RC$，系统稳定，画出零极点分布图，如图 5-23 所示。

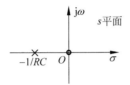

图 5-23　电路的零极点分布

$$|H(\mathrm{j}\omega)|=\frac{M_1}{N_1}, \quad \varphi(\omega)=\psi_1-\theta_1$$

当 $\omega=0$ 时，$\mathrm{j}\omega$ 位于坐标原点，与零点重合，见图 5-24(a)，此时 $H(\mathrm{j}\omega)$ 的分子等于零，即 $M_1=0$；分母矢量长度 $N_1=1/RC$，则

$$|H(\mathrm{j}\omega)|=\frac{M_1}{N_1}=0$$

当频率从正的一侧趋近于零时，分子矢量的相角为 $\pi/2$，而分母矢量的相角趋近于零，即 $\psi_1=\pi/2$，$\theta_1=0$，故

$$\varphi(\omega)=\psi_1-\theta_1=\pi/2$$

当频率 ω 增大时，矢量终点沿着 $\mathrm{j}\omega$ 轴向上移动，见图 5-24(b)，M_1 增大，N_1 也增大，但 M_1 的增大速度大于 N_1 的增大速度，因此，随着 ω 的增大，幅频特性 $|H(\mathrm{j}\omega)|$ 将增大。另外，随着 ω 的增大，分子矢量的相角为 $\pi/2$ 不变，但分母矢量的相角增大，因此，相频特性 $\varphi(\omega)=\psi_1-\theta_1$ 将变小。

当 $\omega=1/RC$ 时，$M_1=1/RC$，$N_1=\sqrt{2}\,(1/RC)$，$\psi_1=\pi/2$，$\theta_1=\pi/4$，因此

$$|H(\mathrm{j}\omega)|=1/\sqrt{2}, \quad \varphi(\omega)=\psi_1-\theta_1=\pi/4$$

当频率 ω 趋于正无穷大时，见图 5.24(c)，此时，分子、分母的矢量长度都趋于无穷大，幅频特性

$$|H(\mathrm{j}\omega)|=\frac{M_1}{N_1} \to 1$$

此时，分子矢量的相角为 $\pi/2$，分母矢量的相角也趋于 $\pi/2$，因此，相频特性 $\varphi(\omega)=\psi_1-\theta_1$ 趋于 0。

画出幅频特性曲线和相频特性曲线，如图 5-25 所示。

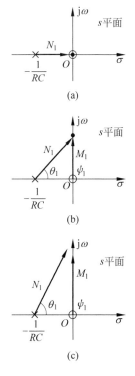

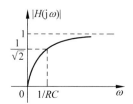

(a) 幅度频响特性曲线

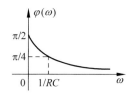

(b) 相位频响特性曲线

图 5-24　频率响应的几何确定法　　图 5-25　例题 5.26 电路的频响特性曲线

由此判断,该电路系统是一个高通滤波器。实际上,从电路结构以及输入输出关系也容易判断该 RC 电路具有高通特性。

问题思考,如果系统的输出不是电阻 R 两端的电压,而是电容 C 两端的电压,该电路具有什么滤波特性? 系统函数以及零极点又是怎样的?

【**例题 5.27**】　系统的零极点分布如图 5-26 所示,画出系统的幅度频响特性和相位频响特性,指出该系统是哪种滤波器。

解:系统稳定,用几何确定法分析频响特性,如图 5-27 所示。

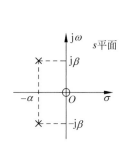

图 5-26　例题 5.27 图

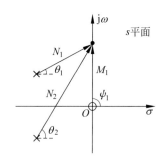

图 5-27　频率响应的几何确定法

幅度频响特性

$$|H(j\omega)| = |K| \frac{M_1}{N_1 N_2}$$

对于相位频响特性,由于系统没有给出其他条件确定系数 K,为简单起见,这里假设 $K > 0$。因此,相频特性

$$\varphi(\omega) = \psi_1 - (\theta_1 + \theta_2)$$

(1) 当 $\omega = 0$ 时,$M_1 = 0$,$N_1 = N_2 = \sqrt{\alpha^2 + \beta^2}$,$\psi_1 = \pi/2$,$\theta_1 = -\theta_2$,故有

$$|H(j\omega)| = 0, \quad \varphi(\omega) = \pi/2$$

(2) 当 ω 从 0 开始增大时,M_1 增大,N_1 减小,N_2 增大,而且 M_1 的增长速度很快,因此,$|H(j\omega)|$ 将增大。$\psi_1 = \pi/2$ 不变,$|\theta_1|$ 减小,θ_2 增大,故 $\varphi(\omega) = \psi_1 - (\theta_1 + \theta_2)$ 将变小。

(3) 当 $\omega \to \infty$ 时,$M_1 \to \infty$,$N_1 \to \infty$,$N_2 \to \infty$,因此 $|H(j\omega)| = K \dfrac{M_1}{N_1 N_2} \to 0$;$\psi_1 = \pi/2$ 不变,$\theta_1 \to \pi/2$,$\theta_2 \to \pi/2$,故 $\varphi(\omega) = \psi_1 - (\theta_1 + \theta_2) \to -\pi/2$。

画出幅度频响特性和相位频响特性,如图 5-28 所示。

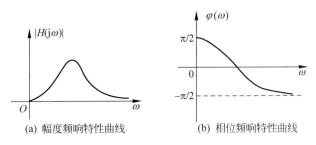

(a) 幅度频响特性曲线　　　(b) 相位频响特性曲线

图 5-28　系统的频响特性曲线

由幅频特性可知,这是一个带通滤波器。

小结:

(1) 由零极点确定系统的频率响应,采用几何确定法既简单又有效。但是,需要注意的是,此方法只适于 BIBO 稳定系统。因为,只有 BIBO 稳定系统才满足

$$H(j\omega) = H(s)\big|_{s=j\omega}$$

(2) 上述例题中,只画出了正频率部分的频率响应,这是系统真实的频响特性。当然,也可以根据幅频偶对称、相频奇对称的特点,画出完整的频率响应特性。

(3) 不难总结出零极点分布与系统频率响应的一些特点,例如,如果坐标原点处有零点,则 $|H(j0)| = 0$,系统会滤除直流成分。又如,对于一阶系统(只有一个极点),低通滤波器只能在负实轴上有一个极点,没有零点;高通滤波器在负实轴上有一个极点,在坐标原点处有一个零点。而一阶系统无法实现带通或带阻滤波器,等等,读者可自己加以分析总结。

视频讲解

5.10 全通系统和最小相位系统

5.10.1 全通系统

一般的实际系统,幅频特性 $|H(j\omega)|$ 是 ω 的函数,或具有低通滤波特性,或具有高通、带通等其他滤波性能,信号通过系统后频率成分将被改变。

$$R(j\omega) = E(j\omega)H(j\omega)$$

但是,如果系统的幅频特性是常数,即

$$|H(j\omega)| = K \qquad (5-68)$$

则

$$|R(j\omega)| = K|E(j\omega)|$$

这种系统允许信号的频率成分全部等量地通过,这种系统即全通系统。

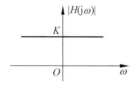

图 5-29 全通系统的幅频特性曲线

全通系统的幅频特性如图 5-29 所示。

那么,什么样的零极点分布会使得幅频特性是常数呢?首先要保证系统是稳定的,因此,极点全部位于 s 左半平面,如果零点全部位于 s 右半平面,且与极点关于 $j\omega$ 轴镜像对称,如图 5-30 所示,那么根据几何确定法,由于 $N_1 = M_1$,$N_2 = M_2$,$N_3 = M_3$,有

$$|H(j\omega)| = K\frac{N_1 N_2 N_3}{M_1 M_2 M_3} = K$$

系统的幅频特性为常数,即全通系统。

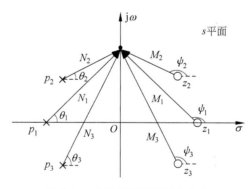

图 5-30 全通系统的零极点分布

因此,全通系统的零极点分布特征是,系统函数的极点全部位于 s 左半平面,零点全部位于 s 右半平面,且零极点关于 $j\omega$ 轴呈镜像对称分布。

这样分布的零极点,其相频特性

$$\varphi(\omega) = (\psi_1 + \psi_2 + \psi_3) - (\theta_1 + \theta_2 + \theta_3)$$

随着 ω 的变化,相频特性呈现单调衰减的变化趋势。零极点的位置不同(实数零极点或复数零极点),相频特性曲线会有所不同,但随着 ω 增加单调下降是全通系统相频特性一致的规律。

5.10.2 最小相位系统

在实际应用中,很多时候希望信号通过某个系统的延时最小。在信号与系统的频域分析中,时域的延时在频域中体现的是相位特性。最小相位系统具有最小的延时;反之,最大相位系统对信号的延时最大。

在 5.6 节零极点与时间特性的关系中,零点影响波形的幅度和相位,因此,对于具有一致的时间特性和滤波特性的系统来讲,最小相位系统或最大相位系统应该考虑的是零点。

下面考虑三个系统,如图 5-31 所示,它们的极点完全相同,因此这三个系统的波形是一致的。零点分别处于三种情况,全部位于 s 左半平面、分别位于 s 左右平面以及全部位于 s 右半平面。虽然位置不同,但它们相对应的零点的矢量长度是相等的。因此三个系统的幅频特性也相同,即它们具有相同的滤波特性。

相频特性

$$\varphi(\omega) = (\psi_1 + \psi_2 + \psi_3) - (\theta_1 + \theta_2 + \theta_3)$$

由于极点相同,所以三个系统的 $(\theta_1 + \theta_2 + \theta_3)$ 相同,不同的是 $(\psi_1 + \psi_2 + \psi_3)$。不难发现,图 5-31(a)的 $(\psi_1 + \psi_2 + \psi_3)$ 最小,图 5-31(b)次之,图 5-31(c)的 $(\psi_1 + \psi_2 + \psi_3)$ 最大。因此,三个系统的相位特性关系是 $\varphi_a(\omega) < \varphi_b(\omega) < \varphi_c(\omega)$。也就是说,具有同样的波形形状、同样的滤波特性的三个系统,图 5-31(a)系统具有最小的相位,图 5-31(c)系统具有最大的相位,图 5-31(b)系统介于二者之间。

一般将图 5-31(a)系统称为最小相位系统,这种系统对信号产生最小的延时;将图 5-31(c)系统称为最大相位系统,对信号产生最大的延时,图 5-31(b)系统称为非最小相位系统。或者将图 5-31(b)和图 5-31(c)系统统称为非最小相位系统。因此,当系统的零点仅仅位于 s 左半平面或 $j\omega$ 轴上时,该系统是最小相位系统。

对于一个非最小相位系统,可以表示成最小相位系统与全通系统的级联,如图 5-32 所示。

$$H(s) = H_{\min}(s) \cdot H_{\mathrm{all}}(s) \tag{5-69}$$

【例题 5.28】 系统零极点分布如图 5-33 所示,分析系统是否是最小相位系统? 如果不是,将其化成最小相位系统和全通系统的级联。

解:由于右半平面有零点,所以不是最小相位系统。

将右半平面的零点镜像移到左半平面,为了保持原系统的系统函数不变,需要级联一个全通系统。

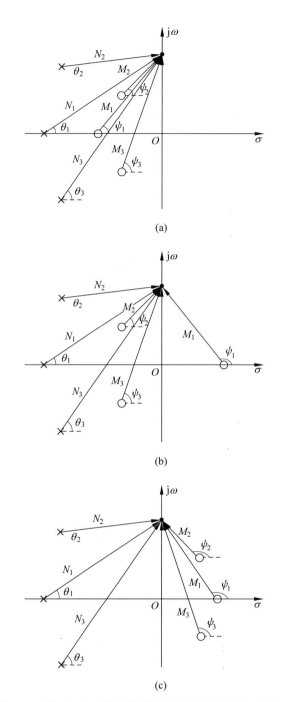

(a)

(b)

(c)

图 5-31　最小相位系统以及非最小相位系统的零极点分布

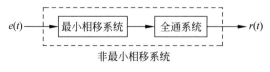

图 5-32　非最小相位系统

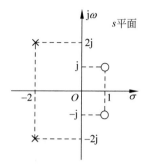

图 5-33 例题 5.28 图

$$H(s) = K \frac{[s-(1+j)][s-(1-j)]}{[s-(-2+j2)][s-(-2-j2)]}$$

$$= K \frac{[s-(1+j)][s-(1-j)]}{[s-(-2+j2)][s-(-2-j2)]} \cdot \frac{[s-(-1+j)][s-(-1-j)]}{[s-(-1+j)][s-(-1-j)]}$$

$$= K \underbrace{\frac{[s-(-1+j)][s-(-1-j)]}{[s-(-2+j2)][s-(-2-j2)]}}_{\text{最小相位系统}} \cdot \underbrace{\frac{[s-(1+j)][s-(1-j)]}{[s-(-1+j)][s-(-1-j)]}}_{\text{全通系统}}$$

$$H_{\min}(s) = K \frac{[s-(-1+j)][s-(-1-j)]}{[s-(-2+j2)][s-(-2-j2)]}$$

$$= K \frac{s^2 + 2s + 2}{s^2 + 4s + 8}$$

最小相位系统在右半平面没有零点,如图 5-34(a)所示。

$$H_{\text{all}}(s) = \frac{[s-(1+j)][s-(1-j)]}{[s-(-1+j)][s-(-1-j)]} = \frac{s^2 - 2s + 2}{s^2 + 2s + 2}$$

全通系统的零极点关于 $j\omega$ 轴镜像对称,如图 5-34(b)所示。

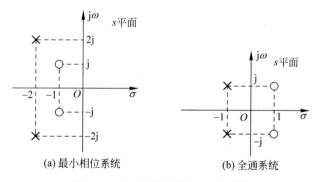

(a) 最小相位系统　　　　　(b) 全通系统

图 5-34 最小相位系统和全通系统

　　需要注意的是,在将非最小相位系统化成最小相位系统与全通系统的级联时,$j\omega$ 轴上的零点无须处理。

视频讲解

5.11 连续时间系统的物理模型

在系统分析中,除电路等实际物理系统外,很多时候是以框图的形式来表示系统,这就是系统的物理模型。本节介绍系统的基本结构形式,以及怎样由系统的数学模型得到其物理模型。

5.11.1 系统的基本结构

1. 系统的级联

在时域,级联系统的单位冲激响应等于子系统单位冲激响应作"卷积"运算。而且,交换子系统的前后顺序不影响系统总的单位冲激响应。

$$h(t) = h_1(t) * h_2(t)$$

根据时域卷积定理,在 s 域,级联子系统的系统函数等于子系统的系统函数作"乘法"运算,即

$$\begin{cases} H(s) = H_1(s)H_2(s) \\ R(s) = E(s)H_1(s)H_2(s) \end{cases} \tag{5-70}$$

级联结构如图 5-35 所示。

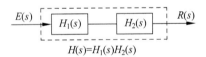

图 5-35　系统的级联结构

2. 系统的并联

并联系统的单位冲激响应等于子系统单位冲激响应作"加法"运算,即

$$h(t) = h_1(t) + h_2(t)$$

两端拉普拉斯变换,可知在 s 域,并联系统的系统函数等于子系统的系统函数相加。

$$\begin{cases} H(s) = H_1(s) + H_2(s) \\ R(s) = E(s)[H_1(s) + H_2(s)] \end{cases} \tag{5-71}$$

并联结构如图 5-36 所示。

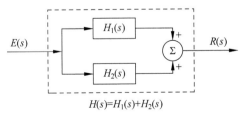

图 5-36　系统的并联结构

3. 反馈系统

图 5-37 所示为反馈系统的结构,其中,$G(s)$ 为前向通路的转移函数,$Q(s)$ 为反向通路的转移函数,$\varepsilon(s)$ 为误差函数。

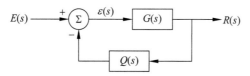

图 5-37　反馈系统的结构

根据结构图可以写出

$$\begin{cases} \varepsilon(s) = E(s) - Q(s) \cdot R(s) \\ R(s) = \varepsilon(s) \cdot G(s) \end{cases}$$

消去 $\varepsilon(s)$,得

$$H(s) = \frac{R(s)}{E(s)} = \frac{G(s)}{1 + G(s)Q(s)} \tag{5-72}$$

反馈系统是一种非常有用而且常见的系统结构,反馈系统的作用很多,可以通过反馈系统求系统的逆系统;反馈系统还可以改善系统的非线性、拓宽系统的通频带、改善系统的稳定性等。

【例题 5.29】 如图 5-38 所示的系统结构,a 和 b 都大于零,如果系统稳定,求 K 的取值范围。

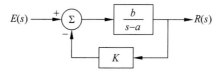

图 5-38　例题 5.29 图

解:

$$H(s) = \frac{G(s)}{1 + G(s)Q(s)} = \frac{\dfrac{b}{s-a}}{1 + \dfrac{b}{s-a}K} = \frac{b}{s - a + bK}$$

极点 $p = a - bK$。如果系统稳定,则 $a - bK < 0$,即 $K > a/b$。

实际上,如果没有反馈,由于 $\dfrac{b}{s-a}$ 的极点在 s 右半平面($p_1 = a$, $a > 0$),系统本来不稳定,加入一个负反馈,使得不稳定系统变成稳定系统。

在实际工程中,一个系统往往是既有级联、并联又有反馈等的复合结构。

*5.11.2　连续时间系统的模拟

为什么要进行系统模拟?

在系统分析中,对系统进行数学描述和分析无疑是非常重要的,但是,在实际中,一个庞大而复杂的系统如果遵循"建立数学模型,然后求解"这样的分析思路,难度可能很大。如果将系统分解成一些基本单元,由基本单元再组成复杂系统,通过对基本单元的分析进而对系统整体分析,就可以大大简化分析过程。因此,建立系统的物理模型是必要的。另外,有时也需要对系统进行模拟实验,通过显示设备将结果显示出来。这样,当系统的参数或输入信号改变时,系统响应的变化就能通过实验来进行观察,从而便于确定最佳的系统参数和工作条件。这里所说的系统模拟,并不是指在实验室里仿制该系统,而是数学意义上的模拟,用来模拟的装置和原系统在输入输出的关系上可以用同样的微分方程来描述。

因此,系统的模拟是指根据系统的数学模型用一定的元件来仿真实际系统,进而可以通过实验手段进行参数分析,达到优化系统的目的。在系统的数学描述中,微分方程是系统的数学模型,系统函数是系统的 s 域表征;而系统模拟得到的就是系统的物理模型——框图。本节的内容是由微分方程或系统函数画出系统的框图,即根据系统的数学描述得到物理模型。

连续 LTI 系统的数学模型是微分方程,一个线性常系数微分方程包括加法运算、乘法运算和微分运算,因此,系统模拟需要的元件应该包括加法器、标量乘法器和微分器。但在实际应用中,微分器对噪声和误差较为敏感,因此一般使用积分器。图 5-39 示出了连续时间系统模拟所需要的元件。

为了简化表示,标量乘法器也可以简化成图 5-40。

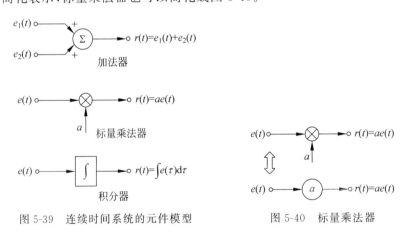

图 5-39　连续时间系统的元件模型　　　图 5-40　标量乘法器

下面以一个例子来说明用积分器、标量乘法器和加法器来模拟连续时间 LTI 系统的过程及方法。

假设某系统的数学模型为

$$\frac{\mathrm{d}^2}{\mathrm{d}t^2}r(t) + a_1 \frac{\mathrm{d}}{\mathrm{d}t}r(t) + a_2 r(t) = b_1 \frac{\mathrm{d}}{\mathrm{d}t}e(t) + b_2 e(t) \tag{5-73}$$

为了用积分器模拟,对上式进行两次积分,得

$$r(t) + a_1 \int r(\tau)\mathrm{d}\tau + a_2 \iint r(\tau)\mathrm{d}\tau = b_1 \int e(\tau)\mathrm{d}\tau + b_2 \iint e(\tau)\mathrm{d}\tau$$

设中间变量 $x(t)$,即

$$b_1 \int e(\tau)\mathrm{d}\tau + b_2 \iint e(\tau)\mathrm{d}\tau = x(t) \tag{5-74}$$

以及

$$r(t) + a_1 \int r(\tau)\mathrm{d}\tau + a_2 \iint r(\tau)\mathrm{d}\tau = x(t) \tag{5-75}$$

先模拟式(5-74),得到如图 5-41 所示的框图。接下来模拟式(5-75),将其整理成

$$r(t) = x(t) - a_1 \int r(\tau)\mathrm{d}\tau - a_2 \iint r(\tau)\mathrm{d}\tau$$

得到图 5-42 所示的框图。

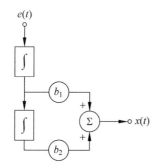

图 5-41　式(5-74)的物理模型

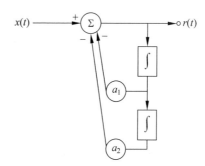

图 5-42　式(5-75)的物理模型

将两个子系统合到一起,如图 5-43 所示。

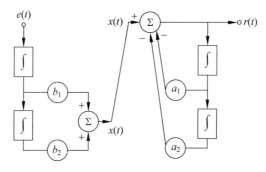

图 5-43　总的物理模型

实际上,对于二阶微分方程,一般只需两个动态元件(积分器)就可以了。而且对于 LTI 系统,可以交换级联子系统的次序,系统函数不变,即系统的输入输出关系不变。为此将左右两个子系统交换顺序,得到如图 5-44 所示的结构。

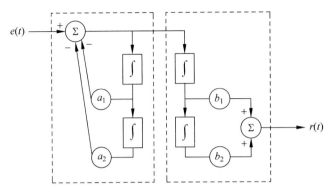

图 5-44 交换子系统的顺序

省却其中一套背靠背的积分器,就得到如图 5-45 所示的系统结构。

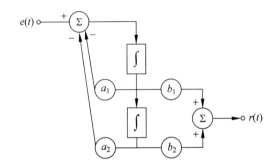

图 5-45 省却一对积分器

将图形逆时针旋转 $90°$,画成习惯画法,如图 5-46 所示。

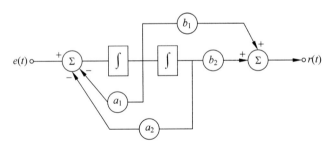

图 5-46 微分方程的物理模型

这就是式(5-73)微分方程表示的系统的模拟框图,也即该系统的物理模型。

其实,微分方程和其模拟框图之间有着内在的对应关系,找到对应关系,就可以由微分方程直接画出系统的框图。

首先根据微分方程写出系统函数

$$H(s) = \frac{b_1 s + b_2}{s^2 + a_1 s + a_2}$$

将 $H(s)$ 写成积分器($1/s$)的形式

$$H(s) = \frac{b_1/s + b_2/s^2}{1 + a_1/s + a_2/s^2} \tag{5-76}$$

其对应的模拟框图如图 5-47 所示，$1/s$ 表示积分器。

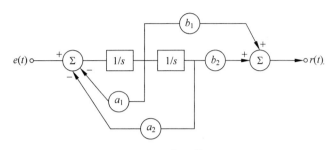

图 5-47　物理模型

对比积分器形式的系统函数与系统框图之间的关系，不难发现，当系统函数 $H(s)$ 的分母常数项归一化后，$H(s)$ 的分母对应框图的反馈回路部分，正负号相反；$H(s)$ 的分子对应框图的前向通路部分，正负号一致。按此规律，就可以画出任意阶微分方程的模拟框图。

例如，

$$\frac{\mathrm{d}^n}{\mathrm{d}t^n} r(t) + a_1 \frac{\mathrm{d}^{n-1}}{\mathrm{d}t^{n-1}} r(t) + \cdots + a_n r(t)$$

$$= b_0 \frac{\mathrm{d}^m}{\mathrm{d}t^m} e(t) + b_1 \frac{\mathrm{d}^{m-1}}{\mathrm{d}t^{m-1}} e(t) + \cdots + b_m e(t) \tag{5-77}$$

则

$$H(s) = \frac{b_0 s^m + b_1 s^{m-1} + \cdots + b_m}{s^n + a_1 s^{n-1} + a_2 s^{n-2} + \cdots + a_n}$$

$$= \frac{b_0/s^{n-m} + b_1/s^{n-m+1} + b_2/s^{n-m+2} + \cdots + b_{m-1}/s^{n-1} + b_m/s^n}{1 + a_1/s + a_2/s^2 + \cdots + a_{n-1}/s^{n-1} + a_n/s^n} \tag{5-78}$$

其模拟框图如图 5-48 所示。

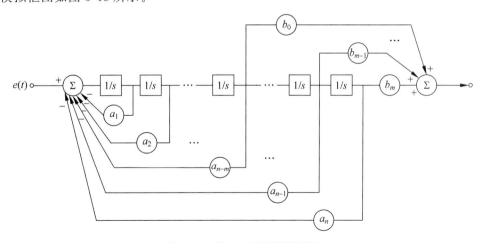

图 5-48　微分方程的模拟框图

需要说明的是,对于一个LTI系统,其数学描述(微分方程、系统函数)是唯一确定的,但其物理模型(系统的结构框图)却不是唯一的。改变系统的内部结构,只要保证端口的输入输出关系不变,都是该系统的模拟框图。实际上,微分方程和系统函数属于系统的端口分析。

【例题5.30】 系统的微分方程为

$$\frac{\mathrm{d}^2}{\mathrm{d}t^2}r(t) + 3\frac{\mathrm{d}}{\mathrm{d}t}r(t) + 2r(t) = \frac{\mathrm{d}^2}{\mathrm{d}t^2}e(t) + \frac{\mathrm{d}}{\mathrm{d}t}e(t)$$

至少画出系统的两种结构。

解:由微分方程得到系统函数

$$H(s) = \frac{s^2 + s}{s^2 + 3s + 2} = \frac{1 + 1/s}{1 + 3/s + 2/s^2}$$

按照前述规律直接画出系统的一种结构,如图5-49(a)所示。

其实,可以将$H(s)$整理成另外一种表达形式,如

$$H(s) = \frac{s(s+1)}{(s+1)(s+2)} = \frac{s}{s+1} \cdot \frac{s+1}{s+2} = \frac{1}{1+1/s} \cdot \frac{1+1/s}{1+2/s}$$

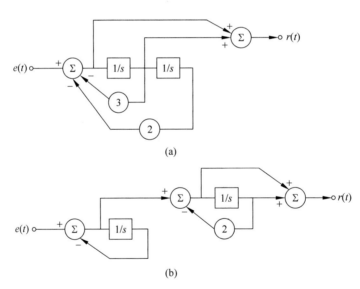

图5-49 例题5.30图

据此画出另一种结构,如图5-49(b)所示。

这两种结构具有相同的微分方程和相同的系统函数。

读者可自行思考一些其他的结构。

*5.12 双边拉普拉斯变换

5.12.1 拉普拉斯变换的收敛域

双边拉普拉斯变换的公式为

$$F_B(s) = \int_{-\infty}^{+\infty} f(t) e^{-st} \, dt$$

拉普拉斯变换的收敛域指的是在 s 平面上使拉普拉斯变换积分存在的那些 s 域的集合。当信号的时间取值范围不同时,其拉普拉斯变换的收敛域不同。

1. $f(t)$ 是因果信号

因果信号满足

$$f(t) = 0, \quad t < 0 \tag{5-79}$$

例如,$f(t) = e^{at}u(t)$,其拉普拉斯积分

$$F_B(s) = \int_0^{+\infty} f(t) e^{-st} \, dt = \int_0^{+\infty} e^{(a-\sigma)t} e^{-j\omega t} \, dt$$

如果积分收敛,要求 $a - \sigma < 0$,即 $\sigma > a$,或 $\mathrm{Re}(s) > a$。

而 $f(t)$ 的拉普拉斯变换为

$$F_B(s) = \frac{1}{s - a}$$

极点为 $p = a$。

因此,收敛域是最右边极点($p = \sigma_0$)所在的收敛轴的右半平面,这就是因果信号的拉普拉斯变换的收敛域,如图 5-50 所示。

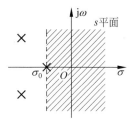

图 5-50 因果信号的拉普拉斯变换的收敛域

2. $f(t)$ 是反因果信号

$$f(t) = 0, \quad t > 0 \tag{5-80}$$

例如,$f(t) = e^{at}u(-t)$,其拉普拉斯积分

$$F_B(s) = \int_{-\infty}^{+\infty} f(t) e^{-st} \, dt = \int_{-\infty}^0 e^{at} e^{-st} \, dt = -\frac{1}{s-a}$$

极点为 $p=a$。

如果积分收敛,要求 $a-\sigma>0$,即 $\sigma<a$,或 $\mathrm{Re}(s)<a$。

因此反因果信号的双边拉普拉斯变换的收敛域为最左边极点($p=\sigma_0$)所在的收敛轴的左半平面,如图 5-51 所示。

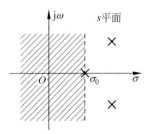

图 5-51　反因果信号的拉普拉斯变换的收敛域

3. $f(t)$ 是双边(非因果)信号

可以将信号表示成因果信号和反因果信号之和,即

$$f(t)=f_1(t)u(t)+f_2(t)u(-t) \tag{5-81}$$

其中,$f_1(t)u(t)$ 的收敛域为某个收敛轴的右半平面($\sigma>\sigma_1$),而 $f_2(t)u(-t)$ 的收敛域为某个收敛轴的左半平面($\sigma<\sigma_2$)。此时会出现两种情况,当 $\sigma_1<\sigma_2$ 时,存在拉普拉斯变换,收敛域为 $\sigma_1<\sigma<\sigma_2$,是带状收敛域。而当 $\sigma_1<0$ 且 $\sigma_2>0$ 时,收敛域包含 $j\omega$ 轴,如图 5-52 所示。当 $\sigma_1>\sigma_2$ 时,没有公共的收敛域,此时拉普拉斯变换不存在。

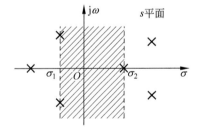

图 5-52　双边信号拉普拉斯变换的收敛域

4. $f(t)$ 是时限信号

拉普拉斯变换为

$$F_B(s)=\int_{\tau_1}^{\tau_2} f(t)\mathrm{e}^{-st}\,\mathrm{d}t$$

此时,$f(t)$ 的收敛域为全 s 平面,即全平面收敛,如图 5-53 所示。

当然,还有一些信号属于永远不收敛的情况,如 $f(t)=\mathrm{e}^{t^2}$ 或 $f(t)=\mathrm{e}^{\mathrm{e}^t}$,它们不存在拉普拉斯变换。实际上,这些信号几乎没有工程上的意义。

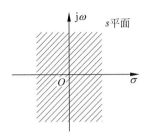

图 5-53　时限信号拉普拉斯变换的收敛域

5.12.2　因果系统、稳定系统的 s 域特征

对于 LTI 系统，系统函数的收敛域也会因系统的因果与否而分三种情况。因果系统 $(h(t)=0,t<0)$ 的收敛域为收敛轴的右半平面；反因果系统 $(h(t)=0,t>0)$ 的收敛域为收敛轴的左半平面；非因果系统 $(h(t)$ 为双边函数)的收敛域为带状收敛域。

对于稳定系统，其时域特征为

$$\int_{-\infty}^{+\infty}\left|h(t)\right|\mathrm{d}t<\infty$$

如果系统稳定，则在 $\mathrm{j}\omega$ 轴上的拉普拉斯变换

$$H(s)\big|_{s=\mathrm{j}\omega}=\int_{-\infty}^{+\infty}h(t)\mathrm{e}^{-\mathrm{j}\omega t}\,\mathrm{d}t<\infty$$

即在 $\mathrm{j}\omega$ 轴上收敛。

因此，对于稳定系统，不论是因果的还是非因果的，其收敛域包含 $\mathrm{j}\omega$ 轴，$\mathrm{j}\omega$ 轴上不能有极点。

对于因果稳定系统，同时考虑因果性和稳定性。因果性要求收敛域在收敛轴的右半平面，而稳定性又要求收敛域包含 $\mathrm{j}\omega$ 轴，因此，因果稳定系统的 s 域特征是所有极点全部位于 s 左半平面，这与前面 5.7 节是吻合的。

5.12.3　双边拉普拉斯变换与傅里叶变换的关系

傅里叶变换公式

$$F(\mathrm{j}\omega)=\int_{-\infty}^{+\infty}f(t)\mathrm{e}^{-\mathrm{j}\omega t}\,\mathrm{d}t$$

双边拉普拉斯变换公式

$$F(s)=\int_{-\infty}^{+\infty}f(t)\mathrm{e}^{-st}\,\mathrm{d}t$$

如果令 $s=\mathrm{j}\omega$，两个积分表达式是一致的。因此，对于绝对可积信号或稳定系统，由于收敛域包含 $\mathrm{j}\omega$ 轴，傅里叶积分和拉普拉斯积分都收敛，即傅里叶变换和拉普拉斯变换都存在，且

$$F(\mathrm{j}\omega) = F(s)\big|_{s=\mathrm{j}\omega} \qquad\qquad (5\text{-}82)$$

也就是说,对于绝对可积信号或稳定系统,傅里叶变换是 $\mathrm{j}\omega$ 轴上的拉普拉斯变换。

本章知识 MAP 见图 5-54。

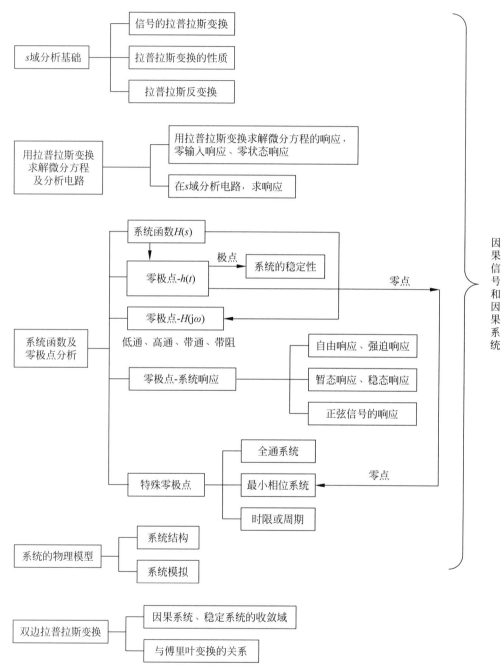

图 5-54　连续时间信号与系统的 s 域分析框图

本章结语

时域是真实世界,拉普拉斯变换仅仅是一个数学架构。有些在时域难以分析求解的问题,例如微分方程和电路,在 s 域变得异常简单。除此之外,拉普拉斯变换的另一个重要贡献是,用系统函数代替时域的微分方程来表示系统,通过系统函数或零极点来分析、设计系统。

本章的核心内容包括三大部分,第一部分为基础,也是信号的 s 域分析,包括拉普拉斯变换、拉普拉斯变换的性质以及拉普拉斯反变换。第二部分是将拉普拉斯变换作为工具求解电路或微分方程的响应。第三部分是系统函数及零极点分析,通过系统函数及零极点分析系统的时域特性、频域特性、因果稳定性以及分析系统的各种响应。

除此之外,借助于系统函数,可以建立系统的物理模型——框图。

实际上,系统函数作为系统分析的重要函数,是连接微分方程、单位冲激响应、系统结构框图之间的桥梁。而连续时间系统的 s 域分析方法更多的是"套数",按照分析"路数"分析即可,无须考虑太多的物理概念。

至此,信号与系统的端口分析方法和理论建立完毕。系统的描述方法有三种,一是系统的数学模型;二是系统的物理模型;三是系统的表征函数——单位冲激响应和系统函数。实际上,单位冲激响应和系统函数是同一概念在不同域的不同表示,一个是系统的时域表征,一个是系统的变换域表征。

本章知识解析

知识解析

习题

5-1　求下列信号的拉普拉斯变换。

(1) $f(t)=2\delta(t)+3e^{-2t}u(t)$　　(2) $f(t)=e^{-t}\cos(2t)u(t)$

(3) $f(t)=te^{-2t}u(t)$　　(4) $f(t)=\sin(2t)u(t-1)$

5-2　求下列拉普拉斯变换所对应的时间函数的初值与终值。

(1) $F(s)=\dfrac{s-1}{s+2}$　　(2) $F(s)=\dfrac{3s+2}{s(s^2+4)}$

5-3　求下列信号的拉普拉斯反变换。

（1）$F(s) = \dfrac{4s+5}{s^2+5s+6}$ 　　　　　（2）$F(s) = \dfrac{1}{s(s^2+5)}$

（3）$F(s) = \dfrac{2s^2+6s}{s^2+3s+2}$ 　　　　　（4）$F(s) = \dfrac{s}{(s+\alpha)^2+\beta^2}$

5-4　系统微分方程 $\dfrac{\mathrm{d}}{\mathrm{d}t}r(t) + 2r(t) = e(t)$，已知 $r(0_-) = 0$，$e(t) = u(t)$。求零输入响应、零状态响应、自由响应、强迫响应以及完全响应。

5-5　LTI 系统的微分方程为 $\dfrac{\mathrm{d}}{\mathrm{d}t}r(t) + 3r(t) = 3u(t)$，当完全响应为 $r(t) = \left(\dfrac{1}{2}\mathrm{e}^{-3t}+1\right)u(t)$ 时，求系统的零输入响应。

5-6　电路如题图 5-6 所示，$t<0$ 时，开关 K 闭合，且电路达到稳态；$t=0$，开关 K 断开。求 $t>0$ 时，开关 K 两端的电压 $v_{ab}(t)$。

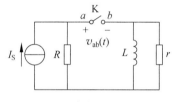

题图 5-6

5-7　LTI 系统的系统函数 $H(s) = \dfrac{s+2}{s^2+5s+6}$，求下列各项。

（1）系统的单位冲激响应。

（2）输入信号为 $e(t) = \mathrm{e}^{-2t}u(t)$ 的零状态响应。

（3）列写系统的微分方程。

5-8　求下列微分方程所描述系统的单位冲激响应 $h(t)$ 和阶跃响应 $g(t)$。

（1）$\dfrac{\mathrm{d}^2}{\mathrm{d}t^2}r(t) + 3\dfrac{\mathrm{d}}{\mathrm{d}t}r(t) + 2r(t) = \dfrac{\mathrm{d}}{\mathrm{d}t}e(t) + 3e(t)$

（2）$\dfrac{\mathrm{d}^2}{\mathrm{d}t^2}r(t) + 2\dfrac{\mathrm{d}}{\mathrm{d}t}r(t) + 2r(t) = \dfrac{\mathrm{d}^2}{\mathrm{d}t^2}e(t) + 3\dfrac{\mathrm{d}}{\mathrm{d}t}e(t)$

5-9　题图 5-9 所示的是一个反馈系统，建立该系统的微分方程。

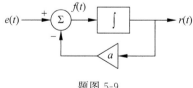

题图 5-9

5-10　根据题图 5-10 所示的反馈系统分析下列问题：

（1）写出 $H(s) = \dfrac{V_2(s)}{V_1(s)}$。

（2）K 满足什么条件时系统稳定？

（3）在临界稳定条件下，求系统的冲激响应 $h(t)$。

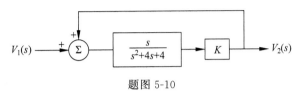

题图 5-10

5-11　系统的零点 $z_1 = 0, z_2 = 1$，极点 $p_{1,2} = -1 \pm j2$，且 $h(0_+) = 3$。

（1）求系统函数。

（2）建立系统的微分方程。

（3）分析系统的滤波特性。

5-12　LTI 系统的微分方程为 $\dfrac{\mathrm{d}^2}{\mathrm{d}t^2} r(t) + 3 \dfrac{\mathrm{d}}{\mathrm{d}t} r(t) + 2r(t) = \dfrac{\mathrm{d}^2}{\mathrm{d}t^2} e(t) - \dfrac{\mathrm{d}}{\mathrm{d}t} e(t)$。

（1）求系统函数，画出系统的零极点图。

（2）分析系统的滤波特性。

（3）判断系统是否是最小相位系统？ 如果是，说明原因；如果不是，将它化成最小相位系统与全通系统的级联形式。

5-13　系统的微分方程为 $\dfrac{\mathrm{d}^2}{\mathrm{d}t^2} r(t) + 5 \dfrac{\mathrm{d}}{\mathrm{d}t} r(t) + 4r(t) = \dfrac{\mathrm{d}}{\mathrm{d}t} e(t) - 2e(t)$。

（1）画出系统的一种模拟框图。

（2）分析系统是否是最小相位系统？ 如果不是，用数学表达式将其表示成最小相位系统和全通系统的级联。

（3）画出最小相位系统的结构。

（4）分别画出结构（1）和结构（3）的幅频特性和相频特性。

第

6

章

连续时间信号的抽样

6.0 引言

从 20 世纪末起,人类进入了高度信息化时代,数字化正改变着世界,计算机、通信、消费类电子等得到迅速发展,而自然界中最原始的信号大多是连续时间信号(模拟信号)。因此,数字化的过程首先要将随时间连续变化的模拟信号变成离散时间信号,这个过程需要通过抽样(sample)来完成。另外,在用实际的物理系统处理信号时,往往没有信号的精确的数学描述,一般是通过测量和分析得出它们的特性。分析一个未知信号的第一步是采集该信号的样本,在离散时间点上获取信号值。问题是,能否用这些离散的样本值来代替原来的连续时间信号?也就是抽样得到的离散样本值和原信号所含的信息是否一致?抽样的方法和条件是什么?一种传统的、有效的抽样理论是美国物理学家奈奎斯特(Harry Nyquist,1889—1976)在 1927 年提出的奈奎斯特抽样定理。2004 年,一种新的抽样理论——压缩感知,由 D. L. Donoho、E. J. Candes、T. Tao 和 J. Romberg 等科学家提出。

6.1 时域均匀抽样

视频讲解

信号的抽样也称为采样或取样,是利用抽样脉冲 $s(t)$ 从连续时间信号 $f(t)$ 中抽取一系列的离散样值,这些离散样值称为抽样信号,表示为 $f_s(t)$。

例如,图 6-1 是一个电压信号的抽样过程,抽样脉冲 $s(t)$ 就是采样的时钟,当采样时钟到来时,会得到电压信号的一个抽样值并保持一段时间(采样时钟的脉冲宽度),然后结束,等待下一个采样脉冲时钟的到来以便抽取下一个样值。

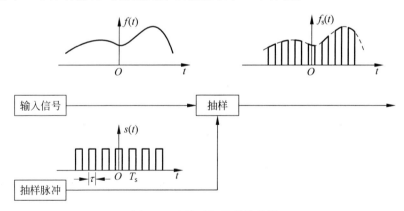

图 6-1　连续时间信号的抽样

因此,信号的抽样过程在时域进行的是"乘法"运算,连续时间信号与采样时钟脉冲做乘法运算,得到抽样信号。

$$f_s(t) = f(t) \cdot s(t) \tag{6-1}$$

其物理模型如图 6-2 所示。

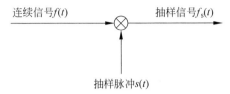

图 6-2　时域抽样的物理模型

根据抽样脉冲 $s(t)$ 的不同,抽样分为理想抽样、矩形抽样、平顶抽样等。

视频讲解

6.2　理想抽样

首先构造一个理想抽样的数学模型,通过对数学模型进行分析,观察抽样后信号频谱的变化情况,以便分析连续时间信号经过抽样后是否还保留原信号的全部信息。

理想抽样的抽样脉冲是周期性的冲激信号

$$s(t) = \sum_{n=-\infty}^{+\infty} \delta(t - nT_s) \tag{6-2}$$

其中,T_s 为抽样间隔,即每隔 T_s 抽取一个样值。$\omega_s = 2\pi/T_s$ 为抽样角频率。

此时,采样时钟脉冲的持续时间趋于零,这种理想化的模型便于从数学上分析抽样信号与原信号之间的关系。

理想抽样的数学模型

$$f_s(t) = f(t) \cdot \sum_{n=-\infty}^{+\infty} \delta(t - nT_s) = \sum_{n=-\infty}^{+\infty} f(nT_s)\delta(t - nT_s) \tag{6-3}$$

式(6-3)两端求傅里叶变换,根据"时域相乘,频域卷积",得

$$F_s(\omega) = \frac{1}{2\pi} F(\omega) * S(\omega)$$

其中,$S(\omega)$ 是理想抽样脉冲 $s(t)$ 的傅里叶变换

$$S(\omega) = \omega_s \sum_{n=-\infty}^{+\infty} \delta(\omega - n\omega_s)$$

因此,信号经过理想抽样后的傅里叶变换

$$F_s(\omega) = \frac{1}{2\pi} F(\omega) * \omega_s \sum_{n=-\infty}^{+\infty} \delta(\omega - n\omega_s)$$

$$= \frac{1}{T_s} \sum_{n=-\infty}^{+\infty} [F(\omega) * \delta(\omega - n\omega_s)]$$

即

$$F_s(\omega) = \frac{1}{T_s} \sum_{n=-\infty}^{+\infty} F(\omega - n\omega_s) \tag{6-4}$$

式(6-4)给出了理想抽样后信号的傅里叶变换与原信号傅里叶变换之间的关系。经过理想抽样后,抽样信号的傅里叶变换是原信号傅里叶变换的周期延拓,延拓的周期为抽样角频率 ω_s,幅度变为原信号傅里叶变换幅度的 $1/T_s$。

理想抽样在时域和频域的图形描述见图 6-3。

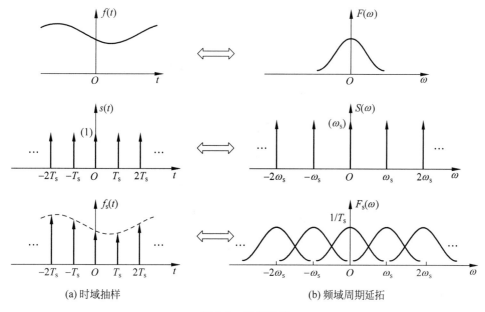

(a) 时域抽样   (b) 频域周期延拓

图 6-3 理想抽样

从图 6-3 可以看出,连续时间信号经过理想抽样后,抽样信号的频谱由于周期延拓可能会重叠。如果原信号是无限带宽的(频谱覆盖从 $-\infty$ 到 $+\infty$ 的整个频域),那么周期延拓的结果一定产生频谱混叠(Aliasing)现象。在第 3 章已经分析过,一个信号如果在时域是有限的,那么其频域一定是无限的。因此,对于时限信号,如果不进行预处理而直接采样,频谱一定混叠,而频谱混叠的结果是,从抽样信号的频谱中再也找不到(分辨不出)原信号的频谱。图 6-3(b) 即频谱混叠的情况。

另一种情况是,如果原信号的频谱是有限的(信号的最大角频率为 ω_m),这种信号称为带限信号(频带受限信号)。对于这种情况,就要考虑抽样间隔或抽样频率的大小。由于抽样信号的频谱以抽样角频率 ω_s 为周期进行周期延拓,如果 ω_s 不够大,依然可能导致频谱混叠;反过来,如果抽样间隔 T_s 足够小,即抽样角频率 ω_s 足够大,那么,抽样信号的频谱就可以完全分离开而不产生混叠,此时,抽样信号的频谱中含有了原信号的完整频谱,这种情况正是所需要的。也就是连续时间带限信号被足够密集地采样后,所得到的样本将保留原信号的全部信息,如图 6-4 所示。

在无混叠的情况下,抽样信号频谱的主周期与原信号的频谱除了幅度相差 $1/T_s$ 外其他都是一致的。只要将 $F_s(\omega)$ 中主周期的频谱提取出来并乘以 T_s,就可以得到原信号的完整频谱,所对应的时间信号自然就是原信号。这就是连续时间信号经过抽样后可以保留原信号全部信息的含义。经过这样的信号处理,时域连续的信号变成了时域离散的信号,用这些离散样值就可以代替原连续时间信号而不会丢失任何信息,完全可以用抽样信号无失真地重建出原信号。

从图 6-4 不难看出,抽样后频谱不混叠的条件是

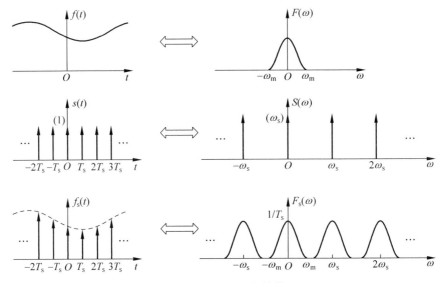

图 6-4　无混叠理想抽样

$$\omega_{\mathrm{s}} - \omega_{\mathrm{m}} > \omega_{\mathrm{m}}$$

即

$$\omega_{\mathrm{s}} > 2\omega_{\mathrm{m}} \qquad\qquad (6\text{-}5)$$

这就是时域抽样定理。一个频谱受限(最大角频率为 ω_{m})的信号 $f(t)$,可以用抽样角频率 ω_{s} 大于 $2\omega_{\mathrm{m}}$ 的抽样值来唯一地表示。在此条件下,抽样信号 $f_{\mathrm{s}}(t)$ 将保持原信号 $f(t)$ 的全部信息,完全可以用 $f_{\mathrm{s}}(t)$ 代替 $f(t)$。

这种均匀抽样(等间隔抽样)理论是奈奎斯特于 1927 年首先提出的,因此也称为奈奎斯特抽样。将 $\omega_{\mathrm{s}} = 2\omega_{\mathrm{m}}$ 称为奈奎斯特抽样角频率,$f_{\mathrm{s}} = 2f_{\mathrm{m}}$ 称为奈奎斯特抽样频率,$T_{\mathrm{s}} = \dfrac{1}{2f_{\mathrm{m}}}$ 称为奈奎斯特间隔。

因此,抽样定理要求抽样频率大于奈奎斯特抽样频率,或者抽样间隔小于奈奎斯特抽样间隔,这样可以保证信号经过抽样后不发生混叠现象。

【例题 6.1】　求信号 $\mathrm{Sa}(2\pi t)$ 的奈奎斯特抽样频率和奈奎斯特抽样间隔。

解:

$$\mathscr{F}\left[\mathrm{Sa}(2\pi t)\right] = \frac{1}{2}\left[u(\omega + 2\pi) - u(\omega - 2\pi)\right]$$

即 $\omega_{\mathrm{m}} = 2\pi$。

因此,奈奎斯特抽样角频率为 4π,奈奎斯特抽样频率为 $2\mathrm{Hz}$,抽样间隔为 $0.5\mathrm{s}$。实际上,$\mathrm{Sa}(2\pi t) = \dfrac{\sin(2\pi t)}{2\pi t}$,其振荡频率为 $f = 1\mathrm{Hz}$。因此奈奎斯特抽样频率为 $2f = 2\mathrm{Hz}$。

本题中,假设在 $t = 0$ 抽取第一个样值,如果按照奈奎斯特抽样间隔进行抽样,那么在 $T_{\mathrm{s}} = 0.5\mathrm{s}$、$1\mathrm{s}$、$1.5\mathrm{s}$ … 这些抽样时刻 $\mathrm{Sa}(2\pi t)$ 都为零,无法得到有效的采样值,因此,抽样频率需要满足 $f_{\mathrm{s}} > 2f_{\mathrm{m}}$ 或者 $T_{\mathrm{s}} < \dfrac{1}{2f_{\mathrm{m}}}$。

【**例题 6.2**】　连续时间信号 $f(t)=\cos(1000\pi t)$，对该信号进行理想抽样，如果抽样频率分别为 $2000\,\mathrm{Hz}$、$500\,\mathrm{Hz}$ 和 $1000\,\mathrm{Hz}$，画出各抽样信号的频谱，并说明是否有混叠。

解：连续时间信号的角频率 $\omega_0=1000\pi$。

$f(t)$ 的傅里叶变换为

$$F(\omega)=\pi\delta(\omega+1000\pi)+\pi\delta(\omega-1000\pi)$$

当 $f_s=2000\,\mathrm{Hz}$ 时，$\omega_s=2\pi f_s=4000\pi$，则 $\omega_s>2\omega_0$。根据时域抽样定理，频谱不会产生混叠。$2000\,\mathrm{Hz}$ 抽样后的信号频谱

$$F_s(\omega)=\frac{1}{T_s}\sum_{n=-\infty}^{+\infty}F(\omega-n\omega_s)=2000\sum_{n=-\infty}^{+\infty}F(\omega-4000\pi n)$$

抽样信号的频谱是原信号频谱以 4000π 为周期进行周期延拓，如图 6-5 所示。

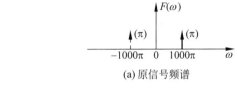

(a) 原信号频谱

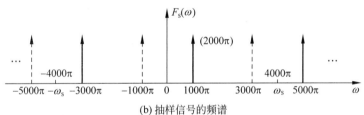

(b) 抽样信号的频谱

图 6-5　$2000\,\mathrm{Hz}$ 抽样

当抽样频率为 $500\,\mathrm{Hz}$ 时，$\omega_s=1000\pi$，此时 $\omega_s<2\omega_0$，将产生混叠。$500\,\mathrm{Hz}$ 抽样后的信号频谱

$$F_s(\omega)=\frac{1}{T_s}\sum_{n=-\infty}^{+\infty}F(\omega-n\omega_s)=500\sum_{n=-\infty}^{+\infty}F(\omega-1000\pi n)$$

原信号频谱以 1000π 为周期进行周期延拓，如图 6-6 所示。此时产生了严重混叠，在这种特殊的抽样频率下，甚至混叠出了直流分量（零频）。

而当抽样频率为 $1000\,\mathrm{Hz}$ 时，此时 $\omega_s=2\omega_0$，情况会怎样呢？

当 $f_s=1000\,\mathrm{Hz}$ 时，$\omega_s=2000\pi$，抽样后的信号频谱

$$F_s(\omega)=\frac{1}{T_s}\sum_{n=-\infty}^{+\infty}F(\omega-n\omega_s)=1000\sum_{n=-\infty}^{+\infty}F(\omega-2000\pi n)$$

原信号频谱以 2000π 为周期进行周期延拓，如图 6-7 所示。

看看出现了什么情况？当以 $f_s=2f_m$ 对余弦信号进行抽样时，抽样后周期延拓的频谱与原信号的频谱有重合。注意，这里说的是"重合"而不是"混叠"。对于余弦信号，$f_s=2f_m$ 的抽样是有效的，恢复时只需用一个截止频率 f_c 大于 f_m 的低通滤波器提取就可以完美恢复（注意 $f_c>f_m$，不能取等号）。不过这是余弦波的情况，如果是正弦波，就不会这么幸运了。思考一下，为什么？

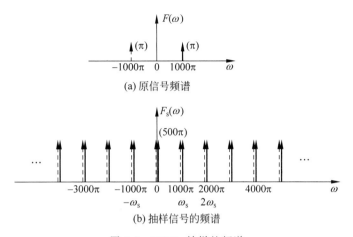

(a) 原信号频谱

(b) 抽样信号的频谱

图 6-6　500Hz 抽样的频谱

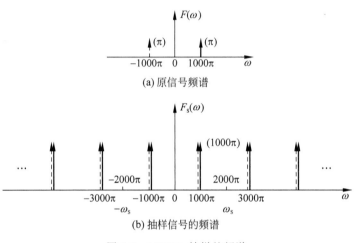

(a) 原信号频谱

(b) 抽样信号的频谱

图 6-7　1000Hz 抽样的频谱

6.3　正弦信号的抽样

正弦信号的频率成分就是其自身频率,它在信号与系统分析中占据重要地位。不同于一般信号,在对正弦信号以奈奎斯特频率进行抽样时,会出现一些特殊情况。

如果信号是余弦波

$$f(t) = \cos(\omega_0 t)$$

当抽样角频率 $\omega_s = 2\omega_0$ 时,抽样间隔

$$T_s = \frac{2\pi}{\omega_s} = \frac{\pi}{\omega_0} = \frac{T_0}{2}$$

即在一个周期内抽取两个样值,见图 6-8(a),这种情况是可以从抽样信号中恢复出原信号的,$2\omega_0$ 采样率有效。

但是,如果信号是正弦波的情况

$$f(t) = \sin(\omega_0 t)$$

当 $\omega_s = 2\omega_0$ 时,$T_s = \dfrac{T_0}{2}$,采样点恰恰位于 $\omega_0 t = 0$ 和 $\omega_0 t = \pi$ 等位置,结果抽取的样值全为零,原信号的信息全部丢失。$2\omega_0$ 采样率无效,见图 6-8(b)。这也是一般抽样频率要大于奈奎斯特频率的原因之一。

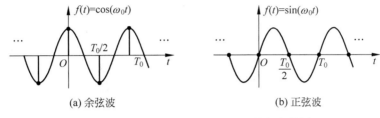

(a) 余弦波　　　　　　　　(b) 正弦波

图 6-8　余弦波和正弦波以奈奎斯特频率抽样

6.4 矩形脉冲抽样

理想抽样是用周期性的冲激脉冲对连续时间信号进行采样,要求在无限短的时间内完成一个样值的取样,这在现实中是做不到的,每个样值的采样时间再短也会有一小段的持续时间。因此,一般情况下抽样脉冲是矩形脉冲。

$$s(t) = \sum_{n=-\infty}^{+\infty} G_\tau(t - nT_s) \tag{6-6}$$

其中

$$G_\tau(t) = u(t + \tau/2) - u(t - \tau/2)$$

$s(t)$ 如图 6-9 所示。

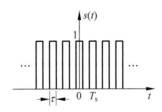

图 6-9　矩形抽样脉冲

这是一个周期性矩形脉冲信号,周期为 T_s。其傅里叶变换为

$$S(\omega) = \sum_{n=-\infty}^{+\infty} \frac{2\pi\tau}{T_s} \mathrm{Sa}\left(\frac{n\omega_s\tau}{2}\right) \delta(\omega - n\omega_s) \tag{6-7}$$

因此,矩形脉冲抽样后的抽样信号 $f_s(t)$ 的傅里叶变换为

$$F_s(\omega) = \frac{1}{2\pi} F(\omega) * S(\omega)$$

$$= \frac{1}{2\pi} F(\omega) * \sum_{n=-\infty}^{+\infty} \frac{2\pi\tau}{T_s} \mathrm{Sa}\left(\frac{n\omega_s\tau}{2}\right) \delta(\omega - n\omega_s)$$

$$= \sum_{n=-\infty}^{+\infty} \frac{\tau}{T_s} \mathrm{Sa}\left(\frac{n\omega_s\tau}{2}\right) \left[F(\omega) * \delta(\omega - n\omega_s)\right]$$

即

$$F_s(\omega) = \sum_{n=-\infty}^{+\infty} \frac{\tau}{T_s} \mathrm{Sa}\left(\frac{n\omega_s\tau}{2}\right) F(\omega - n\omega_s) \tag{6-8}$$

矩形脉冲抽样过程如图 6-10 所示。

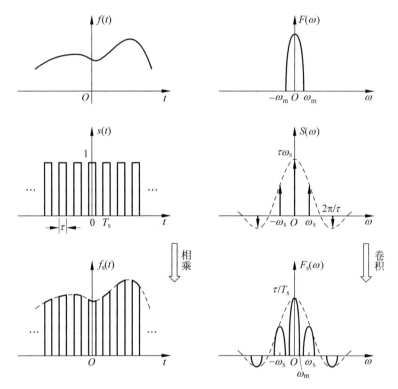

图 6-10　矩形脉冲抽样过程

在矩形脉冲抽样下,原信号的频谱依然在周期性地重复,只是幅度不再是等幅的,而是受到采样矩形脉冲的傅里叶级数的系数加权。

同样,只要 $\omega_s - \omega_m > \omega_m$,即 $\omega_s > 2\omega_m$,矩形抽样后频谱依然不混叠。其主频谱为 $\frac{\tau}{T_s} F(\omega)$,与原信号频谱只差 $\frac{\tau}{T_s}$ 倍的幅度,可以通过重构恢复出原信号。

矩形抽样相当于原信号通过一个开关,在极短的时间内,信号通过,得到抽样信号,然后打开开关,等待下一个采样时钟的到来。通常也将矩形脉冲抽样称为自然抽样。

6.5　抽样信号的理想内插

抽样定理指出,如果将一个连续时间带限信号均匀采样,只要抽取的样本足够密,就足以用样本来完全表示该信号,也即由这些样本完全恢复出原信号。

从 $F_s(\omega)$ 的频谱图可以看出,不论是冲激采样,还是矩形采样,$F_s(\omega)$ 的主周期频谱都与原信号 $f(t)$ 的频谱是一致的,只是幅度上相差一个常数。因此只要将主周期的频谱提取出来,就得到了与原信号完全一致的频率成分,所含的信息是完全相同的,只要根据实际需要乘上一个系数就可以了。

频域中对频率成分的截取方法是通过一个低通滤波器,低通滤波器的截止频率一般选取 $\omega_c = \omega_s/2 = \pi/T_s$,这样就能保证提取出原信号的所有频率成分。

在频域中由抽样信号恢复原连续时间信号的过程如图 6-11(a) 所示。

视频讲解

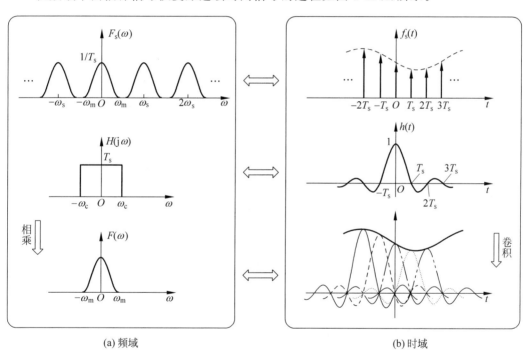

(a) 频域　　　　　　　　　　　(b) 时域

图 6-11　理想抽样的信号恢复($\omega_c = \omega_s/2 = \pi/T_s$)

$$F_s(\omega) \cdot H(j\omega) = F(\omega) \tag{6-9}$$

其中

$$H(j\omega) = T_s[u(\omega + \pi/T_s) - u(\omega - \pi/T_s)] \tag{6-10}$$

在时域,信号的恢复过程见图 6-11(b)。理想低通滤波器的单位冲激响应

$$h(t) = \mathrm{Sa}\left(\frac{\pi}{T_s}t\right)$$

由"频域相乘,时域卷积"得

$$f(t) = f_s(t) * h(t) = \left[\sum_{n=-\infty}^{+\infty} f(nT_s)\delta(t-nT_s) \right] * \mathrm{Sa}\left(\frac{\pi}{T_s}t\right)$$

$$= \sum_{n=-\infty}^{+\infty} \left[f(nT_s)\delta(t-nT_s) * \mathrm{Sa}\left(\frac{\pi}{T_s}t\right) \right]$$

即

$$f(t) = \sum_{n=-\infty}^{+\infty} f(nT_s) \cdot \mathrm{Sa}\left(\frac{\pi}{T_s}(t-nT_s)\right) \tag{6-11}$$

由式(6-11)，$f(t)$ 的恢复需要采样的样本值 $f(nT_s)$ 与抽样函数 $\mathrm{Sa}\left(\frac{\pi}{T_s}(t-nT_s)\right)$ 共同决定。不难看出

$$f(nT_s) \cdot \mathrm{Sa}\left[\frac{\pi}{T_s}(t-nT_s)\right]$$

$$= \begin{cases} f(nT_s), & t=nT_s \\ 0, & t=0, \pm T_s, \cdots, \pm(n-1)T_s, \pm(n+1)T_s\cdots \end{cases} \tag{6-12}$$

该函数在抽样点 $t=nT_s$ 上函数值为 $f(nT_s)$，恰是 $t=nT_s$ 时的 $f(t)$；而在 $t=0$，$t=\pm T_s$，$t=\pm 2T_s$，$\cdots$，$t=\pm(n-1)T_s$，$t=\pm(n+1)T_s$ 等其他抽样时刻为零。正因为此，在抽样时刻 $t=nT_s$ 的值就是原连续时间信号 $f(t)$ 在 $t=nT_s$ 的值，而抽样点之间的信号波形则由 $\sum\limits_{n=-\infty}^{+\infty} f(nT_s) \cdot \mathrm{Sa}\left(\frac{\pi}{T_s}(t-nT_s)\right)$ 累加得到，这个过程称为抽样信号的内插。滤波器 $H(j\omega)$ 称为内插滤波器(或平滑滤波器)，通过内插得到样本之间准确的值，理论上精确地重建了原信号。

将 $\mathrm{Sa}\left(\frac{\pi}{T_s}(t-nT_s)\right)$ 称为抽样内插函数，其波形如图 6-12(a)所示。

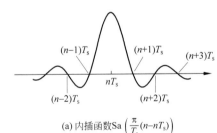

(a) 内插函数 $\mathrm{Sa}\left(\frac{\pi}{T_s}(n-nT_s)\right)$

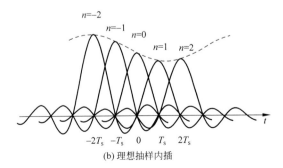

(b) 理想抽样内插

图 6-12　抽样信号的内插

*6.6　频域抽样

根据时域和频域的对称性,可由时域抽样定理推导出频域抽样定理。在时域抽样中,得出了"时域离散,频域周期延拓"的结论。那么,如果频域离散,时域一定也是周期延拓的。

假设时间信号是时限的,即 $f(t)$ 在 $-t_m \leqslant t \leqslant +t_m$ 不为零,在其他时刻 $f(t)=0$。在频域中,对 $f(t)$ 的频谱 $F(\omega)$ 等间隔抽样,只要抽样间隔小于 $1/2t_m$,那么抽样后的离散频谱可以唯一地表示原信号频谱。在这种情况下,$f(t)$ 形成周期延拓,而波形不会混叠,只要用一个矩形脉冲信号就可以选通出原信号 $f(t)$,这就是频域抽样定理。

频域抽样过程的数学表示如下:

$$F_s(\omega) = F(\omega) \sum_{n=-\infty}^{+\infty} \delta(\omega - n\omega_s) \tag{6-13}$$

$$f_s(t) = f(t) * \mathscr{F}^{-1}\left[\sum_{n=-\infty}^{+\infty} \delta(\omega - n\omega_s) \right]$$

$$= f(t) * \frac{1}{\omega_s} \sum_{n=-\infty}^{+\infty} \delta(t - nT_s) = \frac{1}{\omega_s} \sum_{n=-\infty}^{+\infty} f(t - nT_s) \tag{6-14}$$

频域抽样过程如图 6-13 所示。

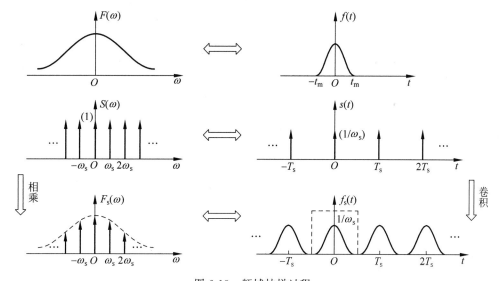

图 6-13　频域抽样过程

6.7　连续时间信号到离散时间信号

连续信号经过抽样得到离散信号是信号数字化处理的第一步,如果连续时间信号(或模拟信号)用 $x_a(t)$ 表示,以 T_s 为采样间隔进行均匀抽样,得到一系列的离散样本

值,即

$$x_a(nT_s) = x_a(t)\big|_{t=nT_s} \tag{6-15}$$

n 为整数。

$x_a(nT_s)$ 是时间上离散但幅度依然连续(无限精度)的信号,属于离散时间域的信号,它只在 $t=nT_s$ 时有定义,其他时刻无定义,注意不要认为非 nT_s 时刻 $x_a(nT_s)$ 为零。

在进行信号处理时,一般是将这些离散样本值存储起来以备后用,对于这些样本值来讲,物理时间 t 的概念已经不重要了,只要按照抽样定理抽取的离散样本值就包含了原信号的全部信息,足以代表原信号,重要的是这些样本值的前后顺序。因此,对于这样的信号,其自变量可以采用只是代表样本排序的 n,这时,令

$$x(n) = x_a(nT_s) \tag{6-16}$$

$x(n)$ 称为离散时间信号,n 是无量纲的整数,表示的是在 n 的定义域内一组有序的数。因此,离散时间信号也称为序列,有时也用集合的形式 $\{x(n)\}$ 表示,这里 $-\infty < n < +\infty$,如图 6-14 所示。

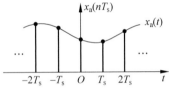

(a) 连续时间信号的均匀抽样

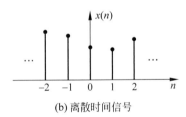

(b) 离散时间信号

图 6-14 由连续时间信号到离散时间信号

【例题 6.3】 连续时间正弦信号 $x_a(t) = 5\sin(200\pi t)$,对该信号进行时域均匀采样,采样频率 $f_s = 1000\text{Hz}$,写出采样得到的离散时间信号的表达式。

解:

$$x(n) = x_a(nT_s) = 5\sin(200\pi nT_s)$$
$$T_s = 1/f_s$$

故

$$x(n) = 5\sin(200\pi n/f_s) = 5\sin(\pi n/5)$$

本章知识 MAP 见图 6-15。

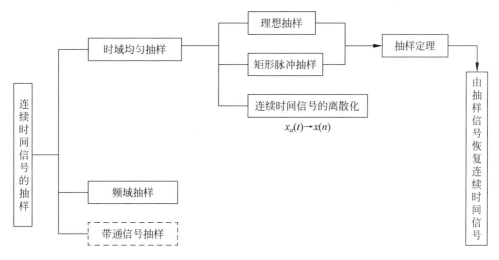

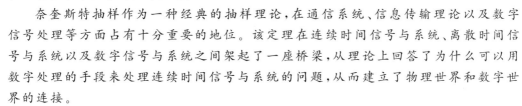

图 6-15 连续时间信号的采样

本章结语

本章的主要内容是理想抽样、矩形脉冲抽样,只要满足奈奎斯特抽样定理,抽取的样值就包含了原信号的全部信息。

奈奎斯特抽样作为一种经典的抽样理论,在通信系统、信息传输理论以及数字信号处理等方面占有十分重要的地位。该定理在连续时间信号与系统、离散时间信号与系统以及数字信号与系统之间架起了一座桥梁,从理论上回答了为什么可以用数字处理的手段来处理连续时间信号与系统的问题,从而建立了物理世界和数字世界的连接。

奈奎斯特抽样定理在人们的日常生活和工程实践中广泛应用。例如,人类语音信号的频率范围为 $20\sim20000\text{Hz}$,因此,音乐 CD 的采样率选为 44.1kHz。而为了高效通信,音频信号的采样频率选择 8000Hz,是考虑到语音信号的主要能量集中于 $300\sim3400\text{Hz}$,采样前先通过滤波截取出主要频率成分,然后根据奈奎斯特抽样定理以高于 2 倍最高频率进行采样,这是国际通用的做法。

本章知识解析

知识解析

习题

6-1 对下列信号进行奈奎斯特均匀采样,要求采样后频谱不混叠,抽样角频率应满足什么条件?

(1) $f(t)=\mathrm{Sa}(t)$　　　(2) $f(t)=\mathrm{Sa}(t)\mathrm{Sa}(2t)$　　　(3) $f(t)=\mathrm{Sa}(t)+\mathrm{Sa}(2t)$

6-2 若对 $f(t)$ 进行理想抽样,其奈奎斯特抽样频率为 f_s,求 $f(2t)$ 的奈奎斯特抽样频率。

6-3 如题图 6-3 所示的系统,$s(t)=\sum\limits_{n=-\infty}^{+\infty}\delta(t-nT_s)$,$H(\mathrm{j}\omega)=u(\omega+2)-u(\omega-2)$,$e(t)=\mathrm{Sa}^2(t)$。分别画出 $T_s=\pi$ 和 $T_s=\pi/2$ 时输出信号的频谱图,并求输出信号。

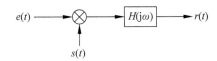

题图 6-3

第 7 章

离散时间信号与系统的时域分析

7.0　引言

连续时间信号 $x(t)$ 是除若干不连续点之外,对于任意自变量时间 t 都有确切定义的函数,其波形大多是连续的平滑曲线。其中时间连续、幅度也连续的信号,一般也称为模拟信号。连续时间信号是自然界真实存在的信号。

1965 年美国人 J. W. Cooley 和 J. W. Tukey 在前人工作的基础上发表了计算机傅里叶变换高效算法的文章(*An algorithm for the machine calculation of complex Fourier series*),这种算法称为快速傅里叶变换,简写为 FFT。与此同时,超大规模集成电路的研究使得具有体积小、质量轻、成本低等一系列优点的离散时间系统得以实现。从此,在信号与系统的分析研究中,人们有了一种新的分析处理工具——数字信号处理。

在第 6 章连续时间信号的采样中,我们知道,在一定的条件下,只需从连续信号中抽取一系列的离散样值,这些样本值就可以包含连续信号的全部信息。将抽样后得到的一系列样本值 $x(n)$ 称为离散时间信号。离散时间信号的自变量是离散的,函数只在某些规定的时刻有确定的值,在其他时刻无定义。如果幅度是无限精度的,这种离散时间信号也称为抽样数值信号。

离散时间信号与系统的分析方法在很多方面与连续时间信号与系统的分析方法有着并行的相似性,包括数学模型、物理模型、时域分析方法以及变换域分析方法等。这为理解离散时间信号与系统提供了简便的分析途径。当然,"连续"和"离散"之间也存在着一些重要的差异,正是这些差异使得离散时间信号与系统表现出某些独特的性能。

与连续时间系统相比,离散时间系统具有一系列的优点,精度高、可靠性好,便于实现大规模集成,因而具有很小的体积和质量。离散时间系统易于消除噪声干扰,这是模拟系统无法比拟的优点之一。存储器是数字系统最常见的器件,其合理运用可以使系统具有非常灵活的功能,而这些功能在连续时间系统中却是难以实现的。连续时间系统,较多地研究一维变量,而在离散时间系统中,二维或多维技术得到广泛应用,例如 3D 打印等。另外,数字系统利用可编程技术,借助于软件控制,可以满足用户设计与修改系统的各项需求,大大改善了设备的灵活性与通用性。这些在连续时间系统中是难以实现的。可以说,在技术发展的今天,大多数的信号处理都是在数字域完成的。

接下来的三章将分别在时域、z 域、频域对离散时间信号与系统进行分析。

7.1　离散时间信号

视频讲解

离散时间信号是整数变量 n 的函数,表示为 $x(n)$。由于离散时间信号是连续时间信号抽样后按照所得样本值的前后顺序排列得到的一系列值,是一组有序的数,因此,一般也将离散时间信号称为序列,它已经没有了"时间"的概念,重要的是各个序列值的前后顺序,整数自变量 n 表示序列值在序列前后位置的序号。需要注意的是,当 n 不为整数时序列 $x(n)$ 不作定义,不能认为 n 为非整数时 $x(n)$ 为零。

序列可以由连续时间信号抽样得到,也可以是自然存在的离散时间信号,如人口统计数、每月的商品库存等。

离散时间信号或序列的描述有三种方式,一是数学表达式,即用数学公式来表示离散时间信号;二是图形表示,这与连续时间信号的描述是一样的,由图形直观地表示离散时间信号;三是用序列值的集合来描述离散时间信号,尤其对于很短的有限长序列,这种描述方式更加简便,例如

$$x(n) = \{1 \quad 2 \quad \underset{\uparrow}{3} \quad 4 \quad 5\}$$

$x(n)$ 表示一个有限长序列,长度为 5,箭头所指为 $n = 0$ 的序列值,而集合中的数字 $\{1, 2, 3, 4, 5\}$ 分别是 $n = -2, -1, 0, 1, 2$ 的序列值。

与连续时间信号一样,在离散时间信号与系统中,也有一些常用的、典型的序列。

7.1.1 典型序列

1. 单位抽样序列

单位抽样序列的数学描述式为

$$\delta(n) = \begin{cases} 1, & n = 0 \\ 0, & n \neq 0 \end{cases} \tag{7-1}$$

$\delta(n)$ 只有一个样本值,在离散时间信号与系统中的作用类似于 $\delta(t)$ 在连续时间信号与系统中的作用。但是,不同的是,$\delta(n)$ 的定义既简单又明确,$\delta(n)$ 在 $n = 0$ 时有一个确定的值 1,在其余点上皆为零,如图 7-1 所示。$\delta(n)$ 不像 $\delta(t)$ 在 $t = 0$ 时由于是冲激而涉及数学处理上的麻烦,一般将 $\delta(n)$ 称为克罗内克(Kronecker)δ 函数。

2. 单位阶跃序列

$$u(n) = \begin{cases} 1, & n \geqslant 0 \\ 0, & n < 0 \end{cases} \tag{7-2}$$

$u(n)$ 在离散时间信号与系统中的作用类似于 $u(t)$ 在连续时间信号与系统中的作用。同样需要注意的是,$u(n)$ 在 $n = 0$ 时并没有不一致性或不确定性,它有明确的定义和确定的值,如图 7-2 所示,因此处理起来非常简单。

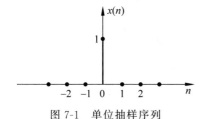

图 7-1 单位抽样序列

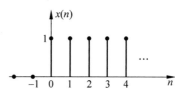

图 7-2 单位阶跃序列

3. 矩形序列

$$R_N(n) = \begin{cases} 1, & 0 \leqslant n \leqslant N-1 \\ 0, & \text{其他} \end{cases} \tag{7-3}$$

$R_N(n)$ 表示长度为 N,幅度为 1 的有限长序列,类似于连续时间信号与系统中的 $R_\tau(t)$。不过,由于 $R_N(n)$ 的序列长度为 N,故自变量 n 的取值范围是 $[0, N-1]$,这与 $R_\tau(t)$ 中 t 的取值范围 $[0, \tau]$ 是不同的。$R_N(n)$ 如图 7-3 所示。

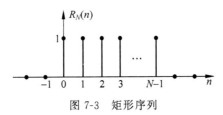

图 7-3 矩形序列

4. 指数序列

$$x(n) = a^n \tag{7-4}$$

式(7-4)表示双边序列,$-\infty < n < +\infty$。当 a 取值范围不同时,指数序列的图形有很大差异,如图 7-4 所示。

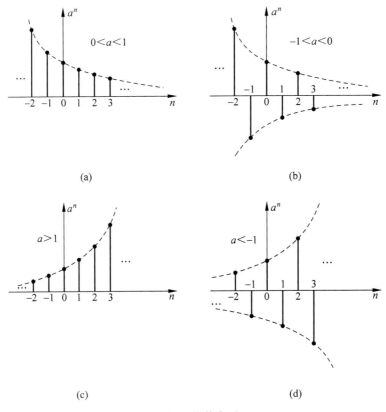

(a)　　　　　　　　(b)

(c)　　　　　　　　(d)

图 7-4 指数序列

当$|a|<1$时,指数衰减,序列是收敛的。当$|a|>1$时,指数增长,序列是发散的。一般应用较多的是单边指数序列

$$x(n) = a^n u(n) \tag{7-5}$$

单边指数衰减序列如图7-5所示。

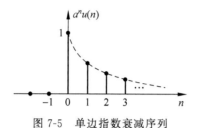

图7-5 单边指数衰减序列

指数序列在离散时间信号与系统的分析中占有重要地位,是离散时间系统解的主要形式。

5. 复指数序列

$$x(n) = e^{j\omega_0 n} \tag{7-6}$$

与连续时间复指数信号($x(t) = e^{j\omega_0 t}$)不同的是,由于自变量n为整数,故有

$$e^{j(\omega_0 + 2\pi)n} = e^{j\omega_0 n}$$

也就是说,离散时间复指数信号在频率$\omega_0 + 2\pi$和ω_0时是完全一样的。实际上,只要频率增加2π的整数倍,离散时间复指数信号就回到最初的频率点的值。

由欧拉公式,有

$$e^{j\omega_0 n} = \cos(\omega_0 n) + j\sin(\omega_0 n)$$

复指数序列为复数值,其实部和虚部都是正弦序列(在信号与系统中,数学上的正弦函数和余弦函数统称为正弦信号)。注意,这里的ω_0是数字角频率。复指数序列是离散时间信号与系统频域分析的基础。

6. 正弦序列

$$x(n) = \sin(\omega n) \tag{7-7}$$

式中,ω是数字角频率,它与模拟角频率的关系是什么?数字角频率的量纲又是什么?

为了区分模拟角频率和数字角频率,从本章开始,模拟角频率用符号Ω表示,单位为rad/s。

如果对模拟正弦信号进行均匀采样,模拟正弦信号

$$x_a(t) = \sin(\Omega t)$$

假设抽样间隔为T_s,则

$$x(n) = x_a(nT_s) = x_a(t)\big|_{t=nT_s}$$

代入正弦函数,有

$$\sin(\omega n) = \sin(\Omega n T_s) = \sin(\Omega t)\big|_{t=nT_s}$$

可知

$$\omega = \Omega T_s \tag{7-8}$$

数字角频率等于模拟角频率与抽样间隔的乘积,由此可知,数字角频率 ω 的量纲是"弧度"(rad),这也符合三角函数的含义,因为 $\sin(\omega n)$ 中的 n 是一个无量纲整数。

在第 6 章例题 6.3 中,连续正弦信号 $x_a(t)$ 的模拟角频率为 $200\pi(\mathrm{rad/s})$,经过 $1000\mathrm{Hz}$ 采样率采样后,得到的离散正弦信号 $x(n)$ 的数字角频率为 $0.2\pi(\mathrm{rad})$。

想一想:

有没有负频率呢?

对于数字角频率而言,"负频率"是易于理解的。正频率是逆时针旋转的弧度,而负频率为顺时针旋转的弧度。从这个角度分析,负频率也可认为是有物理意义的,实际上更具工程意义。

由于自变量的不同,正弦序列(或复指数序列)和连续时间正弦信号(或连续时间复指数信号)在周期性方面有很大的差别。根本原因在于二者的自变量不同,一个是连续变化的,一个是离散变化的。

视频讲解

7.1.2　正弦序列的周期性

离散时间正弦信号不像连续时间正弦信号那样一定是周期函数,有可能是非周期的。

离散时间信号的周期性需要满足

$$x(n) = x(n+N) \tag{7-9}$$

其中,N 为满足上式的最小正整数,称为离散时间周期信号的周期,表示每 N 个序列值将重复一次。

图 7-6 就是一个周期 $N=4$ 的周期序列。

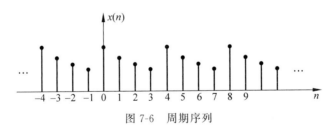

图 7-6　周期序列

如果离散周期信号的周期用 N_0 表示,那么其基波频率 $F_0 = 1/N_0$,角频率

$$\omega_0 = 2\pi/N_0 \tag{7-10}$$

由此可以看出,离散时间信号的频率单位不是 Hz,角频率的单位也不是 rad/s。

下面以正弦序列为例,分析离散时间信号的周期性问题。

我们知道,模拟正弦信号 $x_a(t) = \sin(\Omega_0 t)$ 是周期的,周期

$$T = \frac{2\pi}{\Omega_0}$$

对于正弦序列,根据周期性的定义,需要满足

$$\sin(\omega_0(n+N)) = \sin(\omega_0 n)$$

也即要求

$$\omega_0 N = 2\pi k$$

由此得到正弦序列的周期 N 与数字角频率 ω_0 的关系为

$$N = \frac{2\pi}{\omega_0} k \qquad (7\text{-}11)$$

由于 N 和 k 都为整数,因此,正弦序列是否是周期的就取决于数字角频率 ω_0 了,并不是所有的 ω_0 都能满足式(7-11)。如果该式成立,正弦序列的角频率 ω_0 必须满足某些限制条件。因此,正弦序列不一定是周期的。实际上,即使正弦序列是周期的,周期也不一定等于 $2\pi/\omega_0$,这取决于数字角频率 ω_0 的值。

(1) 当 $\dfrac{2\pi}{\omega_0}$ 为整数时,式(7-11)最容易满足,k 取 1 即可,此时正弦序列 $x(n)=\sin(\omega_0 n)$ 是周期的,周期为 $N=\dfrac{2\pi}{\omega_0}$。

【例题 7.1】 序列 $x(n)=\sin\left(\dfrac{\pi}{4}n\right)$,判断该序列是否是周期的,如果是,周期是多少?

解:$\omega_0=\dfrac{\pi}{4}$,则 $\dfrac{2\pi}{\omega_0}=8$,该序列是周期的,周期为 8。

画出该正弦序列的图形(见图 7-7),从图中可以看出这是一个周期为 8 的周期序列,而且正弦序列的周期与连续正弦信号(虚线所示的包络线)的周期是一致的,两者周期同步。

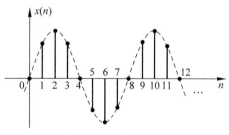

图 7-7 例题 7.1 图

(2) 当 $\dfrac{2\pi}{\omega_0}=\dfrac{Q}{P}$ 为有理数时,只要取 $k=P$,根据式(7-11),则 $N=\dfrac{Q}{P}k=Q$,那么,正弦序列依然是周期的,周期为 Q。

【例题 7.2】 分析序列 $x(n)=\sin\left(\dfrac{4\pi}{7}n\right)$ 的周期性。

解:$\omega_0=\dfrac{4\pi}{7}$,$\dfrac{2\pi}{\omega_0}=\dfrac{7}{2}$ 为有理数,该信号是周期的,周期为 7,见图 7-8。

从图中可以看出,当 $n=7$ 时开始下一个周期。

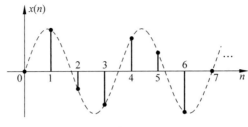

图 7-8 例题 7.2 图

想一想:

当 $\dfrac{2\pi}{\omega_0} = \dfrac{Q}{P}$ 为有理数时,分子 Q 是周期,那么分母 P 代表什么?

图 7-8 显示,两个周期的连续正弦信号(虚线包络)形成了一个周期的离散正弦信号。分母 P 表示"P 个连续正弦信号的周期对应一个离散正弦信号的周期"。想想为什么?

(3) 当 $\dfrac{2\pi}{\omega_0}$ 为无理数时,如果正弦序列是周期的,要求 $\dfrac{2\pi}{\omega_0} = \dfrac{N}{k}$,任何情况下此式都不可能成立。因此,正弦序列 $x(n) = \sin(\omega_0 n)$ 不是周期的,找不到一个 N 使上式成立。例如,$x(n) = \sin\left(\dfrac{\sqrt{2}}{4}\pi n\right)$,$\dfrac{2\pi}{\omega_0} = 4\sqrt{2}$,则该正弦序列不是周期的。

【例题 7.3】 分析判断 $x(n) = \sin(n)$ 是否是周期的。

解: $\omega_0 = 1$,$\dfrac{2\pi}{\omega_0} = 2\pi$ 为无理数,因此,该信号不是周期的。

离散时间正弦信号的周期性问题得出的相关结论对复指数序列也是成立的。

另外,由于

$$\sin\big((\omega_0 + 2k\pi)n\big) = \sin(\omega_0 n + 2k\pi n) = \sin(\omega_0 n)$$

即正弦序列 $\sin(\omega_0 n)$ 和 $\sin\big((\omega_0 + 2k\pi)n\big)$ 是等同的,频率为 $(\omega_0 + 2k\pi)$ 的正弦序列(k 为任意整数)相互间是无法区分的。

对于连续时间正弦信号和离散时间正弦信号,二者频率的概念是不同的。连续时间正弦信号 $x_a(t) = \sin(\Omega t)$,随着模拟角频率 Ω 的增大,$x_a(t)$ 的振荡将加快,不同的 Ω 对应不同的信号;而对于离散时间正弦信号 $x(n) = \sin(\omega n)$,随着数字角频率 ω 的增大,并不会出现相同的情况。当 ω 从 0 逐渐增大到 π 时,$x(n)$ 的振荡越来越快,但当 ω 从 π 逐步增大到 2π 时,$x(n)$ 的振荡会慢慢变慢。当 ω 继续增大时,将重复 ω 从 0 到 2π 的过程,$\omega = 2\pi$ 与 $\omega = 0$ 是无法区分的。因此,对于离散正弦信号,一般情况下只需考虑 $(0 \sim 2\pi)$ 或 $(0 \sim \pi)$ 的频率区间就可以了。$\omega = 0$ 附近属于低频,$\omega = \pi$ 附近属于高频。对于离散时间信号与系统,$\omega = 0$ 为直流,而 $\omega = \pi$ 为最高频。图 7-9 示出 $x(n) = \cos(\omega n)$ 分别在 $\omega = 0$ 或 2π、$\omega = \pi/4$ 或 $7\pi/4$、$\omega = \pi/2$ 或 $3\pi/2$ 以及 $\omega = \pi$ 时的图形,从图中可以明显地看出数字频率的高低变化。

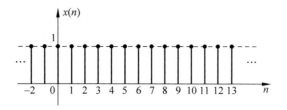

(a) $\omega=0$或2π

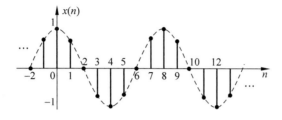

(b) $\omega=\pi/4$或$7\pi/4$

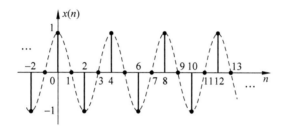

(c) $\omega=\pi/2$或$3\pi/2$

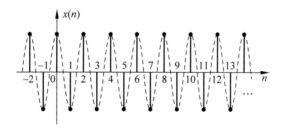

(d) $\omega=\pi$

图 7-9　数字角频率的低频和高频

7.1.3　序列的运算规则

视频讲解

　　类似于连续时间信号的运算规则,序列之间的运算也包括相加、相乘、幅度比例、位移、翻折等。

1. 相加

$$y(n) = x_1(n) + x_2(n) \tag{7-12}$$

同一自变量 n 幅度相加。

2. 相乘

$$y(n) = x_1(n) \cdot x_2(n) \tag{7-13}$$

同一自变量 n 幅度相乘。

3. 幅度比例

$$y(n) = a x(n) \tag{7-14}$$

序列的幅度同等放大或缩小。

4. 位移

$$y(n) = x(n - m), \quad m \text{ 为整数} \tag{7-15}$$

当 $m > 0$ 时,序列向右移 m 个单位;当 $m < 0$ 时,序列向左移 m 个单位。

例如,矩形序列可由单位阶跃序列及其位移表示为

$$R_N(n) = u(n) - u(n - N)$$

5. 转置(翻折)

$$y(n) = x(-n) \tag{7-16}$$

序列对应纵轴左右翻折。

例如,序列 $x(n)$ 的图形如图 7-10(a)所示,则 $y(n) = x(-n+3)$ 的图形是 $x(n)$ 经过翻折再右移 3 后得到的,如图 7-10(b)所示。

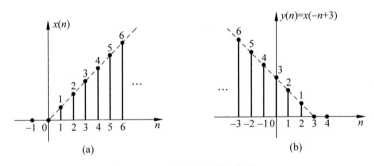

图 7-10　序列的翻折、位移

上述运算规则与连续时间信号的运算规则是一致的。但由于连续时间信号与离散时间信号的自变量不同,有些运算规则是有差异的。

6. 差分

微分运算是连续时间信号与系统中非常重要的运算规则,连续时间信号的微分

$$x'(t) = \lim_{T \to 0} \frac{x(t+T) - x(t)}{T}$$

令 $t = nT$ 对连续时间信号取样,上式变为

$$\Delta x(nT) = \frac{x(nT+T) - x(nT)}{T}$$

归一化 $T = 1$,可得

$$\Delta x(n) = x(n+1) - x(n) \tag{7-17}$$

连续时间域的微分关系,到离散时间域变成了差分关系。式(7-17)称为前向差分,表示 $x(n)$ 前一时刻的值 $x(n+1)$ 减去当前时刻的值 $x(n)$。

同样可以得到后向差分

$$\nabla x(n) = x(n) - x(n-1) \tag{7-18}$$

表示当前时刻的值 $x(n)$ 减去后一时刻 $x(n-1)$ 的值。

由一阶后向差分可以推得二阶后向差分

$$\begin{aligned}
\nabla(\nabla x(n)) &= \nabla x(n) - \nabla x(n-1) \\
&= x(n) - x(n-1) - [x(n-1) - x(n-2)] \\
&= x(n) - 2x(n-1) + x(n-2)
\end{aligned} \tag{7-19}$$

差分的阶次指的是变量序号的最高值与最低值之差,二阶后向差分的阶次为 $n - (n-2) = 2$,这就是"二阶"的含义。

在离散时间系统的输入输出分析中,比较常见后向差分的形式;而在系统的状态空间分析中,用的是前向差分的形式。

7. 累加

相应于连续时间信号的积分运算,离散时间信号进行的是"累加"运算。

$$y(n) = \sum_{m=-\infty}^{n} x(m) \tag{7-20}$$

序列的累加运算表示 $y(n)$ 在某一个 n_0 上的值 $y(n_0)$ 等于所有 $n \leqslant n_0$ 的 $x(n)$ 之和。

【例题 7.4】 序列 $x(n)$ 如图 7-11(a)所示,求其累加序列 $y(n)$。

解:

$$x(n) = (1/2)^n u(n+1)$$

$$y(n) = \sum_{m=-\infty}^{n} (1/2)^m u(m+1) = \sum_{m=-1}^{n} (1/2)^m = [4 - (1/2)^n] u(n+1)$$

图形表示见图 7-11(b)。

作为特例,$\delta(n)$ 与 $u(n)$ 之间存在着差分和累加的关系。如图 7-12 所示,可以看出

$$\delta(n) = u(n) - u(n-1) \tag{7-21}$$

以及

$$u(n) = \sum_{k=0}^{+\infty} \delta(n-k)$$

令 $m = n - k$，得

$$u(n) = \sum_{m=-\infty}^{n} \delta(m) \qquad\qquad (7\text{-}22)$$

即，$\delta(n)$ 是 $u(n)$ 的后向差分，$u(n)$ 是 $\delta(n)$ 的累加。

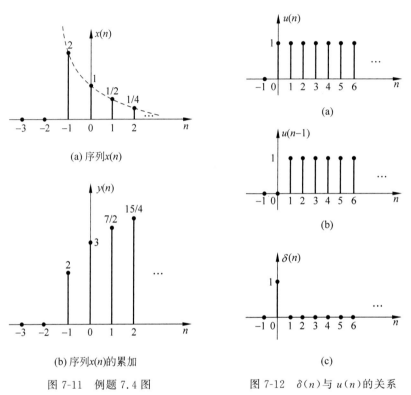

图 7-11　例题 7.4 图　　　　　　图 7-12　$\delta(n)$ 与 $u(n)$ 的关系

8. 压缩(再抽取)

$$y(n) = x(Mn) \qquad\qquad (7\text{-}23)$$

其运算规则是，对输入序列每隔 M 个样值抽取一个样值来组成新的输出序列，这里的 M 是整数，即每隔 M 个样值保留一个而去掉其间的 $M-1$ 个，相当于按 $M:1$ 对原序列进行了压缩。但这里的"压缩"已经不是连续时间意义上的压缩了。

例如，$x(n)$ 图形如图 7-13(a)所示，$y(n) = x(2n)$ 相当于对序列 $x(n)$ 隔一个抽取一个样值来组成新的序列，结果见图 7-13(b)。

与连续时间信号的压缩一样，离散时间信号的时域压缩也使信号在时域上变得更快，但离散时间信号的时域压缩在效果上更像样本的再抽取。例题中 $y(n) = x(2n)$ 对 $x(n)$ 序列抽取了偶数位的样值，而奇数位的样值被丢弃了，这与连续时间信号的压缩

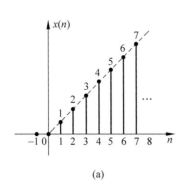

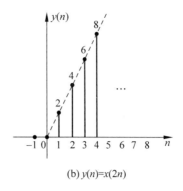

图 7-13　压缩(再抽取)

$r(t)=f(at)$ 是不一样的。连续时间信号的定义域是所有实数,是不可数的无限时间,因此,连续域 at 与 t 一一对应;而离散时间信号的定义域是所有整数,是可数的无限离散样值点,即离散域 $y(n)=x(Mn)$ 中的 n 和 Mn 都只能是整数。

对于特殊序列 $\delta(n)$,其再抽取也只能得到单位抽样序列,即

$$\delta(Mn)=\delta(n) \tag{7-24}$$

这与 $\delta(at)=\dfrac{1}{|a|}\delta(t)$ 是不一样的。这也是离散单位抽样信号与连续单位冲激信号的另一个不同之处。

9. 延伸(内插零值)

$$y(n)=\begin{cases} x\left(\dfrac{n}{M}\right), & n=Mk \\ 0, & n\neq Mk \end{cases} \tag{7-25}$$

由于 $x\left(\dfrac{n}{M}\right)$ 的自变量 $\dfrac{n}{M}$ 必须为整数,当 $n\neq Mk$ 时,$x\left(\dfrac{n}{M}\right)$ 的自变量不是整数,无法确定,一般通过内插零值来重新排序得到一个新的序列,即在原来的序列每两个样本之间插入 $M-1$ 个零值来组成一个新的序列。

例如

$$y(n)=\begin{cases} x\left(\dfrac{n}{2}\right), & n=2k \\ 0, & n\neq 2k \end{cases}$$

假设 $x(n)$ 如图 7-14(a)所示,那么,$y(n)$ 将如图 7-14(b)所示。

实际上,当对序列的自变量 n 进行尺度变换时,即 $n\rightarrow Mn$,不论 $M>1$(再抽取)还是 $0<M<1$(内插零值),由于序列的自变量 n 只能为整数,因此这里的"抽取"和"内插零值"实际上对原序列进行了"重排"。

思考:离散时间信号压缩后再延伸能否恢复原序列?

10. 能量

$x(n)$ 的能量等于所有 $|x(n)|$ 的平方之和。如果 $x(n)$ 是实数序列,其能量等于 $x(n)$ 绝

对值的平方之和；如果 $x(n)$ 是复数序列，其能量等于 $x(n)$ 模的平方之和。

$$E = \sum_{n=-\infty}^{+\infty} |x(n)|^2 \qquad (7-26)$$

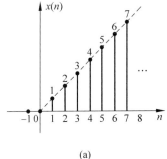

(a)

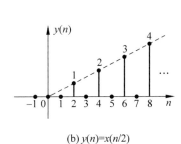

(b) $y(n)=x(n/2)$

图 7-14　内插零值

7.2　离散时间系统

离散时间系统指的是具有某种功能，可以实现某种运算的离散系统，既可以是系统硬件，也可以是处理算法(软件)等。

为了便于分析，可以从数学上对离散时间系统进行定义，离散时间系统是将输入序列 $x(n)$ 变成输出序列 $y(n)$ 的一种运算，见图 7-15。

图 7-15　离散时间系统

$$y(n) = \mathcal{H}[x(n)] \qquad (7-27)$$

例如，一个延时器的功能是将输入序列延时一个单位，即

$$y(n) = \mathcal{H}[x(n)] = x(n-1)$$

再如，一个离散时间系统的作用是将输入序列进行从 $-\infty$ 到 n 的累加，这个离散时间系统就是累加器，即

$$y(n) = \mathcal{H}[x(n)] = \sum_{m=-\infty}^{n} x(m)$$

7.2.1　离散时间系统的特性

与连续时间系统一样，离散时间系统也具有线性、时不变性、因果性、稳定性、记忆性等特性，这些特性的含义与连续时间系统基本一致。

1. 线性

如果系统满足均匀性和叠加性，则该系统就是线性系统。

设

$$y_1(n) = \mathcal{H}[x_1(n)], \quad y_2(n) = \mathcal{H}[x_2(n)]$$

如果

$$\mathcal{H}[ax_1(n) + bx_2(n)] = ay_1(n) + by_2(n) \tag{7-28}$$

那么,该系统满足线性。

【例题 7.5】 分析系统 $y(n) = nx(n)$ 的线性。

解:该系统的运算规则是将输入序列乘以 n,因此

$$\mathcal{H}[ax_1(n) + bx_2(n)] = n[ax_1(n) + bx_2(n)]$$

而

$$ay_1(n) + by_2(n) = anx_1(n) + bnx_2(n)$$

可见

$$\mathcal{H}[ax_1(n) + bx_2(n)] = ay_1(n) + by_2(n)$$

因此,系统是线性的。

2. 时不变性

对于激励 $x(n)$,不论何时作用于系统,其输出 $y(n)$ 总是相同的,与激励加于系统的时刻无关,这就是系统的时不变性。

对于离散系统,$y(n) = \mathcal{H}[x(n)]$,如果满足

$$y(n - N) = \mathcal{H}[x(n - N)] \tag{7-29}$$

则系统是时不变的。

对于离散时不变系统,输入序列的位移将引起输出序列相同的位移。

【例题 7.6】 分析系统 $y(n) = nx(n)$ 是否是时不变的。

解:系统的运算规则是输入序列乘以 n,因此

$$\mathcal{H}[x(n - N)] = nx(n - N)$$

而

$$y(n - N) = (n - N)x(n - N)$$

可见

$$y(n - N) \neq \mathcal{H}[x(n - N)]$$

因此,该系统不是时不变的。

如果一个离散时间系统既满足线性又满足时不变性,那么,该系统就是离散 LTI 系统。

离散 LTI 系统除了满足线性和时不变性外,还满足差分性和累加性。即,如果

$$\mathcal{H}[x(n)] = y(n)$$

则

$$\mathcal{H}[\nabla x(n)] = \nabla y(n) \tag{7-30}$$

$$\mathcal{H}\left[\sum_{k=-\infty}^{n} x(k)\right] = \sum_{k=-\infty}^{n} y(k) \tag{7-31}$$

输入差分,输出也差分;输入累加,输出也累加。

实际上,线性时不变系统的一个重要意义在于这类系统可以用单位抽样响应或系统函数来表征,通过卷积运算或滤波进行分析。

3. 因果性

对于任意 n_0,如果输出序列在 $n=n_0$ 的值仅取决于 $n \leqslant n_0$ 的输入,与 $n > n_0$ 的输入无关,则该系统是因果系统。

例如,对于系统 $y(n) = nx(n)$,$y(n_0)$ 只取决于 $x(n_0)$,该系统是因果的。而前向差分系统 $y(n) = x(n+1) - x(n)$,由于输出的当前值 $y(n)$ 与输入的一个将来值 $x(n+1)$ 有关,因此,前向差分系统不是因果的。

需要注意的是,判断系统的因果性时,要考虑全部的时间变量(自变量)$-\infty < n < +\infty$。例如,系统 $y(n) = x(-n)$ 是非因果的。

而用于去噪处理的滑动平均系统

$$y(n) = \frac{1}{M_2 - M_1 + 1} \sum_{k=M_1}^{M_2} x(n-k)$$

当 $M_1 \geqslant 0$ 和 $M_2 \geqslant 0$ 时,系统是因果的,否则就是非因果系统。这种系统属于条件因果系统。

另外,输入信号之外的其他函数不影响系统的因果性判断,因为系统的因果性考虑的是输出和输入的关系。例如,$y(n) = \cos(n+2)x(n)$ 是因果系统。

因果系统固然重要,但不是所有的具有实际意义的系统都是因果的。例如自变量不是时间的图像,或者将待处理的数据事先存储下来这种非实时的情况,都不是因果系统。在离散时间系统中,因果性已经不再是物理可实现的必要条件了。实际上,一个非因果离散系统(数字系统)可以利用存储器延时来实现。

离散时间系统的因果性定义是一种狭义的定义,它不是真正物理时间意义上的因果律决定的因果性定义。

4. 稳定性

和连续时间系统一样,对于有界输入,如果其零状态响应也是有界的,则该系统就是 BIBO 稳定系统。

据此定义,可判断出系统 $y(n) = nx(n)$ 不是稳定的。因为即使输入 $|x(n)| < \infty$ 有界,当 $n \to \infty$ 时,输出 $y(n) \to \infty$ 也不是有界的。

一个不稳定的系统,可能对某些有界的输入,其输出是有界的。但是具有稳定性的系统,要求对所有有界的输入,其输出都是有界的。

提示:系统性质的判断,要求针对所有的输入都成立。也许在有些输入情况下,系统具有某种性质,在另一些情况下系统的性质不成立,那么系统就不具有这个性质。

【例题 7.7】 分析无限累加系统 $y(n) = \sum\limits_{k=-\infty}^{n} x(k)$ 的线性、时不变性、因果性、稳定性。

解：

$$(1) \; \mathcal{H}\left[a x_1(n) + b x_2(n)\right] = \sum_{k=-\infty}^{n} \left[a x_1(k) + b x_2(k)\right]$$

$$= a \sum_{k=-\infty}^{n} x_1(k) + b \sum_{k=-\infty}^{n} x_2(k)$$

$$= a y_1(n) + b y_2(n)$$

因此，无限累加系统是线性的。

$$(2) \; \mathcal{H}\left[x(n-N)\right] = \sum_{k=-\infty}^{n} \left[x(k-N)\right]$$

令 $m = k - N$，则

$$\mathcal{H}\left[x(n-N)\right] = \sum_{m=-\infty}^{n-N} \left[x(m)\right]$$

而

$$y(n-N) = \sum_{k=-\infty}^{n-N} \left[x(k)\right]$$

因此有

$$y(n-N) = \mathcal{H}\left[x(n-N)\right]$$

无限累加系统是时不变的。

（3）根据无限累加的运算规则，可知 $y(n)\big|_{n=n_0}$ 只取决于 $x(n)\big|_{n \leqslant n_0}$，因此该系统是因果的。

（4）即使 $|x(n)|$ 有界，由于是无限项累加，要考虑全部的 n，$|y(n)| = \left| \sum_{k=-\infty}^{n} x(k) \right| \to -\infty$，因此，系统不是稳定的。

7.2.2 离散时间系统的数学模型

将物理系统抽象为数学模型，通过数学方法分析和研究系统的各种性能，这不仅在理论上有重要意义，在实际工程中也是必要的。

连续时间 LTI 系统的数学模型是线性常系数微分方程，连续域的微分在离散域表现为差分运算，将微分方程离散化就得到了差分方程。由此可知，离散时间 LTI 系统的数学模型是线性常系数差分方程，它描述的是离散时间系统的输入输出关系。

$$\sum_{k=0}^{N} a_k y(n-k) = \sum_{m=0}^{M} b_m x(n-m) \tag{7-32}$$

差分方程等号左端为输出序列的各阶位移，右端为输入序列的各阶位移。线性常系数差分方程的线性指的是 $y(n-k)$ 和 $x(n-m)$ 都只有一次幂，且没有相乘项。常系数指的是 a_k 和 b_m 都为常数。差分方程的阶次等于输出序列 $y(n)$ 的变量序号的最高值与最低值之差。例如

视频讲解

$$y(n) + a_1 y(n-1) + \cdots + a_N y(n-N) = b_0 x(n) + b_1 x(n-1) + \cdots +$$
$$b_M x(n-M) \tag{7-33}$$

该差分方程的阶次

$$n - (n - N) = N$$

即,式(7-33)是 N 阶差分方程。

再如,差分方程

$$y(n+3) + 5y(n+2) = x(n+1) + x(n)$$

该差分方程的阶次为一阶。

【例题 7.8】 假定一对兔子每月可以生育一对小兔,而新生的小兔要隔一个月才有生育能力。若第一个月只有一对新生小兔,那么,到第 n 个月时,兔子对的数目是多少?

解:用 $y(n)$ 表示第 n 个月兔子对的数目,则有

$$y(0) = 0, \quad y(1) = 1, \quad y(2) = 1, \quad y(3) = 2, \quad y(4) = 3, \quad y(5) = 5, \quad \cdots$$

这就是著名的斐波那契(Fibonacci)数列:

$$y(n) = \{0, 1, 1, 2, 3, 5, 8, 13, \cdots\}$$

下面建立本题的数学模型。

在第 n 个月时,应有 $y(n-2)$ 对兔子具有生育能力,因而这批兔子将从 $y(n-2)$ 对变成 $2y(n-2)$ 对。另外,还应该有 $y(n-1) - y(n-2)$ 对兔子生于第 $n-1$ 个月,尚没有生育能力。故

$$y(n) = 2y(n-2) + [y(n-1) - y(n-2)]$$

整理得

$$y(n) - y(n-1) - y(n-2) = 0$$

这是一个二阶差分方程。

7.2.3 差分方程的边界条件和离散系统的初始状态

在求解差分方程时,需要由差分方程的边界条件确定待定系数。对于离散时间信号与系统,因果性已经不是系统必需的一个特性了,因此,差分方程的解可以是双边的,即 $-\infty < n < +\infty$。那么,边界条件该如何明确呢?

如果差分方程解的范围是 $n \geqslant n_0$,差分方程的阶次为 N,一般意义下,将 $y(n_0)$, $y(n_0+1), \cdots, y(n_0+N)$ 作为差分方程的边界条件是易于理解的。不过,由于求解差分方程仅仅是数学上的演算,因此,边界条件不一定是解的边界。

对于差分方程

$$\sum_{k=0}^{N} a_k y(n-k) = \sum_{m=0}^{M} b_m x(n-m) \tag{7-34}$$

其边界条件可以由差分方程的阶次 N 和输入序列 $\sum_{m=0}^{M} b_m x(n-m)$ 共同确定。如果 N 阶差分方程的解适用于 $n \geqslant n_0$ 的差分方程,可以将 $n \geqslant (n_0 - N)$ 的不同的 N 个 $y(n)$

值作为差分方程的边界条件。实际上,差分方程的边界条件可理解为求解 N 阶差分方程所需的定义域内的 N 个 $y(n)$ 样值。

例如,差分方程 $y(n)-ay(n-1)=x(n)$,这是一个一阶差分方程,$N=1$。

当 $x(n)=0.5u(n)$ 时,$y(n)$ 的解的范围是 $n \geqslant 0$,即此时 $n_0=0$。该差分方程的边界条件可以为 $y(0)$,也可以为 $y(-1)$。

而当 $x(n)=0.5u(n-1)$ 时,$y(n)$ 的解的范围是 $n \geqslant 1$,即 $n_0=1$。那么,此时该差分方程的边界条件可以是 $y(1)$,也可以是 $y(0)$。

一般情况下,对于 N 阶因果系统,其边界条件可以是 $y(0),y(1),\cdots,y(N)$,也可以是 $y(-1),y(-2),\cdots,y(-N)$。根据输入信号的情况(因果输入信号或非因果输入信号),因果系统的解可能是因果性解($n \geqslant 0$),也可能是非因果性解($n<0$)。

对于离散时间系统,可以将系统最初的状态分为起始状态和初始状态。起始状态是没有外加激励作用时离散系统的状态,也是系统的原始储能。而离散时间系统的初始状态可以理解为外加激励刚刚加入后系统的状态。因此,初始状态与外加激励有关,而系统的起始状态(或起始条件)与后来加于系统的外加激励无关。

例如,一阶差分方程

$$y(n)-ay(n-1)=0.5u(n)$$

令 $n=-1$,差分方程变为

$$y(-1)-ay(-2)=0$$

显然 $y(-1)$ 与输入 $x(n)$ 无关,$y(-1)$ 是该系统的起始条件。

如果令 $n=0$,差分方程变为

$$y(0)-ay(-1)=0.5$$

这时 $y(0)$ 与输入 $x(n)$ 有关,因此 $y(0)$ 不是该系统的起始条件,而是激励 $x(n)$ 加入后引起的初始值,即初始条件。

实际上,对于离散时间系统,激励加入后引起的系统的初始状态并没有太多的分析意义,重要的是系统的起始条件,即激励加入前系统的原始储能,是与输入无关的系统的最初状态。如果说某系统是"静止"的或者"松弛"的,指的是系统的起始状态为零。

7.2.4　线性常系数差分方程与系统的特性

差分方程是离散时间系统的数学模型,描述的仅仅是离散时间系统的输入输出关系,一个线性常系数差分方程本身并不能完全确定系统是否满足线性、时不变性或因果性、稳定性。

也就是说,虽然描述线性时不变系统的数学模型是线性常系数差分方程,但由线性常系数差分方程描述的系统却不一定是线性时不变系统,还需要用其他条件进行限制。线性常系数差分方程是线性时不变系统的必要条件,只有当边界条件选的合适时,才有可能是线性时不变系统(见参考文献[2])。

那么,线性常系数差分方程描述的系统一定是因果系统吗? 答案当然也是否定的。因为差分方程是一个纯数学表达式,表述的仅仅是离散系统的输入输出关系。

根据系统因果性的定义,系统的因果性要求系统某时刻的输出仅仅取决于当时时刻的输入和以前的输入,与未来的输入无关。据此分析线性常系数差分方程描述的系统的因果性问题,某些差分方程表示的系统是因果的,某些不是因果的,或者无法判断。

对于后向差分方程

$$\sum_{k=0}^{N} a_k y(n-k) = \sum_{m=0}^{M} b_m x(n-m)$$

根据系数的情况,一般有以下有两种形式。

(1) 当 $k \neq 0$ 时,$a_k = 0$,此时差分方程可以写成如下形式(忽略系数 a_0)

$$y(n) = b_0 x(n) + b_1 x(n-1) + \cdots + b_M x(n-M) \tag{7-35}$$

根据因果性的定义,式(7-35)的差分方程描述的系统一定是因果的。

(2) 当 $k \neq 0$ 时,至少有一项 $a_k \neq 0$,差分方程的形式为

$$y(n) + a_1 y(n-1) + \cdots + a_N y(n-N)$$
$$= b_0 x(n) + b_1 x(n-1) + \cdots + b_M x(n-M)$$

此时仅从差分方程无法判断系统的因果性,还需要一些其他的限制条件。这样的差分方程描述的系统可能是因果的,也可能是非因果的。

7.2.5 离散时间系统的物理模型

对于离散时间系统,除了可以建立其数学模型即差分方程外,还可以建立系统的物理模型。根据差分方程的表达式,不难看出,只要以下三个元件按照不同的组合就可以实现差分方程的运算,由此得到系统的框图表示,即物理模型。

1. 延时器

顾名思义,延时器实现"延时"运算。如图 7-16(a)所示。本书中统一用符号"z^{-1}"来表示单位延时器。信号经过延时器后延时一个单位,即

$$y(n) = x(n-1)$$

延时器完成差分方程中的位移运算。单位延时器实际上是一个移位寄存器,把前一个离散值顶出来递补。

2. 加法器

加法器实现"加法"运算,不同的序列经过加法器进行相加运算,得到输出序列,如图 7-16(b)所示。

例如,后向差分系统可以由一个延时器和一个加法器来实现,即

$$y(n) = x(n) - x(n-1)$$

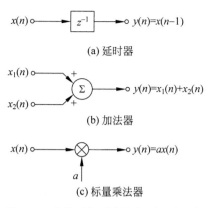

(a) 延时器

(b) 加法器

(c) 标量乘法器

图 7-16 离散时间系统的框图组成元件

3. 标量乘法器

标量乘法器可以实现差分方程中系数 a_k 与 $x(n-k)$ 的乘法运算。标量乘法器的框图可简化为图 7-17 所示的结构。

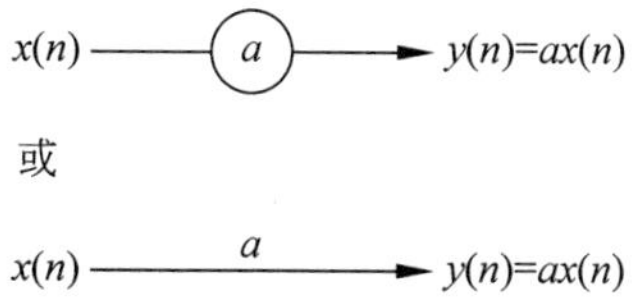

$$x(n) \longrightarrow \boxed{a} \longrightarrow y(n)=ax(n)$$

或

$$x(n) \xrightarrow{\quad a \quad} y(n)=ax(n)$$

图 7-17 标量乘法器

【**例题 7.9**】 系统的框图如图 7-18 所示,列写系统的差分方程。

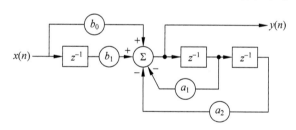

图 7-18 例题 7.9 图

解:这是一种带有反馈的系统结构,根据信号流向及各元件的功能,可以写出

$$y(n)=b_0 x(n)+b_1 x(n-1)-a_1 y(n-1)-a_2 y(n-2)$$

整理得

$$y(n)+a_1 y(n-1)+a_2 y(n-2)=b_0 x(n)+b_1 x(n-1)$$

【**例题 7.10**】 系统的框图如图 7-19 所示,列写该系统的差分方程。

解:这种结构只有前向,没有反馈回路,其差分方程为

$$y(n)=x(n)+ax(n-1)+a^2 x(n-2)+a^3 x(n-3)+a^4 x(n-4)$$

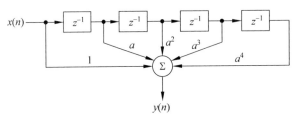

图 7-19　例题 7.10 图

上面两道例题的系统结构不同,得到的差分方程形式不同,这是两种主要的离散时间系统结构。

7.3　线性常系数差分方程的时域求解

视频讲解

差分方程的时域求解方法一般有迭代法、时域经典解法和零输入零状态解法。

7.3.1　迭代法

迭代法是一种非常简单的方法,根据差分方程的差分关系进行一步步迭代,然后找出规律即可。

【例题 7.11】　离散系统的差分方程为 $y(n)-ay(n-1)=x(n)$,$x(n)=\delta(n)$,$y(-1)=0$,求 $y(n)$。

解:将差分方程写成

$$y(n)=ay(n-1)+x(n)$$

当 $n\geq0$ 时,有

$$y(0)=ay(-1)+x(0)=1$$
$$y(1)=ay(0)+x(1)=a$$
$$y(2)=ay(1)+x(2)=a^2$$
$$\vdots$$
$$y(n)=ay(n-1)+x(n)=a^n$$

而当 $n<0$ 时,通过迭代可知,$y(n)=0$。因此差分方程的解为

$$y(n)=a^nu(n)$$

需要说明的是,这种方法比较适于计算机处理。对于很简单的差分方程,可以递推得到闭式解。但对于绝大多数的差分方程,一般情况下用迭代法得不到闭式解,只能得到数值解。所以,通常求解差分方程很少采用这种方法。当然,如果只是求解少量的几个值,迭代法不失为一种简单有效的方法。

7.3.2 时域经典解法

与微分方程一样,差分方程的时域经典解法也是通过求"齐次解"和"特解"得到完全解,是一种数学解法。

线性常系数差分方程的一般形式

$$y(n) + a_1 y(n-1) + \cdots + a_N y(n-N)$$
$$= b_0 x(n) + b_1 x(n-1) + \cdots + b_M x(n-M)$$

1. 齐次解

齐次解也就是自由响应,满足齐次方程

$$y(n) + a_1 y(n-1) + a_2 y(n-2) + \cdots + a_N y(n-N) = 0$$

阶次为 N,那么,特征方程为

$$\alpha^N + a_1 \alpha^{N-1} + a_2 \alpha^{N-2} + \cdots + a_{N-1}\alpha + a_N = 0 \tag{7-36}$$

(1) 如果特征根为单实根,特征方程因式分解

$$(\alpha - \alpha_1)(\alpha - \alpha_2)\cdots(\alpha - \alpha_N) = 0$$

则齐次解的形式为

$$y_h(n) = \sum_{j=1}^{N} C_j \alpha_j^n \tag{7-37}$$

(2) 如果特征根有重根,例如特征方程因式分解成

$$(\alpha - \alpha_1)^k \prod_{j=2}^{N-k+1} (\alpha - \alpha_j) = 0$$

则齐次解的形式为

$$y_h(n) = (C_1 n^{k-1} + C_2 n^{k-2} + \cdots + C_{k-1} n + C_k)\alpha_1^n + \sum_{j=2}^{N-1+k} C_{k+j-1}\alpha_j^n \tag{7-38}$$

(3) 如果特征根为共轭复数根

$$\alpha_{1,2} = a \pm jb = r e^{\pm j\omega_0}$$

那么齐次解

$$y_h(n) = C_1(a+jb)^n + C_2(a-jb)^n$$

表示成实数解的形式

$$y_h(n) = Q_1 r^n \cos(\omega_0 n) + Q_2 r^n \sin(\omega_0 n) \tag{7-39}$$

2. 特解

与微分方程经典解法中求特解一样,差分方程的特解也是通过视察的方法写出特解的形式。将输入信号 $x(n)$ 代入差分方程右端,整理后得到关于 n 的函数形式,称为自由项。特解的形式与自由项相似,见表 7-1。

表 7-1　差分方程的特解

自由项(与 $x(n)$ 有关)	特解 $y_p(n)$
A	D
a^n	Da^n，当 a 不是特征根时
	$(D_1 n + D_0)a^n$，当 a 是单阶特征根时
	$(D_r n^r + D_{r-1}n^{r-1} + \cdots + D_1 n + D_0)a^n$，当 a 是 r 重特征根时
n	$D_1 n + D_0$，当 1 不是特征根时
	$(D_1 n + D_0)n^r$，当 1 是特征根且为 r 重根时
n^m	$D_m n^m + D_{m-1}n^{m-1} + \cdots + D_1 n + D_0$，当 1 不是特征根时
	$(D_m n^m + D_{m-1}n^{m-1} + \cdots + D_1 n + D_0)n^r$，当 1 是 r 重特征根时
$\sin(\omega_0 n)$	$D_1 \sin(\omega_0 n) + D_2 \cos(\omega_0 n)$
$\cos(\omega_0 n)$	
$a^n[A_1\cos(\omega_0 n) + A_2\sin(\omega_0 n)]$	$a^n[D_1\cos(\omega_0 n) + D_2\sin(\omega_0 n)]$，当 $ae^{\pm j\omega_0}$ 不是特征根时
	$n^k a^n[D_1\cos(\omega_0 n) + D_2\sin(\omega_0 n)]$，当 $ae^{\pm j\omega_0}$ 是特征根时

将设定的特解形式代入差分方程,即可求得相应的待定系数,得到特解。

3. 完全解

最后,齐次解加上特解就是完全解。

$$y(n) = y_h(n) + y_p(n) \tag{7-40}$$

4. 由边界条件求待定系数

找到差分方程的边界条件,代入式(7-40)求取待定系数后,即可得到差分方程的完全解。

【例题 7.12】　离散系统的差分方程为 $y(n) + 5y(n-1) + 6y(n-2) = x(n)$, $x(n) = u(n)$,$y(-1) = 1/6$,$y(-2) = -1/36$。求 $n \geqslant 0$ 的 $y(n)$。

解:

(1) 求齐次解

齐次方程

$$y(n) + 5y(n-1) + 6y(n-2) = 0$$

特征方程为

$$\alpha^2 + 5\alpha + 6 = 0$$

得特征根 $\alpha_1 = -2$,$\alpha_2 = -3$。则齐次解为

$$y_h(n) = C_1(-2)^n + C_2(-3)^n, \quad n \geqslant 0$$

（2）求特解

由于 $x(n)=u(n)$，相当于 $n \geqslant 0$ 时 $x(n)=1$，这也是差分方程的自由项，所以，设特解为

$$y_p(n)=D$$

将特解代入差分方程，得

$$D+5D+6D=1$$

故特解 $D=1/12$。

（3）求完全解

完全解等于齐次解与特解之和，即

$$y(n)=[C_1(-2)^n+C_2(-3)^n+1/12]u(n)$$

式中待定系数 C_1 和 C_2 需要由差分方程的边界条件确定，一般意义下，上面完全解的边界条件为 $y(0)$ 和 $y(1)$。由 $y(-1)$、$y(-2)$ 迭代出 $y(0)$ 和 $y(1)$：

$$\begin{cases} y(0)+5y(-1)+6y(-2)=u(0)=1 \\ y(1)+5y(0)+6y(-1)=u(1)=1 \end{cases}$$

代入 $y(-1)$、$y(-2)$ 的值，得

$$y(0)=1/3, \quad y(1)=-5/3$$

将 $y(0)$ 和 $y(1)$ 的值代入完全解的表达式求系数

$$\begin{cases} y(0)=C_1+C_2+1/12=1/3 \\ y(1)=C_1(-2)+C_2(-3)+1/12=-5/3 \end{cases}$$

得 $C_1=-1, C_2=5/4$。因此，完全响应为

$$y(n)=\left[-(-2)^n+\frac{5}{4}(-3)^n+\frac{1}{12}\right]u(n)$$

其实，如果仅仅从数学角度求解差分方程，根据差分方程边界条件的含义，本题的"$y(-1)$ 和 $y(-2)$"或者"$y(0)$ 和 $y(1)$"都可以作为边界条件。

【例题 7.13】 系统的差分方程为 $y(n)+2y(n-1)=x(n)-x(n-1)$，激励信号 $x(n)=n^2$，且已知 $y(-1)=1$，求差分方程的完全解。

解：特征方程为 $\alpha+2=0$，得特征根 $\alpha=-2$。因此齐次解

$$y_h(n)=C(-2)^n$$

将 $x(n)$ 代入差分方程右端得到自由项

$$x(n)-x(n-1)=n^2-(n-1)^2=2n-1$$

因此，设特解

$$y_p(n)=D_1n+D_2$$

将特解代入差分方程，得

$$(D_1n+D_2)+2[D_1(n-1)+D_2]=2n-1$$

整理并比较等号两端系数，有

$$\begin{cases} 3D_1=2 \\ 3D_2-2D_1=-1 \end{cases}$$

得 $D_1 = 2/3, D_2 = 1/9$。

故特解为

$$y_p(n) = \frac{2}{3}n + \frac{1}{9}$$

因此,差分方程的完全解

$$y(n) = y_h(n) + y_p(n) = C(-2)^n + \frac{2}{3}n + \frac{1}{9}$$

将已知的 $y(-1) = 1$ 代入,求待定系数 C。

$$1 = C(-2)^{-1} - 2/3 + 1/9$$

得 $C = -28/9$。因此,差分方程的完全解为

$$y(n) = \left(-\frac{28}{9}\right)(-2)^n + \frac{2}{3}n + \frac{1}{9}$$

提示:时域经典解法是差分方程的数学解法,其中齐次解对应系统的自由响应,特解对应系统的强迫响应。特解根据自由项得到,而齐次解的待定系数由差分方程的边界条件确定。

7.3.3 因果 LTI 系统的零输入响应和零状态响应

视频讲解

系统的响应既可以由时域经典解法通过求自由响应和强迫响应得到,也可以分解成零输入响应和零状态响应。

对于因果离散 LTI 系统,零输入响应(ZIR)是指当输入 $x(n) = 0$ 时,仅由系统的起始条件引起的响应;零状态响应(ZSR)是指当系统的起始状态为零时,仅由系统的外加激励引起的响应。

这与连续时间系统的零输入响应和零状态响应的概念是一致的,在各自的条件下求出 ZIR 和 ZSR,二者相加就得到系统的完全响应。

$$y(n) = y_{zi}(n) + y_{zs}(n) \tag{7-41}$$

【例题 7.14】 因果离散系统的差分方程为 $y(n) + 5y(n-1) + 6y(n-2) = x(n)$,$x(n) = u(n), y(-1) = 1/6, y(-2) = -1/36$。求系统的零输入响应、零状态响应和完全响应。

解: 先求零输入响应,根据差分方程以及输入 $x(n) = u(n)$ 可知,当 $n \leqslant -1$ 时,$y(n)$ 的值与 $x(n)$ 无关。因此,题中给出的 $y(-1) = 1/6$ 和 $y(-2) = -1/36$ 与外加激励无关,是系统的起始状态,可直接用于求零输入响应。

零输入响应相当于求解下述差分方程

$$\begin{cases} y(n) + 5y(n-1) + 6y(n-2) = 0 \\ y(-1) = 1/6, \quad y(-2) = -1/36 \end{cases}$$

由于没有输入,因此只有齐次解

$$y_{zi}(n) = C_{zi1}(-2)^n + C_{zi2}(-3)^n, \quad n \geqslant 0$$

同样,由于输入为零,直接代入 $y(-1) = 1/6$ 和 $y(-2) = -1/36$ 求待定系数:

$$\begin{cases} 1/6 = -C_{zi1}/2 - C_{zi2}/3 \\ -1/36 = C_{zi1}/4 + C_{zi2}/9 \end{cases}$$

得 $C_{zi1} = 1/3, C_{zi2} = -1$。故该系统的零输入响应为

$$y_{zi}(n) = \left[\frac{1}{3}(-2)^n - (-3)^n \right] u(n)$$

下面求零状态响应。此时,系统的起始状态为 $y(-1) = 0$ 和 $y(-2) = 0$,相当于求解下列差分方程

$$\begin{cases} y(n) + 5y(n-1) + 6y(n-2) = x(n) \\ x(n) = u(n) \\ y(-1) = 0, \quad y(-2) = 0 \end{cases}$$

零状态响应中的齐次解部分为

$$y_{zsh}(n) = C_{zs1}(-2)^n + C_{zs2}(-3)^n, \quad n \geqslant 0$$

设特解 $y_p(n) = D$,代入差分方程,得 $D = 1/12$。故零状态响应为

$$y_{zs}(n) = C_{zs1}(-2)^n + C_{zs2}(-3)^n + 1/12, \quad n \geqslant 0$$

将 $y(-1) = 0$ 和 $y(-2) = 0$ 代入差分方程,迭代出 $y(0)$ 和 $y(1)$。

$$\begin{cases} y(0) + 5y(-1) + 6y(-2) = u(0) = 1 \\ y(1) + 5y(0) + 6y(-1) = u(1) = 1 \end{cases}$$

得 $y_{zs}(0) = 1, y_{zs}(1) = -4$。代入零状态响应的表达式求系数

$$\begin{cases} y_{zs}(0) = C_{zs1} + C_{zs2} + 1/12 = 1 \\ y_{zs}(1) = C_{zs1}(-2) + C_{zs2}(-3) + 1/12 = -4 \end{cases}$$

得 $C_{zs1} = -4/3, C_{zs2} = 9/4$。故零状态响应为

$$y_{zs}(n) = \left[-\frac{4}{3}(-2)^n + \frac{9}{4}(-3)^n + \frac{1}{12} \right] u(n)$$

完全响应

$$\begin{aligned} y(n) &= y_{zi}(n) + y_{zs}(n) \\ &= \left[\frac{1}{3}(-2)^n - (-3)^n \right] u(n) + \left[-\frac{4}{3}(-2)^n + \frac{9}{4}(-3)^n + \frac{1}{12} \right] u(n) \\ &= \left[-(-2)^n + \frac{5}{4}(-3)^n + \frac{1}{12} \right] u(n) \end{aligned}$$

例题 7.12 和例题 7.14 分别采用时域经典解法和零输入零状态解法对同一系统进行了求解,时域经典解法得到了系统的自由响应和强迫响应,零输入零状态解法得到了系统的零输入响应和零状态响应。两种方法得到的总响应是相等的,即

$$y(n) = y_h(n) + y_p(n) = y_{zi}(n) + y_{zs}(n)$$

而各响应的系数之间存在一定的关系

$$y(n) = \underbrace{\sum_{j=1}^{N} C_j \alpha_j^n}_{\text{自由响应}} + \underbrace{y_p(n)}_{\text{强迫响应}}$$

$$= \sum_{j=1}^{N} C_{zij} \alpha_j^n + \sum_{j=1}^{N} C_{zsj} \alpha_j^n + y_p(n) \tag{7-42}$$

$$\underbrace{\phantom{\sum_{j=1}^{N} C_{zij} \alpha_j^n}}_{\text{零输入响应}} \quad \underbrace{\phantom{\sum_{j=1}^{N} C_{zsj} \alpha_j^n + y_p(n)}}_{\text{零状态响应}}$$

其中

$$C_j = C_{zij} + C_{zsj} \tag{7-43}$$

即,自由响应的系数等于零输入响应的系数与零状态响应中齐次解的系数之和。

需要注意的是,在求解系统的零输入响应时,需要应用系统的起始条件。当给定系统的差分方程、外加激励以及样值 $y(n_0),y(n_0+1),\cdots$ 时,要先判断 $y(n_0),y(n_0+1),\cdots$ 是否是系统的起始条件(即是否与外加激励无关),如果不是,需求出系统的起始条件然后再应用起始条件求零输入响应。

【例题 7.15】 已知因果系统的差分方程为 $y(n)+3y(n-1)+2y(n-2)=x(n)$, $x(n)=2^n u(n)$, $y(0)=0$, $y(1)=2$。求系统的自由响应、强迫响应、零输入响应、零状态响应以及完全响应。

解:

(1)用时域经典解法求自由响应和强迫响应

齐次解

$$y_h(n) = C_1(-1)^n + C_2(-2)^n, \quad n \geqslant 0$$

设特解

$$y_p(n) = D \cdot 2^n, \quad n \geqslant 0$$

将特解代入差分方程,得 $D=1/3$。故特解(即强迫响应)为

$$y_p(n) = \frac{1}{3} \cdot 2^n u(n)$$

完全解为

$$y(n) = \left[C_1(-1)^n + C_2(-2)^n + \frac{1}{3} \cdot 2^n \right] u(n)$$

代入初始条件 $y(0)$ 和 $y(1)$ 的值,有

$$\begin{cases} C_1 + C_2 + 1/3 = 0 \\ -C_1 - 2C_2 + 2/3 = 2 \end{cases}$$

得 $C_1 = 2/3$, $C_2 = -1$。故由经典解法得到的完全响应为

$$y(n) = \left[\frac{2}{3}(-1)^n - (-2)^n + \frac{1}{3} \cdot 2^n \right] u(n)$$

其中自由响应为

$$\left[\frac{2}{3}(-1)^n - (-2)^n \right] u(n)$$

(2)求零输入响应和零状态响应

先求零输入响应,根据差分方程以及 $x(n)=2^n u(n)$,有

$$\begin{cases} y(0) + 3y(-1) + 2y(-2) = x(0) = 1 \\ y(1) + 3y(0) + 2y(-1) = x(1) = 2 \end{cases}$$

可见，$y(0)=0$ 和 $y(1)=2$ 都与输入 $x(n)$ 有关，也就是说，$y(0)=0$ 和 $y(1)=2$ 是由起始条件和外加激励共同引起的，不能用来确定零输入响应的待定系数。

那么，零输入情况下系统的起始条件是什么呢？

在差分方程中，令 $n=-1$，有

$$y(-1)+3y(-2)+2y(-3)=x(-1)=0$$

可见 $y(-1)$、$y(-2)$、$y(-3)$ 与激励无关，仅由系统的原始储能引起，对于二阶差分方程，只需两个起始条件。因此本题需要由差分方程以及初始状态 $y(0)$、$y(1)$ 求系统的起始状态 $y(-1)$、$y(-2)$。

将 $n=0$ 和 $n=1$ 代入差分方程

$$\begin{cases} y(0)+3y(-1)+2y(-2)=1 \\ y(1)+3y(0)+2y(-1)=2 \end{cases}$$

代入 $y(0)=0$ 和 $y(1)=2$，得 $y(-1)=0$，$y(-2)=1/2$。$y(-1)$ 和 $y(-2)$ 就是零输入时系统的起始条件，即

$$y_{zi}(-1)=y(-1)=0, \quad y_{zi}(-2)=y(-2)=1/2$$

求零输入响应就变成了求解下列差分方程

$$\begin{cases} y(n)+3y(n-1)+2y(n-2)=0 \\ y(-1)=0, \quad y(-2)=1/2 \end{cases}$$

可得

$$y_{zi}(n)=C_{zi1}(-1)^n+C_{zi2}(-2)^n, \quad n \geqslant 0$$

将 $y(-1)=0$ 和 $y(-2)=1/2$ 代入零输入解 $y_{zi}(n)$，得到待定系数

$$C_{zi1}=1, \quad C_{zi2}=-2$$

则系统的零输入响应为

$$y_{zi}(n)=\left[(-1)^n-2(-2)^n\right]u(n)$$

下面求零状态响应，相当于求解下列差分方程

$$\begin{cases} y(n)+3y(n-1)+2y(n-2)=x(n) \\ x(n)=2^n u(n) \\ y(-1)=0, \quad y(-2)=0 \end{cases}$$

解的形式为

$$y_{zs}(n)=C_{zs1}(-1)^n+C_{zs2}(-2)^n+\frac{1}{3} \cdot 2^n, \quad n \geqslant 0$$

由起始条件 $y(-1)=0$ 和 $y(-2)=0$ 推导出初始条件 $y_{zs}(0)$ 和 $y_{zs}(1)$

$$\begin{cases} y_{zs}(0)+3y(-1)+2y(-2)=1 \\ y_{zs}(1)+3y_{zs}(0)+2y(-1)=2 \end{cases}$$

得 $y_{zs}(0)=1$，$y_{zs}(1)=-1$。代入零状态解的形式，得到系数

$$C_{zs1}=-1/3, \quad C_{zs2}=1$$

则零状态响应为

$$y_{zs}(n) = \left[-\frac{1}{3}(-1)^n + (-2)^n + \frac{1}{3} \cdot 2^n \right] u(n)$$

完全响应

$$y(n) = y_{zi}(n) + y_{zs}(n)$$
$$= \left[\frac{2}{3}(-1)^n - (-2)^n + \frac{1}{3} \cdot 2^n \right] u(n)$$

视频讲解

7.4 离散系统的单位抽样响应

对于离散 LTI 系统,当输入为单位抽样信号 $\delta(n)$ 时,系统的零状态响应就是离散系统的单位抽样响应,用 $h(n)$ 表示,如图 7-20 所示。

起始状态为零

图 7-20 离散系统的单位抽样响应

$h(n)$ 是离散 LTI 系统的时域表征,是除去差分方程和框图外,离散系统的又一种描述方法。只要离散 LTI 系统确定,$h(n)$ 就唯一确定,与外加激励无关。

【例题 7.16】 求下列两个差分方程所描述的因果系统的单位抽样响应。

(1) $y(n) + y(n-1) = x(n)$

(2) $y(n) = x(n) + 2x(n-1) + 3x(n-2) + x(n-3)$

解:

(1) 根据 $h(n)$ 的定义,有

$$\begin{cases} h(n) + h(n-1) = \delta(n) \\ h(-1) = 0 \end{cases}$$

可得

$$h(n) = (-1)^n u(n)$$

这是一个无限长的单位抽样响应,一般称为无限冲激响应(Infinite Impulse Response,IIR)。

(2) 令

$$x(n) = \delta(n)$$

则

$$y(n) = h(n)$$

故有

$$h(n) = \delta(n) + 2\delta(n-1) + 3\delta(n-2) + \delta(n-3)$$

$h(n)$ 是有限长序列,一般称为有限冲激响应(Finite Impulse Response,FIR)。

7.4.1 典型 LTI 系统的单位抽样响应

1. 延时器

单位延时器的输入输出关系为

$$y(n) = x(n-1)$$

根据 $h(n)$ 的定义,令输入 $x(n) = \delta(n)$,则延时器的单位抽样响应

$$h(n) = \delta(n-1) \tag{7-44}$$

2. 一阶后向差分系统

一阶后向差分系统的输入输出关系为

$$y(n) = x(n) - x(n-1)$$

故其单位抽样响应

$$h(n) = \delta(n) - \delta(n-1) \tag{7-45}$$

3. 无限累加器

无限累加器的输入输出关系为

$$y(n) = \sum_{k=-\infty}^{n} x(k)$$

故其单位抽样响应

$$h(n) = \sum_{k=-\infty}^{n} \delta(k) \tag{7-46}$$

而

$$\sum_{k=-\infty}^{n} \delta(k) = \begin{cases} 1, & n \geqslant 0 \\ 0, & n < 0 \end{cases}$$

因此,无限累加器的单位抽样响应为

$$h(n) = u(n) \tag{7-47}$$

7.4.2 离散 LTI 系统的输入输出关系

在零状态条件下,当输入为 $\delta(n)$ 时,得到系统的输出 $h(n)$。那么对于任意输入 $x(n)$,在不求解差分方程的情况下,如何得到 LTI 系统的输出响应? 这就是本节的内容——零状态条件下离散 LTI 系统的输入输出关系。问题描述如图 7-21 所示。

输入序列 $x(n)$ 可以分解成 $\delta(n)$ 的线性组合,即

$$x(n) = \sum_{m=-\infty}^{+\infty} x(m)\delta(n-m) \tag{7-48}$$

则

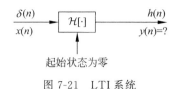

起始状态为零

图 7-21 LTI 系统

$$y(n) = \mathcal{H}[x(n)] = \mathcal{H}\left[\sum_{m=-\infty}^{+\infty} x(m)\delta(n-m)\right]$$

根据系统的线性,上式可表示为

$$y(n) = \sum_{m=-\infty}^{+\infty} x(m)\,\mathcal{H}[\delta(n-m)]$$

再根据时不变性,得

$$y(n) = \sum_{m=-\infty}^{+\infty} x(m)h(n-m) \tag{7-49}$$

这就是离散 LTI 系统在零状态条件下的输入输出关系,由系统的单位抽样响应 $h(n)$ 和外加激励 $x(n)$ 直接求得系统的零状态响应。式(7-49)称为卷积和,表示成

$$y(n) = x(n) * h(n) \tag{7-50}$$

通过变量代换,上面的卷积公式也可写成

$$y(n) = \sum_{m=-\infty}^{+\infty} h(m)x(n-m) = h(n) * x(n) \tag{7-51}$$

式(7-50)或式(7-51)是离散 LTI 系统非常重要的关系式,只要 LTI 系统的单位抽样响应 $h(n)$ 确定,就可以根据卷积公式求得任意激励信号 $x(n)$ 时的零状态响应,而无须求解差分方程。式(7-50)也说明了 $h(n)$ 可以描述 LTI 系统如何根据激励产生响应,是离散 LTI 系统的时域表征。测试一个 LTI 系统时,只要将一个单位抽样信号 $\delta(n)$ 作用于系统,并记录下系统的单位抽样响应 $h(n)$,一旦获得了 $h(n)$,就可以计算出任何一个激励所产生的响应。

7.4.3 用 $h(n)$ 表征离散 LTI 系统的特性

$h(n)$ 是离散 LTI 系统的一种描述方式,可以用它来表征系统的一些特性,如因果性、稳定性、可逆性等。

1. 因果性

类似于连续 LTI 系统,离散 LTI 系统因果性的充分必要条件是

$$h(n) = 0, \quad n < 0 \tag{7-52}$$

这是离散 LTI 系统因果性的时域特征。

证明:根据 LTI 系统的输入输出关系

$$y(n) = \sum_{m=-\infty}^{+\infty} x(m)h(n-m)$$

若 $n<0$ 时, $h(n)=0$, 则

$$y(n) = \sum_{m=-\infty}^{n} x(m)h(n-m)$$

那么

$$y(n_0) = \sum_{m=-\infty}^{n_0} x(m)h(n-m)$$

即 $y(n_0)$ 只取决于 $m \leqslant n_0$ 的 $x(m)$, 因而系统是因果的。充分性得证。

利用反证法证明必要性。已知系统是因果的, 如果假设 $n<0$ 时, $h(n) \neq 0$, 则

$$y(n) = \sum_{m=-\infty}^{n} x(m)h(n-m) + \sum_{m=n+1}^{+\infty} x(m)h(n-m)$$

在所设条件下, 第二个 $\sum$ 式至少有一项不为零, 说明 $y(n)$ 至少与 $m>n$ 时的一个 $x(m)$ 有关, 这不符合因果性的条件, 所以假设不成立。因而 $n<0$ 时, $h(n)=0$ 是因果系统的必要条件。

相应地, 一般将 $n<0$ 时, $x(n)=0$ 的序列称为因果序列, 而将 $n \geqslant 0$ 时, $x(n)=0$ 的序列称为反因果序列。

2. 稳定性

对于离散 LTI 系统, 稳定性的时域特征是

$$\sum_{n=-\infty}^{+\infty} |h(n)| < \infty \tag{7-53}$$

这是 BIBO 意义下离散 LTI 稳定系统的充分必要条件。

证明:

首先证明充分性。若 $x(n)$ 有界, 即 $|x(n)| \leqslant M$, 则

$$|y(n)| = \left| \sum_{m=-\infty}^{+\infty} h(m)x(n-m) \right| \leqslant \sum_{m=-\infty}^{+\infty} |h(m)||x(n-m)|$$

$$\leqslant M \sum_{m=-\infty}^{+\infty} |h(m)| < \infty$$

即输出有界, 满足 BIBO 稳定性的定义, 充分性得证。

下面用反证法证明其必要性。如果 $h(n)$ 不满足绝对可和的条件, 假设

$$\sum_{n=-\infty}^{+\infty} |h(n)| \to \infty$$

总可以找到一个或若干个有界的输入产生无界的输出, 例如

$$x(n) = \begin{cases} \dfrac{h^*(-n)}{|h(-n)|}, & h(n) \neq 0 \\ 0, & h(n) = 0 \end{cases}$$

由 $y(n) = \sum\limits_{m=-\infty}^{+\infty} h(m)x(n-m)$, 得

$$y(0) = \sum_{m=-\infty}^{+\infty} h(m)x(-m) = \sum_{m=-\infty}^{+\infty} h(m)\frac{h^*(m)}{|h(m)|} = \sum_{m=-\infty}^{+\infty} |h(m)| \to \infty$$

这不符合稳定性的定义,因此 $\sum\limits_{n=-\infty}^{+\infty}|h(n)|<\infty$ 是 LTI 系统稳定性的必要条件。

3. 可逆性

离散 LTI 系统的 $h(n)$ 与其可逆系统 $h^{-1}(n)$ 满足如下关系

$$h(n)*h^{-1}(n)=\delta(n) \tag{7-54}$$

视频讲解

7.5 离散信号的卷积

离散信号的卷积有两方面的物理意义,一是任意序列都可以表示成单位抽样信号 $\delta(n)$ 及其移位的加权和,即

$$x(n)=\sum_{m=-\infty}^{+\infty}x(m)\delta(n-m)$$

二是对于 LTI 系统,任意输入序列 $x(n)$ 引起的零状态响应等于 $x(n)$ 与系统单位抽样响应 $h(n)$ 的卷积和,即

$$y(n)=x(n)*h(n)=\sum_{m=-\infty}^{+\infty}x(m)h(n-m)$$

7.5.1 卷积性质

对 LTI 系统,卷积满足交换律、结合律以及分配律,这是卷积的代数性质。

1. 交换律

$$x(n)*h(n)=h(n)*x(n) \tag{7-55}$$

卷积的交换律如图 7-22 所示。

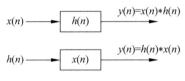

图 7-22　卷积的交换律

2. 结合律

$$
\begin{aligned}
x(n)*h_1(n)*h_2(n) &= [x(n)*h_1(n)]*h_2(n) \\
&= [x(n)*h_2(n)]*h_1(n) \\
&= x(n)*[h_1(n)*h_2(n)]
\end{aligned} \tag{7-56}
$$

卷积的结合律在系统中表现为系统的级联,如图 7-23 所示。

LTI 离散系统的级联,在时域进行的是卷积运算,而且交换子系统的先后次序并不

影响系统总的单位抽样响应。

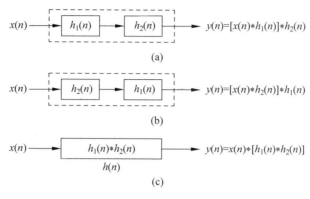

图 7-23 系统的级联

3. 分配律

$$x(n) * [h_1(n) + h_2(n)] = [x(n) * h_1(n)] + [x(n) * h_2(n)] \tag{7-57}$$

卷积的分配律在系统中表现为系统的并联，如图 7-24 所示。

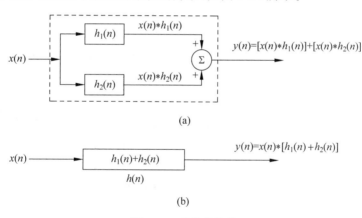

图 7-24 系统的并联

并联系统的单位抽样响应等于各子系统单位抽样响应做加法运算。

7.5.2 卷积求解

卷积和的计算一般有三种方法，可以根据卷积公式直接求解；对于有限长序列，也可以采用图解法和列表法。

1. 利用卷积公式直接求解

根据卷积公式直接求解，在计算过程中需要利用等比级数求和公式。

【例题 7.17】 已知系统的单位抽样响应 $h(n) = a^n u(n)$，其中 $0 < a < 1$，求激励信号

视频讲解

为 $x(n)=u(n)-u(n-N)$ 时系统的响应。

解：根据卷积公式

$$y(n) = \sum_{m=-\infty}^{+\infty} h(m)x(n-m)$$

$$= \sum_{m=-\infty}^{+\infty} a^m u(m)\left[u(n-m)-u(n-N-m)\right]$$

$$= \sum_{m=-\infty}^{+\infty} a^m u(m)u(n-m) - \sum_{m=-\infty}^{+\infty} a^m u(m)u(n-N-m)$$

$$= \sum_{m=0}^{n} a^m - \sum_{m=0}^{n-N} a^m$$

$$= \frac{1-a^{n+1}}{1-a}u(n) - \frac{1-a^{n-N+1}}{1-a}u(n-N)$$

诀窍:

利用公式计算卷积的三个要点:

① 对于有时间界定范围的信号,需要确定求和的上下限,可令 $\sum$ 中 $u(x)$ 的 $x \geqslant 0$ 来确定。

② 应用等比级数求和公式。

③ 求得最后结果后,需要标注自变量 n 的取值范围,简单的技巧是 u(上限-下限)。

2. 图解法

对于有限长序列,利用图解法计算卷积,既直观又简单,而且图解法能够很好地诠释卷积的运算规则。

【例题 7.18】 已知

$$x(n) = \begin{cases} (1/2)n, & 1 \leqslant n \leqslant 3 \\ 0, & \text{其他 } n \end{cases}$$

$$h(n) = \begin{cases} 1, & 0 \leqslant n \leqslant 2 \\ 0, & \text{其他 } n \end{cases}$$

计算 $x(n)*h(n)$。

解：画出 $x(n)$ 和 $h(n)$ 的图形,见图 7-25。

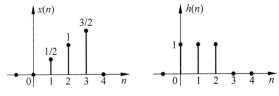

图 7-25　例题 7.18 中的 $x(n)$ 和 $h(n)$

根据卷积公式

$$y(n) = \sum_{m=-\infty}^{+\infty} x(m)h(n-m)$$

用图解法时,需要经过以下几个步骤,如图 7-26 所示。

① 换坐标,$n \to m$,得到 $x(m)$、$h(m)$。

② 将其中一个转置并移位,例如 $h(m) \to h(-m) \to h(n-m)$。

③ 相乘:$x(m)h(n-m)$。

④ $\sum$ 加和。

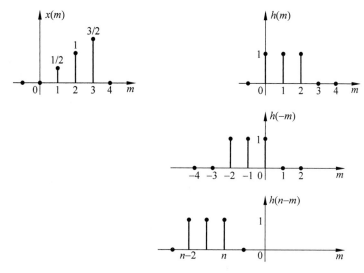

图 7-26　卷积的图解法

将 $h(n-m)$ 从左向右平移,计算 $\displaystyle\sum_{m=-\infty}^{+\infty} x(m)h(n-m)$,图解过程如图 7-27 所示。

据图可得卷积结果:

① 当 $n \leqslant 0$ 时,$x(m)$ 和 $h(n-m)$ 没有公共不为零的值,因此,$y(n)=0$。

② 当 $n=1$ 时,$h(n-m)$ 向右平移一个单位,$x(m)$ 和 $h(n-m)$ 有 1 个交叠不为零的值,$y(n)=1/2 \times 1=1/2$。

③ 当 $n=2$ 时,$h(n-m)$ 继续向右平移,$x(m)$ 和 $h(n-m)$ 有 2 个交叠不为零的值,$y(n)=1/2 \times 1 + 1 \times 1 = 3/2$。

④ 当 $n=3$ 时,$x(m)$ 和 $h(n-m)$ 最大程度交叠,有 3 个交叠不为零的值,$y(n)=1/2 \times 1 + 1 \times 1 + 3/2 \times 1 = 3$。

⑤ 当 $n=4$ 时,$h(n-m)$ 继续向右平移的结果是其前端开始移出 $x(m)$ 的非零值范围,此时,$x(m)$ 和 $h(n-m)$ 有 2 个交叠不为零的值,$y(n)=1 \times 1 + 3/2 \times 1 = 5/2$。

⑥ 当 $n=5$ 时,$x(m)$ 和 $h(n-m)$ 只剩下一个交叠不为零的值,$y(n)=3/2 \times 1 = 3/2$。

⑦ 当 $n \geqslant 6$ 时,$h(n-m)$ 向右平移出 $x(m)$ 的非零值范围,$x(m)$ 和 $h(n-m)$ 没有公共不为零的值,$y(n)=0$。

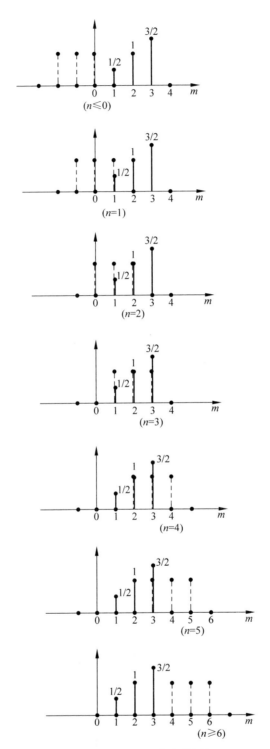

图 7-27　例题 7.18 卷积的图解

卷积结果 $y(n)$ 如图 7-28 所示。

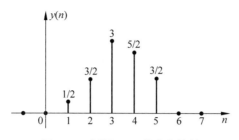

图 7-28 例题 7.18 的卷积结果

对于有限长序列,如果 $x(n)\neq0$ 的范围为 $N_1\leqslant n\leqslant N_2$,$h(n)\neq0$ 的范围为 $M_1\leqslant n\leqslant M_2$,则 $x(n)*h(n)\neq0$ 的范围为 $N_1+M_1\leqslant n\leqslant N_2+M_2$。即,两个有限长序列的卷积,卷积值不为零的坐标遵循"左左相加为左,右右相加为右"的运算规则。由此也可以得出,如果序列 $x(n)$ 的长度为 N,序列 $h(n)$ 的长度为 M,则 $x(n)*h(n)$ 的序列长度为 $N+M-1$。一般将 $y(n)=x(n)*h(n)$ 称为线性卷积。

3. 列表法

对于有限长序列的卷积求解,还可以采用列表法——"对位相乘求和",将两序列的样值以各自 n 的最高值按右端对齐,排成列表,每个样值逐位相乘(对应元素相乘),相应列相加即得卷积结果,其他元素为零。

【例题 7.19】 序列 $x_1(n)=\{-1 \quad 2 \quad \overset{\uparrow}{4} \quad 3\}$,$x_2(n)=\{5 \quad \overset{\uparrow}{-2} \quad 1\}$,求两个序列的卷积。

解:将两序列样值以各自 n 的最高值按右端对齐,排列如下:

$$
\begin{array}{llllll}
x_1(n): & & & -1 & 2 & 4 & 3 \\
x_2(n): & & & & 5 & -2 & 1 \\
\hline
 & & & -1 & 2 & 4 & 3 \\
 & & 2 & -4 & -8 & -6 \\
 & -5 & 10 & 20 & 15 \\
\hline
x(n): & -5 & 12 & 15 & 9 & -2 & 3
\end{array}
$$

每个样值逐位相乘,相应列相加即得卷积和,由于 $x_1(n)$ 的起点是 $n=-2$,$x_2(n)$ 的起点是 $n=-1$,故 $x(n)$ 的起点是 $n=-3$,即

$$x_1(n)*x_2(n)=\{-5 \quad 12 \quad 15 \quad \overset{\uparrow}{9} \quad -2 \quad 3\}$$

列表法虽然简单,但要注意起始点。只要是有限长序列,不论各自的起始点是多少,卷积结果的坐标遵循"左左相加为左,右右相加为右"的规律。

7.5.3 任意信号与 $\delta(n)$、$u(n)$ 的卷积

根据卷积公式,不难推出任意序列与 $\delta(n)$ 的卷积、与 $\delta(n)$ 位移的卷积以及与 $\delta(n)$

累加的卷积结果。

$$x(n) * \delta(n) = x(n) \tag{7-58}$$

$$x(n) * \delta(n-m) = x(n-m) \tag{7-59}$$

$$x(n) * u(n) = \sum_{m=-\infty}^{n} x(m) \tag{7-60}$$

例如,$x(n) = a^n u(n)$,则

$$x(n) * \delta(n-1) = a^{n-1} u(n-1)$$

而

$$x(n) * u(n) = \sum_{m=-\infty}^{n} a^m u(m) u(n-m) = \sum_{m=0}^{n} a^m = \frac{1-a^{n+1}}{1-a} u(n), \quad |a| < 1$$

本章知识 MAP 见图 7-29。

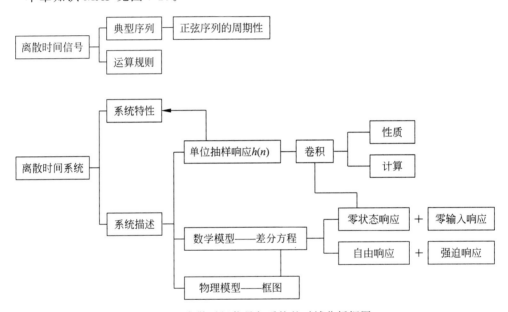

图 7-29 离散时间信号与系统的时域分析框图

视频讲解

本章结语

连续时间信号采样后变成离散时间信号,相当于时域离散化,而幅值连续(无限精度)。本章对离散时间信号与系统进行时域分析,分析理论及知识架构与第2章连续时间信号与系统的时域分析有着并行的相似性,包括典型序列、序列的运算规则、离散时间系统的特性、数学模型、物理模型、时域表征以及各种响应的概念、卷积等,这为理解离散时间信号与系统提供了简便的分析途径。当然,由于自变量的不同,"离散"和"连续"之间也存在着一些重要的差异。

本章知识解析

知识解析

习题

7-1 画出 $x(n)=n[u(n+3)-u(n-5)]$ 的图形。

7-2 判断下列序列是否是周期的,如果是周期的,写出其周期,如果不是,说明原因。

(1) $x(n)=A\cos\left(\dfrac{\pi}{3}n-\dfrac{\pi}{4}\right)$ \qquad (2) $x(n)=2\sin\left(\dfrac{\pi}{5}n\right)+3\cos\left(\dfrac{\pi}{3}n\right)$

7-3 离散系统的结构如题图 7-3 所示,建立系统的差分方程,并指出其阶次。

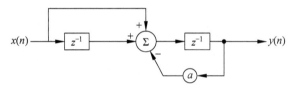

题图 7-3

7-4 解差分方程 $y(n)+2y(n-1)=n-2,y(0)=1$。

7-5 解差分方程 $y(n)+3y(n-1)+2y(n-2)=6u(n),y(-1)=1/3,y(-2)=1/2$。

7-6 离散系统差分方程为 $y(n)-5y(n-1)+6y(n-2)=x(n),x(n)=u(n)$,
$y(-1)=1/6,y(-2)=-1/36$,求零输入响应和零状态响应。

7-7 已知离散 LTI 系统的单位阶跃响应 $g(n)=a^n u(n)$,求系统的单位抽样响应 $h(n)$。

7-8 如果已知系统的单位抽样响应 $h(n)=a^n u(n)$,求系统的单位阶跃响应 $g(n)$。

7-9 已知题图 7-9 所示的离散 LTI 系统,其中 $h_1(n)=u(n),h_2(n)=\delta(n)$,求系统的单位抽样响应。

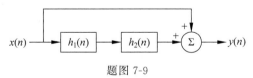

题图 7-9

7-10 $x_1(n)=a^n u(n),x_2(n)=b^n u(n)$,计算卷积 $x_1(n)*x_2(n)$。

7-11 $x_1(n)=2^n u(n),x_2(n)=\delta(n-1)$,计算卷积 $x_1(n)*x_2(n)$。

7-12 $x_1(n)=\{2 \ \ \underset{\uparrow}{1} \ \ 5 \ \ 3 \ \ 1\}, x_2(n)=\{\underset{\uparrow}{1/2} \ \ 1 \ \ 3 \ \ 4\}$,计算卷积 $x_1(n)*x_2(n)$。

第8章

离散时间信号与系统的 z 域分析

8.0 引言

连续时间信号与系统除了"时域"分析外,还进行了"换域"分析,分别在频域和 s 域对信号与系统进行分析,引出了两大变换——傅里叶变换和拉普拉斯变换。同样,对于离散时间信号与系统,也可以进行变换域分析,这就是离散时间信号与系统的 z 域分析和频域分析。本章首先对离散时间信号与系统进行 z 域分析,z 变换在离散时间信号与系统分析中的作用和地位,如同拉普拉斯变换在连续时间信号与系统分析中的作用和地位,但其重要性远大于拉普拉斯变换。z 变换是分析离散时间 LTI 系统的重要工具,在数字信号处理、计算机控制系统等领域有着非常广泛的应用。

z 变换的基本思想来自拉普拉斯。最初由 W. Hurewicz 在 1947 年引入以解决线性常系数差分方程。1952 年,被哥伦比亚大学的 Ragazzini 和 Zadeh 冠名为"the z-transform"并用于采样数据的分析中,而 E. I. Jury 进一步发展和推广了改进的 z 变换。

8.1 z 变换定义及其收敛域

8.1.1 序列的 z 变换定义

视频讲解

考虑因果连续时间信号 $x_a(t)$,以 T 为抽样间隔进行理想抽样,得到抽样信号 $x_s(t)$。

$$x_s(t) = x_a(t) \cdot \delta_T(t) = x_a(t) \cdot \sum_{n=0}^{+\infty} \delta(t-nT)$$

$$= \sum_{n=0}^{+\infty} x_a(t)\delta(t-nT) = \sum_{n=0}^{+\infty} x_a(nT)\delta(t-nT)$$

两边求拉普拉斯变换

$$\mathscr{L}\left[x_s(t)\right] = \mathscr{L}\left[\sum_{n=0}^{+\infty} x_a(nT)\delta(t-nT)\right]$$

$$= \sum_{n=0}^{+\infty} x_a(nT)\mathscr{L}\left[\delta(t-nT)\right]$$

$$= \sum_{n=0}^{+\infty} x_a(nT)\mathrm{e}^{-snT} \tag{8-1}$$

令 $x(n) = x_a(nT)$,$z = \mathrm{e}^{sT}$,则式(8-1)的等号右端变为 $\sum\limits_{n=0}^{+\infty} x(n)z^{-n}$,将其定义为 $x(n)$ 的 z 变换,表示为 $X(z)$ 或 $\mathscr{Z}\left[x(n)\right]$,即

$$X(z) = \sum_{n=0}^{+\infty} x(n)z^{-n} \tag{8-2}$$

式(8-2)是单边 z 变换的定义。

在离散时间信号与系统中,双边序列以及非因果系统也是经常遇到的问题,因此,需

要进行双边 z 变换。

$$X(z) = \sum_{n=-\infty}^{+\infty} x(n) z^{-n} \tag{8-3}$$

由于 $s = \sigma + \mathrm{j}\omega$ 是复数,所以 $z = e^{sT}$ 也是复数,表示成图 8-1 所示的复平面,称为 z 平面。

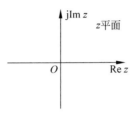

图 8-1　z 平面

【例题 8.1】　求 $x_1(n) = a^n u(n)$ 和 $x_2(n) = -a^n u(-n-1)$ 的 z 变换。

解：由 z 变换的公式

$$X_1(z) = \sum_{n=-\infty}^{+\infty} a^n u(n) z^{-n} = \sum_{n=0}^{+\infty} a^n z^{-n} = \sum_{n=0}^{+\infty} (a z^{-1})^n$$

由等比级数求和公式,得

$$X_1(z) = \frac{1}{1 - a z^{-1}}$$

下面求 $x_2(n)$ 的 z 变换

$$X_2(z) = \sum_{n=-\infty}^{+\infty} -a^n u(-n-1) z^{-n} = -\sum_{n=-\infty}^{-1} a^n z^{-n}$$

令 $m = -n$,则

$$X_2(z) = -\sum_{m=1}^{+\infty} a^{-m} z^m = -\sum_{m=1}^{+\infty} (a^{-1} z)^m$$

由等比级数求和公式,得

$$X_2(z) = -\frac{a^{-1} z}{1 - a^{-1} z} = \frac{1}{1 - a z^{-1}}$$

奇怪的现象出现了,$X_1(z) = X_2(z) = \dfrac{1}{1 - a z^{-1}}$,可是两个信号 $x_1(n) = a^n u(n)$ 和 $x_2(n) = -a^n u(-n-1)$ 却是完全不同的,如图 8-2 所示(假设 $0 < a < 1$)。

思考一下,哪里出问题了呢?

等比级数求和公式的计算是没有错误的,问题出在了等比级数求和时,级数收敛是有条件的。在前面的演算中,忽略了等比的绝对值需要小于 1(对于实数)或等比的模需要小于 1(对于复数)这个关键的因素。

补充上面的求解过程,对于 $X_1(z) = \dfrac{1}{1 - a z^{-1}}$,要求 $|a z^{-1}| < 1$,即 $|z| > |a|$；对于 $X_2(z) = \dfrac{1}{1 - a z^{-1}}$,要求 $|a^{-1} z| < 1$,即 $|z| < |a|$。

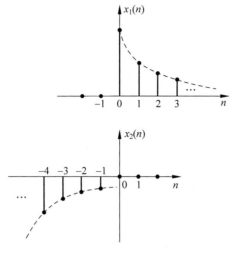

图 8-2　$x_1(n)=a^n u(n)$ 和 $x_2(n)=-a^n u(-n-1)$

　　所以,虽然两个序列的 z 变换表达形式完全相同,但 z 的取值范围却是完全不同的,如图 8-3 所示。

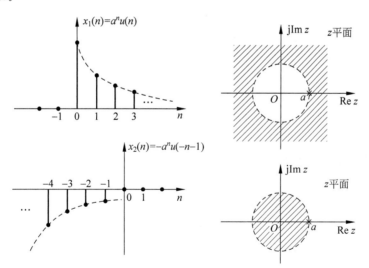

图 8-3　序列及其 z 变换的收敛域

　　提示：等比级数收敛的条件,一般称为等比级数的收敛域。由这道例题可以看出,双边 z 变换的收敛域是多么重要。

　　下面推导 z 反变换的公式。在收敛域内取一条逆时针的围线 C,如图 8-4 所示。

　　计算围线积分 $\oint_C X(z)z^{m-1}\mathrm{d}z$,将 z 变换公式代入 $X(z)$,有

$$\oint_C X(z)z^{m-1}\mathrm{d}z=\oint_C\left[\sum_{n=-\infty}^{+\infty}x(n)z^{-n}\right]z^{m-1}\mathrm{d}z$$

$$= \sum_{n=-\infty}^{+\infty} x(n) \oint_C z^{m-n-1} \mathrm{d}z$$

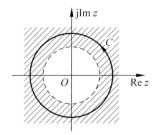

图 8-4　z 反变换积分围线的选择

根据复变函数中的柯西定理,可知

$$\oint_C z^{m-n-1} \mathrm{d}z = \begin{cases} 2\pi\mathrm{j}, & m = n \\ 0, & m \neq n \end{cases}$$

故

$$\oint_C X(z)z^{m-1} \mathrm{d}z = \sum_{n=-\infty}^{+\infty} x(n) \oint_C z^{m-n-1} \mathrm{d}z = 2\pi\mathrm{j}x(m)$$

由此得到 z 反变换的公式,一般也称为反演公式

$$x(n) = \frac{1}{2\pi\mathrm{j}} \oint_C X(z)z^{n-1} \mathrm{d}z \tag{8-4}$$

视频讲解

8.1.2　z 变换的收敛域

求序列的 z 变换时,只有级数收敛,z 变换才有意义。对于任意给定的有界序列 $x(n)$,使 z 变换级数收敛的所有 z 值的集合,称为 z 变换 $X(z)$ 的收敛域。

从例题 8.1 中可以看出,对于双边 z 变换,收敛域是非常重要的。即使同样的 z 变换表达式,收敛域不同,所对应的时间序列也不同。

根据自变量 n 的取值范围,序列分为有限长序列、右边序列、左边序列以及双边序列,相应地,序列 z 变换的收敛域也分为以下几种不同的情况。

1. 有限长序列

有限长序列指的是在有限的区间($n_1 \leqslant n \leqslant n_2$)具有非零的有限值,也称为"有始有终"信号。有限长序列的 z 变换为

$$X(z) = \sum_{n=n_1}^{n_2} x(n)z^{-n}$$

由于 n_1 和 n_2 是有限整数,因而上式是一个有限项级数,故 z 变换将在整个 z 平面收敛(可能除 $|z|=0$ 或 $|z|=\infty$ 外)。

【例题 8.2】 序列 $x(n)=\{1 \quad 2 \quad \underset{\uparrow}{3} \quad 4 \quad 5 \quad \}$，求序列的 z 变换并指出收敛域。

解：

$$X(z)=\sum_{n=-2}^{2}x(n)z^{-n}=z^2+2z+3+4z^{-1}+5z^{-2}$$

前两项要求 $z\neq\infty$，后两项要求 $z\neq0$，因此收敛域为 $0<|z|<\infty$。

根据起点和终点的位置，将有限长序列进一步细化。

（1）当 $n_1<0,n_2>0$ 时，收敛域为 $0<|z|<\infty$，除坐标原点和无穷远点之外的整个 z 平面收敛，也称为"有限 z 平面收敛"。例题 8.2 就是这种情况。

（2）当 $n_1<0,n_2\leqslant0$ 时，收敛域为 $0\leqslant|z|<\infty$，此时坐标原点处也收敛，只有无穷远点不收敛。参看例题 8.2 前 2 个（或 3 个）序列值的情况。

（3）$n_1\geqslant0,n_2>0$ 时，收敛域为 $0<|z|\leqslant\infty$，此时无穷远点也收敛，只有坐标原点处不收敛。参看例题 8.2 后 2 个（或 3 个）序列值的情况。

2. 右边序列

右边序列指的是当 $n\geqslant n_1$ 时 $x(n)\neq0$，当 $n<n_1$ 时 $x(n)=0$，属于"有始无终"序列。

（1）当 $n_1<0$ 时，序列从某个负的时刻开始，z 变换为

$$X(z)=\sum_{n=n_1}^{-1}x(n)z^{-n}+\sum_{n=0}^{+\infty}x(n)z^{-n}$$

上式第一个 $\sum$ 是有限长序列的 z 变换，其收敛域为 $0\leqslant|z|<\infty$。第二个 $\sum$ 是无穷多项的负幂级数，根据数学中的阿贝尔定理，其收敛域为 z 平面上某一个圆的外部区域，即 $R_{x-}<|z|\leqslant\infty$。因此，右边序列在 $n_1<0$ 时的 z 变换收敛域为 $R_{x-}<|z|<\infty$，见图 8-5(a)。

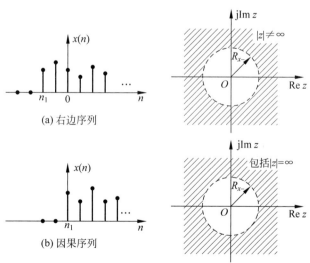

图 8-5　右边序列或因果序列的 z 变换收敛域

（2）当 $n_1 \geqslant 0$ 时,序列从零或某个正的时刻开始,此时 $x(n)$ 也称为"因果序列",其 z 变换为

$$X(z) = \sum_{n=n_1}^{+\infty} x(n) z^{-n}$$

收敛域为 $R_{x-} < |z| \leqslant \infty$,在 $|z| \to \infty$ 处收敛是因果序列的特征,见图 8-5(b)。

3. 左边序列

左边序列指的是当 $n \leqslant n_2$ 时, $x(n) \neq 0$,当 $n > n_2$ 时, $x(n) = 0$ 。属于"无始有终"序列。

（1）当 $n_2 > 0$ 时,

$$X(z) = \sum_{n=-\infty}^{0} x(n) z^{-n} + \sum_{n=1}^{n_2} x(n) z^{-n}$$

上式第二个 $\sum$ 是有限长序列的 z 变换,其收敛域为 $0 < |z| \leqslant \infty$ 。而第一个 $\sum$ 是无穷多项的正幂级数,根据阿贝尔定理,其收敛域为 z 平面上某一个圆的内部区域,即 $0 \leqslant |z| < R_{x+}$ 。因此,左边序列在 $n_2 > 0$ 时的 z 变换收敛域为 $0 < |z| < R_{x+}$,见图 8-6(a)。

（2）当 $n_2 \leqslant 0$ 时,此时 $x(n)$ 也称为"反因果序列",其 z 变换为

$$X(z) = \sum_{n=-\infty}^{n_2} x(n) z^{-n}$$

收敛域为 $0 \leqslant |z| < R_{x+}$,在 $|z| = 0$ 处收敛是反因果序列的特征,见图 8-6(b)。

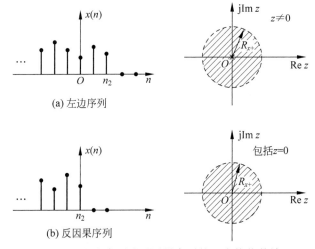

图 8-6　左边序列或反因果序列的 z 变换收敛域

4. 双边序列

双边序列指的是在 $-\infty < n < +\infty$ 都有非零值的序列, n 从 $-\infty$ 延伸到 $+\infty$,"无始

无终"。其 z 变换为

$$X(z) = \sum_{n=-\infty}^{-1} x(n) z^{-n} + \sum_{n=0}^{+\infty} x(n) z^{-n}$$

上式第一个 $\sum$ 是反因果序列的 z 变换,其收敛域为 $0 \leqslant |z| < R_{x+}$。第二个 $\sum$ 是因果序列的 z 变换,其收敛域为 $R_{x-} < |z| \leqslant \infty$。一个是圆内区域,另一个是圆外区域,因此存在两种情况,一是如果 $R_{x-} < R_{x+}$,则二者有重叠部分,收敛域为圆环 $R_{x-} < |z| < R_{x+}$;二是如果 $R_{x-} > R_{x+}$,则两个级数的收敛域没有交叠,不存在公共收敛域,此时 z 变换不存在。

双边序列及其 z 变换收敛域见图 8-7。

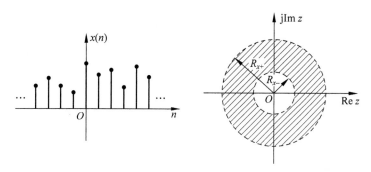

图 8-7　双边序列及其 z 变换收敛域

【**例题 8.3**】　求序列 $x(n) = a^n u(n) - b^n u(-n-1)$ 的 z 变换,并确定其收敛域。

解:

$$X(z) = \sum_{n=-\infty}^{+\infty} \left[a^n u(n) - b^n u(-n-1) \right] z^{-n} = \sum_{n=0}^{+\infty} a^n z^{-n} - \sum_{n=-\infty}^{-1} b^n z^{-n}$$

如果 $|a| < |b|$,则

$$X(z) = \frac{1}{1-az^{-1}} + \frac{1}{1-bz^{-1}}$$

收敛域为 $|a| < |z| < |b|$。

如果 $|a| > |b|$,则序列 $x(n)$ 的 z 变换不存在。

提示:在求序列的 z 变换时,一定要标出它的收敛域。无穷大点收敛是因果序列的特征,而坐标原点处收敛是反因果序列的特征。

8.1.3　z 变换的零极点

和拉普拉斯变换的零极点一样,z 变换的零点指的是使 $X(z) = 0$ 的所有 z 的取值,一般用 z_i 表示;而使 $X(z) \to \infty$ 的所有 z 的取值称为极点,一般用 p_k 表示。

在例题 8.3 中,

视频讲解

$$X(z) = \frac{1}{1 - az^{-1}} + \frac{1}{1 - bz^{-1}} = \frac{2z\left[z - (a+b)/2\right]}{(z-a)(z-b)}$$

故零点为 $z_1 = 0$，$z_2 = (a+b)/2$；极点为 $p_1 = a$，$p_2 = b$。假设 a 和 b 都是大于零的实数，$X(z)$ 的零极点分布如图 8-8 所示。

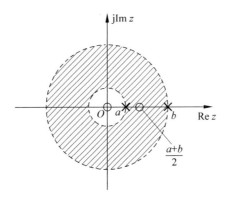

图 8-8 例题 8.3 的 z 变换的零极点及收敛域

8.1.4 典型序列的 z 变换

1. 单位抽样序列 $\delta(n)$

$$\mathscr{L}\left[\delta(n)\right] = \sum_{n=-\infty}^{+\infty} \delta(n)z^{-n} = 1 \tag{8-5}$$

收敛域为全部 z 平面，如图 8-9 所示。

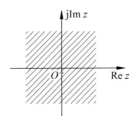

图 8-9 $\delta(n)$ 的 z 变换收敛域

2. 单位阶跃序列 $u(n)$

$$\mathscr{L}\left[u(n)\right] = \sum_{n=-\infty}^{+\infty} u(n)z^{-n} = \sum_{n=0}^{+\infty} z^{-n} = \frac{1}{1 - z^{-1}}$$

故

$$\mathscr{L}\left[u(n)\right] = \frac{1}{1 - z^{-1}}, \quad |z| > 1 \tag{8-6}$$

3. 因果指数序列 $a^n u(n)$

$$\mathscr{L}\left[a^n u(n)\right] = \frac{1}{1 - a z^{-1}}, \quad |z| > |a| \tag{8-7}$$

4. 反因果指数序列 $-a^n u(-n-1)$

$$\mathscr{L}\left[-a^n u(-n-1)\right] = \frac{1}{1 - a z^{-1}}, \quad |z| < |a| \tag{8-8}$$

5. 单边正弦序列

$$\mathscr{L}\left[\cos(\omega_0 n) u(n)\right] = \mathscr{L}\left[\frac{1}{2}(\mathrm{e}^{\mathrm{j}\omega_0 n} + \mathrm{e}^{-\mathrm{j}\omega_0 n}) u(n)\right]$$

$$= \frac{1}{2}\left(\frac{1}{1 - \mathrm{e}^{\mathrm{j}\omega_0} z^{-1}} + \frac{1}{1 - \mathrm{e}^{-\mathrm{j}\omega_0} z^{-1}}\right)$$

故

$$\mathscr{L}\left[\cos(\omega_0 n) u(n)\right] = \frac{1 - \cos\omega_0 z^{-1}}{1 - 2\cos\omega_0 z^{-1} + z^{-2}}, \quad |z| > 1 \tag{8-9}$$

下面求零点和极点,将式(8-9)写成 z 的正幂次

$$\mathscr{L}\left[\cos(\omega_0 n) u(n)\right] = \frac{z(z - \cos\omega_0)}{z^2 - 2\cos\omega_0 z + 1}$$

令 $z(z-\cos\omega_0)=0$,得零点 $z_1=0$ 和 $z_2=\cos\omega_0$;令 $z^2-2\cos(\omega_0)z+1=0$,得极点 $p_{1,2}=\cos\omega_0 \pm \mathrm{j}\sin\omega_0 = \mathrm{e}^{\pm\mathrm{j}\omega_0}$。

画出零极点分布图及收敛域如图 8-10 所示。

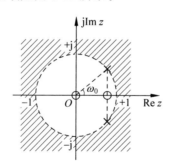

图 8-10 单边余弦序列 z 变换的零极点及收敛域

同样,

$$\mathscr{L}\left[\sin(\omega_0 n) u(n)\right] = \frac{\sin\omega_0 z^{-1}}{1 - 2\cos\omega_0 z^{-1} + z^{-2}}, \quad |z| > 1 \tag{8-10}$$

6. 单边指数衰减正弦序列

$$\mathscr{L}\left[\beta^n\cos(\omega_0 n)u(n)\right]=\frac{1-\beta\cos\omega_0 z^{-1}}{1-2\beta\cos\omega_0 z^{-1}+\beta^2 z^{-2}},\quad |z|>|\beta| \tag{8-11}$$

$$\mathscr{L}\left[\beta^n\sin(\omega_0 n)u(n)\right]=\frac{\beta\sin\omega_0 z^{-1}}{1-2\beta\cos\omega_0 z^{-1}+\beta^2 z^{-2}},\quad |z|>|\beta| \tag{8-12}$$

读者可自行根据 z 变换公式进行推导,也可应用性质求解(见8.2节)。

视频讲解

8.2 z 变换的性质

z 变换的性质指的是序列的时域运算规则在 z 域的表现。

1. 线性

z 变换是一种线性变换,满足线性叠加。若

$$\mathscr{L}\left[x(n)\right]=X(z),\quad R_{x-}<|z|<R_{x+}$$

$$\mathscr{L}\left[y(n)\right]=Y(z),\quad R_{y-}<|z|<R_{y+}$$

则

$$\mathscr{L}\left[ax(n)+by(n)\right]=aX(z)+bY(z),\quad R_{-}<|z|<R_{+} \tag{8-13}$$

线性组合后的收敛域一般为两个收敛域的重叠部分,即

$$R_{-}=\max(R_{x-},R_{y-}),\quad R_{+}=\min(R_{x+},R_{y+})$$

因此,一般情况下收敛域将变小,但是,在线性组合过程中,如果某些零点与极点相互抵消,则收敛域可能扩大。

2. 位移

若 $\mathscr{L}\left[x(n)\right]=X(z),R_{x-}<|z|<R_{x+}$,则

$$\mathscr{L}\left[x(n-m)\right]=z^{-m}X(z),\quad R_{x-}<|z|<R_{x+} \tag{8-14}$$

这里的 m 为整数。

证明:由 z 变换的定义

$$\mathscr{L}\left[x(n-m)\right]=\sum_{n=-\infty}^{+\infty}x(n-m)z^{-n}=z^{-m}\sum_{k=-\infty}^{+\infty}x(k)z^{-k}=z^{-m}X(z)$$

$m>0$ 表示序列 $x(n)$ 向右移 m 个单位——延时;$m<0$ 表示序列向左移 m 个单位——超前。

当 $m=1$ 时,

$$\mathscr{L}\left[x(n-1)\right]=z^{-1}X(z) \tag{8-15}$$

序列延时一个单位,z 变换乘以 z^{-1},这也是离散时间系统的框图表示中,用 z^{-1} 表示延时器的原因。

根据位移性质,可以得到一组关于 δ 函数位移的 z 变换公式

$$\begin{cases} \mathscr{L}\left[\delta(n-1)\right]=z^{-1} \\ \mathscr{L}\left[\delta(n+1)\right]=z \\ \mathscr{L}\left[\delta(n-k)\right]=z^{-k} \\ \mathscr{L}\left[\delta(n+k)\right]=z^{k} \end{cases} \tag{8-16}$$

上面是位移的双边 z 变换性质,在离散时间系统的实际分析中,有时需要进行单边 z 变换。

若 $\mathscr{L}\left[x(n)u(n)\right]=X(z)$,则右移序列的单边 z 变换为

$$\mathscr{L}\left[x(n-m)u(n)\right]=z^{-m}\left[X(z)+\sum_{k=-m}^{-1}x(k)z^{-k}\right],\quad m\geqslant 1 \tag{8-17}$$

左移序列的单边 z 变换为

$$\mathscr{L}\left[x(n+m)u(n)\right]=z^{m}\left[X(z)-\sum_{k=0}^{m-1}x(k)z^{-k}\right],\quad m\geqslant 1 \tag{8-18}$$

这里只证明式(8-17),读者可自行证明式(8-18)。

证明:

$$\mathscr{L}\left[x(n-m)u(n)\right]=\sum_{n=0}^{+\infty}x(n-m)z^{-n}$$

令 $k=n-m$,则

$$\mathscr{L}\left[x(n-m)u(n)\right]=\sum_{k=-m}^{+\infty}x(k)z^{-(k+m)}=\sum_{k=-m}^{-1}x(k)z^{-(k+m)}+\sum_{k=0}^{+\infty}x(k)z^{-(k+m)}$$

$$=z^{-m}\sum_{k=-m}^{-1}x(k)z^{-k}+z^{-m}X(z)$$

作为特例,当序列向左或向右位移 1 个或 2 个单位时,其单边 z 变换公式为

$$\mathscr{L}\left[x(n-1)u(n)\right]=z^{-1}X(z)+x(-1) \tag{8-19}$$

$$\mathscr{L}\left[x(n-2)u(n)\right]=z^{-2}X(z)+x(-1)z^{-1}+x(-2) \tag{8-20}$$

$$\mathscr{L}\left[x(n+1)u(n)\right]=zX(z)-x(0)z \tag{8-21}$$

$$\mathscr{L}\left[x(n+2)u(n)\right]=z^{2}X(z)-x(0)z^{2}-x(1)z \tag{8-22}$$

【例题 8.4】 求后向差分和前向差分的单边 z 变换。

解: 后向差分 $\nabla x(n)=x(n)-x(n-1)$,则

$$\mathscr{L}\left[\nabla x(n)\right]=\mathscr{L}\left[x(n)-x(n-1)\right]=X(z)-\left[z^{-1}X(z)+x(-1)\right]$$

$$=(1-z^{-1})X(z)-x(-1)$$

前向差分 $\Delta x(n)=x(n+1)-x(n)$,则

$$\mathscr{L}\left[\Delta x(n)\right]=\mathscr{L}\left[x(n+1)-x(n)\right]=\left[zX(z)-x(0)z\right]-X(z)$$

$$=(z-1)X(z)-x(0)z$$

3. 序列的线性加权(z 域微分)

若 $\mathscr{L}\left[x(n)\right]=X(z)$,则

$$\mathscr{L}\left[nx(n)\right]=-z\frac{\mathrm{d}}{\mathrm{d}z}X(z) \tag{8-23}$$

证明: z 变换公式

$$X(z)=\sum_{n=-\infty}^{+\infty}x(n)z^{-n}$$

两端对 z 求导

$$\frac{\mathrm{d}}{\mathrm{d}z}X(z)=\frac{\mathrm{d}}{\mathrm{d}z}\sum_{n=-\infty}^{+\infty}x(n)z^{-n}=\sum_{n=-\infty}^{+\infty}x(n)\frac{\mathrm{d}}{\mathrm{d}z}z^{-n}$$

$$=\sum_{n=-\infty}^{+\infty}(-n)x(n)z^{-n-1}=-z^{-1}\sum_{n=-\infty}^{+\infty}nx(n)z^{-n}=-z^{-1}\mathscr{L}\left[nx(n)\right]$$

故

$$\mathscr{L}\left[nx(n)\right]=-z\frac{\mathrm{d}}{\mathrm{d}z}X(z)$$

同样地

$$\mathscr{L}\left[n^{m}x(n)\right]=\left(-z\frac{\mathrm{d}}{\mathrm{d}z}\right)^{m}X(z) \tag{8-24}$$

【例题 8.5】 求 $x(n)=nu(n)$ 的 z 变换。

解:

$$\mathscr{L}\left[u(n)\right]=\frac{1}{1-z^{-1}},\quad |z|>1$$

则

$$\mathscr{L}\left[nu(n)\right]=-z\frac{\mathrm{d}}{\mathrm{d}z}\left(\frac{1}{1-z^{-1}}\right)=\frac{z^{-1}}{(1-z^{-1})^{2}}=\frac{z}{(z-1)^{2}},\quad |z|>1$$

在 $z=1$ 处有一个二阶极点。

【例题 8.6】 求 $x(n)=na^{n}u(n)$ 的 z 变换。

解: 由

$$\mathscr{L}\left[a^{n}u(n)\right]=\frac{1}{1-az^{-1}}=\frac{z}{z-a},\quad |z|>|a|$$

则

$$\mathscr{L}\left[na^{n}u(n)\right]=-z\frac{\mathrm{d}}{\mathrm{d}z}\left(\frac{z}{z-a}\right)=\frac{az}{(z-a)^{2}},\quad |z|>|a|$$

4. 序列的指数加权(z 域尺度变换)

若

$$\mathscr{L}\left[x(n)\right]=X(z),\quad R_{x-}<|z|<R_{x+}$$

则

$$\mathscr{L}\left[a^{n}x(n)\right]=X\left(\frac{z}{a}\right),\quad |a|R_{x-}<|z|<|a|R_{x+} \tag{8-25}$$

证明：
$$\mathscr{L}\left[a^n x(n)\right] = \sum_{n=-\infty}^{+\infty} a^n x(n) z^{-n} = \sum_{n=-\infty}^{+\infty} x(n)(a^{-1}z)^{-n} = X(z/a)$$

$x(n)$ 乘以指数序列等效于 z 平面尺度展缩，将引起零极点的改变以及收敛域的变化。特别地，当 $a = -1$ 时，有

$$\mathscr{L}\left[(-1)^n x(n)\right] = X(-z) \tag{8-26}$$

当 $a = \mathrm{e}^{\mathrm{j}\omega_0}$ 时，有

$$\mathscr{L}\left[\mathrm{e}^{\mathrm{j}\omega_0 n} x(n)\right] = X(\mathrm{e}^{-\mathrm{j}\omega_0} z) \tag{8-27}$$

【例题 8.7】 应用性质求 $x(n) = \beta^n \cos(\omega_0 n) u(n)$ 的 z 变换。

解：在典型序列的 z 变换中，已经知道

$$\mathscr{L}\left[\cos(\omega_0 n) u(n)\right] = \frac{1 - \cos\omega_0 z^{-1}}{1 - 2\cos\omega_0 z^{-1} + z^{-2}}, \quad |z| > 1$$

则

$$\mathscr{L}\left[\beta^n \cos(\omega_0 n) u(n)\right] = \frac{1 - \cos\omega_0 (z/\beta)^{-1}}{1 - 2\cos\omega_0 (z/\beta)^{-1} + (z/\beta)^{-2}}$$

$$= \frac{1 - \beta\cos\omega_0 z^{-1}}{1 - 2\beta\cos\omega_0 z^{-1} + \beta^2 z^{-2}}$$

零点为 $z_1 = 0, z_2 = \beta\cos\omega_0$。极点为 $p_{1,2} = \beta\cos\omega_0 \pm \mathrm{j}\beta\sin\omega_0 = \beta\mathrm{e}^{\pm\mathrm{j}\omega_0}$。收敛域为 $|z| > |\beta|$。

同样，由

$$\mathscr{L}\left[\sin(\omega_0 n) u(n)\right] = \frac{\sin\omega_0 z^{-1}}{1 - 2\cos\omega_0 z^{-1} + z^{-2}}, \quad |z| > 1$$

可推出

$$\mathscr{L}\left[\beta^n \cos(\omega_0 n) u(n)\right] = \frac{\beta\sin\omega_0 z^{-1}}{1 - 2\beta\cos\omega_0 z^{-1} + \beta^2 z^{-2}}, \quad |z| > |\beta|$$

5. 序列转置

若

$$\mathscr{L}\left[x(n)\right] = X(z), \quad R_{x-} < |z| < R_{x+}$$

则

$$\mathscr{L}\left[x(-n)\right] = X(z^{-1}), \quad 1/R_{x+} < |z| < 1/R_{x-} \tag{8-28}$$

证明：

$$\mathscr{L}\left[x(-n)\right] = \sum_{n=-\infty}^{+\infty} x(-n) z^{-n}$$

令 $m = -n$，则

$$\mathscr{L}\left[x(-n)\right] = \sum_{m=-\infty}^{+\infty} x(m) z^m = \sum_{m=-\infty}^{+\infty} x(m)(z^{-1})^{-m} = X(z^{-1})$$

【**例题 8.8**】 应用性质求 $a^{-n}u(-n)$ 的 z 变换。

解：由 $\mathscr{L}[a^nu(n)]=\dfrac{1}{1-az^{-1}}$，$|z|>|a|$，可得

$$\mathscr{L}[a^{-n}u(-n)]=\frac{1}{1-az}=-\frac{a^{-1}z^{-1}}{1-a^{-1}z^{-1}}，\quad |z|<|1/a|$$

6. 初值定理

对于因果序列 $x(n)$，有

$$x(0)=\lim_{z\to\infty}X(z) \tag{8-29}$$

证明：因果序列的 z 变换

$$X(z)=\sum_{n=0}^{+\infty}x(n)z^{-n}=x(0)+x(1)z^{-1}+x(2)z^{-2}+\cdots+x(k)z^{-k}+\cdots$$

当 $z\to\infty$ 时，$\lim\limits_{z\to\infty}X(z)=x(0)$。

7. 终值定理

对于因果序列 $x(n)$，其终值可以由其 z 变换求得

$$\lim_{n\to+\infty}x(n)=\lim_{z\to1}[(z-1)X(z)] \tag{8-30}$$

证明：考虑一阶前向差分的 z 变换

$$\sum_{n=0}^{+\infty}[x(n+1)-x(n)]z^{-n}=zX(z)-x(0)z-X(z)$$

$$=(z-1)X(z)-x(0)z$$

则

$$\sum_{n=0}^{+\infty}[x(n+1)-x(n)]z^{-n}+x(0)z=(z-1)X(z)$$

两边取极限

$$\lim_{z\to1}\left\{\sum_{n=0}^{+\infty}[x(n+1)-x(n)]z^{-n}+x(0)z\right\}=\lim_{z\to1}[(z-1)X(z)]$$

而

$$\lim_{z\to1}\left\{\sum_{n=0}^{+\infty}[x(n+1)-x(n)]z^{-n}+x(0)z\right\}$$

$$=\sum_{n=0}^{+\infty}[x(n+1)-x(n)]+x(0)$$

$$=[x(1)-x(0)]+[x(2)-x(1)]+[x(3)-x(2)]+\cdots+$$

$$\lim_{n\to+\infty}[x(n)-x(n-1)]+x(0)$$

$$=x(+\infty)-x(0)+x(0)=x(+\infty)$$

故

$$\lim_{n \to +\infty} x(n) = \lim_{z \to 1} [(z-1)X(z)]$$

终值定理的应用是有条件的,只有 $\lim\limits_{n \to +\infty} x(n)$ 存在且为有限值时,求终值才有意义。这需要 $X(z)$ 的极点位于单位圆内或位于单位圆上的 $z = +1$ 处且为一阶。对于因果序列 $x(n)$,其 z 变换 $X(z)$ 的极点位于单位圆内时可以保证 $x(n)$ 是稳定衰减的;而单位圆上的一阶极点使得 $x(n)$ 等幅变化,但只有 $z = +1$ 处的一阶极点才使得 $n \to +\infty$ 时 $x(n)$ 存在。当极点位于单位圆外时,$x(n)$ 随着 n 的增大而无限增长,$\lim\limits_{n \to +\infty} x(n)$ 将不收敛,求 $x(n)$ 的终值变得没有意义。

【例题 8.9】 $X(z) = \dfrac{1}{1 - z^{-1}}$,$|z| > 1$,求序列终值。

解:$X(z) = \dfrac{1}{1 - z^{-1}} = \dfrac{z}{z-1}$,根据终值定理,得

$$\lim_{n \to +\infty} x(n) = \lim_{z \to 1} [(z-1)X(z)] = 1$$

实际上,$X(z)$ 对应的序列为 $x(n) = u(n)$,显然有 $\lim\limits_{n \to +\infty} x(n) = 1$。

本题 $X(z)$ 在单位圆上 $z = +1$ 处有一个一阶极点。对于 $z = +1$ 处有一阶极点的情况,$x(n)$ 为阶跃序列或延时的阶跃序列,故 $\lim\limits_{n \to +\infty} x(n)$ 收敛并存在。

【例题 8.10】 序列 $x(n) = \cos(\omega_0 n)u(n)$,能否用终值定理求其终值?

解:序列的 z 变换

$$X(z) = \frac{1 - \cos\omega_0 z^{-1}}{1 - 2\cos\omega_0 z^{-1} + z^{-2}}, \quad |z| > 1$$

此时,虽然 $X(z)$ 的极点在单位圆上($p_{1,2} = e^{\pm j\omega_0}$),但不在 $z = +1$ 处。

计算 $\lim\limits_{z \to 1} [(z-1)X(z)]$ 的值,

$$\lim_{z \to 1} [(z-1)X(z)] = \lim_{z \to 1} (z-1) \frac{1 - \cos\omega_0 z^{-1}}{1 - 2\cos\omega_0 z^{-1} + z^{-2}} = 0$$

即便如此,因为 $\lim\limits_{n \to +\infty} x(n) = \lim\limits_{n \to +\infty} \cos(\omega_0 n)u(n)$ 并不存在,所以不能应用终值定理。

8. 序列卷积(时域卷积定理)

若

$$\mathscr{L}[x(n)] = X(z), \quad R_{x-} < |z| < R_{x+}$$
$$\mathscr{L}[h(n)] = H(z), \quad R_{h-} < |z| < R_{h+}$$

则

$$\mathscr{L}[x(n) * h(n)] = X(z)H(z), \quad R_- < |z| < R_+ \tag{8-31}$$

证明:

$$x_1(n) * x_2(n) = \sum_{m=-\infty}^{+\infty} x_1(m)x_2(n-m)$$

两边进行 z 变换

$$\mathscr{L}\left[x_1(n) * x_2(n)\right] = \sum_{n=-\infty}^{+\infty} \sum_{m=-\infty}^{+\infty} x_1(m) x_2(n-m) z^{-n}$$

$$= \sum_{m=-\infty}^{+\infty} x_1(m) \sum_{n=-\infty}^{+\infty} x_2(n-m) z^{-n} = \sum_{m=-\infty}^{+\infty} x_1(m) z^{-m} X_2(z)$$

$$= X_2(z) \sum_{m=-\infty}^{+\infty} x_1(m) z^{-m} = X_1(z) X_2(z)$$

一般情况下,卷积 z 变换的收敛域是 $X(z)$ 和 $H(z)$ 收敛域的重叠部分,收敛域区域将变小,即 $R_- = \max(R_{x-}, R_{h-})$,$R_+ = \min(R_{x+}, R_{h+})$,但是,如果一个 z 变换的收敛域边界上的极点被另一个 z 变换的零点抵消,卷积后 z 变换的收敛域将扩大。

序列在时域作"卷积"运算后的 z 变换等于各自 z 变换做"乘法"运算,即遵循"时域卷积,z 域相乘"的规则,这与傅里叶变换和拉普拉斯变换时域卷积定理是一致的。

【例题 8.11】 已知 $x_1(n) = a^n u(n)$,$x_2(n) = b^n u(-n)$,求 $y(n) = x_1(n) * x_2(n)$ 的 z 变换。

解:

$$X_1(z) = \frac{1}{1 - a z^{-1}} = \frac{z}{z-a}, \quad |z| > |a|$$

$$x_2(n) = b^n u(-n) = \delta(n) + b^n u(-n-1)$$

则

$$X_2(z) = 1 - \frac{1}{1 - b z^{-1}} = \frac{-b}{z-b}, \quad |z| < |b|$$

当 $|a| < |b|$ 时,

$$y(z) = \frac{z}{z-a} \cdot \frac{-b}{z-b} = \frac{-bz}{(z-a)(z-b)}, \quad |a| < |z| < |b|$$

当 $|a| > |b|$ 时,z 变换不存在。

9. 序列相乘(z 域卷积定理)

若

$$\mathscr{L}[x(n)] = X(z), \quad R_{x-} < |z| < R_{x+}$$

$$\mathscr{L}[h(n)] = H(z), \quad R_{h-} < |z| < R_{h+}$$

则

$$\mathscr{L}[x(n)h(n)] = \frac{1}{2\pi j} \oint_C X(v) H\left(\frac{z}{v}\right) v^{-1} \, dv, \quad R_{x-} R_{h-} < |z| < R_{x+} R_{h+} \tag{8-32}$$

式中,C 是公共收敛域内一条逆时针围线。

证明:

$$\mathscr{L}[x(n)h(n)] = \sum_{n=-\infty}^{+\infty} x(n)h(n) z^{-n}$$

$$= \sum_{n=-\infty}^{+\infty} \left[\frac{1}{2\pi\mathrm{j}} \oint_{C_1} X(v) v^{n-1} \mathrm{d}v \right] h(n) z^{-n}$$

$$= \frac{1}{2\pi\mathrm{j}} \sum_{n=-\infty}^{+\infty} \left[\oint_{C_1} X(v) v^n v^{-1} \mathrm{d}v \right] h(n) z^{-n}$$

$$= \frac{1}{2\pi\mathrm{j}} \oint_{C} X(v) \sum_{n=-\infty}^{+\infty} h(n) \left(\frac{z}{v} \right)^{-n} v^{-1} \mathrm{d}v$$

$$= \frac{1}{2\pi\mathrm{j}} \oint_{C} X(v) H \left(\frac{z}{v} \right) v^{-1} \mathrm{d}v$$

10. Parseval 定理(能量定理)

$$\sum_{n=-\infty}^{+\infty} x_1(n) x_2^*(n) = \frac{1}{2\pi\mathrm{j}} \oint_C X_1(z) X_2 \left(\frac{1}{z^*} \right) z^{-1} \mathrm{d}z \tag{8-33}$$

围线 C 在 $X_1(z)$ 和 $X_2 \left(\dfrac{1}{z^*} \right)$ 的公共收敛域内。

证明：先求 $x_2^*(n)$ 的 z 变换

$$\mathscr{Z} \left[x_2^*(n) \right] = \sum_{n=-\infty}^{+\infty} x_2^*(n) z^{-n} = \left[\sum_{n=-\infty}^{+\infty} x_2(n)(z^*)^{-n} \right]^* = X_2^*(z^*)$$

根据式(8-32)，有

$$\mathscr{Z} \left[x_1(n) x_2^*(n) \right] = \frac{1}{2\pi\mathrm{j}} \oint_C X_1(v) X_2^* \left(\frac{z^*}{v^*} \right) v^{-1} \mathrm{d}v$$

即

$$\sum_{n=-\infty}^{+\infty} x_1(n) x_2^*(n) z^{-n} = \frac{1}{2\pi\mathrm{j}} \oint_C X_1(v) X_2^* \left(\frac{z^*}{v^*} \right) v^{-1} \mathrm{d}v$$

令 $z=1$，得

$$\sum_{n=-\infty}^{+\infty} x_1(n) x_2^*(n) = \frac{1}{2\pi\mathrm{j}} \oint_C X_1(v) X_2^* \left(\frac{1}{v^*} \right) v^{-1} \mathrm{d}v$$

可以表示为

$$\sum_{n=-\infty}^{+\infty} x_1(n) x_2^*(n) = \frac{1}{2\pi\mathrm{j}} \oint_C X_1(z) X_2 \left(\frac{1}{z^*} \right) z^{-1} \mathrm{d}z$$

在式(8-33)中，若令 $x_1(n) = x_2(n)$，则有

$$\sum_{n=-\infty}^{+\infty} | x(n) |^2 = \frac{1}{2\pi\mathrm{j}} \oint_C X(z) X(z^{-1}) z^{-1} \mathrm{d}z \tag{8-34}$$

这就是离散时间信号在时域和 z 域的 Parseval 定理，时域中的能量等于 z 域中的能量。在第 9 章将推导时域和频域之间的 Parseval 定理。Parseval 定理是能量守恒定理。

11. 有限项累加的 z 变换

当 $x(n)$ 为因果序列时，

$$\mathscr{Z}\left[\sum_{k=0}^{n}x(k)\right]=\frac{1}{1-z^{-1}}X(z), \quad |z|>\max[R_{x-},1] \tag{8-35}$$

R_{x-} 为 $X(z)$ 的收敛域边界。

证明：当 $x(n)$ 为因果序列时，

$$\sum_{k=0}^{n}x(k)=x(n)*u(n)$$

根据时域卷积定理

$$\mathscr{Z}\left[\sum_{k=0}^{n}x(k)\right]=\mathscr{Z}\left[x(n)*u(n)\right]=\mathscr{Z}\left[x(n)\right]\cdot\mathscr{Z}\left[u(n)\right]=X(z)\frac{1}{1-z^{-1}}$$

其中，$X(z)$ 的收敛域为 $|z|>R_{x-}$；$\dfrac{1}{1-z^{-1}}$ 的收敛域为 $|z|>1$。因此，卷积的 z 变换的收敛域为 $|z|>\max[R_{x-},1]$。

12. 差分的 z 变换

前向差分 $\Delta x(n)=x(n+1)-x(n)$，其双边 z 变换

$$\mathscr{Z}\left[\Delta x(n)\right]=(z-1)X(z) \tag{8-36}$$

后向差分 $\nabla x(n)=x(n)-x(n-1)$，其双边 z 变换

$$\mathscr{Z}\left[\nabla x(n)\right]=(1-z^{-1})X(z) \tag{8-37}$$

13. 重排

序列的重排主要是压缩（再抽取）和内插零值。下面首先分析序列经过压缩或再抽取后，z 变换的变化。

【例题 8.12】 已知 $\mathscr{Z}\left[x(n)\right]=X(z)$，$y(n)=x(2n)$，求 $Y(z)$。

解：

$$Y(z)=\sum_{n=-\infty}^{+\infty}y(n)z^{-n}=\sum_{n=-\infty}^{+\infty}x(2n)z^{-n}$$

令 $m=2n$，则

$$Y(z)=\sum_{m\text{为偶数}}x(m)z^{-m/2}$$

$$=\sum_{m\text{为偶数}}x(m)z^{-m/2}+\sum_{m\text{为奇数}}0\cdot z^{-m/2}$$

$$=\sum_{m=-\infty}^{+\infty}\frac{1}{2}\left[1+(-1)^{m}\right]x(m)z^{-m/2}$$

$$=\frac{1}{2}\sum_{m=-\infty}^{+\infty}x(m)z^{-m/2}+\frac{1}{2}\sum_{m=-\infty}^{+\infty}(-1)^{m}x(m)z^{-m/2}$$

$$=\frac{1}{2}\sum_{m=-\infty}^{+\infty}x(m)(z^{1/2})^{-m}+\frac{1}{2}\sum_{m=-\infty}^{+\infty}x(m)(-z^{1/2})^{-m}$$

$$= \frac{1}{2}\left[X(z^{1/2}) + X(-z^{1/2})\right]$$

一般情况,对于压缩运算

$$y(n) = x(Mn), \quad M \text{ 为大于 1 的整数}$$

其 z 变换为

$$Y(z) = \frac{1}{M}\sum_{k=0}^{M-1} X(z^{1/M}\mathrm{e}^{-\mathrm{j}\frac{2\pi}{M}k}) \tag{8-38}$$

另一种序列的重排是内插零值,即在两个序列值之间插入若干零值后,重新排序组成新的序列。其 z 变换又会有怎样的改变?

【例题 8.13】 已知 $x(n)$ 的 z 变换为 $X(z)$,

$$y(n) = \begin{cases} x(n/2), & n \text{ 为偶数} \\ 0, & n \text{ 为奇数} \end{cases}$$

求 $y(n)$ 的 z 变换。

解:

$$Y(z) = \sum_{n=-\infty}^{+\infty} y(n)z^{-n} = \sum_{n\text{为偶数}} x(n/2)z^{-n} + \sum_{n\text{为奇数}} 0 \cdot z^{-n}$$

令 $m = n/2$,则

$$Y(z) = \sum_{m=-\infty}^{+\infty} x(m)z^{-2m} = \sum_{m=-\infty}^{+\infty} x(m)(z^2)^{-m} = X(z^2)$$

一般情况,时域内插零值,

$$y(n) = \begin{cases} x(n/M), & n = Mk \\ 0, & \text{其他} \end{cases}$$

其 z 变换为

$$Y(z) = X(z^M) \tag{8-39}$$

8.3 z 反变换

已知序列的 z 变换 $X(z)$ 及其收敛域,求序列 $x(n)$,这就是 z 反变换,也称逆 z 变换。z 反变换的求法有观察法、部分分式展开法、留数法和幂级数展开法。

8.3.1 观察法

对于 $X(z)$ 是多项式或者一些简单 z 变换形式,可以应用典型序列的 z 变换及 z 变换的性质求得其反变换。

常用典型序列的 z 变换

$$\mathscr{Z}[\delta(n)] = 1$$

$$\mathscr{Z}[\delta(n-m)] = z^{-m}, \quad |z| \neq 0$$

视频讲解

$$\mathscr{L}[\delta(n+m)]=z^m, \quad |z| \neq \infty$$

$$\mathscr{L}[a^n u(n)]=\frac{1}{1-az^{-1}}, \quad |z| > |a|$$

$$\mathscr{L}[-a^n u(-n-1)]=\frac{1}{1-az^{-1}}, \quad |z| < |a|$$

其中,$m > 0$。

【例题 8.14】 已知 $X(z)=z(1-z^{-1})(1+2z^{-2})$,求 $x(n)$。

解:$X(z)$为多项式,将 $X(z)$整理,得

$$X(z)=z-1+2z^{-1}-2z^{-2}$$

根据$\delta(n)$及其位移的 z 变换,可知

$$x(n)=\delta(n+1)-\delta(n)+2\delta(n-1)-2\delta(n-2)$$

这是一个有限长序列。

【例题 8.15】 $X(z)=\dfrac{3z^{-1}}{1-2z^{-1}}, |z|<2,$求 $x(n)$。

解:设 $X_1(z)=\dfrac{3}{1-2z^{-1}}, |z|<2$。根据典型序列的 z 变换,可知

$$x_1(n)=-3 \cdot 2^n u(-n-1)$$

而

$$X(z)=z^{-1}X_1(z)$$

根据延时性质,得

$$x(n)=x_1(n-1)=-3 \cdot 2^{n-1}u(-n)$$

视频讲解

8.3.2 部分分式展开法

离散时间信号的 z 变换形式多为有理分式,可以类似于拉普拉斯反变换的求解方法,采用部分分式展开法,将有理分式分解成"多项式+标准的部分分式"形式,然后应用"典型序列的 z 变换"以及"z 变换的性质"求解,就可以得到序列 $x(n)$。具体求解时需要考虑分子、分母的阶次。

1. $X(z)$分子 z 的阶次不高于分母 z 的阶次

一般序列的 z 变换是有理分式,即

$$X(z)=\frac{b_0+b_1z^{-1}+b_2z^{-2}+\cdots+b_Mz^{-M}}{1+a_1z^{-1}+a_2z^{-2}+\cdots+a_Nz^{-N}} \tag{8-40}$$

假设分子 z 的阶次不高于分母 z 的阶次,这种情况下,用部分分式展开法求 $X(z)$反变换的步骤如下:

(1) 将 $X(z)$化成 z 的正幂次。

(2) 求$\dfrac{X(z)}{z}$,并将其分母进行因式分解,展开成基本的分式,即

$$\frac{X(z)}{z} = \frac{\text{分子}}{\prod_k (z - p_k)}$$

式中，p_k 为 $\dfrac{X(z)}{z}$ 的极点。

之所以对 $\dfrac{X(z)}{z}$ 进行部分分式展开，是为了容易得到 z 变换的标准形式 $\dfrac{A}{1-az^{-1}}$。

根据极点分布情况进行讨论：

① 当 p_k 为 $\dfrac{X(z)}{z}$ 的一阶极点时，将 $\dfrac{X(z)}{z}$ 展开成标准的部分分式

$$\frac{X(z)}{z} = \sum_k \frac{A_k}{z - p_k} \tag{8-41}$$

系数

$$A_k = (z - p_k) \frac{X(z)}{z} \bigg|_{z = p_k} \tag{8-42}$$

这样，就得到了 z 变换的典型的部分分式形式

$$X(z) = \sum_k \frac{A_k}{1 - p_k z^{-1}} \tag{8-43}$$

② 当 p_k 为 $\dfrac{X(z)}{z}$ 的多阶极点时，例如，p_0 是 r 阶极点，其余极点为单阶，即

$$\frac{X(z)}{z} = \frac{\text{分子}}{(z - p_0)^r \prod_k (z - p_k)}$$

r 阶极点需要展开成 r 项部分分式

$$\frac{X(z)}{z} = \frac{B_r}{(z - p_0)^r} + \frac{B_{r-1}}{(z - p_0)^{r-1}} + \cdots + \frac{B_1}{z - p_0} + \sum_k \frac{A_k}{z - p_k} \tag{8-44}$$

系数 A_k 由式(8-43)求得，多阶极点对应的各个系数为

$$B_i = \frac{1}{(r-i)!} \left\{ \frac{\mathrm{d}^{r-i}}{\mathrm{d}z^{r-i}} (z - p_0)^r \left(\frac{X(z)}{z} \right) \right\}_{z = p_0} \tag{8-45}$$

在这种情况下，将 $X(z)$ 展开成下列形式

$$X(z) = \frac{B_r z}{(z - p_0)^r} + \frac{B_{r-1} z}{(z - p_0)^{r-1}} + \cdots +$$

$$\frac{B_2 z}{(z - p_0)^2} + \frac{B_1}{1 - p_0 z^{-1}} + \sum_k \frac{A_k}{1 - p_k z^{-1}} \tag{8-46}$$

（3）根据收敛域确定 $x(n)$。展开成标准形式后，根据典型信号的 z 变换及其收敛域，就可以写出序列的表达式。典型的部分分式对应的序列如下：

① $X(z) = A \Leftrightarrow x(n) = A\delta(n)$

② $\mathscr{Z}^{-1}\left[\dfrac{A_k}{1-p_k z^{-1}}\right]=\begin{cases}A_k p_k^n u(n), & |z|>|p_k| \\ -A_k p_k^n u(-n-1), & |z|<|p_k|\end{cases}$

③ $\dfrac{B_r z}{(z-p_0)^r}$,对于多阶极点的情况,应用下列 z 变换性质求解。

$$\mathscr{Z}[n x(n)]=-z\frac{\mathrm{d}}{\mathrm{d}z}X(z)$$

$$\mathscr{Z}[n^m x(n)]=\left(-z\frac{\mathrm{d}}{\mathrm{d}z}\right)^m X(z)$$

【例题 8.16】 $X(z)=\dfrac{5z}{-3z^2+7z-2}$,求下列 3 种收敛域情况下的 $x(n)$。

(1) $|z|>2$ (2) $|z|<1/3$ (3) $1/3<|z|<2$

解:对 $X(z)$ 整理(分母最高阶归一化),得

$$X(z)=\frac{-(5/3)z}{z^2-(7/3)z+2/3}$$

将分母因式分解

$$X(z)=\frac{-(5/3)z}{(z-1/3)(z-2)}$$

可知极点为 $p_1=1/3$,$p_2=2$,是单阶极点。

对 $\dfrac{X(z)}{z}$ 进行部分分式展开

$$\frac{X(z)}{z}=\frac{-5/3}{(z-1/3)(z-2)}=\frac{A_1}{z-1/3}+\frac{A_2}{z-2}$$

系数

$$A_1=(z-1/3)\left.\frac{-5/3}{(z-1/3)(z-2)}\right|_{z=1/3}=1$$

$$A_2=(z-2)\left.\frac{-5/3}{(z-1/3)(z-2)}\right|_{z=2}=-1$$

则

$$\frac{X(z)}{z}=\frac{1}{z-1/3}+\frac{-1}{z-2}$$

$$X(z)=\frac{1}{1-(1/3)z^{-1}}+\frac{-1}{1-2z^{-1}}$$

至此,得到了标准的部分分式,下面根据收敛域求 z 反变换。

(1) 当 $|z|>2$ 时,收敛域为圆外,见图 8-11(a),$x(n)$ 为因果序列。

$$x(n)=\left(\frac{1}{3}\right)^n u(n)-2^n u(n)=\left[\left(\frac{1}{3}\right)^n-2^n\right]u(n)$$

(2) 当 $|z|<1/3$ 时,收敛域为圆内,见图 8-11(b),$x(n)$ 为反因果序列。

$$x(n)=-\left(\frac{1}{3}\right)^n u(-n-1)+2^n u(-n-1)=\left[2^n-\left(\frac{1}{3}\right)^n\right]u(-n-1)$$

（3）当 $1/3 < |z| < 2$ 时，收敛域为圆环，见图 8-11(c)，$x(n)$ 为双边序列，非因果。

$$x(n) = \left(\frac{1}{3}\right)^n u(n) + 2^n u(-n-1)$$

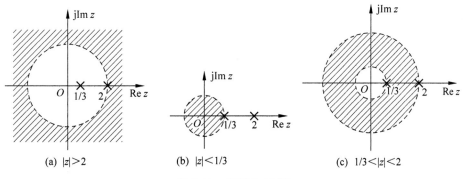

(a) $|z| > 2$ (b) $|z| < 1/3$ (c) $1/3 < |z| < 2$

图 8-11　例题 8.16 图

上面例题中明确了收敛域，如果没有给定收敛域，可以根据极点分布情况来确定收敛域，或者根据给定的条件确定收敛域。

【例题 8.17】 $X(z) = \dfrac{z^{-2} + z^{-3}}{(1 + 3z^{-1})^2 (1 - (1/2)z^{-1})}$，求可能的 $x(n)$。

解：将 $X(z)$ 写成 z 的正幂次

$$X(z) = \frac{z+1}{(z+3)^2 (z - 1/2)}$$

$$\frac{X(z)}{z} = \frac{z+1}{z(z+3)^2(z-1/2)} = \frac{A_1}{z} + \frac{A_2}{z-1/2} + \frac{A_{31}}{(z+3)^2} + \frac{A_{32}}{z+3}$$

有一个二重根，系数

$$A_1 = \left[z \, \frac{z+1}{z(z+3)^2(z-1/2)} \right]_{z=0} = -\frac{2}{9}$$

$$A_2 = \left[(z-1/2) \, \frac{z+1}{z(z+3)^2(z-1/2)} \right]_{z=1/2} = \frac{12}{49}$$

$$A_{31} = \left[(z+3)^2 \, \frac{z+1}{z(z+3)^2(z-1/2)} \right]_{z=-3} = -\frac{4}{21}$$

$$A_{32} = \frac{\mathrm{d}}{\mathrm{d}z} \left((z+3)^2 \, \frac{z+1}{z(z+3)^2(z-1/2)} \right)_{z=-3} = -\frac{10}{441}$$

则

$$\frac{X(z)}{z} = \frac{-2/9}{z} + \frac{12/49}{z-1/2} + \frac{-4/21}{(z+3)^2} + \frac{-10/441}{z+3}$$

即

$$X(z) = -2/9 + \frac{12/49}{1-(1/2)z^{-1}} + \frac{-4/21z}{(z+3)^2} + \frac{-10/441}{1+3z^{-1}}$$

$X(z)$的极点为 $p_1 = 1/2, p_2 = -3$(二阶),对于多阶极点的部分分式,其反变换需要运用 z 变换的性质。根据极点确定收敛域如下:

(1) 当 $|z| > 3$ 时,收敛域为圆外,见图 8-12(a),得到因果性的解。

首先求重根分式 $\dfrac{-(4/21)z}{(z+3)^2}$ 的反变换,设

$$X_1(z) = \frac{z}{z+3}$$

则

$$x_1(n) = (-3)^n u(n)$$

而

$$-z \frac{\mathrm{d}}{\mathrm{d}z} X_1(z) = \frac{-3z}{(z+3)^2}$$

所以

$$\frac{-(4/21)z}{(z+3)^2} = \frac{4}{63} \left[-z \frac{\mathrm{d}}{\mathrm{d}z} X_1(z) \right]$$

则

$$\mathscr{Z}^{-1} \left[\frac{-(4/21)z}{(z+3)^2} \right] = \frac{4}{63} n(-3)^n u(n)$$

因此

$$x(n) = \left(-\frac{2}{9} \right) \delta(n) + \left[\frac{12}{49} \left(\frac{1}{2} \right)^n + \frac{4}{63} n(-3)^n - \frac{10}{441} (-3)^n \right] u(n)$$

(2) 当 $|z| < 1/2$ 时,见图 8-12(b),反因果性解。

$$x(n) = \left(-\frac{2}{9} \right) \delta(n) + \left[-\frac{12}{49} \left(\frac{1}{2} \right)^n - \frac{4}{63} n(-3)^n + \frac{10}{441} (-3)^n \right] u(-n-1)$$

(3) 当 $1/2 < |z| < 3$ 时,见图 8-12(c),非因果性解。

$$x(n) = \left(-\frac{2}{9} \right) \delta(n) + \frac{12}{49} \left(\frac{1}{2} \right)^n u(n) + \left[-\frac{4}{63} n(-3)^n + \frac{10}{441} (-3)^n \right] u(-n-1)$$

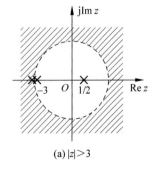

(a) $|z| > 3$

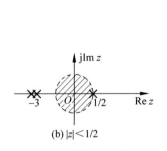

(b) $|z| < 1/2$

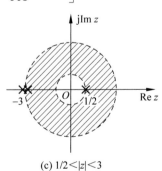

(c) $1/2 < |z| < 3$

图 8-12　例题 8.17 图

2. $X(z)$分子 z 的阶次高于分母 z 的阶次

此时需要分解出多项式

$$X(z) = D(z) + \frac{Q(z)}{P(z)} \tag{8-47}$$

$D(z)$ 为多项式，$\dfrac{Q(z)}{P(z)}$ 为有理分式，且分子的阶次不高于分母的阶次。

假设

$$D(z) = A_r z^r + A_{r-1} z^{r-1} + \cdots + A_1 z + A_0$$

则

$$d(n) = A_r \delta(n+r) + A_{r-1} \delta(n+r-1) + \cdots + A_1 \delta(n+1) + A_0 \delta(n)$$

而 $\dfrac{Q(z)}{P(z)}$ 的反变换遵循前述方法 1。

【例题 8.18】 $X(z) = \dfrac{z^3 + 2z}{z^2 + 3z + 2}, 2 < |z| < \infty$，求 $x(n)$。

解：

$$X(z) = \frac{z^3 + 2z}{z^2 + 3z + 2} = z - \frac{3z^2}{z^2 + 3z + 2}$$

$$= z + \frac{3z}{z+1} - \frac{6z}{z+2} = z + \frac{3}{1 + z^{-1}} - \frac{6}{1 + 2z^{-1}}$$

则

$$x(n) = \delta(n+1) + \left[3(-1)^n - 6 \cdot (-2)^n \right] u(n)$$

注意：本例题 $X(z)$ 的收敛域不可能包含无穷大，可以是右边序列，但不会是因果序列。当然，对于本题的 $X(z)$，z 的收敛域也可以是 $|z| < 1$ 或 $1 < |z| < 2$，对应的序列为反因果序列或双边序列。

8.3.3 留数法

除部分分式展开法外，还有一种很重要的求 z 反变换的方法，就是留数法。

z 反变换的公式是一个围线积分

$$x(n) = \frac{1}{2\pi \mathrm{j}} \oint_C X(z) z^{n-1} \mathrm{d}z$$

若 $X(z)z^{n-1}$ 在围线 C 上连续，在 C 内有 K 个极点 p_k，在 C 外有 M 个极点 p_m（见图 8-13）。根据复变函数的留数定理，围线积分既可以由位于围线内的极点 p_k 求留数，也可以由围线外的极点 p_m 求留数。不过，由围线外的极点求留数的条件是，$X(z)z^{n-1}$ 的分母多项式 z 的阶次比分子多项式 z 的阶次高二阶或二阶以上。

视频讲解

$$x(n) = \frac{1}{2\pi j} \oint_C X(z) z^{n-1} \, dz$$

$$= \sum_k \text{Res} \left[X(z) z^{n-1}, p_k \right]$$

$$= - \sum_m \text{Res} \left[X(z) z^{n-1}, p_m \right] \tag{8-48}$$

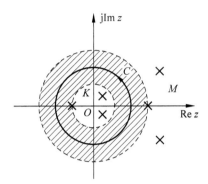

图 8-13　留数法求 z 反变换

至于具体是选择围线内还是围线外的极点求留数,应该以计算简单为原则。

(1) 当 $n \geqslant$ 某值时,$X(z)z^{n-1}$ 的 z^{n-1} 留在分子上,那么围线 C 外(在 $z = \infty$ 处)就会有多阶极点,这时,如果选择围线外极点求留数,就需要求多阶极点的留数,计算会比较烦琐,因此,这种情况下选围线 C 内部极点计算留数比较简单。

(2) 当 $n \leqslant$ 某值时,$X(z)z^{n-1}$ 的 z^{n-1} 可能落到分母上,那么围线 C 内(在 $z = 0$ 处)就会有多阶极点,这时,如果选择围线内极点求留数,就需要求多阶极点的留数,此时,选择围线 C 外部的极点计算留数相对简单。

对于一阶极点,

$$\text{Res} \left[X(z) z^{n-1}, p_k \right] = \left[(z - p_k) X(z) z^{n-1} \right]_{z = p_k} \tag{8-49}$$

对于 r 阶极点,

$$\text{Res} \left[X(z) z^{n-1}, p_k \right] = \frac{1}{(r-1)!} \left\{ \frac{d^{r-1}}{dz^{r-1}} (z - p_k)^r X(z) z^{n-1} \right\}_{z = p_k} \tag{8-50}$$

【例题 8.19】　$X(z) = \dfrac{5z}{-3z^2 + 7z - 2}$,$1/3 < |z| < 2$,用留数法求 $x(n)$。

解:收敛域为圆环,见图 8-14,所以 $x(n)$ 为双边序列。

$$X(z) z^{n-1} = \frac{-5/3 z^n}{(z - 1/3)(z - 2)}$$

根据 $X(z)z^{n-1}$ 的表达式,当 $n \geqslant 0$ 时,式中 z^n 落在分子上,$z = \infty$ 为 n 阶极点。而围线 C 内只有一个一阶极点 $z = 1/3$,所以,选 C 内的极点计算留数。

$$x(n) = \text{Res} \left[X(z) z^{n-1}, p_k \right]$$

$$= \text{Res}\left[\frac{-5/3z^n}{(z-1/3)(z-2)}, 1/3\right]$$

$$= \left[(z-1/3)\frac{-5/3z^n}{(z-1/3)(z-2)}\right]_{z=1/3} = \left(\frac{1}{3}\right)^n$$

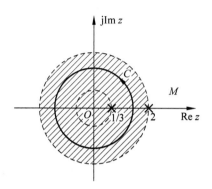

图 8-14   例题 8.19 图

当 $n \leqslant -1$ 时,式中 z^n 落在分母上,围线 C 内除 $z=1/3$ 是极点之外,$z=0$ 也是极点,而且为 $|n|$ 阶极点,且符合 $X(z)z^{n-1}$ 分母多项式 z 的阶次比分子多项式 z 的阶次高二阶以上,而此时围线 C 外只有一个一阶极点 $z=2$,因此,选 C 外的极点计算留数。

$$x(n) = -\text{Res}[X(z)z^{n-1}, p_m]$$

$$= -\text{Res}\left[\frac{-5/3z^n}{(z-1/3)(z-2)}, 2\right]$$

$$= \left[-(z-2)\frac{-5/3z^n}{(z-1/3)(z-2)}\right]_{z=2}$$

$$= 2^n$$

综合上述求解,得到 $x(n)$ 的表达式为

$$x(n) = \left(\frac{1}{3}\right)^n u(n) + 2^n u(-n-1)$$

本题与例题 8.16 用部分分式展开法计算结果一致。

一般情况下,实数极点既可以用部分分式展开法求 z 反变换,也可以用留数法求 z 反变换。对于复数极点,可以用留数法求解 z 反变换,也可以根据公式直接匹配。

【例题 8.20】   给定 $X(z) = \dfrac{1}{1-2r\cos\omega_0 z^{-1} + r^2 z^{-2}}$,信号是因果的,求 $x(n)$。

解:

$$X(z) = \frac{1}{1-2r\cos\omega_0 z^{-1} + r^2 z^{-2}}$$

$$= \frac{z^2}{(z-re^{j\omega_0})(z-re^{-j\omega_0})}$$

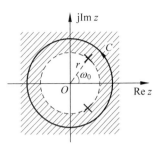

图 8-15　例题 8.20 图

极点 $p_{1,2} = r e^{\pm j\omega_0}$，由于信号是因果的，所以收敛域 $|z| > r$，如图 8-15 所示。

用留数法求 $x(n)$。

$$x(n) = \frac{1}{2\pi j} \oint_C X(z) z^{n-1} \, \mathrm{d}z$$

$$= \mathrm{Res}\left[X(z)z^{n-1}, re^{j\omega_0}\right] + \mathrm{Res}\left[X(z)z^{n-1}, re^{-j\omega_0}\right]$$

$$= \frac{(re^{j\omega_0})^{n+1}}{2jr\sin\omega_0} - \frac{(re^{-j\omega_0})^{n+1}}{2jr\sin\omega_0}$$

$$= \frac{1}{\sin\omega_0} r^n \sin\left[(n+1)\omega_0\right] u(n)$$

视频讲解

8.3.4　幂级数展开法

幂级数展开法也叫长除法，这种方法源于 $x(n)$ 的 z 变换公式是 z^{-1} 的幂级数

$$X(z) = \sum_{n=-\infty}^{+\infty} x(n) z^{-n}$$

因此，只要在给定的收敛域内，将 $X(z)$ 展开成幂级数，级数的系数即 $x(n)$。

在例题 8.14 中，有限长序列的 z 变换为多项式，实际上可以直接应用幂级数展开法得到原序列。

将 $X(z)$ 整理，得

$$X(z) = z - 1 + 2z^{-1} - 2z^{-2}$$

这就是幂级数展开式，根据 z 变换的公式，可知

$$x(-1) = 1, \quad x(0) = -1, \quad x(1) = 2, \quad x(2) = -2$$

写成表达式，即

$$x(n) = \delta(n+1) - \delta(n) + 2\delta(n-1) - 2\delta(n-2)$$

当 $X(z)$ 为有理分式时，可以用分子除以分母，得到 z 的多项式(这就是长除法名称的由来)。虽然此种方法需要运用的数学演算最简单，但是，长除一般会得到无穷多项，因而往往得不到闭式解，很难从有限的幂级数系数中找到规律。因此，幂级数展开法并不是一个通用的求解 z 反变换的方法，对于 z 变换是有理分式的情况，并不适于采用此方法进行 z 反变换求解。

不过，凡事都有多面性，在有些情况下利用幂级数展开法求解 z 反变换会有其特殊的简单性或有效性。

至于在长除时，分子和分母是以 z 的正幂级数排序还是负幂级数排序，需要考虑 z 变换的收敛域或 $x(n)$ 的因果性。

对于因果序列，$x(n)$ 的 z 变换公式展开式中，显现的是 z 的负幂级数，此时，$X(z)$ 的分子分母需要按 z 的降幂排列，长除之后即可得 z 的负幂级数，系数就是 $x(n)$。

如果是反因果序列，$x(n)$ 的 z 变换公式展开式中显现的是 z 的正幂级数，此时，

$X(z)$ 的分子分母需要按 z 的升幂排列,长除之后即可得 z 的正幂级数,系数即 $x(n)$。

幂级数展开法比较适于下列两种情况:

① 只求某一时刻或少数几个 $x(n)$ 的值,幂级数展开法比较简单。

② 对于某些非常特殊的 $X(z)$,求 $x(n)$ 时,只能应用此方法。

【**例题 8.21**】　$X(z) = \dfrac{5z}{-3z^2 + 7z - 2}$,$|z| > 2$,求 $x(2)$ 的值。

解:本题只求 $n = 2$ 的序列值,因此不必求出完整的 $x(n)$,适宜采用长除法。

由于 $|z| > 2$,所以 $x(n)$ 是因果序列,分子分母按 z 的降幂排列进行长除

$$
\begin{array}{r}
(-5/3)z^{-1} \quad -(35/9)z^{-2} \\[2pt]
-3z^2 + 7z - 2 \,\overline{\smash{\big)}\ 5z \phantom{-35/3 + (10/3)z^{-1}}} \\[2pt]
5z \quad -35/3 \quad +(10/3)z^{-1} \\[2pt]
\hline
35/3 \quad -(10/3)z^{-1} \\[2pt]
35/3 \quad -(245/9)z^{-1} \quad +(70/9)z^{-2} \\[2pt]
\cdots
\end{array}
$$

由于

$$X(z) = x(0) + x(1)z^{-1} + x(2)z^{-2} + \cdots$$

故,$x(2) = -\dfrac{35}{9}$。

【**例题 8.22**】　已知 $X(z) = e^{-a/z}$,求因果性的 $x(n)$。

解:考虑

$$e^x = 1 + x + \frac{1}{2!}x^2 + \cdots = \sum_{n=0}^{+\infty} \frac{1}{n!}x^n$$

令 $x = -a/z = -az^{-1}$,则

$$X(z) = \sum_{n=0}^{+\infty} \frac{1}{n!}(-az^{-1})^n = \sum_{n=0}^{+\infty} \frac{(-a)^n}{n!}z^{-n}$$

所以

$$x(n) = \frac{(-a)^n}{n!}u(n)$$

本题的 $X(z)$ 不是分式的形式,难以用部分分式展开法进行求解;也不容易找到 $X(z)$ 的极点,因而也难以应用留数法求解反变换,而应用幂级数展开法却轻而易举地得到了答案。

8.4　用 z 变换求解差分方程

z 变换作为一个非常重要且有效的工具,可以应用 z 变换对离散时间信号与系统进行分析求解。本节首先应用 z 变换求解线性常系数差分方程,求解方法类似于用拉普拉斯变换求解微分方程,需要用到 z 变换的线性性质和位移性质。

视频讲解

8.4.1 差分方程的 z 域求解

将差分方程两边 z 变换,应用位移性质,得到 z 域表达式,再经 z 反变换即可得到解。

【例题 8.23】 因果系统的差分方程 $y(n) + 3y(n-1) + 2y(n-2) = x(n)$,$x(n) = 2^n u(n)$,$y(0) = 0$,$y(1) = 2$。用 z 变换求系统的响应。

解:考虑到给定的边界条件是 $y(0)$ 和 $y(1)$,将差分方程写成

$$y(n+2) + 3y(n+1) + 2y(n) = x(n+2)$$

两边作 z 变换,得

$$[z^2 Y(z) - z^2 y(0) - z y(1)] + 3[zY(z) - z y(0)] + 2Y(z)$$
$$= z^2 X(z) - z^2 x(0) - z x(1)$$

由 $x(n) = 2^n u(n)$,得

$$x(0) = 1, \quad x(1) = 2$$

以及

$$X(z) = \frac{1}{1 - 2z^{-1}} = \frac{z}{z - 2}$$

代入 $y(0)$、$y(1)$、$x(0)$、$x(1)$ 以及 $X(z)$,整理得

$$Y(z) = \frac{2z^2}{(z^2 + 3z + 2)(z - 2)} = \frac{2/3}{1 + z^{-1}} + \frac{-1}{1 + 2z^{-1}} + \frac{1/3}{1 - 2z^{-1}}$$

则

$$y(n) = \left[\frac{2}{3}(-1)^n - (-2)^n + \frac{1}{3} \cdot 2^n \right] u(n)$$

利用 z 变换的位移性质将时域中的差分方程变成了 z 域中的代数方程,求得输出的 z 变换表达式,再经 z 反变换就可得到时域解。

本例题和例题 7.15 是同一道题,分别在时域和 z 域进行了求解。

8.4.2 用 z 变换求因果系统的零输入响应和零状态响应

N 阶 LTI 因果系统的差分方程

$$y(n) + a_1 y(n-1) + \cdots + a_n y(n-N)$$
$$= b_0 x(n) + b_1 x(n-1) + \cdots + b_m x(n-M)$$

对差分方程两端作单边 z 变换

$$Y(z) + a_1 [z^{-1} Y(z) + y(-1)] + \cdots + a_N \left(z^{-N} Y(z) + z^{-N} \sum_{k=-N}^{-1} y(k) z^{-k} \right)$$

$$= b_0 X(z) + b_1 [z^{-1} X(z) + x(-1)] + \cdots + b_M \left(z^{-M} X(z) + z^{-M} \sum_{k=-M}^{-1} x(k) z^{-k} \right)$$

整理得

$$Y(z) = \frac{-a_1 y(-1) - \cdots - a_N z^{-N} \displaystyle\sum_{k=-N}^{-1} y(k) z^{-k}}{1 + a_1 z^{-1} + \cdots + a_N z^{-N}} +$$

$$\frac{b_0 X(z) + b_1 \left[z^{-1} X(z) + x(-1) \right] + \cdots + b_M \left(z^{-M} X(z) + z^{-M} \displaystyle\sum_{k=-M}^{-1} x(k) z^{-k} \right)}{1 + a_1 z^{-1} + \cdots + a_N z^{-N}}$$

对于因果输入信号,有

$$x(k) = 0, \quad k = -1, -2, \cdots, -M$$

上式简略为

$$Y(z) = \underbrace{\frac{-a_1 y(-1) - \cdots - a_N z^{-N} \displaystyle\sum_{k=-N}^{-1} y(k) z^{-k}}{1 + a_1 z^{-1} + \cdots + a_N z^{-N}}}_{\text{零输入响应}} + \underbrace{\frac{b_0 + b_1 z^{-1} + \cdots + b_M z^{-M}}{1 + a_1 z^{-1} + \cdots + a_N z^{-N}} X(z)}_{\text{零状态响应}}$$

等号右端第一项没有外加激励,只与起始状态有关,因此属于零输入响应;第二项仅由外加激励引起,与起始条件无关,因此属于零状态响应。

z 反变换后,即可得到系统的零输入响应和零状态响应。

【例题 8.24】 因果离散系统的差分方程为 $y(n) + 5y(n-1) + 6y(n-2) = x(n)$,$y(-1) = 1/6, y(-2) = -1/36, x(n) = u(n)$,用 z 变换求系统的零输入响应和零状态响应。

解:差分方程两边作单边 z 变换

$$Y(z) + 5 \left[z^{-1} Y(z) + y(-1) \right] + 6 \left[z^{-2} Y(z) + z^{-1} y(-1) + y(-2) \right] = X(z)$$

整理得

$$Y(z) = \frac{1}{1 + 5z^{-1} + 6z^{-2}} \left[-5y(-1) - 6z^{-1} y(-1) - 6y(-2) \right] +$$

$$\frac{1}{1 + 5z^{-1} + 6z^{-2}} X(z)$$

式中第一项没有外加激励,只有起始条件,因此是零输入响应;第二项仅由外加激励引起,与起始条件无关,因此为零状态响应。

故零输入响应

$$Y_{zi}(z) = \frac{1}{1 + 5z^{-1} + 6z^{-2}} \left[-5y(-1) - 6z^{-1} y(-1) - 6y(-2) \right]$$

代入 $y(-1)$ 和 $y(-2)$ 的值,并展开成部分分式,得

$$Y_{zi}(z) = \frac{-z^{-1} - 2/3}{1 + 5z^{-1} + 6z^{-2}} = \frac{1/3}{1 + 2z^{-1}} + \frac{-1}{1 + 3z^{-1}}$$

z 反变换得到零输入响应

$$y_{zi}(n) = \left[\frac{1}{3}(-2)^n - (-3)^n\right]u(n)$$

零状态响应

$$Y_{zs}(z) = \frac{1}{1+5z^{-1}+6z^{-2}}X(z)$$

代入 $x(n)$ 的 z 变换 $X(z) = \dfrac{1}{1-z^{-1}}$,得

$$Y_{zs}(z) = \frac{1}{1+5z^{-1}+6z^{-2}} \cdot \frac{1}{1-z^{-1}}$$

$$= \frac{-4/3}{1+2z^{-1}} + \frac{9/4}{1+3z^{-1}} + \frac{1/12}{1-z^{-1}}$$

故零状态响应为

$$y_{zs}(n) = \left[-\frac{4}{3}(-2)^n + \frac{9}{4}(-3)^n + \frac{1}{12}\right]u(n)$$

完全响应

$$y(n) = y_{zi}(n) + y_{zs}(n) = \left[-(-2)^n + \frac{5}{4}(-3)^n + \frac{1}{12}\right]u(n)$$

本例题和例题 7.14 是同一题,一个是在时域求解,另一个是用 z 变换方法求解。分析过程都源于"零输入响应"和"零状态响应"的概念。

视频讲解

8.5　离散系统的系统函数

对于离散时间系统,既可以用差分方程描述,也可以用框图描述,除此之外,离散系统的系统函数也是系统的描述方法,三者之间可以互相推演。

8.5.1　系统函数的概念

离散系统的系统函数是单位抽样响应 $h(n)$ 的 z 变换,用 $H(z)$ 表示,即

$$H(z) = \mathscr{Z}\left[h(n)\right] \tag{8-51}$$

在零状态条件下,对于离散 LTI 系统,有

$$y(n) = x(n) * h(n)$$

则

$$Y(z) = X(z)H(z)$$

故

$$H(z) = \frac{Y(z)}{X(z)} \tag{8-52}$$

式(8-52)表明,系统函数 $H(z)$ 等于零状态条件下输出的 z 变换与输入的 z 变换之

比,系统函数是 LTI 系统固有的表征,与外加激励无关。

如果差分方程

$$\sum_{k=0}^{N} a_k y(n-k) = \sum_{r=0}^{M} b_r x(n-r)$$

两边作 z 变换

$$\sum_{k=0}^{N} a_k z^{-k} Y(z) = \sum_{r=0}^{M} b_r z^{-r} X(z)$$

则

$$H(z) = \frac{\displaystyle\sum_{r=0}^{M} b_r z^{-r}}{\displaystyle\sum_{k=0}^{N} a_k z^{-k}} \tag{8-53}$$

线性常系数差分方程描述的系统,其系统函数为有理分式,$H(z)$ 分子、分母多项式的系数与差分方程的系数之间有一一对应的关系。

【例题 8.25】 离散 LTI 系统的差分方程为

$$y(n) - 2y(n-1) + 3y(n-2) = 4x(n) + 5x(n-1)$$

求系统函数。

解: 差分方程两边作 z 变换(在零状态系统下)

$$Y(z) - 2z^{-1}Y(z) + 3z^{-2}Y(z) = 4X(z) + 5z^{-1}X(z)$$

则

$$H(z) = \frac{Y(z)}{X(z)} = \frac{4 + 5z^{-1}}{1 - 2z^{-1} + 3z^{-2}}$$

【例题 8.26】 已知系统函数 $H(z) = \dfrac{b_0 + b_1 z^{-1}}{1 + a_1 z^{-1} + a_2 z^{-2}}$,列写出系统的差分方程。

解: 根据

$$H(z) = \frac{Y(z)}{X(z)} = \frac{b_0 + b_1 z^{-1}}{1 + a_1 z^{-1} + a_2 z^{-2}}$$

则

$$Y(z) + a_1 z^{-1} Y(z) + a_2 z^{-2} Y(z) = b_0 X(z) + b_1 z^{-1} X(z)$$

故系统的差分方程为

$$y(n) + a_1 y(n-1) + a_2 y(n-2) = b_0 x(n) + b_1 x(n-1)$$

差分方程和系统函数之间的系数关系一目了然,二者可以直接互相列写。

由于差分方程描述的系统不一定是因果系统,因此,由差分方程得到的系统函数 $H(z)$ 的收敛域可能为某圆外(对于因果系统),也可能为某圆内(反因果系统),还可能为圆环(对于非因果系统)。因而在由 $H(z)$ 求 $h(n)$ 时,$h(n)$ 可能是右边序列,也可能是左边序列,还可能是双边序列,需要根据系统的具体条件来确定。

【例题 8.27】 给定系统差分方程 $y(n) - ay(n-1) = x(n)$,求系统函数 $H(z)$ 以及

因果性和反因果性的 $h(n)$。

解：由差分方程得

$$H(z) = \frac{1}{1 - az^{-1}}$$

极点为 $p = a$。

如果系统是因果的，则 $H(z)$ 的收敛域为 $|z| > |a|$，则

$$h(n) = a^n u(n)$$

如果系统是反因果的，则 $H(z)$ 的收敛域为 $|z| < |a|$，则

$$h(n) = -a^n u(-n-1)$$

提示：因果系统 $H(z)$ 的收敛域包含 z 平面的无穷远点，即 $|z| \to \infty$ 时 $H(z)$ 收敛，因此，当因果系统的系统函数为有理分式时，其分子多项式 z 的阶次不能高于分母多项式 z 的阶次。

8.5.2 离散系统的零极点

系统的零极点就是系统函数的零极点，当 $H(z)$ 为有理分式时，例如

$$H(z) = \frac{A(z)}{B(z)}$$

则 $A(z) = 0$ 的根就是系统函数的零点，简称系统的零点，用 z_r 表示；$B(z) = 0$ 的根就是系统函数的极点，简称系统的极点，用 p_k 表示。

【例题 8.28】 已知 $H(z) = \dfrac{2 - z^{-1}}{1 - z^{-1} + z^{-2}}$，求系统的零极点并画出零极点分布图。

解：

$$H(z) = \frac{2 - z^{-1}}{1 - z^{-1} + z^{-2}} = \frac{2z^2 - z}{z^2 - z + 1}$$

令 $2z^2 - z = 0$，得系统的零点 $z_1 = 0$，$z_2 = \dfrac{1}{2}$。

令 $z^2 - z + 1 = 0$，得系统的极点 $p_1 = \dfrac{1}{2} + \text{j}\dfrac{\sqrt{3}}{2}$，$p_2 = \dfrac{1}{2} - \text{j}\dfrac{\sqrt{3}}{2}$。

p_1 和 p_2 是一对共轭极点。对于有理分式，如果有复数零点(或极点)，一定是共轭的。

画出系统的零极点分布图，如图 8-16 所示。

存在两种可能的收敛域与该零极点相关，一种是圆外，$|z| > 1$；一种是圆内，$|z| < 1$。

提示：给定离散系统的零极点分布，如果没有其他限制性的条件，并不能确定系统一定是因果的或稳定的。由极点分布只能确定收敛域的几种可能情况，或者是最外面(径向半径最大)极点所在圆的外面，或者是最内部(径向半径最小)极点所在圆的内部，或者两圆之间的圆环。$H(z)$ 在收敛域内是解析的，因此，收敛域内没有极点。

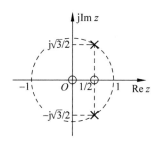

图 8-16   例题 8.28 的零极点分布

【**例题 8.29**】 已知 $H(z)$ 的零点 $z=0$，极点 $p_{1,2}=(1/2)e^{\pm j\pi/6}$，且已知 $h(2)=\sqrt{3}$，求 $H(z)$、$h(n)$ 以及差分方程。

解：根据零点和极点，写出 $H(z)$ 的表达式

$$H(z)=G\,\frac{z}{(z-(1/2)e^{j\pi/6})\,(z-(1/2)e^{-j\pi/6})}$$

其中 G 为待定系数。

由 $h(2)=\sqrt{3}$，可知 $H(z)$ 的收敛域为 $|z|>1/2$，此时 $h(n)$ 为因果序列。

注意，此时收敛域不可能 $|z|<1/2$，否则当 $n>0$ 时，$h(n)=0$。

用留数法求 z 反变换

$$h(n)=\frac{1}{2\pi j}\oint_C H(z)z^{n-1}\mathrm{d}z$$

$$=\mathrm{Res}\left[X(z)z^{n-1},(1/2)e^{j\pi/6}\right]+\mathrm{Res}\left[X(z)z^{n-1},(1/2)e^{-j\pi/6}\right]$$

$$=G\,\frac{z^n}{\left[z-(1/2)e^{j\pi/6}\right]\left[z-(1/2)e^{-j\pi/6}\right]}\left[z-(1/2)e^{j\pi/6}\right]_{z=(1/2)e^{j\pi/6}}+$$

$$G\,\frac{z^n}{\left[z-(1/2)e^{j\pi/6}\right]\left[z-(1/2)e^{-j\pi/6}\right]}\left[z-(1/2)e^{-j\pi/6}\right]_{z=(1/2)e^{-j\pi/6}}$$

$$=G\left(\frac{1}{2}\right)^{n-2}\sin\left(\frac{n\pi}{6}\right)u(n)$$

由 $h(2)=\sqrt{3}$，得 $G=2$。所以

$$h(n)=2\left(\frac{1}{2}\right)^{n-2}\sin\left(\frac{n\pi}{6}\right)u(n)=\left(\frac{1}{2}\right)^{n-3}\sin\left(\frac{n\pi}{6}\right)u(n)$$

$$H(z)=2\,\frac{z}{(z-(1/2)e^{j\pi/6})\,(z-(1/2)e^{-j\pi/6})}$$

$$=\frac{2z^{-1}}{1-(\sqrt{3}/2)z^{-1}+(1/4)z^{-2}}$$

由 $H(z)$ 直接列写差分方程

$$y(n)-\frac{\sqrt{3}}{2}y(n-1)+\frac{1}{4}y(n-2)=2x(n-1)$$

视频讲解

8.5.3 离散 LTI 系统的因果性和稳定性判据

在 7.4.3 节已经分析了离散 LTI 系统因果性和稳定性的时域特征,现在分析因果性和稳定性的 z 域特征。

LTI 系统因果性的时域特征是

$$h(n)=0, \quad n<0$$

因此,$H(z)$ 的收敛域必为某一个圆的外面,包含 ∞ 点。这就是离散 LTI 系统因果性的 z 域特征。

【例题 8.30】 系统函数 $H(z)=\dfrac{z^2-1}{z-1/2}$,分析系统的因果性。

解:

$$H(z)=\frac{z^2-1}{z-1/2}=z+\frac{1/2z-1}{z-1/2}$$

当 $|z|\to\infty$ 时,$H(z)$ 不收敛,即 $H(z)$ 的收敛域不包含无穷远点,因此,系统非因果。

假设收敛域为圆外,则收敛域只能是 $1/2<|z|<\infty$。求 z 反变换,得

$$h(n)=\delta(n+1)+\left(\frac{1}{2}\right)^{n+1}u(n)-\left(\frac{1}{2}\right)^{n-1}u(n-1)$$

$$=\delta(n+1)+\frac{1}{2}\delta(n)-\frac{3}{4}\left(\frac{1}{2}\right)^{n-1}u(n-1)$$

此时 $h(n)$ 为右边序列,但当 $n<0$ 时 $h(n)\neq0$,验证了系统的非因果性。

另外,由 $H(z)$ 可以写出系统的差分方程。

$$H(z)=\frac{z^2-1}{z-1/2}=\frac{z-z^{-1}}{1-(1/2)z^{-1}}$$

则

$$y(n)-\frac{1}{2}y(n-1)=x(n+1)-x(n-1)$$

由差分方程也可以看出,系统某时刻的输出 $y(n)$ 与未来的输入 $x(n+1)$ 有关,系统非因果。

而离散 LTI 系统的稳定性要求 $h(n)$ 绝对可和,即

$$\sum_{n=-\infty}^{+\infty}|h(n)|<\infty$$

由 $H(z)=\displaystyle\sum_{n=-\infty}^{+\infty}h(n)z^{-n}$,有

$$|H(z)|=\left|\sum_{n=-\infty}^{+\infty}h(n)z^{-n}\right|\leqslant\sum_{n=-\infty}^{+\infty}|h(n)z^{-n}|=\sum_{n=-\infty}^{+\infty}|h(n)||z^{-n}|$$

当 $|z|=1$ 时，

$$\left.|H(z)|\right|_{|z|=1}\leqslant\sum_{n=-\infty}^{+\infty}|h(n)|$$

根据稳定性的时域特征，有

$$\left.|H(z)|\right|_{|z|=1}<\infty$$

因此，$H(z)$ 在单位圆 $|z|=1$ 上收敛，或者说 $H(z)$ 的收敛域包含单位圆，这是离散 LTI 系统稳定性的 z 域特征。

如果离散 LTI 系统既因果又稳定，其 z 域特征是什么呢？

"因果性"要求 $H(z)$ 的收敛域在某个圆外（包含 ∞ 点），"稳定性"要求 $H(z)$ 的收敛域包含单位圆。结合二者，极点只能全部落在单位圆内，如图 8-17 所示。因此，离散 LTI 系统因果稳定的 z 域特征是极点全部位于单位圆内。

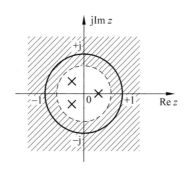

图 8-17　因果稳定离散系统的极点分布

【例题 8.31】　已知系统用下列差分方程描述

$$y(n)+1.5y(n-1)-y(n-2)=x(n)+x(n-1)$$

（1）如果系统是因果的，求 $h(n)$，判断系统是否稳定。

（2）如果系统是反因果的，求 $h(n)$，判断系统是否稳定。

（3）如果系统是稳定的，求 $h(n)$，并判断其因果性。

解：差分方程两边取 z 变换

$$Y(z)+1.5z^{-1}Y(z)-z^{-2}Y(z)=X(z)+z^{-1}X(z)$$

$$H(z)=\frac{Y(z)}{X(z)}=\frac{1+z^{-1}}{1+1.5z^{-1}-z^{-2}}$$

整理成 z 的正幂级数并求出 $H(z)$ 的极点

$$H(z)=\frac{z^2+z}{z^2+1.5z-1}=\frac{z(z+1)}{(z-0.5)(z+2)}$$

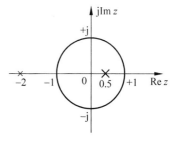

图 8-18　例题 8.31 图

极点 $p_1=0.5,p_2=-2$。极点分布如图 8-18 所示。

利用部分分式展开法求 z 反变换

$$H(z) = \frac{3/5}{1 - 0.5z^{-1}} + \frac{2/5}{1 + 2z^{-1}}$$

(1) 如果系统是因果的,收敛域 $|z| > 2$,则

$$h(n) = \left[\frac{3}{5} \cdot 0.5^n + \frac{2}{5} \cdot (-2)^n\right] u(n)$$

此时,收敛域不包含单位圆,系统不稳定。

(2) 如果系统是反因果的,收敛域 $|z| < 0.5$,则

$$h(n) = h(n) = \left[-\frac{3}{5} \cdot 0.5^n - \frac{2}{5} \cdot (-2)^n\right] u(-n-1)$$

收敛域依然不包含单位圆,系统不稳定。

(3) 如果系统是稳定的,要求收敛域包含单位圆,即 $0.5 < |z| < 2$,则

$$h(n) = \frac{3}{5} \cdot 0.5^n u(n) - \frac{2}{5} \cdot (-2)^n u(-n-1)$$

当 $n < 0$ 时,$h(n) \neq 0$,因此,系统非因果。

通过上面分析可知,对于具有图 8-18 所示的极点分布的系统来说,不存在任何收敛域使得系统既因果又稳定。

离散 LTI 系统按照是否稳定进行划分,可以分为稳定系统、不稳定系统和临界稳定系统。不论是否是因果系统,只要 $H(z)$ 收敛域包含单位圆,系统就是稳定的;否则,系统不稳定。对于因果离散系统,稳定性要求极点全部落在单位圆内;如果有极点位于单位圆外,则此因果系统不稳定。临界稳定系统的条件是 $H(z)$ 的极点在单位圆上,且只能为一阶。

视频讲解

8.6 零极点分布与时间特性的关系

对于因果离散 LTI 系统,为了找出系统零极点的分布如何影响系统的单位抽样响应 $h(n)$,可以借鉴连续时间系统的零极点分布与系统单位冲激响应 $h(t)$ 的关系,以及 s 平面与 z 平面之间的映射关系。

首先分析 s 平面与 z 平面的映射关系。

在 8.1 节推导 z 变换公式时,得到 $z = e^{sT}$,T 为抽样间隔,而 $s = \sigma + j\Omega$,因此,

$$z = e^{(\sigma + j\Omega)T} = e^{\sigma T} \cdot e^{j\Omega T}$$

考虑数字角频率 ω 与模拟角频率 Ω 的关系 $\omega = \Omega T$,并令

$$r = e^{\sigma T} \tag{8-54}$$

则

$$z = r e^{j\omega} \tag{8-55}$$

r 表示 z 平面的径向坐标,ω 为转角,单位是 rad。

在 s 平面,当 $\sigma = 0$ 时,表示 s 平面的虚轴 $j\Omega$ 轴,由式(8-54)知 $r = 1$,表示半径为 1 的圆,即 z 平面的单位圆 $|z| = 1$。

当 $\sigma<0$ 时,表示 s 平面的左半平面,根据式(8-54),$r<1$,表示 z 平面的单位圆内。

当 $\sigma>0$ 时,表示 s 平面的右半平面,此时 $r>1$,表示 z 平面的单位圆外。

当 $\sigma_1<\sigma<\sigma_2$ 时,表示 s 平面的带状区域,则 $e^{\sigma_1 T}<r<e^{\sigma_2 T}$,即 $r_1<r<r_2$,表示 z 平面的一个圆环。

因此,s 平面与 z 平面的映射关系是,s 平面的 $j\Omega$ 轴映射到 z 平面的单位圆,s 的左半平面映射到 z 平面的单位圆内,s 的右半平面映射到 z 平面的单位圆外,而 s 平面的一个带状区域映射到 z 平面的一个圆环。s 平面与 z 平面的映射关系如图 8-19 所示。

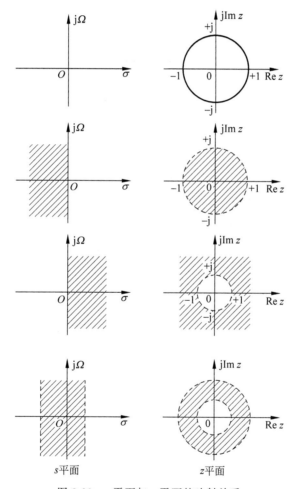

图 8-19 s 平面与 z 平面的映射关系

有了上述映射关系,参照连续时间系统的零极点分布与系统单位冲激响应 $h(t)$ 的关系,可以得出因果离散系统的零极点分布与系统单位抽样响应 $h(n)$ 的关系,见表 8-1,这就是因果离散系统的零极点分布与时间特性。

表 8-1　因果系统的零极点分布与时间特性

连续时间系统	离散时间系统
s 左半平面的极点→$h(t)$ 波形衰减	z 平面单位圆内的极点→$h(n)$ 波形衰减
s 右半平面的极点→$h(t)$ 波形增长	z 平面单位圆外的极点→$h(n)$ 波形增长
$j\Omega$ 轴上的单阶极点→$h(t)$ 波形等幅	z 平面单位圆上的单阶极点→$h(n)$ 波形等幅
$j\Omega$ 轴上的多阶极点→$h(t)$ 波形增长	z 平面单位圆上的多阶极点→$h(n)$ 波形增长
极点决定时间函数波形的形状	
实数极点,波形单调变化	
复数极点,波形振荡变化	
零点决定时间函数波形的幅度和相位	

【例题 8.32】　已知因果系统 $H(z)=\dfrac{1}{1+z^{-2}}$,分析 $h(n)$ 的波形形状并求 $h(n)$。

解:

$$H(z)=\frac{1}{1+z^{-2}}=\frac{z^2}{(z+\mathrm{j})(z-\mathrm{j})}$$

零点为 $z=0$(二阶),极点为 $p_{1,2}=\pm\mathrm{j}$。

极点为纯虚数,在单位圆上且为一阶,因此,$h(n)$ 的波形形状是等幅振荡的。

采用匹配法求 $h(n)$,考虑单边余弦序列的 z 变换公式。由

$$\mathscr{Z}\left[\cos(\omega_0 n)u(n)\right]=\frac{1-\cos\omega_0 z^{-1}}{1-2\cos\omega_0 z^{-1}+z^{-2}},\quad |z|>1$$

令 $\cos\omega_0=0$,则 $\omega_0=\pi/2$,因此有

$$h(n)=\cos\left(\frac{\pi}{2}n\right)u(n)$$

如果极点不变,改变零点,例如

$$H(z)=\frac{1-z^{-1}}{1+z^{-2}}$$

极点 $p_{1,2}=\pm\mathrm{j}$ 在单位圆上,零点为 $z_1=0,z_1=1$。可得

$$h(n)=\cos\left(\frac{\pi}{2}n\right)u(n)-\sin\left(\frac{\pi}{2}n\right)u(n)$$

$$=\sqrt{2}\cos\left(\frac{\pi}{2}n+\frac{\pi}{4}\right)u(n)$$

可见,极点不变,改变零点,$h(n)$ 的形状并没有改变,依然是正弦振荡,但幅度和相位都有改变,原因是两个系统的零点不同。

图 8-20 示例了几种 $H(z)$ 的极点位置与 $h(n)$ 形状的关系。

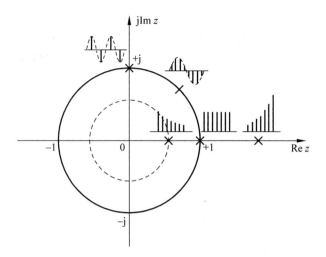

图 8-20 因果离散系统的极点位置与 $h(n)$ 形状的关系

视频讲解

8.7 由零极点分析离散系统的响应

在 8.4 节的例题中,用 z 变换分析了因果系统的零输入响应和零状态响应。本节根据离散系统的零极点分布与时间特性的关系,分析自由响应和强迫响应以及暂态响应和稳态响应。

8.7.1 自由响应与强迫响应

为了用 z 变换求差分方程的自由响应和强迫响应,首先确定离散 LTI 系统的极点与差分方程特征根之间的关系。

假设系统的差分方程为

$$y(n) + a_1 y(n-1) + \cdots + a_n y(n-N)$$
$$= b_0 x(n) + b_1 x(n-1) + \cdots + b_m x(n-M)$$

则特征方程

$$\alpha^N + a_1 \alpha^{N-1} + a_2 \alpha^{N-2} + \cdots + a_n = 0$$

得特征根 $\alpha = \alpha_1, \alpha_2, \cdots, \alpha_N$。

另外,由差分方程得到系统函数

$$H(z) = \frac{b_0 + b_1 z^{-1} + \cdots + b_m z^{-M}}{1 + a_1 z^{-1} + a_2 z^{-2} + \cdots + a_n z^{-N}} = \frac{A(z^{-1})}{B(z^{-1})} \tag{8-56}$$

令 $B(z^{-1}) = 0$,即

$$1 + a_1 z^{-1} + a_2 z^{-2} + \cdots + a_n z^{-N} = 0 \tag{8-57}$$

则

$$z^N + a_1 z^{N-1} + a_2 z^{N-2} + \cdots + a_n = 0$$

显然,式(8-57)的根就是差分方程的特征根,也是以 z^{-1} 表示的系统函数分母的极点 $p_i (i=1,2,\cdots,N)$,当 $N \geqslant M$ 时就是 $H(z)$ 的极点;如果 $N < M$,将增加 $p=0$ 的重根 $[(M-N)$阶],它不是特征根。

有了这种内在的联系,就可以用 z 变换求解因果系统的自由响应和强迫响应。首先进行理论分析,然后用例题加以说明。

对差分方程两边作单边 z 变换

$$Y(z) + a_1 \left[z^{-1} Y(z) + y(-1) \right] + \cdots + a_N \left[z^{-N} Y(z) + z^{-N} \sum_{k=-N}^{-1} y(k) z^{-k} \right]$$

$$= b_0 X(z) + b_1 \left[z^{-1} X(z) + x(-1) \right] + \cdots + b_M \left[z^{-M} X(z) + z^{-M} \sum_{k=-M}^{-1} x(k) z^{-k} \right]$$

整理得

$$Y(z) = \frac{-a_1 y(-1) - \cdots - a_N z^{-N} \sum\limits_{k=-N}^{-1} y(k) z^{-k}}{1 + a_1 z^{-1} + \cdots + a_N z^{-N}} +$$

$$\frac{b_0 X(z) + b_1 \left[z^{-1} X(z) + x(-1) \right] + \cdots + b_M \left[z^{-M} X(z) + z^{-M} \sum\limits_{k=-M}^{-1} x(k) z^{-k} \right]}{1 + a_1 z^{-1} + \cdots + a_N z^{-N}}$$

等号右端第一项用 $Y_1(z)$ 表示,第二项用 $Y_2(z)$ 表示,即

$$Y(z) = Y_1(z) + Y_2(z)$$

其中

$$Y_1(z) = \frac{A(z)}{\prod\limits_{i=1}^{N} (z - p_i)}$$

$$Y_2(z) = \frac{B(z)}{\prod\limits_{i=1}^{N} (z - p_i)} + \frac{C(z)}{\prod\limits_{i=1}^{N} (z - p_i)} X(z)$$

设

$$X(z) = \frac{\prod\limits_{l=1}^{u} c_0 (z - z_l)}{\prod\limits_{k=1}^{v} (z - p_k)}$$

$X(z)$ 的极点为 p_k。

整理 $Y(z)$,并表示为

$$Y(z) = \frac{D(z)}{\prod\limits_{i=1}^{N} (z - p_i) \prod\limits_{k=1}^{v} (z - p_k)} \tag{8-58}$$

当 $N \geqslant M$ 时，将式(8-58)进行部分分式展开，得

$$Y(z) = \sum_{i=1}^{N} \frac{A_i}{1 - p_i z^{-1}} + \sum_{k=1}^{v} \frac{B_k}{1 - p_k z^{-1}} \tag{8-59}$$

其中，p_i 是系统函数 $H(z)$ 的极点，即差分方程的特征根，因此，$\sum\limits_{i=1}^{N} \dfrac{A_i}{1 - p_i z^{-1}}$ 对应自由

响应；而 p_k 是激励信号 $X(z)$ 的极点，因此，$\sum\limits_{k=1}^{v} \dfrac{B_k}{1 - p_k z^{-1}}$ 对应强迫响应。

所以，当 $n \geqslant 0$ 时，

$$y(n) = \underbrace{\left(\sum_{i=1}^{N} A_i p_i^n\right) u(n)}_{\text{自由响应}} + \underbrace{\left(\sum_{k=1}^{v} B_k p_k^n\right) u(n)}_{\text{强迫响应}} \tag{8-60}$$

即，由 $H(z)$ 的极点形成自由响应，由 $X(z)$ 的极点形成强迫响应。

如果 $N < M$，则

$$Y(z) = \frac{D(z)}{\prod\limits_{i=1}^{N}(z - p_i)\prod\limits_{k=1}^{v}(z - p_k)}$$

$$= \sum_{i=1}^{N} \frac{A_i}{1 - p_i z^{-1}} + \sum_{k=1}^{v} \frac{B_k}{1 - p_k z^{-1}} + \frac{C_{M-N}}{z^{M-N-1}} + \frac{C_{M-N-1}}{z^{M-N-2}} + \cdots + \frac{C_2}{z} + C_1$$

式中，$p = 0$（$M - N$ 阶重根）不是特征根，不属于自由响应，它是由于输入序列比输出序列具有更大延时引起的，因此应该归入强迫响应。即

$$Y(z) = \underbrace{\sum_{i=1}^{N} \frac{A_i}{1 - p_i z^{-1}}}_{\text{自由响应}} + \underbrace{\sum_{k=1}^{v} \frac{B_k}{1 - p_k z^{-1}} + \frac{C_{M-N}}{z^{M-N-1}} + \frac{C_{M-N-1}}{z^{M-N-2}} + \cdots + \frac{C_2}{z} + C_1}_{\text{强迫响应}}$$

$$\tag{8-61}$$

经过 z 反变换后即得自由响应和强迫响应。

【例题 8.33】 离散因果系统的差分方程为 $y(n) + 5y(n-1) + 6y(n-2) = x(n)$，$x(n) = u(n)$，$y(-1) = 1/6$，$y(-2) = -1/36$。用 z 变换求 $n \geqslant 0$ 的自由响应和强迫响应。

解：差分方程两边作 z 变换

$$Y(z) + 5\left[z^{-1}Y(z) + y(-1)\right] + 6\left[z^{-2}Y(z) + z^{-1}y(-1) + y(-2)\right] = X(z)$$

整理得

$$Y(z) = \frac{1}{1 + 5z^{-1} + 6z^{-2}} \cdot \left[-6z^{-1}y(-1) - 5y(-1) - 6y(-2)\right] +$$

$$\frac{1}{1 + 5z^{-1} + 6z^{-2}} X(z)$$

代入 $y(-1)$ 和 $y(-2)$ 的值，以及 $X(z) = \dfrac{1}{1 - z^{-1}}$，得

$$Y(z) = \frac{-z^{-1} - 2/3}{1 + 5z^{-1} + 6z^{-2}} + \frac{1}{1 + 5z^{-1} + 6z^{-2}} \cdot \frac{1}{1 - z^{-1}}$$

$$= \frac{-1}{1 + 2z^{-1}} + \frac{5/4}{1 + 3z^{-1}} + \frac{1/12}{1 - z^{-1}}$$

式中前两项部分分式对应 $H(z)$ 的极点,属于自由响应,第三项对应 $X(z)$ 的极点,属于强迫响应。因此

$$Y_h(z) = \frac{-1}{1 + 2z^{-1}} + \frac{5/4}{1 + 3z^{-1}}$$

故自由响应

$$y_h(n) = \left[-(-2)^n + \frac{5}{4}(-3)^n \right] u(n)$$

强迫响应

$$Y_p(z) = \frac{1/12}{1 - z^{-1}}$$

故

$$y_p(n) = \frac{1}{12} u(n)$$

完全响应

$$y(n) = y_h(n) + y_p(n) = \left[-(-2)^n + \frac{5}{4}(-3)^n + \frac{1}{12} \right] u(n)$$

本例题与例题 7.12 在时域求得的自由响应和强迫响应结果一致。

【例题 8.34】 因果离散系统的差分方程为 $y(n) + \frac{1}{2} y(n-1) = x(n) + x(n-2)$,$x(n) = u(n)$,$y(-1) = 2$,求 $n \geqslant 0$ 的自由响应和强迫响应。

解:

$$Y(z) + \frac{1}{2} \left[z^{-1} Y(z) + y(-1) \right] = X(z) + z^{-2} X(z)$$

代入 $y(-1)$ 的值以及 $X(z) = \dfrac{1}{1 - z^{-1}}$,并整理得

$$Y(z) = \frac{z^{-1} + z^{-2}}{(1 + (1/2)z^{-1})(1 - z^{-1})} = \frac{z + 1}{(z + 1/2)(z - 1)}$$

$$\frac{Y(z)}{z} = \frac{z + 1}{z(z + 1/2)(z - 1)} = \frac{-2}{z} + \frac{2/3}{z + 1/2} + \frac{4/3}{z - 1}$$

$$Y(z) = \underbrace{\frac{2/3}{1 + (1/2)z^{-1}}}_{\text{自由响应}} \underbrace{- 2 + \frac{4/3}{1 - z^{-1}}}_{\text{强迫响应}}$$

则

$$y(n) = \underbrace{\frac{2}{3}\left(-\frac{1}{2}\right)^n u(n)}_{\text{自由响应}} + \underbrace{\left[-2\delta(n) + \frac{4}{3}u(n) \right]}_{\text{强迫响应}}$$

8.7.2 暂态响应和稳态响应

与连续时间系统中暂态响应和稳态响应的概念一样,离散系统的暂态响应是指当 $n \to \infty$ 时响应 $y(n)$ 中消失的部分,而稳态响应是指当 $n \to \infty$ 时响应 $y(n)$ 中稳定存在的部分。

对于因果系统,响应 $Y(z)$ 中位于单位圆内的极点,对应的波形是衰减的,因此,由单位圆内的极点决定的响应为暂态响应;而位于单位圆上的一阶极点,对应的波形是等幅的,当 $n \to \infty$ 时不会消失,属于稳态响应。

【例题 8.35】 已知因果系统的 $H(z) = \dfrac{2 + 2z^{-1}}{1 + (5/6)z^{-1} + (1/6)z^{-2}}$,输入 $x(n) = u(n)$,求暂态响应和稳态响应。

解:

$$H(z) = \frac{2z^2 + 2z}{(z + 1/2)(z + 1/3)}$$

极点 $p_{h1} = -1/2, p_{h2} = -1/3$。

$$X(z) = \frac{z}{z - 1}$$

极点 $p_x = 1$。则

$$Y(z) = X(z)H(z) = \frac{2z^3 + 2z^2}{(z - 1)(z + 1/2)(z + 1/3)}$$
$$= \frac{2}{1 - z^{-1}} + \frac{-2}{1 + 1/2z^{-1}} + \frac{2}{1 + 1/3z^{-1}}$$

故

$$y(n) = \left[2\left(-\frac{1}{3}\right)^n - 2\left(-\frac{1}{2}\right)^n + 2 \right] u(n)$$

其中,暂态响应为

$$y_{ts}(n) = \left[2\left(-\frac{1}{3}\right)^n - 2\left(-\frac{1}{2}\right)^n \right] u(n)$$

稳态响应为

$$y_{ss}(n) = 2u(n)$$

由于该因果系统 $H(z)$ 的极点 $p_{h1} = -1/2$ 和 $p_{h2} = -1/3$ 位于单位圆内,因此,该系统同时又是稳定系统。对于因果稳定系统,在输入信号的极点不被抵消的情况下,单位阶跃序列产生的稳态响应依然是阶跃序列,其终值将趋于常数。当系统的极点越靠近坐标原点时,达到稳态所需的时间越短,响应速度越快,因为此时暂态部分的衰减速度越快。

视频讲解

8.8 离散系统对正弦序列的响应

8.8.1 单边正弦序列通过因果稳定系统

激励信号为单边正弦信号

$$x(n) = A\cos(\omega_0 n)u(n)$$

其 z 变换为

$$X(z) = \frac{Az(z - \cos\omega_0)}{z^2 - 2z\cos\omega_0 + 1} = \frac{Az(z - \cos\omega_0)}{(z - e^{j\omega_0})(z - e^{-j\omega_0})}$$

则 $x(n)$ 通过因果稳定系统 $H(z)$ 的响应为

$$Y(z) = X(z)H(z) = \frac{Az(z - \cos\omega_0)}{(z - e^{j\omega_0})(z - e^{-j\omega_0})}H(z)$$

$$\frac{Y(z)}{z} = \frac{A(z - \cos\omega_0)}{(z - e^{j\omega_0})(z - e^{-j\omega_0})}H(z)$$

$$= \frac{k_1}{z - e^{j\omega_0}} + \frac{k_2}{z - e^{-j\omega_0}} + \sum_{i=1}^{N} \frac{K_i}{z - p_i} \qquad (8\text{-}62)$$

p_i 是 $\dfrac{H(z)}{z}$ 的极点,由于系统是因果稳定的,所以 p_i 位于 z 平面单位圆内。

因此,式(8-62)中的暂态响应部分为

$$Y_{ts}(z) = \sum_{i=1}^{N} \frac{K_i}{1 - p_i z^{-1}}$$

即

$$y_{ts}(n) = \sum_{i=1}^{N} K_i p_i^n u(n)$$

而式(8-62)中前两项的极点在单位圆上且为一阶,对应稳态响应,即

$$Y_{ss}(z) = \frac{k_1 z}{z - e^{j\omega_0}} + \frac{k_2 z}{z - e^{-j\omega_0}}$$

系数

$$k_1 = \frac{A(z - \cos\omega_0)}{(z - e^{j\omega_0})(z - e^{-j\omega_0})}H(z)(z - e^{j\omega_0})\Big|_{z=e^{j\omega_0}} = \frac{A}{2}H(e^{j\omega_0})$$

$$k_2 = \frac{A(z - \cos\omega_0)}{(z - e^{j\omega_0})(z - e^{-j\omega_0})}H(z)(z - e^{-j\omega_0})\Big|_{z=e^{-j\omega_0}} = \frac{A}{2}H(e^{-j\omega_0})$$

则

$$Y_{ss}(z) = \frac{\frac{A}{2} H(e^{j\omega_0}) z}{z - e^{j\omega_0}} + \frac{\frac{A}{2} H(e^{-j\omega_0}) z}{z - e^{-j\omega_0}}$$

则稳态响应

$$y_{ss}(n) = \frac{A}{2} H(e^{j\omega_0}) e^{j\omega_0 n} + \frac{A}{2} H(e^{-j\omega_0}) e^{-j\omega_0 n}, \quad n \geqslant 0 \tag{8-63}$$

式中

$$H(e^{j\omega_0}) = H(z)\big|_{z = e^{j\omega_0}}$$

$$H(e^{-j\omega_0}) = H(z)\big|_{z = e^{-j\omega_0}} = H^*(e^{j\omega_0})$$

将 $H(e^{j\omega_0})$ 和 $H(e^{-j\omega_0})$ 表示成幅度、相位形式

$$H(e^{j\omega_0}) = |H(e^{j\omega_0})| e^{j\varphi(\omega_0)}$$

$$H(e^{-j\omega_0}) = |H(e^{j\omega_0})| e^{-j\varphi(\omega_0)}$$

代入式(8-64),得

$$y_{ss}(n) = \frac{A}{2} |H(e^{j\omega_0})| e^{j\varphi(\omega_0)} e^{j\omega_0 n} + \frac{A}{2} |H(e^{j\omega_0})| e^{-j\varphi(\omega_0)} e^{-j\omega_0 n}$$

$$= \frac{A}{2} |H(e^{j\omega_0})| \left\{ e^{j[\omega_0 n + \varphi(\omega_0)]} + e^{-j[\omega_0 n + \varphi(\omega_0)]} \right\}$$

即

$$y_{ss}(n) = A |H(e^{j\omega_0})| \cos\big(\omega_0 n + \varphi(\omega_0)\big) u(n) \tag{8-64}$$

单边正弦序列通过因果稳定离散系统,其响应包括两部分,一部分属于暂态响应,由 $H(z)$ 的极点决定衰减速度;另一部分是稳态响应,由激励信号(单边正弦序列)的极点引起。而式(8-64)表明,稳态响应与激励信号具有相同的角频率,幅度被 $H(e^{j\omega_0})$ 的模加权,相角被 $H(e^{j\omega_0})$ 的相位加权。

8.8.2 正弦序列通过稳定系统

激励信号为正弦序列

$$x(n) = A\cos(\omega_0 n) = \frac{A e^{j\omega_0 n} + A e^{-j\omega_0 n}}{2}$$

通过单位抽样响应为 $h(n)$ 的系统的响应为

$$y(n) = x(n) * h(n)$$

$$= \sum_{m=-\infty}^{+\infty} h(m) \frac{A e^{j\omega_0(n-m)} + A e^{-j\omega_0(n-m)}}{2}$$

$$= \frac{1}{2} A e^{j\omega_0 n} \sum_{m=-\infty}^{+\infty} h(m) e^{-j\omega_0 m} + \frac{1}{2} A e^{-j\omega_0 n} \sum_{m=-\infty}^{+\infty} h(m) e^{j\omega_0 m}$$

令

$$H(\mathrm{e}^{\mathrm{j}\omega_0}) = \sum_{m=-\infty}^{+\infty} h(m)\mathrm{e}^{-\mathrm{j}\omega_0 m}$$

则

$$H(\mathrm{e}^{-\mathrm{j}\omega_0}) = \sum_{m=-\infty}^{+\infty} h(m)\mathrm{e}^{\mathrm{j}\omega_0 m}$$

因此

$$y(n) = \frac{1}{2}A\mathrm{e}^{\mathrm{j}\omega_0 n}H(\mathrm{e}^{\mathrm{j}\omega_0}) + \frac{1}{2}A\mathrm{e}^{-\mathrm{j}\omega_0 n}H(\mathrm{e}^{-\mathrm{j}\omega_0})$$

设

$$H(\mathrm{e}^{\mathrm{j}\omega_0}) = |H(\mathrm{e}^{\mathrm{j}\omega_0})|\mathrm{e}^{\mathrm{j}\varphi(\omega_0)}$$

则

$$H(\mathrm{e}^{-\mathrm{j}\omega_0}) = |H(\mathrm{e}^{\mathrm{j}\omega_0})|\mathrm{e}^{-\mathrm{j}\varphi(\omega_0)}$$

故

$$y(n) = \frac{1}{2}A\mathrm{e}^{\mathrm{j}\omega_0 n}|H(\mathrm{e}^{\mathrm{j}\omega_0})|\mathrm{e}^{\mathrm{j}\varphi(\omega_0)} + \frac{1}{2}A\mathrm{e}^{-\mathrm{j}\omega_0 n}|H(\mathrm{e}^{\mathrm{j}\omega_0})|\mathrm{e}^{-\mathrm{j}\varphi(\omega_0)}$$

$$= \frac{1}{2}A|H(\mathrm{e}^{\mathrm{j}\omega_0})|\left\{\mathrm{e}^{\mathrm{j}[\omega_0 n+\varphi(\omega_0)]} + \mathrm{e}^{-\mathrm{j}[\omega_0 n+\varphi(\omega_0)]}\right\}$$

$$= A|H(\mathrm{e}^{\mathrm{j}\omega_0})|\cos(\omega_0 n + \varphi(\omega_0))$$

正弦序列 $A\cos(\omega_0 n)$ 通过稳定系统的响应与单边正弦序列 $A\cos(\omega_0 n)u(n)$ 通过稳定系统的稳态响应完全一样。

实际上,复指数序列 $x(n) = \mathrm{e}^{\mathrm{j}\omega n}$ 通过单位抽样响应为 $h(n)$ 的系统的响应为

$$y(n) = x(n) * h(n)$$

$$= \sum_{m=-\infty}^{+\infty} h(m)\mathrm{e}^{\mathrm{j}\omega(n-m)} = \mathrm{e}^{\mathrm{j}\omega n}\sum_{m=-\infty}^{+\infty} h(m)\mathrm{e}^{-\mathrm{j}\omega m}$$

$$= \mathrm{e}^{\mathrm{j}\omega n}H(\mathrm{e}^{\mathrm{j}\omega})$$

这里,

$$H(\mathrm{e}^{\mathrm{j}\omega}) = \sum_{n=-\infty}^{+\infty} h(n)\mathrm{e}^{-\mathrm{j}\omega n}$$

当角频率为 ω 的复指数序列 $\mathrm{e}^{\mathrm{j}\omega n}$ 通过离散稳定 LTI 系统时,其输出为 $\mathrm{e}^{\mathrm{j}\omega n}H(\mathrm{e}^{\mathrm{j}\omega})$,是与输入信号同频率的复指数序列,被 $H(\mathrm{e}^{\mathrm{j}\omega})$ 加权。

对于稳定系统,$\displaystyle\sum_{n=-\infty}^{+\infty}|h(n)| < \infty$,此时 $H(\mathrm{e}^{\mathrm{j}\omega})$ 收敛,且满足

$$H(\mathrm{e}^{\mathrm{j}\omega}) = H(z)\big|_{z=\mathrm{e}^{\mathrm{j}\omega}} \tag{8-65}$$

即,稳定系统的 $H(\mathrm{e}^{\mathrm{j}\omega})$ 等于单位圆上的 z 变换,称为离散时间系统的频率响应。这是第9章离散时间系统频域分析的主要内容。

本章知识 MAP 见图 8-21。

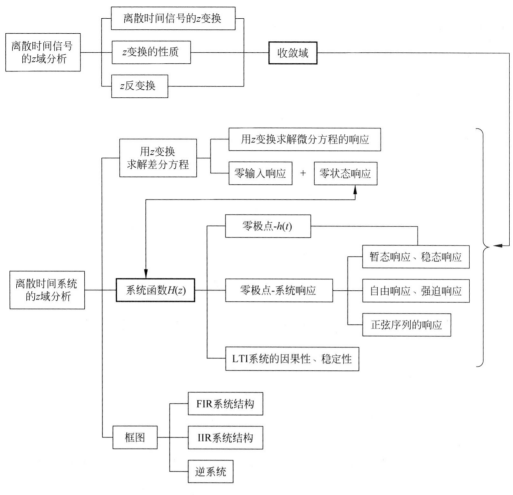

图 8-21 离散时间信号与系统的 z 域分析框图

视频讲解

本章结语

本章的内容是离散时间信号的 z 变换以及离散时间系统的 z 域分析。z 变换在离散时间信号与系统分析中的作用和地位,如同拉普拉斯变换在连续时间信号与系统分析中的作用和地位。因此,本章的分析理论和知识架构与第 5 章有着并行的相似性,但 z 变换的重要性远远超过拉普拉斯变换,它是数字信号分析和处理的重要工具。

本章知识解析

知识解析

习题

8-1　求下列序列的 z 变换,画出零极点分布图,标明收敛域。

(1) $x(n)=0.5^{n}u(n-1)$　　　　　　　　(2) $x(n)=0.5^{n}u(-n-1)$

(3) $x(n)=(n+1)[u(n)-u(n-3)]$

8-2　已知 $X(z)=\dfrac{z}{z+1/2}$, $|z|>1/2$,根据性质求下列序列的 z 变换,并指出收敛域。

(1) $y(n)=x(n-2)$　　　　　　　　(2) $y(n)=\displaystyle\sum_{k=0}^{n}x(k)$

8-3　利用典型序列的 z 变换及性质求 z 反变换。

(1) $X(z)=z^{2}+2+z^{-1}$, $\quad 0<|z|<\infty$　　(2) $X(z)=\dfrac{3z^{-1}}{1+2z^{-1}}$ $\quad|z|<2$

8-4　已知 $X(z)=\dfrac{-(3/2)z^{-1}}{1-(5/2)z^{-1}+z^{-2}}$,求下列三种收敛域情况下的 $x(n)$。

(1) $|z|>2$　　　　(2) $|z|<1/2$　　　　(3) $1/2<|z|<2$

8-5　因果系统的差分方程 $y(n)+3y(n-1)+2y(n-2)=x(n)$, $x(n)=2^{n}u(n)$, $y(0)=0$, $y(1)=2$。求系统的零输入响应、零状态响应、自由响应、强迫响应。

8-6　某离散 LTI 系统,当激励 $x(n)=a^{n}u(n)$ 时引起的零状态响应 $y_{zs}(n)=na^{n-1}u(n)$,求系统的单位抽样响应。

8-7　系统的零极点分布如题图 8-7 所示,如果系统是因果的,画出收敛域;如果系统是稳定的,画出收敛域。

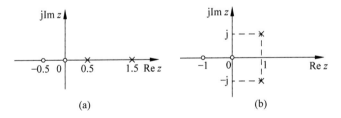

题图 8-7

8-8　因果离散系统的结构如题图 8-8 所示。

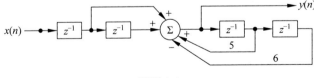

题图 8-8

（1）写出系统的差分方程。

（2）求系统函数 $H(z)$。

（3）求单位抽样响应 $h(n)$。

（4）判断系统是否稳定的。

8-9 系统的结构如题图 8-9 所示。

（1）写出系统的差分方程。

（2）求系统函数 $H(z)$。

（3）求单位抽样响应 $h(n)$。

（4）画出系统的零极点分布图。

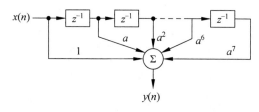

题图 8-9

8-10 一离散 LTI 系统的差分方程为 $y(n)+\dfrac{3}{2}y(n-1)-y(n-2)=x(n)$，如果 $H(z)$ 的收敛域包含 ∞。

（1）求系统函数 $H(z)$。

（2）求单位抽样响应 $h(n)$。

（3）画出 $H(z)$ 的零极点图，判断系统是否稳定。

（4）求 $x(n)=u(n)-u(n-2)$ 的零状态响应。

8-11 一离散 LTI 系统，当输入 $x(n)=\{1 \quad 0.5\}$ 时，响应为 $y(n)=\{1 \quad 2 \quad 1\}$，分析求解下列问题。

（1）求系统函数。

（2）写出系统的差分方程。

（3）判断系统的因果性和稳定性。

（4）求系统的单位抽样响应。

第9章

离散时间信号与系统的频域分析

离散时间信号与系统除了 z 域分析外,也可以在频域进行分析,分析序列的频谱以及离散时间系统的频率响应,这就是离散时间信号与系统的傅里叶分析。

9.1 离散时间信号的傅里叶变换

对连续时间信号 $x_a(t)$ 以 T 为间隔进行理想抽样,得到抽样信号 $x_s(t)$。

$$x_s(t) = x_a(t) \sum_{n=-\infty}^{+\infty} \delta(t-nT) = \sum_{n=-\infty}^{+\infty} x_a(nT)\delta(t-nT)$$

$x_s(t)$ 的傅里叶变换

$$
\begin{aligned}
\mathscr{F}[x_s(t)] &= \int_{-\infty}^{+\infty} x_s(t)\mathrm{e}^{-\mathrm{j}\Omega t}\,\mathrm{d}t = \int_{-\infty}^{+\infty}\left[\sum_{n=-\infty}^{+\infty} x_a(nT)\delta(t-nT)\right]\mathrm{e}^{-\mathrm{j}\Omega t}\,\mathrm{d}t \\
&= \sum_{n=-\infty}^{+\infty} x_a(nT)\int_{-\infty}^{+\infty}\delta(t-nT)\mathrm{e}^{-\mathrm{j}\Omega t}\,\mathrm{d}t \\
&= \sum_{n=-\infty}^{+\infty} x_a(nT)\int_{-\infty}^{+\infty}\delta(t-nT)\mathrm{e}^{-\mathrm{j}\Omega nT}\,\mathrm{d}t \\
&= \sum_{n=-\infty}^{+\infty} x_a(nT)\mathrm{e}^{-\mathrm{j}\Omega nT}
\end{aligned}
\tag{9-1}
$$

视频讲解

式中,Ω 为模拟角频率,单位为 rad/s。令 $x(n)=x_a(nT)$,并考虑数字角频率 ω 与模拟角频率 Ω 的关系 $\omega=\Omega T$,则式(9-1)等号右端变为 $\sum\limits_{n=-\infty}^{+\infty} x(n)\mathrm{e}^{-\mathrm{j}\omega n}$,将其表示为 $X(\mathrm{e}^{\mathrm{j}\omega})$,即

$$X(\mathrm{e}^{\mathrm{j}\omega}) = \sum_{n=-\infty}^{+\infty} x(n)\mathrm{e}^{-\mathrm{j}\omega n} \tag{9-2}$$

这就是序列的傅里叶变换或者称为离散时间傅里叶变换,简称 DTFT(Discrete-time Fourier Transform),表示为

$$X(\mathrm{e}^{\mathrm{j}\omega}) = \mathrm{DTFT}[x(n)]$$

需要说明的是,这里考虑到人们使用的习惯,数字角频率也用符号 ω 表示,其量纲为 rad,但与第 3 章、第 4 章的 ω 并不是同一含义。第 3 章和第 4 章的 ω 是指模拟角频率,即这里的 Ω。

根据式(9-2),当 $x(n)$ 满足下面关系时,序列的傅里叶变换存在。

$$\sum_{n=-\infty}^{+\infty} |x(n)| < \infty \tag{9-3}$$

这是 DTFT 的一致收敛条件,序列绝对可和是离散时间傅里叶变换存在的充分条件。

至此,离散时间信号可以在两个变换域(z 域和频域)进行分析。如同连续时间信号的傅里叶变换和拉普拉斯变换之间存在映射关系一样,离散时间信号的傅里叶变换和 z 变换之间也有映射关系,由此可以从另一个角度分析序列的傅里叶变换。

连续时间信号的傅里叶变换是 s 平面 $\mathrm{j}\Omega$ 轴上的拉普拉斯变换(条件是连续时间信

号绝对可积),即

$$X(j\Omega) = X(s)\big|_{s=j\Omega}$$

而 s 平面的 $j\Omega$ 轴映射到 z 平面的单位圆,因此,离散时间信号的傅里叶变换是单位圆上的 z 变换,如图 9-1 所示。

$$X(e^{j\omega}) = X(z)\big|_{z=e^{j\omega}} = \sum_{n=-\infty}^{+\infty} x(n)z^{-n}\big|_{z=e^{j\omega}} = \sum_{n=-\infty}^{+\infty} x(n)e^{-j\omega n}$$

即

$$X(e^{j\omega}) = X(z)\big|_{z=e^{j\omega}} \tag{9-4}$$

式(9-4)成立的前提是离散时间信号绝对可和,信号稳定,其 DTFT 收敛。

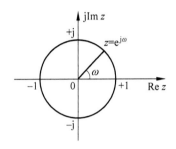

图 9-1　单位圆上的 z 变换是序列的傅里叶变换

与连续时间信号与系统的频域分析一样,离散时间信号的傅里叶变换 $X(e^{j\omega})$ 是离散时间信号的频域分析,表示的是离散时间信号的频谱。可以将 $X(e^{j\omega})$ 表示成模和相位的形式

$$X(e^{j\omega}) = \big|X(e^{j\omega})\big|e^{j\varphi(\omega)}$$

式中, $\big|X(e^{j\omega})\big|$ 称为离散时间信号的幅度频谱,简称幅度谱; $\varphi(\omega)$ 称为离散时间信号的相位频谱,简称相位谱。

数字角频率 ω 是一个连续量, $X(e^{j\omega})$ 是 ω 的连续函数,而且是以 2π 为周期的周期函数。原因是

$$X(e^{j(\omega+2\pi)}) = \sum_{n=-\infty}^{+\infty} x(n)e^{-j(\omega+2\pi)n} = \sum_{n=-\infty}^{+\infty} x(n)e^{-j\omega n}e^{-j2\pi n}$$

由于 $e^{-j2\pi n}=1$,故

$$X(e^{j(\omega+2\pi)}) = \sum_{n=-\infty}^{+\infty} x(n)e^{-j\omega n} = X(e^{j\omega})$$

实际上,对任意整数 k,有

$$X(e^{j(\omega\pm2k\pi)}) = X(e^{j\omega}) \tag{9-5}$$

也就是说,序列的 DTFT 具有周期性。因此,离散时间信号的傅里叶变换不需要在整个域 $-\infty<\omega<+\infty$ 来分析,只需知道一个周期即可,可以只考虑 $-\pi\sim\pi$ 或 $0\sim2\pi$。其中, $0,2\pi,4\pi,\cdots$ 对应直流分量; $\pi,3\pi,5\pi,\cdots$ 对应最高分量。在分析离散时间系统的滤波特性时只需 $0\sim\pi$ 就可以了。

【例题 9.1】 求 $x(n)=\delta(n)$ 的离散时间傅里叶变换。

解:

$$\mathrm{DTFT}\,[\delta(n)]=\sum_{n=-\infty}^{+\infty}\delta(n)\mathrm{e}^{-\mathrm{j}\omega n}=\sum_{n=-\infty}^{+\infty}\delta(n)=1$$

单位抽样序列的频谱为 1,如图 9-2 所示。

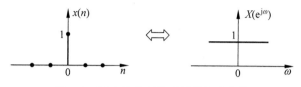

图 9-2 $\delta(n)$ 及其离散时间傅里叶变换

与连续的单位冲激信号 $\delta(t)$ 一样,离散的单位抽样序列 $\delta(n)$ 也具有均匀谱,在所有的数字频率处均匀分布。

【例题 9.2】 求 $x(n)=a^n u(n)$ 的傅里叶变换,这里 $|a|<1$。

解:

$$\mathrm{DTFT}\,[a^n u(n)]=\sum_{n=-\infty}^{+\infty}a^n u(n)\mathrm{e}^{-\mathrm{j}\omega n}=\sum_{n=0}^{+\infty}a^n\mathrm{e}^{-\mathrm{j}\omega n}=\frac{1}{1-a\mathrm{e}^{-\mathrm{j}\omega}}$$

与连续时间信号的傅里叶变换一样,当 $x(n)$ 为实序列时,其 DTFT 满足共轭对称性。

由于

$$X(\mathrm{e}^{\mathrm{j}\omega})=\sum_{n=-\infty}^{+\infty}x(n)\mathrm{e}^{-\mathrm{j}\omega n}=\Big(\sum_{n=-\infty}^{+\infty}x^*(n)\mathrm{e}^{\mathrm{j}\omega n}\Big)^*=\Big(\sum_{n=-\infty}^{+\infty}x(n)\mathrm{e}^{\mathrm{j}\omega n}\Big)^*$$

即

$$X(\mathrm{e}^{\mathrm{j}\omega})=X^*(\mathrm{e}^{-\mathrm{j}\omega}) \tag{9-6}$$

故有

$$\begin{cases}\mathrm{Re}X(\mathrm{e}^{\mathrm{j}\omega})=\mathrm{Re}X(\mathrm{e}^{-\mathrm{j}\omega})\\[2mm]\mathrm{Im}X(\mathrm{e}^{\mathrm{j}\omega})=-\mathrm{Im}X(\mathrm{e}^{-\mathrm{j}\omega})\end{cases}$$

则其 DTFT 的模将满足偶对称、相位满足奇对称,即

$$\begin{cases}|X(\mathrm{e}^{\mathrm{j}\omega})|=|X(\mathrm{e}^{-\mathrm{j}\omega})|\\[2mm]\arg X(\mathrm{e}^{\mathrm{j}\omega})=-\arg X(\mathrm{e}^{-\mathrm{j}\omega})\end{cases} \tag{9-7}$$

【例题 9.3】 求 $R_5(n)$ 的傅里叶变换,并画出幅度谱和相位谱。

解: $R_5(n)=u(n)-u(n-5)$,是长度为 5 的矩形序列。

$$X(\mathrm{e}^{\mathrm{j}\omega})=\mathrm{DTFT}\,[R_5(n)]=\sum_{n=0}^{4}1\cdot\mathrm{e}^{-\mathrm{j}\omega n}=\frac{1-\mathrm{e}^{-\mathrm{j}5\omega}}{1-\mathrm{e}^{-\mathrm{j}\omega}}$$

为了画出其频谱图,将 $X(\mathrm{e}^{\mathrm{j}\omega})$ 表示成幅度、相位的形式。

$$X(\mathrm{e}^{j\omega}) = \frac{\mathrm{e}^{-j5\omega/2}}{\mathrm{e}^{-j\omega/2}} \cdot \frac{\mathrm{e}^{j5\omega/2} - \mathrm{e}^{-j5\omega/2}}{\mathrm{e}^{j\omega/2} - \mathrm{e}^{-j\omega/2}} = \mathrm{e}^{-j2\omega} \frac{\sin(5\omega/2)}{\sin(\omega/2)}$$

$R_5(n)$ 的幅度频谱为

$$|X(\mathrm{e}^{j\omega})| = \left| \frac{\sin(5\omega/2)}{\sin(\omega/2)} \right|$$

相位频谱为

$$\varphi(\omega) = -2\omega + \arg\left[\frac{\sin(5\omega/2)}{\sin(\omega/2)} \right]$$

由于序列的傅里叶变换以 2π 为周期,可以先画出一个周期内的幅度谱和相位谱,然后再以 2π 周期延拓即可。

先画 $R_5(n)$ 的幅度谱,如图 9-3 所示。

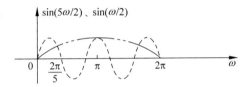

(a) sin(5ω/2)和sin(ω/2)在一个周期内的图形

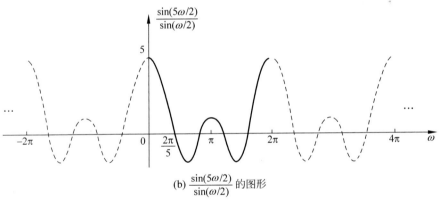

(b) $\dfrac{\sin(5\omega/2)}{\sin(\omega/2)}$ 的图形

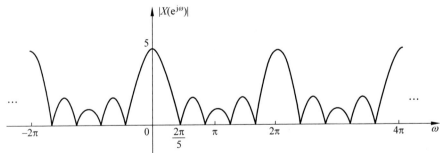

(c) 幅度频谱

图 9-3　$R_5(n)$ 的幅度谱

下面分析 $R_5(n)$ 的相位谱，$R_5(n)$ 的相位由两部分组成，为了保证总相位在 $[-\pi,+\pi]$ 之间，$\dfrac{\sin(5\omega/2)}{\sin(\omega/2)}$ 的相位根据其值的正负取 0、π 或 2π、$3\pi\cdots$。$R_5(n)$ 的相位谱如图 9-4 所示。

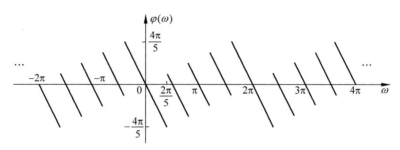

图 9-4 $R_5(n)$ 的相位谱

对于长度为 N 的矩形序列 $R_N(n)$，其离散时间傅里叶变换为

$$\text{DTFT}[R_N(n)] = e^{-j(N-1/2)\omega}\,\frac{\sin(N\omega/2)}{\sin(\omega/2)} \tag{9-8}$$

9.2 离散时间傅里叶反变换

由反演公式推导离散时间傅里叶反变换

$$x(n) = \frac{1}{2\pi j}\oint_C X(z) z^{n-1}\,dz$$

$$= \frac{1}{2\pi j}\oint_{|z|=1} X(e^{j\omega}) e^{j\omega(n-1)}\,d(e^{j\omega})$$

故

$$x(n) = \frac{1}{2\pi}\int_{-\pi}^{\pi} X(e^{j\omega}) e^{j\omega n}\,d\omega \tag{9-9}$$

【例题 9.4】 序列 $x(n)$ 的傅里叶变换如图 9-5 所示，求序列 $x(n)$。

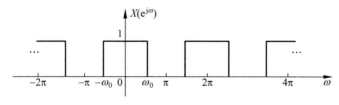

图 9-5   例题 9.4 图

解：

$$x(n) = \frac{1}{2\pi}\int_{-\pi}^{\pi} X(e^{j\omega}) e^{j\omega n}\,d\omega = \frac{1}{2\pi}\int_{-\omega_0}^{\omega_0} e^{j\omega n}\,d\omega$$

信号与系统(第2版·微课视频版)

$$= \frac{\sin(\omega_0 n)}{\pi n} = \frac{\omega_0}{\pi} \mathrm{Sa}(\omega_0 n)$$

$x(n)$ 的图形包络为抽样函数,图 9-6 画出了 $\omega_0 = \pi/4$ 的 $x(n)$。

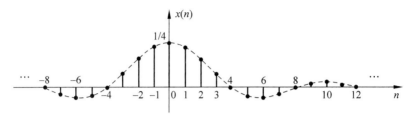

图 9-6　周期矩形频谱所对应的序列

与连续时间信号的 Parseval 定理一样,离散时间信号时域中的能量也等于其频域中的能量,即

$$\sum_{n=-\infty}^{+\infty} |x(n)|^2 = \frac{1}{2\pi} \int_{-\pi}^{\pi} |X(\mathrm{e}^{\mathrm{j}\omega})|^2 \mathrm{d}\omega \tag{9-10}$$

式(9-10)称为离散时间信号的 Parseval 能量守恒定理。

证明:

$$\sum_{n=-\infty}^{+\infty} |x(n)|^2 = \sum_{n=-\infty}^{+\infty} x(n)x^*(n) = \sum_{n=-\infty}^{+\infty} x^*(n) \left[\frac{1}{2\pi} \int_{-\pi}^{\pi} X(\mathrm{e}^{\mathrm{j}\omega}) \mathrm{e}^{\mathrm{j}\omega n} \mathrm{d}\omega \right]$$

$$= \frac{1}{2\pi} \int_{-\pi}^{\pi} X(\mathrm{e}^{\mathrm{j}\omega}) \left[\sum_{n=-\infty}^{+\infty} x^*(n) \mathrm{e}^{\mathrm{j}\omega n} \right] \mathrm{d}\omega = \frac{1}{2\pi} \int_{-\pi}^{\pi} X(\mathrm{e}^{\mathrm{j}\omega}) X^*(\mathrm{e}^{\mathrm{j}\omega}) \mathrm{d}\omega$$

$$= \frac{1}{2\pi} \int_{-\pi}^{\pi} |X(\mathrm{e}^{\mathrm{j}\omega})|^2 \mathrm{d}\omega$$

9.3　离散时间系统的频域分析

视频讲解

9.3.1　离散时间系统的频率响应

对于稳定系统,连续时间系统的频率响应 $H(\mathrm{j}\Omega)$ 是系统函数 $H(s)$ 在 $\mathrm{j}\Omega$ 轴上的取值,即

$$H(\mathrm{j}\Omega) = H(s)\big|_{s=\mathrm{j}\Omega} = \mathscr{F}[h(t)]$$

根据 z 平面和 s 平面的映射关系,可得离散时间系统的频率响应

$$H(\mathrm{e}^{\mathrm{j}\omega}) = H(z)\big|_{z=\mathrm{e}^{\mathrm{j}\omega}} = \mathrm{DTFT}[h(n)]$$

故

$$H(\mathrm{e}^{\mathrm{j}\omega}) = \sum_{n=-\infty}^{+\infty} h(n) \mathrm{e}^{-\mathrm{j}\omega n} \tag{9-11}$$

$H(e^{j\omega})$ 是 ω 的连续函数,且是以 $\omega=2\pi$ 为周期的周期函数。表示成幅度相位形式

$$H(e^{j\omega}) = |H(e^{j\omega})| e^{j\varphi(\omega)}$$

$|H(e^{j\omega})|$ 表示离散系统的幅度频率响应,简称幅频特性;$\varphi(\omega)$ 表示离散系统的相位频率响应,简称相频特性。

由于离散时间 LTI 系统的零状态响应等于输入序列与单位抽样响应的卷积

$$y(n) = x(n) * h(n)$$

根据时域卷积定理,得

$$Y(e^{j\omega}) = X(e^{j\omega}) H(e^{j\omega}) \tag{9-12}$$

式(9-25)表明,输入序列的频谱 $X(e^{j\omega})$ 通过系统 $H(e^{j\omega})$ 后得到输出序列的频谱 $Y(e^{j\omega})$,频谱成分的改变源于系统的频率响应 $H(e^{j\omega})$ 的加权。根据不同系统的频率响应特性,输入序列的频率成分受到不同程度的增强、削弱甚至完全被阻止。离散时间系统是某种滤波器,$|H(e^{j\omega})|$ 也称为离散时间系统的滤波特性。

想一想:

为什么 $H(e^{j\omega})$ 是离散时间系统频率响应?

对于 $x(n)=\delta(n)$,其傅里叶变换

$$X(e^{j\omega})=1$$

因此

$$Y(e^{j\omega}) = X(e^{j\omega}) H(e^{j\omega}) = H(e^{j\omega})$$

这也是为什么 $H(e^{j\omega})$ 是离散时间系统频率响应的原因,因为它是针对所有的频率成分($-\infty<\omega<\infty$)恒为 1 的响应,涵盖了对所有频率成分的响应特性。

对于离散时间系统,$\omega=0$ 对应直流,由于 $H(e^{j\omega})$ 以 $\omega=2\pi$ 为周期,故 $\omega=2\pi,4\pi,\cdots$ 也都对应直流,而 $\omega=\pi$ 对应最高频,同样,$\omega=3\pi,5\pi,\cdots$ 也都对应最高频。离散时间系统的频率响应只考虑一个周期($-\pi\sim\pi$)就可以了。

图 9-7 为离散时间系统(或数字系统)的理想滤波性能,只画出了 $0\sim\pi$ 部分。

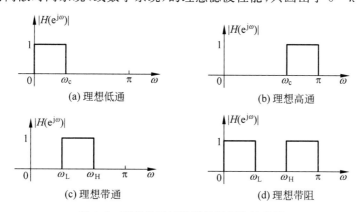

图 9-7 理想数字滤波器的幅频特性曲线

9.3.2 离散时间稳定系统频率响应的几何确定法

由于稳定的离散时间系统的 z 变换在单位圆收敛,因此,其频率响应可以采用几何确定方法进行分析,由零极点直接画出系统的频率响应特性曲线,从而确定系统的滤波性能。这是离散时间系统函数的零极点分布与频率响应 $H(e^{j\omega})$ 的关系。

假设 z_r 表示系统的零点,p_k 表示系统的极点,则

$$H(z) = G \frac{\prod_r (z - z_r)}{\prod_k (z - p_k)}$$

而

$$H(e^{j\omega}) = H(z)\big|_{z=e^{j\omega}} = G \frac{\prod_r (e^{j\omega} - z_r)}{\prod_k (e^{j\omega} - p_k)} \tag{9-13}$$

类似于连续时间系统频率响应的几何确定法,在 z 平面上画出系统的零极点分布以及单位圆($z = e^{j\omega}$),设 $e^{j\omega}$ 到零点的矢量长度为 A_r,相角为 ψ_r。$e^{j\omega}$ 到极点的矢量长度为 B_k,相角为 θ_k,如图9-8所示。则根据几何确定法可得系统的幅频特性

$$|H(e^{j\omega})| = |G| \frac{\prod_r A_r}{\prod_k B_k} \tag{9-14}$$

系统的相频特性

$$\varphi(\omega) = \angle G + \sum_r \psi_r - \sum_k \theta_k \tag{9-15}$$

其中,$\angle G$ 根据常数 G 的正负取 0 或 $\pm\pi$,使总相位落在 $(-\pi, +\pi]$ 的主区间。

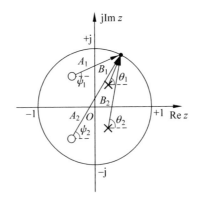

图 9-8　离散系统频率响应的几何确定法

【例题 9.5】　因果系统差分方程为 $y(n)-ay(n-1)=x(n), 0<a<1$，分析系统的滤波特性。

解：根据差分方程可得系统函数

$$H(z)=\frac{Y(z)}{X(z)}=\frac{1}{1-az^{-1}}=\frac{z}{z-a}$$

零点 $z=0$，极点 $p=a$。由于 $0<a<1$，可知这是一个稳定系统，可以由几何确定法分析系统的幅频特性和相频特性。

画出零极点图，当 ω 沿着单位圆（$z=e^{j\omega}$）转圈移动时，分析零极点的矢量长度和相角的变化情况，得到幅频特性曲线和相频特性曲线。零极点确定频率响应的过程见图 9-9。

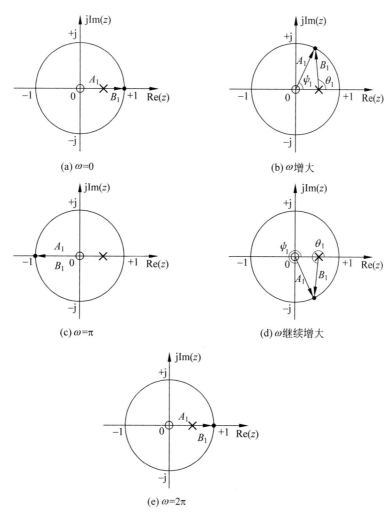

图 9-9　频率响应的几何确定方法

当 $\omega = 0$ 时,零点的矢量长度 $A_1 = 1$,极点的矢量长度 $B_1 = 1 - a$,则零频时的幅频特性

$$|H(e^{j\omega})| = \frac{A_1}{B_1} = \frac{1}{1-a}$$

而零点相角 $\varphi_1 = 0$,极点相角 $\theta_1 = 0$,则零频时的相频特性

$$\varphi(\omega) = \varphi_1 - \theta_1 = 0$$

当 ω 增大时,由于零点位于坐标原点,单位圆上任意一点到原点的矢量长度都为 1,即 $A_1 = 1$,而极点矢量长度 B_1 开始增大,则此时的幅频特性 $|H(e^{j\omega})| = \dfrac{A_1}{B_1}$ 开始变小。

当 ω 开始增大时,零点的相角和极点的相角都开始增大,但此时极点的相角增长更快,因此,相频特性 $\varphi(\omega) = \varphi_1 - \theta_1 < 0$ 并随着 ω 的增大而变小。

当 ω 继续增大到 $\omega = \pi$ 时,零点的矢量长度始终不变,$A_1 = 1$,极点的矢量长度达到最大值,$B_1 = 1 + a$,因此,$\omega = \pi$ 时的幅频特性达到最小值。

$$|H(e^{j\omega})| = \frac{A_1}{B_1} = \frac{1}{1+a}$$

而此时零点相角 $\varphi_1 = \pi$,极点相角 $\theta_1 = \pi$,因此,$\omega = \pi$ 时的相频特性

$$\varphi(\omega) = \varphi_1 - \theta_1 = 0$$

相频特性由负值又回到零。

当 ω 继续增大时,$A_1 = 1$ 不变,B_1 开始减小,因此 $|H(e^{j\omega})| = \dfrac{A_1}{B_1}$ 又开始增大,而此时,零点的相角开始大于极点的相角,$\varphi(\omega) = \varphi_1 - \theta_1 > 0$ 并增大。

当 ω 继续增大到 $\omega = 2\pi$ 时,与 $\omega = 0$ 时重合,回到 $\omega = 0$ 的情况,将开始一个新的周期。

幅频特性和相频特性如图 9-10 所示,可以看出该系统具有低通滤波特性。

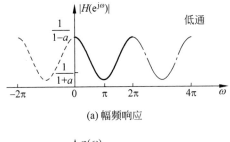

(a) 幅频响应

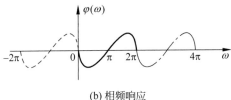

(b) 相频响应

图 9-10 例题 9.5 系统的频率响应特性

从分析过程不难看出：

（1）离散时间系统的频率响应是周期的，周期为 2π。幅频特性以 $\omega=2k\pi$ 偶对称，相频特性以 $\omega=2k\pi$ 奇对称。

（2）当 $\mathrm{e}^{\mathrm{j}\omega}$ 进入第三象限和第四象限时，幅频特性将反向重复第二象限和第一象限的过程，即 $\omega=\pi\rightarrow2\pi$ 将反向重复 $\omega=0\rightarrow\pi$ 的过程，所以 $\omega=\pi$ 是一个重要的数字频率点，一般称为折叠频率。例如，$\omega=7\pi/4$ 的零极点矢量长度与 $\omega=\pi/4$ 的零极点矢量长度相等，因此二者的幅频特性是一致的。幅频特性以 $\omega=(2k+1)\pi$ 偶对称（偶折叠），相频特性以 $\omega=(2k+1)\pi$ 奇对称（奇折叠）。

（3）z 平面原点处的零极点不影响系统的幅频特性。

（4）极点影响幅频特性的峰值。极点越靠近单位圆，峰值越尖锐。

（5）零点影响幅频特性的谷值。零点越靠近单位圆，谷值越深；零点若在单位圆上，该点对应的幅频特性为零。

对于离散时间系统，由于其频率响应的周期性和折叠性，因此只需分析其 ω 在 $0\sim\pi$ 范围的频率响应就可以了，$\omega=0$ 代表直流（低频），$\omega=\pi$ 代表高频。

*9.4 离散全通系统

与连续时间系统一样，离散全通系统或数字全通系统以恒定的增益或衰减通过输入信号中的全部频率成分。

一个有限阶的因果稳定系统，对所有的 ω，如果满足

$$|H(\mathrm{e}^{\mathrm{j}\omega})|=K, \quad (0\leqslant\omega\leqslant2\pi) \tag{9-16}$$

则该离散系统为全通系统，如图 9-11 所示。

具有怎样零极点分布的离散时间系统，其频率响应是全通的呢？首先，$H(z)$ 的零极点个数一定相等，只有这样，才有可能使得幅频特性为常数。其次，为了保证全通系统的因果稳定性，极点要全部位于单位圆内，所以剩下的就是零点的分布了。离散全通系统的零极点以单位圆呈共轭反演关系。

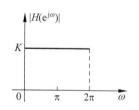

图 9-11 全通系统的幅频特性

对于一阶全通系统，极点只能为实数，系统函数为

$$H_{\mathrm{all}}(z)=K\frac{z^{-1}-a}{1-az^{-1}} \tag{9-17}$$

极点为 $p_1=a$，零点为 $z_1=1/a$。

对于二阶全通系统，具有两个极点，不论极点为实数还是复数，二阶全通因果稳定系统的系统函数的形式为

$$H_{\mathrm{all}}(z)=K\frac{z^{-2}+az^{-1}+b}{1+az^{-1}+bz^{-2}} \tag{9-18}$$

对于离散全通系统,如果有一个复数极点 $p_1 = r e^{j\omega_0}$,那么必有一个共轭复数极点 $p_2 = p_1^* = r e^{-j\omega_0}$。同时必有两个零点 $z_1 = \dfrac{1}{p_1^*} = \dfrac{1}{r} e^{j\omega_0}$ 和 $z_2 = \dfrac{1}{p_2^*} = \dfrac{1}{r} e^{-j\omega_0}$。如果零极点为实数,零点和极点互为倒数,如图 9-12 所示。

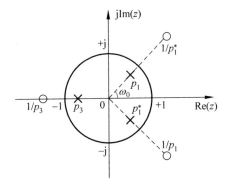

图 9-12 全通系统的零极点分布

对于 N 阶全通系统

$$H_{all}(z) = K \frac{z^{-N} + a_1 z^{-(N-1)} + a_2 z^{-(N-2)} + \cdots + a_N}{1 + a_1 z^{-1} + a_2 z^{-2} + \cdots + a_{N-1} z^{-(N-1)} + a_N z^{-N}}$$

$$= K z^{-N} \frac{1 + a_1 z + a_2 z^2 + \cdots + a_{N-1} z^{(N-1)} + a_N z^N}{1 + a_1 z^{-1} + a_2 z^{-2} + \cdots + a_{N-1} z^{-(N-1)} + a_N z^{-N}}$$

$$= K z^{-N} \frac{D(z)}{D(z^{-1})} \tag{9-19}$$

全通系统的幅频特性为常数,相频特性在 $0 \leqslant \omega \leqslant \pi$ 时总是负的,且在 $0 \leqslant \omega \leqslant \pi$ 时随 ω 的增大单调下降。

【例题 9.6】 二阶全通系统的极点为 $p_{1,2} = 2/3 e^{\pm j\pi/4}$,求系统函数。

解:由极点 $p_{1,2} = (2/3) e^{\pm j\pi/4}$ 可得零点 $z_{1,2} = (3/2) e^{\pm j\pi/4}$,故

$$H_{all}(z) = G \frac{\left[z - (3/2) e^{j\pi/4} \right] \left[z - (3/2) e^{-j\pi/4} \right]}{\left[z - (2/3) e^{j\pi/4} \right] \left[z - (2/3) e^{-j\pi/4} \right]}$$

$$= G \frac{1 - (3\sqrt{2}/2) z^{-1} + (9/4) z^{-2}}{1 - (2\sqrt{2}/3) z^{-1} + (4/9) z^{-2}}$$

令 $K = \dfrac{9}{4} G$,则

$$H_{all}(z) = K \frac{z^{-2} - (2\sqrt{2}/3) z^{-1} + (4/9)}{1 - (2\sqrt{2}/3) z^{-1} + (4/9) z^{-2}}$$

本章知识 MAP 见图 9-13。

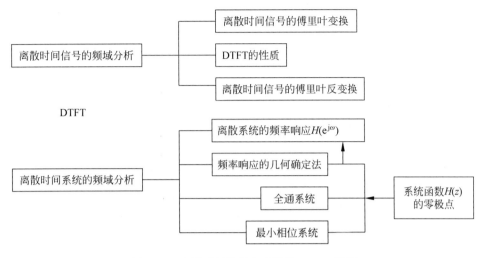

图 9-13　离散时间信号与系统的 DTFT 框图

本章结语

对于离散时间信号与系统,当 $x(n)$ 或 $h(n)$ 满足绝对可和(即稳定)条件时,其 DTFT 存在,等于单位圆上的 z 变换,表示的是序列或系统的频域特性。数字角频率 ω 即为单位圆上的转角,量纲为 rad。因此,DTFT 以 2π 为周期就易于理解了,也符合"时域离散,频域周期"的规律。

DTFT 的物理意义是序列的频谱以及离散时间系统的频率响应,本章与第 3 章和第 4 章有着并行的相似性,但在信号与系统的分析理论中,其重要性远不如连续时间信号与系统的频域分析,因为那是真实的物理世界中,傅里叶分析的基本理论。

相比于连续时间信号的傅里叶变换(CTFT),DTFT 不进行任何连续时间积分,因此,在计算上优于 CTFT。但是,DTFT 的自变量——数字角频率 ω 依然是连续量,对于计算机来说,处理起来依然很麻烦。因此,DTFT 是作为 CTFT 和 DFT(N 点离散傅里叶变换)的过渡而存在。接下来的问题是,对数字信号进行傅里叶变换以及设计数字滤波器,以实现信号的数字化处理,这就是后续课程——数字信号处理的内容。

本章知识解析

知识解析

习题

9-1 计算 $x(n)=R_4(n)$ 的 DTFT。

9-2 已知系统函数 $H(z)$ 的零极点分别为 $z_{1,2}=\pm 1$，$p_{1,2}=0$(二阶)，画出系统的幅频特性，并分析系统具有什么滤波特性？

9-3 离散系统的结构框图见题图 9-3，写出系统的差分方程，求系统函数以及频率响应，分析系统的滤波特性。

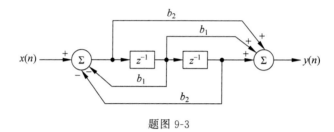

题图 9-3

第 10 章

系统的状态空间分析

10.0 引言

前面章节对系统的分析主要从输入输出端口考虑,将系统看成一个黑匣子,分析系统的输入端和输出端(激励与响应)之间的关系。这种分析方法一般称为"端口分析法"或"输入-输出法"。端口分析方法着眼于系统的外部特性,不涉及系统的内部。基本的模型是系统函数以及微分方程(对于连续时间系统)或差分方程(对于离散时间系统),适于分析线性定常系统、单输入-单输出(SISO)系统。对于多输入-多输出(MIMO)系统,用端口分析法进行分析会增加复杂性,而对于非线性、时变系统,端口分析法几乎无能为力。

随着通信、计算机以及航天技术等的发展,控制系统日渐复杂。单纯对系统的外部特性进行分析已经不足以满足系统分析的需要了(如 MIMO、非线性、时变、耦合、大规模等)。对这类系统进行分析,往往需要更多地了解系统的内部特性,通过分析系统的内部状态,设计并控制这些内部状态变量,从而达到最优控制或自适应控制的目的。这就是系统的状态变量分析(state variable analysis)或者称为系统的状态空间方法(state space approach)。

状态空间分析方法是 20 世纪 60 年代由卡尔曼(R. E. Kalman)提出的,现代控制理论的三个代表性成就是"卡尔曼滤波理论""贝尔曼(R. Bellman)动态规划"以及"极大值原理"。

系统的状态变量分析,不仅适用于线性时不变系统,还可以描述分析非线性系统、时变系统、MIMO、随机过程等,是现代控制理论的基本模型和数学工具,这种方法很容易借助计算机进行求解,在工程控制领域得到了广泛应用。除此之外,状态空间分析方法还可以应用到金融、人文等很多领域。

10.1 状态空间分析的基本概念

本节首先解释状态空间分析的名词术语,然后介绍状态空间分析方法。

(1) 状态和状态变量。状态是表示系统动态特性的一组最少变量,将这组最少的变量称为状态变量(state variable)。只要知道 $t=t_0$ 时这组变量以及 $t \geq t_0$ 时的输入,就可以完全确定系统在 $t \geq t_0$ 任何时间的行为。

在分析线性定常系统时,通常取初始时刻 $t_0=0$。

状态变量是能够完全描述动态系统时域行为的一组最少的变量,是表示系统状态的变量集合。例如 $\lambda_1(t), \lambda_2(t), \lambda_3(t), \cdots, \lambda_N(t)$。

(2) 状态矢量和状态空间。将某一时刻的状态写成矢量的形式,就是状态矢量,例如

$$[\lambda(t)]^{[\text{注}]} = \begin{bmatrix} \lambda_1(t) \\ \lambda_2(t) \\ \vdots \\ \lambda_N(t) \end{bmatrix} \qquad (10\text{-}1)$$

状态矢量 $[\lambda(t)]$ 所在的空间称为状态空间。而状态矢量所包含的状态变量的个数，称为状态空间的维数，状态空间的维数也就是系统的阶数。

（3）状态空间分析方法。状态空间分析侧重三方面。一是物理模型，二是数学模型及其求解，三是系统函数。这与端口分析方法是一致的，都是作为系统的分析方法，只是它们分析的角度不同。正是由于分析角度或者出发点不同，因此它们建立的数学模型也不同，这是两种分析方法最大的差别所在。端口分析方法的数学模型描述的仅是系统的输入和输出之间的关系——微分方程或差分方程；而状态变量分析方法的数学模型将是状态方程和输出方程，不仅描述输入和输出之间的关系，更重要的是状态变量与输入以及输出之间的关系。这相当于把黑匣子打开，分析系统内部的状态。不论系统多么复杂，系统的阶次有多高，状态方程都将是"一阶"的，因此状态空间分析有"化繁为简"的功效。对于复杂的系统，应用状态空间分析既简单又有效。

既然状态空间分析方法适于分析复杂系统，那么系统的物理模型——框图看起来势必复杂而凌乱。为了清晰而流畅地表达系统的物理结构，在状态空间分析中，采用框图的替代描述——流图。

因此，状态空间分析方法的核心内容是根据流图建立系统的状态方程和输出方程，即由物理模型建立数学模型，并进行求解。同时，系统函数是系统的一个表征，由它可以描述分析系统的很多特性。在状态空间分析中，系统函数也称为转移函数，可以通过流图以及状态方程和输出方程得到，由系统函数进一步分析系统的稳定性等性能。

由于状态空间分析方法相当于打开了黑匣子，系统内部的各个状态一目了然，因此不但可以观测还可以进行控制，这就是系统的可观性和可控性分析，是控制论的重要内容。

这些就是本章将要讲述的内容，顺序是：物理模型——数学模型（建立和求解）——系统函数——系统的稳定性——系统的可观性和可控性。

10.2　系统的信号流图

流图是框图的一种简洁表示形式，是系统物理模型的另一种画法。当系统比较复杂时，框图看起来不但复杂而且凌乱，画起来也是既费劲又费时。一个有效的表示方法是将框图画成流图形式。系统的流图表示是由美国麻省理工学院（MIT）的梅森（S. J. Mason）于 20 世纪 50 年代提出，它在线性系统的分析与模拟、反馈系统分析以及数字滤波器的设计等方面得到了广泛应用。在系统的状态空间分析中，选用"流图"作为系统的

视频讲解

［注］：本书用 $[A]$ 的形式表示矢量或矩阵。

物理模型。

10.2.1　由框图到流图

流图是框图的一种简化的系统结构表示,用一些线段和节点表示。由框图转换为流图需要遵循如下原则:

(1) 信号的流动方向及正负号不得改变。

(2) 先"和点"后"分点",可以用混合节点表示,如图 10-1 所示。

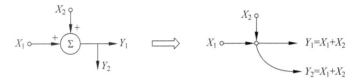

图 10-1　混合节点表示加法器

(3) 先"分点"后"和点",在流图中"分点"和"和点"间用传输系数为"1"的支路隔开,如图 10-2 所示。

图 10-2　先"分"后"和"的流图表示

(4) 框图中有反馈信号与输入信号叠加时,为了清晰起见,在流图中由输入端引出传输系数为"1"的支路,与反馈信号叠加,如图 10-3 所示。

图 10-3　输入节点

(5) 输出端与(4)同样处理,如图 10-4 所示。

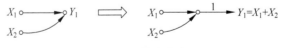

图 10-4　输出节点

(6) 对于 $R(s)=E(s)H(s)$ 或者 $Y(z)=X(z)H(z)$,可以去掉框图,将系统转移函数直接标示于支路线段之上,如图 10-5 所示。

【例题 10.1】　将图 10-6 所示的框图画成流图。

解:首先设置节点。原则是,每个加法器后面应该设置节点,即 $X_1(s)$、$X_3(s)$ 和 $X_4(s)$。

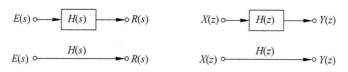

图 10-5　系统函数(转移函数)的流图表示

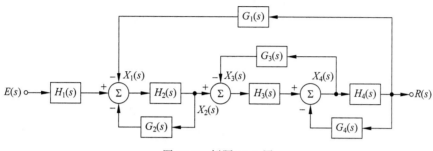

图 10-6　例题 10.1 图

对于框图中的第二个加法器,在进入加法器之前,先有一路信号流出,经过 $G_2(s)$ 反馈到第一个加法器。根据"框图到流图"的规则(3),此处应该再设置一个节点 $X_2(s)$,与 $X_3(s)$ 节点隔离。

另外,由于流图中的节点表示的是流入信号做"加法"运算,所以,框图中加法器运算中被"减"的信号在流图中表示为负的转移函数。

由此画出图 10-7 所示的流图形式。

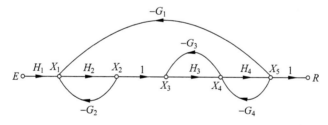

图 10-7　流图结构

对于离散时间系统的框图到流图,处理方法相同。

10.2.2　信号流图的组成

一般流图包含以下组成部分。

节点:系统中的变量或信号的点,如图 10-7 中的 E、X_1、X_2、X_3、X_4、X_5、R。

转移函数:两个节点之间的增益,例如 X_1 和 X_2 之间的 H_2 或 $-G_2$。

支路:连接两个节点之间的定向线段,例如 X_1 和 X_2 之间就是一条支路。支路的增益即转移函数,如 H_2。

输入节点:也称为源点,只有输出支路的节点,如图 10-7 中的 E 节点。

输出节点:也称为阱点,只有输入支路的节点,如图 10-7 中的 R 节点。

混合节点:既有输入支路又有输出支路的节点,如图 10-7 中的 X_1、X_2、X_3、X_4、X_5 节点都是混合节点。混合节点实现的是"加法"运算,相当于框图表示中的"加法器"。

通路:沿支路箭头方向通过各相连支路的途径,如 $X_1 \rightarrow X_2 \rightarrow X_3$ 就构成一个通路。

开通路:通路与任一节点相交不多于一次。$X_1 \rightarrow X_2 \rightarrow X_3$ 就是一个开通路,但 $X_1 \rightarrow X_2 \rightarrow (\text{经过} -G_2) X_1 \rightarrow X_3$ 就不是一个开通路。

环路:通路的终点又是其起点,且与任何其他节点相交不多于一次。例如图 10-7 中的 $X_1(\text{经 } H_2) \rightarrow X_2(\text{经} -G_2) \rightarrow X_1$ 就构成一个环路。

环路增益:环路中各支路转移函数的乘积,$X_1(\text{经 } H_2) \rightarrow X_2(\text{经} -G_2) \rightarrow X_1$ 的环路增益为 $-H_2 G_2$。

不接触环路:环路之间没有任何公共节点,如环路 $X_1(\text{经 } H_2) \rightarrow X_2(\text{经} -G_2) \rightarrow X_1$ 和环路 $X_3(\text{经 } H_3) \rightarrow X_4(\text{经} -G_3) \rightarrow X_3$ 就属于不接触环路。

前向通路:源点到阱点的通路上,通过任何节点不多于一次的路径。如图 10-7 中的 $E \rightarrow X_1 \rightarrow X_2 \rightarrow X_3 \rightarrow X_4 \rightarrow X_5 \rightarrow R$。

前向通路增益:前向通路中各支路转移函数的乘积,前向通路 $E \rightarrow X_1 \rightarrow X_2 \rightarrow X_3 \rightarrow X_4 \rightarrow X_5 \rightarrow R$ 的增益为 $H_1 H_2 H_3 H_4$。

提示:流图的运算规则是,每一条支路相当于乘法器,每一个混合节点相当于加法器。从一个节点流出的信号等于所有流入这个节点的信号之和。

10.2.3 系统结构的流图表示

视频讲解

在 5.12 节中,分析过由系统函数画出系统框图的方法,遵循其规律,可以由微分方程或系统函数画出任意阶系统的流图。

【例题 10.2】 微分方程 $\dfrac{\mathrm{d}^2}{\mathrm{d}t^2}r(t) + a_1 \dfrac{\mathrm{d}}{\mathrm{d}t}r(t) + a_2 r(t) = b_0 \dfrac{\mathrm{d}^2}{\mathrm{d}t^2}e(t) + b_1 \dfrac{\mathrm{d}}{\mathrm{d}t}e(t) + b_2 e(t)$,画出系统的一种流图。

解:首先由微分方程求出系统函数,写成积分器的形式($1/s$),然后按照规律画出系统的物理模型,只是将系统的框图表示成流图形式。

由微分方程写出系统函数

$$H(s) = \frac{b_0 s^2 + b_1 s + b_2}{s^2 + a_1 s + a_2}$$

将 $H(s)$ 表示成积分器 $1/s$ 的形式

$$H(s) = \frac{b_0 + b_1/s + b_2/s^2}{1 + a_1/s + a_2/s^2}$$

画出系统的流图,如图 10-8 所示。对于 n 阶系统,微分方程

$$\frac{\mathrm{d}^n}{\mathrm{d}t^n}r(t) + a_1 \frac{\mathrm{d}^{n-1}}{\mathrm{d}t^{n-1}}r(t) + \cdots + a_n r(t)$$

$$= b_0 \frac{\mathrm{d}^m}{\mathrm{d}t^m}e(t) + b_1 \frac{\mathrm{d}^{m-1}}{\mathrm{d}t^{m-1}}e(t) + \cdots + b_m e(t) \tag{10-2}$$

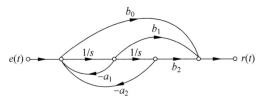

图 10-8 例题 10.2 图

系统函数

$$H(s) = \frac{b_0 s^m + b_1 s^{m-1} + \cdots + b_m}{s^n + a_1 s^{n-1} + a_2 s^{n-2} + \cdots + a_n}$$

假设 $m < n$，将 $H(s)$ 写成积分器的形式

$$H(s) = \frac{b_0/s^{n-m} + b_1/s^{n-m+1} + b_2/s^{n-m+2} + \cdots + b_{m-1}/s^{n-1} + b_m/s^n}{1 + a_1/s + a_2/s^2 + \cdots + a_{n-1}/s^{n-1} + a_n/s^n} \tag{10-3}$$

画出系统的流图结构，如图 10-9 所示。

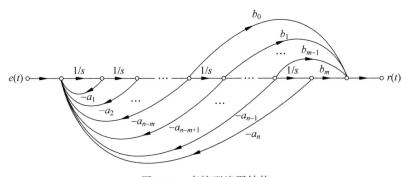

图 10-9 直接型流图结构

这种流图形式称为直接型的，也可以画出其转置型结构。

【**例题 10.3**】 画出图 10-8 的转置型结构流图。

解：流图的转置步骤如下：

第一步，将输入 $e(t)$ 和输出 $r(t)$ 互换位置，箭头方向反向，其他不变，得到图 10-10 所示的结构。

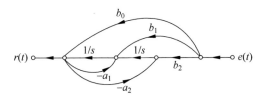

图 10-10 输入输出互换结构

第二步，画成常规形式，即输入在左，输出在右。相当于图 10-10 左右颠倒，如图 10-11 所示。

注意,在整个图形变化过程中,信号原本的流向不变。一般将图 10-11 称为图 10-8 的转置型结构。

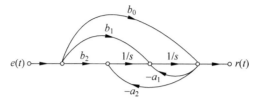

图 10-11　转置型结构

另外,将系统函数整理成子系统函数相乘或相加的形式,可以得到级联型或并联型结构。

【例题 10.4】　系统函数 $H(s)=\dfrac{s+4}{s^2+3s+2}$,画出其级联型和并联型的结构。

解:

$$H(s)=\frac{s+4}{(s+1)(s+2)}=\frac{1}{s+1}\cdot\frac{s+4}{s+2}$$

$$=\frac{1/s}{1+1/s}\cdot\frac{1+4/s}{1+2/s}$$

画出级联型结构,如图 10-12 所示。

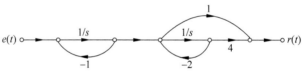

图 10-12　级联型结构

同样,将 $H(s)$ 写成并联型形式

$$H(s)=\frac{s+4}{s^2+3s+2}=\frac{3}{s+1}+\frac{-2}{s+2}$$

$$=\frac{3/s}{1+1/s}+\frac{(-2)/s}{1+2/s}$$

得到并联型结构流图,如图 10-13 所示。

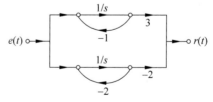

图 10-13　并联型结构

正如 5.12 节中所说,对于 LTI 系统,其微分方程和系统函数都是唯一确定的,但物理模型却不是唯一结构的,可以有直接型、转置型、级联型以及并联型等结构,这些不同的结构有一个共同点,那就是从端口来看,它们有一致的输入-输出关系,但内部结构却不一样。因此,内部状态也将不一致。

对于离散时间系统,也可以根据其差分方程或系统函数画出其物理模型——流图。

【例题 10.5】 离散时间系统差分方程 $y(n)+5y(n-1)+6y(n-2)=x(n)+x(n-1)$,画出系统的流图。

解:由差分方程得到系统函数

$$H(z)=\frac{1+z^{-1}}{1+5z^{-1}+6z^{-2}}$$

画出其直接型流图结构,如图 10-14 所示。

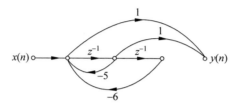

图 10-14　例题 10.5 的流图

对于离散时间系统,一般习惯画成图 10-15 所示的形式。

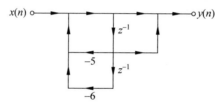

图 10-15　离散系统的流图结构

10.3　连续时间系统状态方程的建立

视频讲解

连续时间系统的状态方程是描述系统的状态变量和输入变量之间的一阶微分方程组,输入信号用 $[e(t)]$ 表示,状态变量用 $[\lambda(t)]$ 表示,输出信号用 $[r(t)]$ 表示,那么,连续时间系统状态方程的标准形式为

$$\left[\frac{\mathrm{d}}{\mathrm{d}t}\lambda(t)\right]=[A][\lambda(t)]+[B][e(t)] \tag{10-4}$$

输出方程的标准形式为

$$[r(t)]=[C][\lambda(t)]+[D][e(t)] \tag{10-5}$$

其中 $[A]$、$[B]$、$[C]$、$[D]$ 为系数矩阵。

提示:状态方程和输出方程是系统状态空间分析的数学模型。状态方程描述的是输入 $[e(t)]$ 引起状态 $[\lambda(t)]$ 的变化过程;而输出方程描述由状态 $[\lambda(t)]$ 的变化所引起的

输出 $[r(t)]$ 的变化。

10.3.1　根据流图建立状态方程

在建立状态方程之前,首先要做的是选取状态变量。对于连续时间系统的信号流图,动态元件为积分器 $1/s$,因此,如果选取积分器的输出作为状态变量,那么积分器的输入(积分器所在的支路上游)就是状态变量的一阶导数,根据流图的运算规则,可以列写出关于状态变量的一阶微分方程,这就是状态方程。

【例题 10.6】　系统的信号流图如图 10-16 所示,建立系统的状态方程和输出方程。

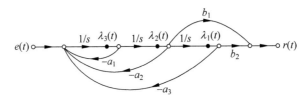

图 10-16　例题 10.6 图

解:选积分器的输出作状态变量,根据流图,有 3 个积分器$(1/s)$,状态变量分别设为 $\lambda_1(t)$、$\lambda_2(t)$、$\lambda_3(t)$。列写关于状态变量的一阶导数的线性方程组

$$\begin{cases} \dfrac{\mathrm{d}}{\mathrm{d}t}\lambda_1(t)=\lambda_2(t) \\[2mm] \dfrac{\mathrm{d}}{\mathrm{d}t}\lambda_2(t)=\lambda_3(t) \\[2mm] \dfrac{\mathrm{d}}{\mathrm{d}t}\lambda_3(t)=-a_3\lambda_1(t)-a_2\lambda_2(t)-a_1\lambda_3(t)+e(t) \end{cases}$$

输出方程

$$r(t)=b_2\lambda_1(t)+b_1\lambda_2(t)$$

将状态方程和输出方程写成矩阵的形式:

状态方程

$$\begin{bmatrix} \dfrac{\mathrm{d}}{\mathrm{d}t}\lambda_1(t) \\[2mm] \dfrac{\mathrm{d}}{\mathrm{d}t}\lambda_2(t) \\[2mm] \dfrac{\mathrm{d}}{\mathrm{d}t}\lambda_3(t) \end{bmatrix} = [A]\begin{bmatrix} \lambda_1(t) \\ \lambda_2(t) \\ \lambda_3(t) \end{bmatrix} + [B][e(t)]$$

输出方程

$$[r(t)] = [C]\begin{bmatrix} \lambda_1(t) \\ \lambda_2(t) \\ \lambda_3(t) \end{bmatrix} + [D][e(t)]$$

系数矩阵

$$[A] = \begin{bmatrix} 0 & 1 & 0 \\ 0 & 0 & 1 \\ -a_3 & -a_2 & -a_1 \end{bmatrix}, \quad [B] = \begin{bmatrix} 0 \\ 0 \\ 1 \end{bmatrix}$$

$$[C] = \begin{bmatrix} b_2 & b_1 & 0 \end{bmatrix}, \quad [D] = [0]$$

提示：

① 选积分器($1/s$)的输出作状态变量；

② 相应积分器的输入(所在支路的上游)就是状态变量的一阶导数；

③ 流图的运算规则是，从某个节点流出的信号等于所有流入这个节点的信号之和。据此可以列写出系统的状态方程和输出方程。

【例题 10.7】 系统的并联结构流图如图 10-17 所示，建立系统的状态方程和输出方程。

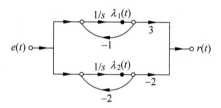

图 10-17 例题 10.7 图

解：设积分器的输出为状态变量，$\lambda_1(t)$、$\lambda_2(t)$如图 10-17 所示。

状态方程

$$\begin{cases} \dfrac{\mathrm{d}}{\mathrm{d}t}\lambda_1(t) = -\lambda_1(t) + e(t) \\ \dfrac{\mathrm{d}}{\mathrm{d}t}\lambda_2(t) = -2\lambda_2(t) + e(t) \end{cases}$$

输出方程

$$r(t) = 3\lambda_1(t) - 2\lambda_2(t)$$

系数矩阵

$$[A] = \begin{bmatrix} -1 & 0 \\ 0 & -2 \end{bmatrix}, \quad [B] = \begin{bmatrix} 1 \\ 1 \end{bmatrix}, \quad [C] = \begin{bmatrix} 3 & -2 \end{bmatrix}, \quad [D] = [0]$$

提示：并联结构的 $[A]$ 矩阵为对角阵，说明各个状态变量之间互不影响。

【例题 10.8】 系统的级联结构流图如图 10-18 所示，建立级联型结构的状态方程和输出方程。

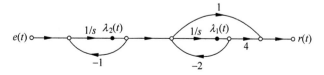

图 10-18 例题 10.8 图

解：设积分器的输出为状态变量，列写状态方程

$$\begin{cases} \dfrac{\mathrm{d}}{\mathrm{d}t}\lambda_1(t) = -2\lambda_1(t) + \lambda_2(t) \\[2mm] \dfrac{\mathrm{d}}{\mathrm{d}t}\lambda_2(t) = -\lambda_2(t) + e(t) \end{cases}$$

输出方程

$$r(t) = 4\lambda_1(t) + [-2\lambda_1(t) + \lambda_2(t)] = 2\lambda_1(t) + \lambda_2(t)$$

系数矩阵

$$[A] = \begin{bmatrix} -2 & 1 \\ 0 & -1 \end{bmatrix}, \quad [B] = \begin{bmatrix} 0 \\ 1 \end{bmatrix}, \quad [C] = [2 \quad 1], \quad [D] = [0]$$

提示：级联结构的系数 $[A]$ 矩阵为三角阵。

其实，例题 10.7 和例题 10.8 两种结构流图的系统函数是一样的，系统函数为

$$H(s) = \frac{s+4}{s^2 + 3s + 2}$$

微分方程自然也是一样的，即

$$\frac{\mathrm{d}^2}{\mathrm{d}t^2}r(t) + 3\frac{\mathrm{d}}{\mathrm{d}t}r(t) + 2r(t) = \frac{\mathrm{d}}{\mathrm{d}t}e(t) + 4e(t)$$

但系统结构(物理模型)不同，状态方程和输出方程也是不同的。

实际上，同一个系统，具有唯一的系统函数和微分方程，因为它们描述的是端口，即输入和输出的关系。但内部结构可以不一样，由此系统的内部状态不同，状态方程不同。这就是状态变量分析方法不同于端口分析方法之处。状态变量分析方法不仅可以分析输入和输出，还可以分析系统的内部状态。

10.3.2　由电路图建立状态方程

视频讲解

电路的动态元件为电容和电感，其初始储能为 $v_C(0_-)$ 和 $i_L(0_-)$。因此，对于电路，如果选取"流过电感的电流"和"电容两端的电压"作为状态变量会非常利于系统分析。需要注意的是，这里所说的"流过电感的电流"和"电容两端的电压"都必须是"独立电感的电流"和"独立电容的电压"。

【例题 10.9】　如图 10-19 所示的电路，$R_1 = 2\Omega$，$R_2 = 1\Omega$，$L_1 = 1\mathrm{H}$，$L_2 = 1/3\mathrm{H}$，$C_1 = 1/2\mathrm{F}$。建立电路的状态方程。

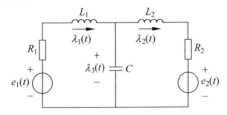

图 10-19　例题 10.9 图

解：选"流过电感的电流"和"电容两端的电压"为状态变量，见图 10-19。针对各状态变量的导数，由网孔或节点直接列写方程

$$L_1 \frac{\mathrm{d}}{\mathrm{d}t}\lambda_1(t) = e_1(t) - R_1\lambda_1(t) - \lambda_3(t)$$

$$L_2 \frac{\mathrm{d}}{\mathrm{d}t}\lambda_2(t) = \lambda_3(t) - R_2\lambda_2(t) - e_2(t)$$

$$C \frac{\mathrm{d}}{\mathrm{d}t}\lambda_3(t) = \lambda_1(t) - \lambda_2(t)$$

代入 R_1、R_2、L_1、L_2、C_1 的值，并整理成标准形式

$$\begin{cases} \dfrac{\mathrm{d}}{\mathrm{d}t}\lambda_1(t) = -2\lambda_1(t) - \lambda_3(t) + e_1(t) \\[2mm] \dfrac{\mathrm{d}}{\mathrm{d}t}\lambda_2(t) = -3\lambda_2(t) + 3\lambda_3(t) - 3e_2(t) \\[2mm] \dfrac{\mathrm{d}}{\mathrm{d}t}\lambda_3(t) = 2\lambda_1(t) - 2\lambda_2(t) \end{cases}$$

这就是电路的状态方程，系数矩阵只有 $[A]$ 矩阵和 $[B]$ 矩阵

$$[A] = \begin{bmatrix} -2 & 0 & -1 \\ 0 & -3 & 3 \\ 2 & -2 & 0 \end{bmatrix}, \quad [B] = \begin{bmatrix} 1 & 0 \\ 0 & -3 \\ 0 & 0 \end{bmatrix}$$

只要知道状态变量的初始状态（动态元件的初始储能）和输入信号，就可以确定电路的全部行为。

对于电路，要选择"独立电感的电流"和"独立电容的电压"作状态变量。具有非独立电感电流和非独立电容电压时，不能将所有的电感电流或电容电压都选为状态变量。那么，什么是"独立电感"或"独立电容"呢？下面两种情况就有非独立电感的电流或非独立电容的电压。

如图 10-20 所示的情况，只能选一个动态元件的电压或电流作状态变量。不能将两个动态元件的电压或电流都选为状态变量，因为选定其中一个，另一个可以用它来表示，不再具有独立状态。

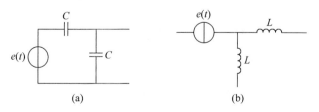

图 10-20　非独立电容和电感

而图 10-21 中,只能选两个动态元件的电压或电流作状态变量。

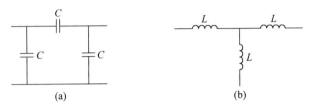

图 10-21　非独立电容和电感

【例题 10.10】　电路如图 10-22 所示,为便于计算,假设 $R_1 = R_2 = 1\Omega$,$L = 1$H,$C_1 = C_2 = C_3 = 1$F,建立电路的状态方程。

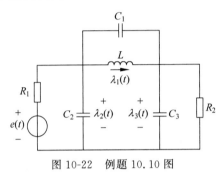

图 10-22　例题 10.10 图

　　解:选取状态变量 $\lambda_1(t)$、$\lambda_2(t)$、$\lambda_3(t)$ 如图 10-22 所示。由于选择了电容 C_2 和 C_3 的电压作为状态变量,因此,C_1 两端的电压就不能再作为状态变量了。

　　列写方程

$$L\,\frac{\mathrm{d}}{\mathrm{d}t}\lambda_1(t) = \lambda_2(t) - \lambda_3(t)$$

$$C_2\,\frac{\mathrm{d}}{\mathrm{d}t}\lambda_2(t) = i_{R1}(t) - \lambda_1(t) - i_{C1}(t)$$

$$C_3\,\frac{\mathrm{d}}{\mathrm{d}t}\lambda_3(t) = \lambda_1(t) + i_{C1}(t) - i_{R2}(t)$$

消去非状态变量,将下列各式代入:

$$i_{R1}(t) = \left[e(t) - \lambda_2(t)\right]/R_1$$

$$i_{R2}(t) = \lambda_3(t)/R_2$$

$$i_{C1}(t) = C_1\,\frac{\mathrm{d}}{\mathrm{d}t}\big(v_{C1}(t)\big) = C_1\,\frac{\mathrm{d}}{\mathrm{d}t}\big(\lambda_2(t) - \lambda_3(t)\big)$$

化简并整理成标准形式,得到状态方程

$$\begin{cases} \dfrac{\mathrm{d}}{\mathrm{d}t}\lambda_1(t) = \lambda_2(t) - \lambda_3(t) \\[2mm] \dfrac{\mathrm{d}}{\mathrm{d}t}\lambda_2(t) = -\dfrac{1}{3}\lambda_1(t) - \dfrac{2}{3}\lambda_2(t) - \dfrac{1}{3}\lambda_3(t) + \dfrac{2}{3}e(t) \\[2mm] \dfrac{\mathrm{d}}{\mathrm{d}t}\lambda_3(t) = \dfrac{1}{3}\lambda_1(t) - \dfrac{1}{3}\lambda_2(t) - \dfrac{2}{3}\lambda_3(t) + \dfrac{1}{3}e(t) \end{cases}$$

10.4 连续时间系统状态方程的求解

与端口分析方法中的微分方程求解一样,状态方程的求解既可以在时域进行,也可以在变换域求解。

10.4.1 状态变量分析法的时域求解

1. 状态变量的时域求解

在求解状态方程之前,首先定义状态转移矩阵 $e^{[A]t}$。

$$e^{[A]t} = [I] + [A]t + \frac{1}{2!}[A]^2 t^2 + \cdots + \frac{1}{k!}[A]^k t^k + \cdots \qquad (10\text{-}6)$$

其中 $[I]$ 为单位矩阵,即

视频讲解

$$[I] = \begin{pmatrix} 1 & 0 & \cdots & 0 \\ 0 & 1 & \cdots & 0 \\ \vdots & \vdots & \ddots & \vdots \\ 0 & 0 & \cdots & 1 \end{pmatrix}$$

由式(10-6)不难看出

$$e^{[A]t}\big|_{t=0} = [I] \qquad (10\text{-}7)$$

$$e^{-[A]t} \cdot e^{[A]t} = e^{(-[A]+[A])t} = [I] \qquad (10\text{-}8)$$

式(10-8)说明 $e^{[A]t}$ 是可逆的,其逆矩阵为 $e^{-[A]t}$。

式(10-6)两端求导,得

$$\frac{d}{dt}e^{[A]t} = [A] + [A]^2 t + \frac{1}{2!}[A]^3 t^2 + \cdots + \frac{1}{(k-1)!}[A]^k t^{k-1} + \cdots$$

$$= [A]e^{[A]t} = e^{[A]t}[A] \qquad (10\text{-}9)$$

有了 $e^{[A]t}$ 的这些性质,下面推导状态变量的求解公式。

状态变量的求解相当于解如下问题:

已知状态方程

$$\left[\frac{d}{dt}\lambda(t)\right] = [A][\lambda(t)] + [B][e(t)]$$

起始状态

$$[\lambda(0_-)] = \begin{pmatrix} \lambda_1(0_-) \\ \lambda_2(0_-) \\ \vdots \\ \lambda_N(0_-) \end{pmatrix}$$

求 $[\lambda(t)]$。

将状态方程两边左乘 $e^{-[A]t}$,得

$$e^{-[A]t} \left[\frac{\mathrm{d}}{\mathrm{d}t} \lambda(t) \right] = e^{-[A]t} [A][\lambda(t)] + e^{-[A]t} [B][e(t)]$$

整理得

$$e^{-[A]t} \left[\frac{\mathrm{d}}{\mathrm{d}t} \lambda(t) \right] - e^{-[A]t} [A][\lambda(t)] = e^{-[A]t} [B][e(t)]$$

即

$$\frac{\mathrm{d}}{\mathrm{d}t} \left(e^{-[A]t} [\lambda(t)] \right) = e^{-[A]t} [B][e(t)]$$

两端积分,得

$$\int_{0_-}^{t} \frac{\mathrm{d}}{\mathrm{d}\tau} \left(e^{-[A]\tau} [\lambda(\tau)] \right) \mathrm{d}\tau = \int_{0_-}^{t} e^{-[A]\tau} [B][e(\tau)] \mathrm{d}\tau$$

$$e^{-[A]t} [\lambda(t)] - [\lambda(0_-)] = \int_{0_-}^{t} e^{-[A]\tau} [B][e(\tau)] \mathrm{d}\tau$$

则

$$[\lambda(t)] = e^{[A]t} [\lambda(0_-)] + \int_{0_-}^{t} e^{[A](t-\tau)} [B][e(\tau)] \mathrm{d}\tau \tag{10-10}$$

可以表示成零输入解和零状态解的形式

$$[\lambda(t)] = \underbrace{e^{[A]t} [\lambda(0_-)]}_{\text{零输入解}} + \underbrace{e^{[A]t} [B] * [e(t)]}_{\text{零状态解}} \tag{10-11}$$

2. 输出变量的求解

求得状态变量后,将其代入输出方程即可得到输出变量的解。

$$[r(t)] = [C][\lambda(t)] + [D][e(t)]$$

$$= [C] \left\{ e^{[A]t} [\lambda(0_-)] + e^{[A]t} [B] * [e(t)] \right\} + [D][e(t)]$$

整理得

$$[r(t)] = \underbrace{[C] e^{[A]t} [\lambda(0_-)]}_{\text{零输入响应}} + \underbrace{\left\{ [C] e^{[A]t} [B] + [D] \mathrm{diag}\delta(t) \right\} * [e(t)]}_{\text{零状态响应}} \tag{10-12}$$

其中

$$\mathrm{diag}\delta(t) = \begin{pmatrix} \delta(t) & 0 & \cdots & 0 \\ 0 & \delta(t) & \cdots & 0 \\ \vdots & \vdots & \ddots & \vdots \\ 0 & 0 & \cdots & \delta(t) \end{pmatrix}$$

在应用式(10-11)求解状态变量时,需要先求出状态转移矩阵 $e^{[A]t}$,求得 $e^{[A]t}$ 后,将其代入公式进行矩阵运算即可得状态变量,进而应用输出方程即可得到输出变量。关于 $e^{[A]t}$ 的求法见 10.4.3 节。

10.4.2 状态变量分析法的 s 域求解

对状态方程

$$\left[\frac{\mathrm{d}}{\mathrm{d}t}\lambda(t)\right] = [A][\lambda(t)] + [B][e(t)]$$

两端进行拉普拉斯变换

$$s[\Lambda(s)] - [\lambda(0_-)] = [A][\Lambda(s)] + [B][E(s)]$$

整理得

$$\left(s[I] - [A]\right)[\Lambda(s)] = [\lambda(0_-)] + [B][E(s)]$$

即

$$[\Lambda(s)] = \left(s[I] - [A]\right)^{-1}[\lambda(0_-)] + \left(s[I] - [A]\right)^{-1}[B][E(s)] \quad (10\text{-}13)$$

这就是状态变量的拉普拉斯变换,求反变换即可得 $[\lambda(t)]$。

$$[\lambda(t)] = \mathscr{L}^{-1}[\Lambda(s)]$$

同样,求得 $[\lambda(t)]$ 后,将 $[\lambda(t)]$ 代入输出方程就可以得到输出变量 $[r(t)]$。

10.4.3 状态转移矩阵 $\mathrm{e}^{[A]t}$ 的求解

在时域推导状态变量的求解公式时,需要计算状态转移矩阵 $\mathrm{e}^{[A]t}$。下面介绍 $\mathrm{e}^{[A]t}$ 的拉普拉斯变换求法。

对比 $\lambda(t)$ 的时域表达式(10-11)和 s 域表达式(10-13)

$$\begin{cases} [\lambda(t)] = \mathrm{e}^{[A]t}[\lambda(0_-)] + \mathrm{e}^{[A]t}[B] * [e(t)] \\ [\Lambda(s)] = \left(s[I] - [A]\right)^{-1}[\lambda(0_-)] + \left(s[I] - [A]\right)^{-1}[B][E(s)] \end{cases}$$

可知 $\mathrm{e}^{[A]t}$ 的拉普拉斯变换为

$$\mathscr{L}\left(\mathrm{e}^{[A]t}\right) = \left(s[I] - [A]\right)^{-1} \quad (10\text{-}14)$$

即

$$\mathrm{e}^{[A]t} = \mathscr{L}^{-1}\left[\left(s[I] - [A]\right)^{-1}\right] \quad (10\text{-}15)$$

其中,逆矩阵

$$\left(s[I] - [A]\right)^{-1} = \frac{\mathrm{adj}\left(s[I] - [A]\right)}{|s[I] - [A]|} \quad (10\text{-}16)$$

【例题 10.11】 已知 $[A] = \begin{bmatrix} 0 & 1 \\ 0 & -2 \end{bmatrix}$,求 $\mathrm{e}^{[A]t}$。

解:

$$\left(s[I] - [A]\right)^{-1} = \begin{bmatrix} s & -1 \\ 0 & s+2 \end{bmatrix}^{-1} = \frac{1}{|s[I] - [A]|}\begin{bmatrix} A_{11} & A_{21} \\ A_{12} & A_{22} \end{bmatrix}$$

其中,$\begin{bmatrix} A_{11} & A_{21} \\ A_{12} & A_{22} \end{bmatrix}$ 为伴随矩阵。

$$|s[I]-[A]| = \begin{vmatrix} s & -1 \\ 0 & s+2 \end{vmatrix} = s(s+2)$$

故

$$\left(s[I]-[A]\right)^{-1} = \frac{1}{s(s+2)}\begin{bmatrix} s+2 & 1 \\ 0 & s \end{bmatrix} = \begin{bmatrix} \dfrac{1}{s} & \dfrac{1}{s(s+2)} \\ 0 & \dfrac{1}{s+2} \end{bmatrix}$$

则

$$\mathrm{e}^{[A]t} = \begin{bmatrix} 1 & (1-\mathrm{e}^{-2t})/2 \\ 0 & \mathrm{e}^{-2t} \end{bmatrix}, \quad t \geqslant 0_+$$

【例题 10.12】 已知系统的状态方程和输出方程为

$$\begin{cases} \dfrac{\mathrm{d}}{\mathrm{d}t}\lambda_1(t) = -\lambda_1(t) - \lambda_2(t) + e(t) \\ \dfrac{\mathrm{d}}{\mathrm{d}t}\lambda_2(t) = \lambda_1(t) - \lambda_2(t) \\ r(t) = \lambda_1(t) + \lambda_2(t) \end{cases}$$

系统的起始状态和外加激励为

$$[\lambda(0_-)] = \begin{bmatrix} 1 \\ 2 \end{bmatrix}, \quad e(t) = u(t)$$

求状态变量和输出变量,并指出零输入响应和零状态响应。

解:

(1) 根据状态方程和输出方程写出系数矩阵

$$[A] = \begin{bmatrix} -1 & -1 \\ 1 & -1 \end{bmatrix}, \quad [B] = \begin{bmatrix} 1 \\ 0 \end{bmatrix}, \quad [C] = [1 \quad 1], \quad [D] = [0]$$

(2) 求 $\mathrm{e}^{[A]t}$。

通过 s 域求解 $\mathrm{e}^{[A]t}$,先求逆矩阵

$$(s[I]-[A])^{-1} = \begin{bmatrix} s+1 & 1 \\ -1 & s+1 \end{bmatrix}^{-1} = \frac{1}{(s+1)^2+1}\begin{bmatrix} s+1 & -1 \\ 1 & s+1 \end{bmatrix}$$

$$= \begin{bmatrix} \dfrac{s+1}{(s+1)^2+1} & \dfrac{-1}{(s+1)^2+1} \\ \dfrac{1}{(s+1)^2+1} & \dfrac{s+1}{(s+1)^2+1} \end{bmatrix}$$

对上式进行拉普拉斯反变换,得

$$\mathrm{e}^{[A]t} = \begin{bmatrix} \mathrm{e}^{-t}\cos t & -\mathrm{e}^{-t}\sin t \\ \mathrm{e}^{-t}\sin t & \mathrm{e}^{-t}\cos t \end{bmatrix}, \quad t \geqslant 0_+$$

(3) 求状态变量。

$$\lambda(t) = \mathrm{e}^{[A]t}[\lambda(0_-)] + \mathrm{e}^{[A]t}[B] * [e(t)]$$

$$= \begin{bmatrix} \mathrm{e}^{-t}\cos t & -\mathrm{e}^{-t}\sin t \\ \mathrm{e}^{-t}\sin t & \mathrm{e}^{-t}\cos t \end{bmatrix} \begin{bmatrix} 1 \\ 2 \end{bmatrix} + \begin{bmatrix} \mathrm{e}^{-t}\cos t & -\mathrm{e}^{-t}\sin t \\ \mathrm{e}^{-t}\sin t & \mathrm{e}^{-t}\cos t \end{bmatrix} \begin{bmatrix} 1 \\ 0 \end{bmatrix} * [u(t)]$$

$$= \begin{bmatrix} \mathrm{e}^{-t}\cos t - 2\mathrm{e}^{-t}\sin t \\ \mathrm{e}^{-t}\sin t + 2\mathrm{e}^{-t}\cos t \end{bmatrix} + \begin{bmatrix} \mathrm{e}^{-t}\cos t \\ \mathrm{e}^{-t}\sin t \end{bmatrix} * [u(t)]$$

$$= \begin{bmatrix} \mathrm{e}^{-t}\cos t - 2\mathrm{e}^{-t}\sin t \\ \mathrm{e}^{-t}\sin t + 2\mathrm{e}^{-t}\cos t \end{bmatrix} + \begin{bmatrix} \int_{-\infty}^{+\infty} \mathrm{e}^{-\tau}\cos\tau u(\tau)u(t-\tau)\mathrm{d}\tau \\ \int_{-\infty}^{+\infty} \mathrm{e}^{-\tau}\sin\tau u(\tau)u(t-\tau)\mathrm{d}\tau \end{bmatrix}$$

$$= \begin{bmatrix} \mathrm{e}^{-t}\cos t - 2\mathrm{e}^{-t}\sin t \\ \mathrm{e}^{-t}\sin t + 2\mathrm{e}^{-t}\cos t \end{bmatrix} + \begin{bmatrix} \int_{0}^{t} \mathrm{e}^{-\tau}\cos\tau \mathrm{d}\tau \\ \int_{0}^{t} \mathrm{e}^{-\tau}\sin\tau \mathrm{d}\tau \end{bmatrix}$$

$$= \underbrace{\begin{bmatrix} \mathrm{e}^{-t}\cos t - 2\mathrm{e}^{-t}\sin t \\ \mathrm{e}^{-t}\sin t + 2\mathrm{e}^{-t}\cos t \end{bmatrix}}_{\text{零输入解}} + \underbrace{\begin{bmatrix} (1 + \mathrm{e}^{-t}\sin t - \mathrm{e}^{-t}\cos t)/2 \\ (1 - \mathrm{e}^{-t}\sin t - \mathrm{e}^{-t}\cos t)/2 \end{bmatrix}}_{\text{零状态解}}$$

$$= \begin{bmatrix} (1 - 3\mathrm{e}^{-t}\sin t + \mathrm{e}^{-t}\cos t)/2 \\ (1 + \mathrm{e}^{-t}\sin t + 3\mathrm{e}^{-t}\cos t)/2 \end{bmatrix}, \quad t \geqslant 0_+$$

即

$$\lambda_1(t) = (1 - 3\mathrm{e}^{-t}\sin t + \mathrm{e}^{-t}\cos t)/2, \quad t \geqslant 0_+$$

$$\lambda_2(t) = (1 + \mathrm{e}^{-t}\sin t + 3\mathrm{e}^{-t}\cos t)/2, \quad t \geqslant 0_+$$

（4）求输出变量。

根据输出方程 $r(t) = \lambda_1(t) + \lambda_2(t)$，将 $\lambda_1(t)$ 和 $\lambda_2(t)$ 直接代入，得

$$r(t) = (1 - \mathrm{e}^{-t}\sin t + 2\mathrm{e}^{-t}\cos t)u(t)$$

其中，零输入响应

$$r_{zi}(t) = (\mathrm{e}^{-t}\cos t - 2\mathrm{e}^{-t}\sin t) + (\mathrm{e}^{-t}\sin t + 2\mathrm{e}^{-t}\cos t)$$

$$= (-\mathrm{e}^{-t}\sin t + 3\mathrm{e}^{-t}\cos t)u(t)$$

零状态响应

$$r_{zs}(t) = (1 + \mathrm{e}^{-t}\sin t - \mathrm{e}^{-t}\cos t)/2 + (1 - \mathrm{e}^{-t}\sin t - \mathrm{e}^{-t}\cos t)/2$$

$$= (1 - \mathrm{e}^{-t}\cos t)u(t)$$

当然，也可以在 s 域进行求解。

对状态方程两端进行拉普拉斯变换

$$\begin{cases} s\Lambda_1(s) - \lambda_1(0_-) = -\Lambda_1(s) - \Lambda_2(s) + E(s) \\ s\Lambda_2(s) - \lambda_2(0_-) = \Lambda_1(s) - \Lambda_2(s) \end{cases}$$

代入 $\lambda_1(0_-) = 1, \lambda_2(0_-) = 2$，以及 $E(s) = 1/s$，并整理得

$$\Lambda_1(s) = \frac{s^2 + 1}{s[(s+1)^2 + 1]} = \frac{1/2}{s} + \frac{(1/2)s - 1}{(s+1)^2 + 1}$$

$$\Lambda_2(s) = \frac{2s^2 + 3s + 1}{s\left[(s+1)^2 + 1\right]} = \frac{1/2}{s} + \frac{(3/2)s + 2}{(s+1)^2 + 1}$$

所以

$$\lambda_1(t) = (1 - 3e^{-t}\sin t + e^{-t}\cos t)/2, \quad t \geqslant 0_+$$

$$\lambda_2(t) = (1 + e^{-t}\sin t + 3e^{-t}\cos t)/2, \quad t \geqslant 0_+$$

根据输出方程即得输出变量

$$r(t) = \lambda_1(t) + \lambda_2(t) = (1 - e^{-t}\sin t + 2e^{-t}\cos t)u(t)$$

零输入响应和零状态响应的拉普拉斯变换解法参考第 5 章,可以得到状态变量的零输入解和零状态解,根据输出方程即可得到输出的零输入解和零状态解,读者可自行求解。

视频讲解

10.5　离散时间系统状态方程的建立

离散时间系统的状态变量设为 $[\lambda(n)]$,输入信号 $[x(n)]$,输出信号 $[y(n)]$,则离散系统状态方程的标准形式为

$$[\lambda(n+1)] = [A][\lambda(n)] + [B][x(n)] \tag{10-17}$$

输出方程为

$$[y(n)] = [C][\lambda(n)] + [D][x(n)] \tag{10-18}$$

离散系统的状态方程是前向差分。

10.5.1　由差分方程建立状态方程

【例题 10.13】　系统的差分方程为 $y(n) + 5y(n-1) + 6y(n-2) = x(n) + x(n-1)$,建立系统的状态方程和输出方程。

解:在例题 10.5 中已经画出该差分方程的流图,可以根据流图直接建立状态方程和输出方程。

(1) 直接型结构

直接型结构流图如图 10-23 所示。

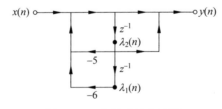

图 10-23　直接型结构流图

选延时器的输出作状态变量 $\lambda_1(n)$、$\lambda_2(n)$。则相应延时器的输入端就是 $\lambda_1(n+1)$、$\lambda_2(n+1)$,则状态方程

$$\begin{cases} \lambda_1(n+1) = \lambda_2(n) \\ \lambda_2(n+1) = -6\lambda_1(n) - 5\lambda_2(n) + x(n) \end{cases}$$

输出方程

$$y(n) = \lambda_2(n+1) + \lambda_2(n) = -6\lambda_1(n) - 4\lambda_2(n) + x(n)$$

系数矩阵

$$[A] = \begin{bmatrix} 0 & 1 \\ -6 & -5 \end{bmatrix}, \quad [B] = \begin{bmatrix} 0 \\ 1 \end{bmatrix}, \quad [C] = [-6 \quad -4], \quad [D] = [1]$$

（2）级联型结构

$$H(z) = \frac{1+z^{-1}}{1+5z^{-1}+6z^{-2}} = \frac{1+z^{-1}}{(1+3z^{-1})(1+2z^{-1})}$$

$$= \frac{1+z^{-1}}{1+3z^{-1}} \cdot \frac{1}{1+2z^{-1}}$$

级联型结构流图如图 10-24 所示。

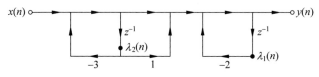

图 10-24　级联型结构流图

选延时器 z^{-1} 的输出作状态变量，列写状态方程

$$\begin{cases} \lambda_1(n+1) = -2\lambda_1(n) + \lambda_2(n) + (-3\lambda_2(n) + x(n)) \\ \lambda_2(n+1) = -3\lambda_2(n) + x(n) \end{cases}$$

输出方程

$$y(n) = \lambda_1(n+1)$$

整理得

$$\begin{cases} \lambda_1(n+1) = -2\lambda_1(n) - 2\lambda_2(n) + x(n) \\ \lambda_2(n+1) = -3\lambda_2(n) + x(n) \end{cases}$$

$$y(n) = -2\lambda_1(n) - 2\lambda_2(n) + x(n)$$

系数矩阵

$$[A] = \begin{bmatrix} -2 & -2 \\ 0 & -3 \end{bmatrix}, \quad [B] = \begin{bmatrix} 1 \\ 1 \end{bmatrix}, \quad [C] = [-2 \quad -2], \quad [D] = [1]$$

可以看出，级联型结构状态方程的系数矩阵 $[A]$ 为三角阵。

（3）并联型

$$H(z) = \frac{1+z^{-1}}{1+5z^{-1}+6z^{-2}} = \frac{2}{1+3z^{-1}} + \frac{-1}{1+2z^{-1}}$$

并联型结构流图如图 10-25 所示。

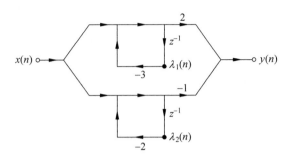

图 10-25　并联型结构流图

选延时器 z^{-1} 的输出作状态变量,列写状态方程

$$\begin{cases} \lambda_1(n+1) = -3\lambda_1(n) + x(n) \\ \lambda_2(n+1) = -2\lambda_2(n) + x(n) \end{cases}$$

输出方程

$$\begin{aligned} y(n) &= 2\lambda_1(n+1) - \lambda_2(n+1) \\ &= -6\lambda_1(n) + 2\lambda_2(n) + x(n) \end{aligned}$$

系数矩阵

$$[A] = \begin{bmatrix} -3 & 0 \\ 0 & -2 \end{bmatrix}, \quad [B] = \begin{bmatrix} 1 \\ 1 \end{bmatrix}, \quad [C] = \begin{bmatrix} -6 & 2 \end{bmatrix}, \quad [D] = \begin{bmatrix} 1 \end{bmatrix}$$

可以看出,并联型结构状态方程的系数矩阵$[A]$为对角阵。

10.5.2　由方框图或流图建立状态方程

【例题 10.14】　系统的流图如图 10-26 所示,建立系统的状态方程。

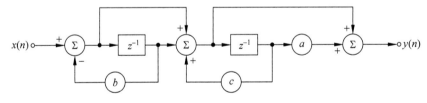

图 10-26　例题 10.14 图

解:可以将框图简化成流图,设延时器的输出作状态变量,如图 10-27 所示。

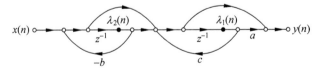

图 10-27　例题 10.14 的流图结构

列写状态方程

$$\begin{cases} \lambda_1(n+1) = c\lambda_1(n) + \lambda_2(n) + (-b\lambda_2(n) + x(n)) \\ \lambda_2(n+1) = -b\lambda_2(n) + x(n) \end{cases}$$

整理得

$$\begin{cases} \lambda_1(n+1) = c\lambda_1(n) + (1-b)\lambda_2(n) + x(n) \\ \lambda_2(n+1) = -b\lambda_2(n) + x(n) \end{cases}$$

输出方程

$$\begin{aligned} y(n) &= a\lambda_1(n) + \lambda_1(n+1) \\ &= (a+c)\lambda_1(n) + (1-b)\lambda_2(n) + x(n) \end{aligned}$$

系数矩阵

$$[A] = \begin{bmatrix} c & 1-b \\ 0 & -b \end{bmatrix}, \quad [B] = \begin{bmatrix} 1 \\ 1 \end{bmatrix}, \quad [C] = [a+c \quad 1-b], \quad [D] = [1]$$

10.6 离散时间系统状态方程的求解

离散时间系统状态方程的求解也有时域求解和变换域求解两种方法。

10.6.1 时域求解

1. 状态变量的解

状态方程

$$[\lambda(n+1)] = [A][\lambda(n)] + [B][x(n)]$$

假设系统的起始时刻为 $n_0 = 0$,已知起始条件为

$$[\lambda(0)] = \begin{bmatrix} \lambda_1(0) \\ \lambda_2(0) \\ \vdots \\ \lambda_N(0) \end{bmatrix}$$

用迭代法求状态变量 $[\lambda(n)]$,即

$$[\lambda(1)] = [A][\lambda(0)] + [B][x(0)]$$

$$\begin{aligned} [\lambda(2)] &= [A][\lambda(1)] + [B][x(1)] \\ &= [A]^2[\lambda(0)] + [A][B][x(0)] + [B][x(1)] \end{aligned}$$

$$[\lambda(3)] = [A][\lambda(2)] + [B][x(2)]$$

$$= [A]^3 [\lambda(0)] + [A]^2 [B][x(0)] + [A][B][x(1)] + [B][x(2)]$$

$$\cdots$$

$$[\lambda(n)] = [A]^n [\lambda(0)] + \sum_{i=0}^{n-1} [A]^{n-1-i}[B][x(i)], \quad n \geqslant 1$$

可以表示成

$$[\lambda(n)] = \left([A]^n [\lambda(0)] + \sum_{i=0}^{n-1} [A]^{n-1-i}[B][x(i)] \right) u(n-1) \tag{10-19}$$

2. 输出变量的解

将求得的状态变量代入输出方程即可得输出变量的解。

$$[y(n)] = [C][\lambda(n)] + [D][x(n)], \quad n \geqslant 1$$

$$\begin{cases} [y(n)] = [C][A]^n [\lambda(0)] + \sum_{i=0}^{n-1} [C][A]^{n-1-i}[B][x(i)] + [D][x(n)], \quad n \geqslant 1 \\ [y(0)] = [C][\lambda(0)] + [D][x(0)] \end{cases}$$

$$\tag{10-20}$$

10.6.2 z 域分析

对状态方程

$$[\lambda(n+1)] = [A][\lambda(n)] + [B][x(n)]$$

两端作 z 变换

$$z[\Lambda(z)] - z[\lambda(0)] = [A][\Lambda(z)] + [B][X(z)]$$

整理得

$$[\Lambda(z)] = \left(z[I] - [A] \right)^{-1} z[\lambda(0)] + \left(z[I] - [A] \right)^{-1}[B][X(z)] \tag{10-21}$$

$$[\lambda(n)] = \mathscr{Z}^{-1}[\Lambda(z)]$$

将 $[\lambda(n)]$ 代入输出方程

$$[y(n)] = [C][\lambda(n)] + [D][x(n)]$$

即得输出变量 $[y(n)]$。

10.6.3 状态转移矩阵 $[A]^n$ 的求解

对比状态变量的时域求解公式和 z 域求解公式

$$\begin{cases} [\lambda(n)] = \left([A]^n [\lambda(0)] + \sum_{i=0}^{n-1} [A]^{n-1-i}[B][x(i)] \right) u(n-1) \\ [\Lambda(z)] = \left(z[I] - [A] \right)^{-1} z[\lambda(0)] + \left(z[I] - [A] \right)^{-1}[B][X(z)] \end{cases}$$

可得

$$\mathscr{Z}\left([A]^n\right) = \left(z[I] - [A]\right)^{-1} z = \left([I] - z^{-1}[A]\right)^{-1} \tag{10-22}$$

求 z 反变换即得 $[A]^n$。

$$[A]^n = \mathscr{Z}^{-1}\left[\left([I] - z^{-1}[A]\right)^{-1}\right] \tag{10-23}$$

【例题 10.15】 因果系统的状态方程和输出方程为

$$\begin{cases} \lambda_1(n+1) = -3\lambda_1(n) + x(n) \\ \lambda_2(n+1) = -2\lambda_2(n) + x(n) \end{cases}$$

$$y(n) = -6\lambda_1(n) + 2\lambda_2(n) + x(n)$$

假设系统是静止的，$x(n) = \delta(n)$，求状态变量和输出变量。

解：系数矩阵

$$[A] = \begin{bmatrix} -3 & 0 \\ 0 & -2 \end{bmatrix}, \quad [B] = \begin{bmatrix} 1 \\ 1 \end{bmatrix}, \quad [C] = \begin{bmatrix} -6 & 2 \end{bmatrix}, \quad [D] = [1]$$

(1) 求 $[A]^n$。

$$\left([I] - z^{-1}[A]\right)^{-1} = \begin{bmatrix} \dfrac{1}{1+3z^{-1}} & 0 \\ 0 & \dfrac{1}{1+2z^{-1}} \end{bmatrix}$$

则

$$[A]^n = \begin{bmatrix} (-3)^n & 0 \\ 0 & (-2)^n \end{bmatrix}, \quad n \geqslant 0$$

(2) 求状态变量

$$[A]^{n-1-i} = \begin{bmatrix} (-3)^{n-1-i} & 0 \\ 0 & (-2)^{n-1-i} \end{bmatrix}$$

由于系统静止，则 $[\lambda(0)] = 0$，故

$$
\begin{aligned}
[\lambda(n)] &= \sum_{i=0}^{n-1} [A]^{n-1-i}[B][x(i)] \\
&= \sum_{i=0}^{n-1} \begin{bmatrix} (-3)^{n-1-i} & 0 \\ 0 & (-2)^{n-1-i} \end{bmatrix} \begin{bmatrix} 1 \\ 1 \end{bmatrix} \delta(i) \\
&= \sum_{i=0}^{n-1} \begin{bmatrix} (-3)^{n-1-i}\delta(i) \\ (-2)^{n-1-i}\delta(i) \end{bmatrix} = \begin{bmatrix} (-3)^{n-1} \\ (-2)^{n-1} \end{bmatrix}
\end{aligned}
$$

故状态变量为

$$\lambda_1(n) = (-3)^{n-1} u(n-1)$$

$$\lambda_2(n) = (-2)^{n-1} u(n-1)$$

（3）求输出变量。

将状态变量和输入信号代入输出方程,当 $n \geqslant 1$ 时,

$$y(n) = -6\lambda_1(n) + 2\lambda_2(n) + x(n)$$

$$= -6(-3)^{n-1}u(n-1) + 2(-2)^{n-1}u(n-1)$$

$$= [2(-3)^n - (-2)^n]u(n-1)$$

当 $n = 0$ 时,

$$y(0) = -6\lambda_1(0) + 2\lambda_2(0) + x(0) = 1$$

因此

$$y(n) = \delta(n) + [2(-3)^n - (-2)^n]u(n-1)$$

本题实际上是图 10-25 所示并联结构的状态变量分析求解,由于 $x(n) = \delta(n)$,故本题求得的 $y(n)$ 实际上也是单位抽样响应 $h(n)$。这个结果也可以通过直接求 $H(z)$ 的反变换进行验证。关于状态空间分析中 $H(z)$ 的求解见 10.7 节。

10.7 状态空间分析中的系统函数

在经典控制理论中,用系统函数(或称为传递函数)来描述系统的输入输出特性,但在现代控制理论中,采用的是状态空间法来描述系统。严格来说,系统函数更适于端口分析。不过一般情况下,系统函数依然可以作为状态空间分析的一个系统表征,由它可以分析系统的一些特性。在状态空间分析中,系统函数可以通过状态空间的数学模型——状态方程和输出方程得到,也可以从物理模型——流图直接求得。

10.7.1 连续时间系统的系统函数

对输出方程

$$[r(t)] = [C][\lambda(t)] + [D][e(t)]$$

两端进行拉普拉斯变换,得

$$[R(s)] = [C][\Lambda(s)] + [D][E(s)]$$

将式(10-13)的 $[\Lambda(s)]$ 代入,有

$$[R(s)] = [C]\Big\{ \big(s[I] - [A] \big)^{-1}[\lambda(0_-)] +$$

$$\big(s[I] - [A] \big)^{-1}[B][E(s)] \Big\} + [D][E(s)]$$

整理得

$$[R(s)] = \underbrace{[C]\big(s[I] - [A] \big)^{-1}[\lambda(0_-)]}_{\text{零输入响应}} +$$

$$\underbrace{\Big([C]\big(s[I] - [A] \big)^{-1}[B] + [D] \Big)[E(s)]}_{\text{零状态响应}}$$

由于零状态响应 $R(s)=E(s)H(s)$,故

$$[H(s)]=[C]\big(s[I]-[A]\big)^{-1}[B]+[D] \tag{10-24}$$

这是状态变量分析方法中的系统函数公式。

系统的单位冲激响应

$$[h(t)]=\mathscr{L}^{-1}[H(s)]$$

对于多输入、多输出系统,例如图 10-28 所示的 m 个输入、n 个输出以及 k 阶系统。系统的状态方程为

图 10-28　多输入、多输出系统

$$\left[\frac{\mathrm{d}}{\mathrm{d}t}\lambda(t)\right]_{k\times1}=[A]_{k\times k}\,[\lambda(t)]_{k\times1}+[B]_{k\times m}[e(t)]_{m\times1} \tag{10-25}$$

输出方程为

$$[r(t)]_{n\times1}=[C]_{n\times k}\,[\lambda(t)]_{k\times1}+[D]_{n\times m}[e(t)]_{m\times1} \tag{10-26}$$

系统函数矩阵

$$[H(s)]_{n\times m}=[C]_{n\times k}\big(s[I]-[A]\big)^{-1}_{k\times k}[B]_{k\times m}+[D]_{n\times m}$$

$$=\begin{bmatrix} H_{11}(s) & H_{12}(s) & \cdots & H_{1m}(s) \\ H_{21}(s) & H_{22}(s) & \cdots & H_{2m}(s) \\ \vdots & \vdots & \ddots & \vdots \\ H_{n1}(s) & H_{n2}(s) & \cdots & H_{nm}(s) \end{bmatrix} \tag{10-27}$$

其中,

$$H_{ij}(s)=\frac{\text{第 }i\text{ 个输出}R_i(s)\text{ 对第 }j\text{ 个输入}E_j(s)\text{ 产生的响应}}{E_j(s)}\Bigg|_{\text{其他输入为零}} \tag{10-28}$$

例如,对于一个三阶系统,设定三个状态变量 $\lambda_1(t)$、$\lambda_2(t)$、$\lambda_3(t)$。假设有 2 个输入、2 个输出,那么,系统的状态方程为

$$\left[\frac{\mathrm{d}}{\mathrm{d}t}\lambda(t)\right]_{3\times1}=[A]_{3\times3}\,[\lambda(t)]_{3\times1}+[B]_{3\times2}[e(t)]_{2\times1}$$

输出方程

$$[r(t)]_{2\times1}=[C]_{2\times3}\,[\lambda(t)]_{3\times1}+[D]_{2\times2}[e(t)]_{2\times1}$$

系统函数矩阵

$$[H(s)]_{2\times2}=[C]_{2\times3}\big(s[I]-[A]\big)^{-1}_{3\times3}[B]_{3\times2}+[D]_{2\times2}$$

$$=\begin{bmatrix} H_{11}(s) & H_{12}(s) \\ H_{21}(s) & H_{22}(s) \end{bmatrix}$$

其中，

$$H_{11}(s) = \frac{R_1(s)}{E_1(s)}\bigg|_{e_2(t)=0}$$

$$H_{22}(s) = \frac{R_2(s)}{E_2(s)}\bigg|_{e_1(t)=0}$$

$$H_{12}(s) = \frac{R_1(s)}{E_2(s)}\bigg|_{e_1(t)=0}$$

$$H_{21}(s) = \frac{R_2(s)}{E_1(s)}\bigg|_{e_2(t)=0}$$

对 $[H(s)]_{2\times2}$ 求拉普拉斯反变换，得到单位冲激响应矩阵

$$h(t) = \begin{bmatrix} h_{11}(t) & h_{12}(t) \\ h_{21}(t) & h_{22}(t) \end{bmatrix}$$

系统的零状态响应

$$\begin{aligned} [r_{zs}(t)]_{2\times1} &= [h(t)]_{2\times2} * [e(t)]_{2\times1} \\ &= \begin{bmatrix} h_{11}(t) & h_{12}(t) \\ h_{21}(t) & h_{22}(t) \end{bmatrix} * \begin{bmatrix} e_1(t) \\ e_2(t) \end{bmatrix} \\ &= \begin{bmatrix} h_{11}(t) * e_1(t) + h_{12}(t) * e_2(t) \\ h_{21}(t) * e_1(t) + h_{22}(t) * e_2(t) \end{bmatrix} \end{aligned}$$

10.7.2　离散时间系统的系统函数

输出方程

$$[y(n)] = [C][\lambda(n)] + [D][x(n)]$$

两边作 z 变换

$$[Y(z)] = [C][\Lambda(z)] + [D][X(z)]$$

将式(10-21)中的 $[\Lambda(z)]$ 代入，得

$$[Y(z)] = \underbrace{[C](z[I] - [A])^{-1}z[\lambda(0)]}_{\text{零输入响应}} +$$

$$\underbrace{\{[C](z[I] - [A])^{-1}[B] + [D]\}[X(z)]}_{\text{零状态响应}} \tag{10-29}$$

根据零状态响应 $Y(z) = X(z)H(z)$，得系统函数

$$[H(z)] = [C](z[I] - [A])^{-1}[B] + [D] \tag{10-30}$$

单位抽样响应

$$[h(n)] = \mathscr{Z}^{-1}[H(z)]$$

【**例题 10.16**】 求图 10-29 所示流图的系统函数。

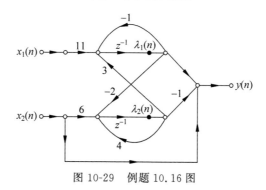

图 10-29　例题 10.16 图

解:

(1) 选状态变量如图,列写状态方程。

$$\begin{cases} \lambda_1(n+1) = -\lambda_1(n) + 3\lambda_2(n) + 11x_1(n) \\ \lambda_2(n+1) = -2\lambda_1(n) + 4\lambda_2(n) + 6x_2(n) \end{cases}$$

$$y(n) = \lambda_1(n) - \lambda_2(n) + x_2(n)$$

系数矩阵

$$[A] = \begin{bmatrix} -1 & 3 \\ -2 & 4 \end{bmatrix}, \quad [B] = \begin{bmatrix} 11 & 0 \\ 0 & 6 \end{bmatrix}, \quad [C] = \begin{bmatrix} 1 & -1 \end{bmatrix}, \quad [D] = \begin{bmatrix} 0 & 1 \end{bmatrix}$$

(2) 求系统函数。

$$[H(z)] = [C]\left(z[I] - [A]\right)^{-1}[B] + [D]$$

其中,

$$\left(z[I] - [A]\right)^{-1} = \begin{bmatrix} \dfrac{z-4}{(z+1)(z-4)+6} & \dfrac{3}{(z+1)(z-4)+6} \\ \dfrac{-2}{(z+1)(z-4)+6} & \dfrac{z+1}{(z+1)(z-4)+6} \end{bmatrix}$$

则

$$[H(z)] = \begin{bmatrix} 1 & -1 \end{bmatrix} \begin{bmatrix} \dfrac{z-4}{(z+1)(z-4)+6} & \dfrac{3}{(z+1)(z-4)+6} \\ \dfrac{-2}{(z+1)(z-4)+6} & \dfrac{z+1}{(z+1)(z-4)+6} \end{bmatrix} \begin{bmatrix} 11 & 0 \\ 0 & 6 \end{bmatrix} + \begin{bmatrix} 0 & 1 \end{bmatrix}$$

$$= \begin{bmatrix} \dfrac{11(z-2)}{(z-1)(z-2)} & \dfrac{-6(z-2)}{(z-1)(z-2)} + 1 \end{bmatrix}$$

系数函数

$$H_{11}(z) = \dfrac{Y(Z)}{X_1(z)}\bigg|_{x_2(n)=0} = \dfrac{11(z-2)}{(z-1)(z-2)} = \dfrac{11z^{-1}}{1 - z^{-1}}$$

$$H_{12}(z) = \dfrac{Y(Z)}{X_2(z)}\bigg|_{x_1(n)=0} = \dfrac{-6(z-2)}{(z-1)(z-2)} + 1 = \dfrac{1 - 7z^{-1}}{1 - z^{-1}}$$

10.7.3 信号流图的梅森公式

视频讲解

梅森(Mason)公式也称梅森增益公式,用于求流图或框图的系统函数。在控制工程中,利用梅森公式直接求取从源点到阱点之间的传递函数,而不需要简化信号流图,这就为信号流图的广泛应用提供了方便。

信号流图的 Mason 公式表示为

$$H = \frac{1}{\Delta} \sum_k g_k \Delta_k \tag{10-31}$$

其中,Δ 是特征行列式

$$
\begin{aligned}
\Delta = 1 &- (\text{所有不同环路的增益之和}) \\
&+ (\text{每两个互不接触环路增益乘积之和}) \\
&- (\text{每三个互不接触环路增益乘积之和}) \\
&+ (\text{每四个互不接触环路增益乘积之和}) \\
&- \cdots
\end{aligned}
$$

k 表示由源点到阱点之间第 k 条前向通路的标号;

g_k 表示源点到阱点之间第 k 条前向通路的增益;

Δ_k 表示除去与第 k 条前向通路相接触的环路外余下的特征行列式。简单地说,就是对"去掉第 k 条前向通路后余下的流图"再按求 Δ 的方法求 Δ_k。

【例题 10.17】 利用梅森公式求例题 10.1 中的框图或流图的系统函数。

解:先找环路,例题 10.1 中流图共有四个环路,如图 10-30 所示。

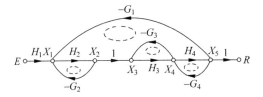

图 10-30 例题 10.17 图

四个环路的增益为

$$L_1 = (X_1 \rightarrow X_2 \rightarrow X_1) = -H_2 G_2$$
$$L_2 = (X_3 \rightarrow X_4 \rightarrow X_3) = -H_3 G_3$$
$$L_3 = (X_4 \rightarrow X_5 \rightarrow X_4) = -H_4 G_4$$
$$L_4 = (X_1 \rightarrow X_2 \rightarrow X_3 \rightarrow X_4 \rightarrow X_5 \rightarrow X_1) = -H_2 H_3 H_4 G_1$$

两两不接触的环路有两个,L_1 和 L_2,L_1 和 L_3。没有三三不接触环路……

所以,特征行列式

$$
\begin{aligned}
\Delta = 1 &- (-H_2 G_2 - H_3 G_3 - H_4 G_4 - H_2 H_3 H_4 G_1) + \\
&(H_2 G_2 H_3 G_3 + H_2 G_2 H_4 G_4)
\end{aligned}
$$

本题前向通路只有一条

$$g_1 = H_1 H_2 H_3 H_4$$

而所有环路都与前向通路接触,如"抽掉"前向通路,再也没有环路,所以,去掉前向通路后余下的特征行列式

$$\Delta_1 = 1 - 0 + 0 - \cdots = 1$$

根据梅森公式,该流图的系统函数为

$$H = \frac{1}{\Delta} \sum_k g_k \Delta_k$$

$$= \frac{H_1 H_2 H_3 H_4}{1 - (-H_2 G_2 - H_3 G_3 - H_4 G_4 - H_2 H_3 H_4 G_1) + (H_2 G_2 H_3 G_3 + H_2 G_2 H_4 G_4)}$$

由梅森公式求系统函数时,要找全所有的环路,而 Δ_k 的最简单求解方法就是对"去掉第 k 条前向通路后余下的流图"求特征行列式,按照求 Δ 的方法求就可以了。

10.7.4 状态空间分析中系统的稳定性

对于连续时间系统,系统函数

$$[H(s)] = [C] \big(s[I] - [A] \big)^{-1} [B] + [D]$$

由于

$$\big(s[I] - [A] \big)^{-1} = \frac{\mathrm{adj}(s[I] - [A])}{|s[I] - [A]|}$$

故,$H(s)$ 的分母为 $|s[I] - [A]|$,因此 $H(s)$ 的极点即 $|s[I] - [A]| = 0$ 的根。

对于因果连续时间系统,系统稳定性的充分必要条件是 $H(s)$ 的所有极点全部位于 s 左半平面。

同样,对于离散时间系统,系统函数

$$[H(z)] = [C] \big(z[I] - [A] \big)^{-1} [B] + [D]$$

则 $H(z)$ 的分母为 $|z[I] - [A]|$,故 $H(z)$ 的极点就是 $|z[I] - [A]| = 0$ 的根。

对于因果离散时间系统,系统稳定性的充分必要条件为 $H(z)$ 的所有极点全部位于单位圆内。

【例题 10.18】 连续时间系统的状态方程为

$$\begin{cases} \dfrac{\mathrm{d}}{\mathrm{d}t} \lambda_1(t) = -2\lambda_1(t) + \lambda_2(t) \\ \dfrac{\mathrm{d}}{\mathrm{d}t} \lambda_2(t) = -\lambda_2(t) + e(t) \end{cases}$$

判断系统是否稳定。

解:

$$[A] = \begin{bmatrix} -2 & 1 \\ 0 & -1 \end{bmatrix}$$

$$|s[I]-[A]|=\begin{vmatrix} s+2 & -1 \\ 0 & s+1 \end{vmatrix}=(s+1)(s+2)=0$$

可知极点为 $p_1=-1,p_2=-2$，极点位于 s 左半平面，系统稳定。

视频讲解

*10.8 系统的可控性和可观测性

采用状态空间分析系统的优点之一是利于现代控制系统的设计，而最优控制是现代控制系统所追求的目标，为了达到这个目标，必须首先解决系统的可控制性和可观测性问题。

系统的可控性，是指输入信号对系统内部状态的控制能力，即系统所有的状态变量的运动都可由输入信号来影响和控制。如果能在有限的时间里 $(0,t_1)$，通过 $[e(t)]$ 的作用使系统的起始状态 $[\lambda(0_-)]$ 转移至所希望的状态 $[\lambda(t_1)]$，则系统是可控性的，或者更确切地说是状态可控的；否则，就称系统不完全可控或简称为系统不可控。

而系统的可观测性，是指由系统的输出信号能否获得系统内部全部状态信息的能力。当系统的输入 $[e(t)]=0$，若在有限的时间里 $(0,t_1)$，由系统的输出 $[r(t)]$ 能够全部确定系统的起始状态 $[\lambda(0_-)]$，则称系统是完全可观测系统，即系统是可观的。其实，在系统的可观性定义中，之所以规定是对起始状态的确定，是因为一旦确定了起始状态，便可根据给定的输入，利用状态变量求解公式得到各个瞬态的状态。

不难看出，"可控性"分析的是输入信号和状态变量的关系，而"可观性"分析的是输出信号与状态变量的关系。它们分别回答了"输入能否控制状态的变化"以及"状态的变化能否由输出反映出来"这两个问题。

【例题 10.19】 已知状态空间分析的系数矩阵

$$[A]=\begin{bmatrix} 1 & 0 \\ 0 & 2 \end{bmatrix}, \quad [B]=\begin{bmatrix} 0 \\ 3 \end{bmatrix}, \quad [C]=[1 \quad 0], \quad [D]=[0]$$

分析系统的可控性和可观性。

解：由系数矩阵写出状态方程和输出方程

$$\begin{cases} \dfrac{\mathrm{d}}{\mathrm{d}t}\lambda_1(t)=\lambda_1(t) \\ \dfrac{\mathrm{d}}{\mathrm{d}t}\lambda_2(t)=2\lambda_2(t)+3e(t) \end{cases}$$

$$r(t)=\lambda_1(t)$$

从状态方程来看，输入 $e(t)$ 能控制 $\lambda_2(t)$，不能控制 $\lambda_1(t)$，所以，状态变量 $\lambda_2(t)$ 可控，$\lambda_1(t)$ 不可控；从输出方程来看，输出 $r(t)$ 能反映 $\lambda_1(t)$，不能反映 $\lambda_2(t)$，故 $\lambda_1(t)$ 可观，$\lambda_2(t)$ 不可观。因此，状态变量 $\lambda_1(t)$ 可观不可控，而状态变量 $\lambda_2(t)$ 可控不可观。该系统既不可控也不可观。画出该系统的流图结构，如图 10-31 所示。

提示：只有所有的状态完全可控，系统才可控；同样，只有所有的状态可观，系统才可观。系统可控与否与状态方程有关，可观与否与状态方程和输出方程有关。

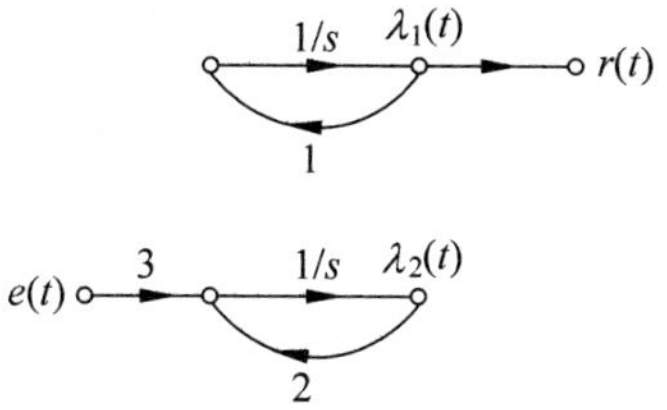

图 10-31　例题 10.19 图

对于 LTI 系统,若状态方程的 $[A]$ 为 $n \times n$ 方阵,$[B]$ 为 $n \times m$ 矩阵,则系统状态完全可控的充分必要条件是,由 $[A]$ 和 $[B]$ 构成的 $[P]$ 矩阵是满秩的,即

$$\begin{cases} [P] = [B \quad AB \quad A^2B \quad \cdots \quad A^{n-1}B] \\ \operatorname{rank}[P] = n \end{cases} \tag{10-32}$$

【例题 10.20】　系统的状态方程为

$$\left[\frac{\mathrm{d}}{\mathrm{d}t}\lambda(t)\right] = \begin{bmatrix} -2 & 1 \\ 1 & -2 \end{bmatrix} [\lambda(t)] + \begin{bmatrix} 1 \\ 0 \end{bmatrix} e(t)$$

分析系统是否可控。

　　解:

$$[P] = [B \quad AB] = \begin{bmatrix} 1 & -2 \\ 0 & 1 \end{bmatrix}$$

$[P]$ 为满秩矩阵,所以系统可控。

系统可观性的判据是,若状态方程的 $[A]$ 为 $n \times n$ 方阵,$[C]$ 为 $k \times n$ 矩阵,则系统状态完全可观的充分必要条件是,由 $[A]$ 和 $[C]$ 构成的 $[Q]$ 矩阵是满秩的,即

$$\begin{cases} [Q] = \begin{bmatrix} C \\ CA \\ CA^2 \\ \vdots \\ CA^{n-1} \end{bmatrix} \\ \operatorname{rank}[Q] = n \end{cases} \tag{10-33}$$

【例题 10.21】　系统的状态方程和输出方程为

$$\left[\frac{\mathrm{d}}{\mathrm{d}t}\lambda(t)\right] = \begin{bmatrix} -4 & 5 \\ 1 & 0 \end{bmatrix} [\lambda(t)] + \begin{bmatrix} 1 \\ 1 \end{bmatrix} e(t)$$

$$r(t) = [1 \quad -1][\lambda(t)]$$

分析系统是否可观。

　　解:

$$[Q] = \begin{bmatrix} C \\ CA \end{bmatrix} = \begin{bmatrix} 1 & -1 \\ -5 & 5 \end{bmatrix}$$

$\operatorname{rank}[Q] = 1 < 2$,不满秩,系统不可观。

实际上可以证明,对于单输入单输出(SISO)系统,系统可控的充分必要条件是 $\left(s[I]-[A]\right)^{-1}[B]$ 不存在零极点相消;而系统可观的充分必要条件是 $[C]\left(s[I]-[A]\right)^{-1}$ 不存在零极点相消;如果系统既可控又可观,其充分必要条件是,系统函数 $H(s)$ 不存在零极点相消现象。如果系统不完全可控或不完全可观,则 $H(s)$ 一定存在零极点相消现象。相关例题见参考文献[1]或[2]。

也就是说,即使系统函数一样,系统的内部状态可能完全不一样,从而可控性和可观性也不同。因此,作为端口分析方法中的系统的重要表征——系统函数,在状态空间分析中的地位远不如在端口分析方法中的地位重要。实际上,用系统函数描述系统有时是不完全的,尤其当出现零极点相消现象时。或者说,系统函数可能仅是系统的部分描述,而状态空间描述则既包含可控、可观部分,也包含不可控、不可观部分,因此是系统的完全描述。

例如,系统的微分方程

$$\frac{d^2}{dt^2}r(t)+2\frac{d}{dt}r(t)-3r(t)=\frac{d}{dt}e(t)-e(t)$$

由微分方程得到系统函数

$$H(s)=\frac{s-1}{s^2+2s-3}=\frac{1/s-1/s^2}{1+2/s-3/s^2}$$

画出系统的直接型结构如图 10-32 所示。

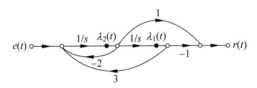

图 10-32　信号流图

建立状态方程

$$\begin{cases}\dfrac{d}{dt}\lambda_1(t)=\lambda_2(t)\\[2mm]\dfrac{d}{dt}\lambda_2(t)=3\lambda_1(t)-2\lambda_2(t)+e(t)\end{cases}$$

系数矩阵

$$[A]=\begin{bmatrix}0&1\\3&-2\end{bmatrix}$$

系统函数的极点即 $|s[I]-[A]|=0$ 的根,

$$|s[I]-[A]|=\begin{vmatrix}s&-1\\-3&s+2\end{vmatrix}=s^2+2s-3=(s-1)(s+3)=0$$

因此,极点为 $p_1=-3,p_2=1$。s 右半平面有一个极点,因此,系统不稳定。

上面是状态空间分析的结果。

下面看看用端口分析方法的情况,由微分方程求得系统函数

$$H(s) = \frac{s-1}{s^2 + 2s - 3} = \frac{s-1}{(s-1)(s+3)} = \frac{1}{s+3}$$

有零极点相消,零极点相消的结果使得二阶系统降为一阶,如果用零极点相消的系统函数描述系统,不但降了阶次,而且由于只有一个极点 $p_1 = -3$ 在 s 左半平面,会误认为系统是绝对稳定的。

注意:在列写系统的微分方程时,必须保留系统的全部零极点,这样才能保证微分方程应有的阶次。

对于线性系统,如果其系统函数不存在零极点相消现象,那么,系统既是可控也是可观的。如果系统函数存在零极点相消,那么系统将不完全可控或不完全可观。本题由于存在零极点相消现象,s 右半平面的极点 $p=1$ 在输出端是观测不到的,因此,系统函数不能反映系统的全部信息,状态空间分析比端口分析更能反映系统的全貌和内部状态。

对于多输入多输出系统,多输入可控的充分必要条件是 $\left(s[I] - [A]\right)^{-1}[B]$ 的 n 行线性无关;多输出可观的充分必要条件是 $[C]\left(s[I] - [A]\right)^{-1}$ 的 n 列线性无关,详细内容可参阅有关书籍,本节不再做过多分析。

本章的知识 MAP 见图 10-33。

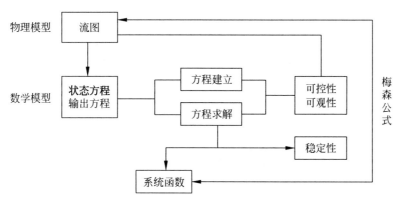

图 10-33　系统的状态空间分析

本章结语

端口分析方法和状态空间分析方法是系统分析的两种方法,端口分析着重系统的输入输出关系,由微分方程(或差分方程)和系统函数描述;状态空间分析不仅考虑系统的输入和输出,更关心系统的内部状态,由状态方程和输出方程来描述。微分方程(或差分方程)是端口分析中系统的数学模型,状态方程和输出方程是状态空间分析中的数学模型,它们之间可以通过系统函数联系起来。

视频讲解

　　无论是端口分析还是状态空间分析,除去真实的电路系统外,都是以物理模型来表示系统的结构,端口分析中,常以框图来表示系统;在状态空间分析中,一般将复杂的框图画成流图形式,更简洁流畅便于分析。实际上,框图和流图都是系统的物理模型。

　　在系统的状态空间分析中,由物理模型(流图)可以直接建立系统的数学模型(状态方程和输出方程),同样由数学模型也可以建立系统的物理模型,方法是由状态方程和输出方程得到系统函数,根据系统函数画出系统的流图。梅森公式是连接流图和系统函数的一个有效的解决途径。

　　状态空间分析方法是用状态变量描述和分析系统的方法,通过表示系统内部状态的变量,将系统的输入和输出联系到一起。

　　状态空间分析方法不仅可以分析系统的稳定性等系统性能,还可以分析系统的可控性和可观性,这在现代控制理论中有着重要的意义。状态空间分析方法比端口分析方法更能全面描述系统的性能。

本章知识解析

知识解析

习题

10-1　连续时间系统的流图如题图 10-1 所示,建立系统的状态方程和输出方程。

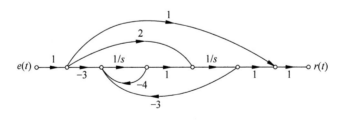

题图 10-1

10-2　系统的状态方程和输出方程为 $\begin{bmatrix} \dot{\lambda}_1(t) \\ \dot{\lambda}_2(t) \end{bmatrix} = \begin{bmatrix} 1 & -2 \\ 1 & 4 \end{bmatrix} \begin{bmatrix} \lambda_1(t) \\ \lambda_2(t) \end{bmatrix}$, $r(t) = \begin{bmatrix} 1 & 1 \end{bmatrix} \cdot$ $\begin{bmatrix} \lambda_1(t) \\ \lambda_2(t) \end{bmatrix}$,系统的起始条件为 $\begin{bmatrix} \lambda_1(0_-) \\ \lambda_2(0_-) \end{bmatrix} = \begin{bmatrix} 3 \\ 2 \end{bmatrix}$,求状态变量和输出变量。

10-3　离散系统的流图如题图 10-3 所示,建立系统的状态方程和输出方程。

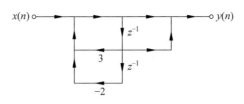

题图 10-3

10-4 离散系统状态方程的矩阵 $[A] = \begin{bmatrix} -1 & 3 \\ -2 & 4 \end{bmatrix}$,求状态转移矩阵 $[A]^n$。

10-5 离散系统起始是静止的,其状态方程和输出方程为

$$\begin{cases} \lambda_1(n+1) = -\lambda_1(n) + 3\lambda_2(n) + 11x_1(n) \\ \lambda_2(n+1) = -2\lambda_1(n) + 4\lambda_2(n) + 6x_2(n) \end{cases}$$

$$y(n) = \lambda_1(n) - \lambda_2(n) + x_2(n)$$

且已知 $x_1(n) = \delta(n), x_2(n) = u(n)$。求状态转移矩阵、状态变量、输出变量。

10-6 系统流图如题图 10-6 所示,利用梅森公式求系统函数。

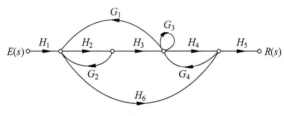

题图 10-6

10-7 给定离散 LTI 系统的差分方程为

$$y(n) + 4y(n-1) + 3y(n-2) = x(n) + 6x(n-1) + 8x(n-2)$$

用题图 10-7 所示的流图来模拟该系统。

(1) 写出对应题图 10-7 所示流图的状态方程和输出方程。

(2) 求 $\alpha_1, \alpha_2, \beta_0, \beta_1, \beta_2$ 的值。

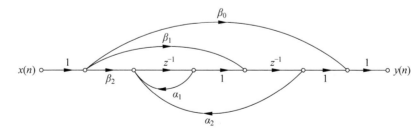

题图 10-7

附　　录

1. 常用的三角函数公式

(1) $\sin(\alpha \pm \beta) = \sin\alpha\cos\beta \pm \cos\alpha\sin\beta$

(2) $\cos(\alpha \pm \beta) = \cos\alpha\cos\beta \mp \sin\alpha\sin\beta$

(3) $\sin\alpha\cos\beta = \dfrac{1}{2}\left[\sin(\alpha + \beta) + \sin(\alpha - \beta)\right]$

(4) $\sin\alpha\sin\beta = \dfrac{1}{2}\left[\cos(\alpha - \beta) - \cos(\alpha + \beta)\right]$

(5) $\cos\alpha\cos\beta = \dfrac{1}{2}\left[\cos(\alpha - \beta) + \cos(\alpha + \beta)\right]$

(6) $\sin(2\alpha) = 2\sin\alpha\cos\alpha$

(7) $\cos(2\alpha) = 2\cos^2\alpha - 1 = 1 - 2\sin^2\alpha$

(8) $A\cos x + B\sin x = \sqrt{A^2 + B^2}\cos\left(x - \arctan\dfrac{B}{A}\right)$
$$= \sqrt{A^2 + B^2}\sin\left(x + \arctan\dfrac{A}{B}\right)$$

(9) $\pm\sin\alpha = \cos\left(\alpha \mp \dfrac{\pi}{2}\right)$

(10) $-\cos\alpha = \cos(\alpha \pm \pi)$

(11) $\sin\left(\alpha + \dfrac{\pi}{2}\right) = \cos\alpha$

(12) $\sin(\alpha + \pi) = \cos\left(\alpha + \dfrac{\pi}{2}\right)$

2. 等比级数求和公式

(1) $\displaystyle\sum_{n=0}^{+\infty} a^n = \dfrac{1}{1-a}, \ |a| < 1$

(2) $\displaystyle\sum_{n=n_1}^{n_2} a^n = \begin{cases} \dfrac{a^{n_1} - a^{n_2+1}}{1-a}, & a \neq 1 \\ n_2 - n_1 + 1, & a = 1 \end{cases}, n_2 > n_1 \geqslant 0$

(3) $\displaystyle\sum_{n=n_1}^{+\infty} a^n = \dfrac{a^{n_1}}{1-a}, \ |a| < 1, n_1 \geqslant 0$

参考文献

［1］ 许淑芳.信号与系统［M］.北京：清华大学出版社,2017.

［2］ 许淑芳.信号与系统学习及解题指导［M］.北京：清华大学出版社,2016.

［3］ 许淑芳.信号与系统［M］.西安：西安交通大学出版社,2015.

［4］ 郑君里,应启珩,杨为理.信号与系统：上册,下册［M］.2 版.北京：高等教育出版社,2000.

［5］ Oppenheim A V.信号与系统 ［M］.2 版.刘树棠,译.西安：西安交通大学出版社,2004.

［6］ Oppenheim A V.离散时间信号处理 ［M］.刘树棠,黄建国,译.西安：西安交通大学出版社,2005.

［7］ Eric Bogatin.信号完整性分析［M］.李玉山,李丽平,等译.北京：电子工业出版社,2012.

图书资源支持

感谢您一直以来对清华大学出版社图书的支持和爱护。为了配合本书的使用，本书提供配套的资源，有需求的读者请扫描下方的"书圈"微信公众号二维码，在图书专区下载，也可以拨打电话或发送电子邮件咨询。

如果您在使用本书的过程中遇到了什么问题，或者有相关图书出版计划，也请您发邮件告诉我们，以便我们更好地为您服务。

我们的联系方式：

地　　　址：北京市海淀区双清路学研大厦 A 座 714

邮　　　编：100084

电　　　话：010-83470236　　010-83470237

资源下载：http://www.tup.com.cn

客服邮箱：tupjsj@vip.163.com

QQ：2301891038（请写明您的单位和姓名）

用微信扫一扫右边的二维码，即可关注清华大学出版社公众号。

教学资源·教学样书·新书信息

人工智能科学与技术
人工智能|电子通信|自动控制

资料下载·样书申请

书圈